McGraw-Hill

Mis matemáticas

Te damos la bienvenida a *Mis matemáticas*,

tu propio libro de matemáticas. Puedes escribir en él. De hecho, te invitamos a que escribas, dibujes, anotes, expliques y colorees a medida que exploras el apasionante mundo de las matemáticas. Empecemos ahora mismo. Toma un lápiz y completa las oraciones.

Mi nombre es ______________________________.

Mi color favorito es ______________________________.

Mi pasatiempo o deporte favorito es ______________________.

Mi programa de televisión o videojuego favorito es

____.

Mi clase favorita es ______________________________.

¡las mates, por supuesto!

Bothell, WA • Chicago, IL • Columbus, OH • New York, NY

connectED.mcgraw-hill.com

STEM McGraw-Hill is committed to providing instructional materials in Science, Technology, Engineering, and Mathematics (STEM) that give all students a solid foundation, one that prepares them for college and careers in the 21st century.

Send all inquiries to:
McGraw-Hill Education
STEM Learning Solutions Center
8787 Orion Place
Columbus, OH 43240

ISBN: 978-0-02-123397-7 *(Volume 1)*
MHID: 0-02-123397-7

Printed in the United States of America.

13 14 15 16 LWI 23 22

Our mission is to provide educational resources that enable students to become the problem solvers of the 21st century and inspire them to explore careers within Science, Technology, Engineering, and Mathematics (STEM) related fields.

¡Conoce a los artistas!

Abby Crutchley

Las mates y el mercado ¡Ganar este concurso me hizo sentir como si tuviera mariposas en el estómago! No pensé que ganaría entre los 72 finalistas. *Volumen 1*

Matt Gardner

Usar las mates para construir Las mates significan todo para mí. Es mi materia favorita en la escuela. Se me ocurrió la idea porque me gusta construir y pensé que un vehículo K'Nex sería una portada genial para el libro de las mates. *Volumen 2*

Otros finalistas

Jacob Alvarez
La playa de las mates -1

Emily Jiang
Ángel de las mates

India Johnson
Las mates en la naturaleza

Nathan Baal
Las mates en mi vecindario

Sergio Reyes
Las mates con mis dedos

Kelsey Thompson
Figuras de perros

Maddie Mathews
El libro de Mate-o

Kaya Ross
Las mates en mi vecindario

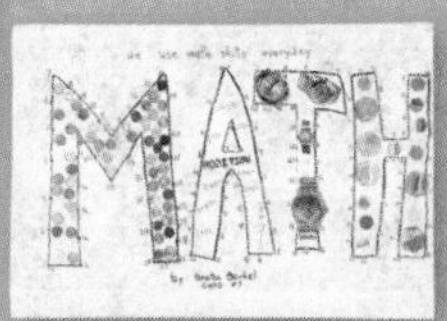

Yonaton Barkel
A diario usamos destrezas matemáticas

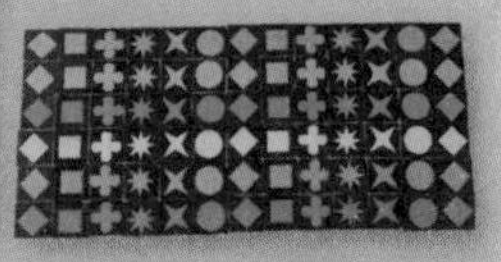

Ellie Hull
Patrones
Qwirkle™ tiles reproduced with the permission of MindWare®.

Visita www.MHEonline.com para obtener más información sobre los ganadores y otros finalistas.

Felicitamos a todos los participantes del concurso "Lo que las mates significan para mí" organizado por McGraw-Hill en 2011 para diseñar las portadas de los libros de *Mis matemáticas*. Hubo más de 2,400 participantes y recibimos más de 20,000 votos de miembros de la comunidad. Los nombres que aparecen arriba corresponden a los dos ganadores y los diez finalistas de este grado.

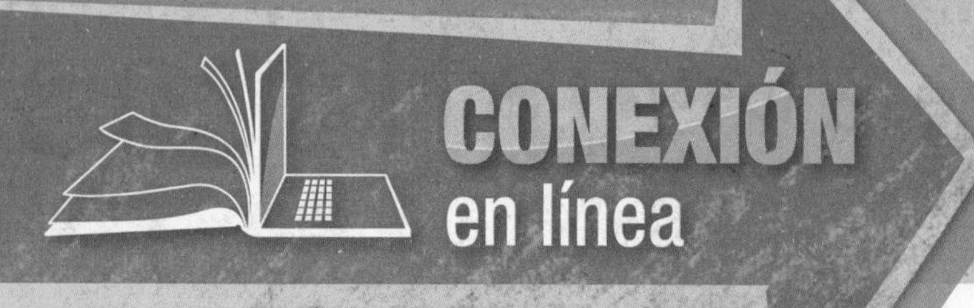

Encontrarás todo en
connectED.mcgraw-hill.com

Visita el Centro del estudiante, donde encontrarás el *eBook*, recursos, tarea y mensajes

Usuario

Contraseña

Busca recursos en línea que te servirán de ayuda en clase y en casa.

Vocabulario

Busca actividades para desarrollar el vocabulario.

Observa

Observa animaciones de conceptos clave.

Herramientas

Explora conceptos con material didáctico virtual.

Comprueba

Haz una autoevaluación de tu progreso.

Ayuda en línea

Busca ayuda específica para tu tarea.

Juegos

Refuerza tu aprendizaje con juegos y aplicaciones.

Tutor

Observa cómo un maestro explica ejemplos y problemas.

CONEXIÓN móvil

Escanea este código QR con tu dispositivo móvil* o visita mheonline.com/stem_apps.

*Es posible que necesites una aplicación para leer códigos QR.

Available on the App Store

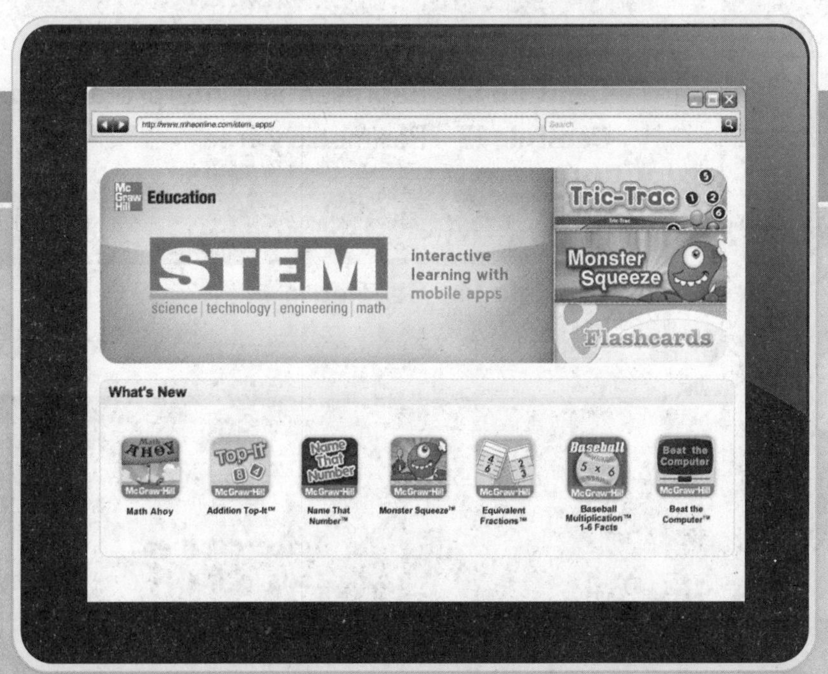

Resumen del contenido

Organizado por área

CCSS Estándares estatales

Estándares para las **PRÁCTICAS matemáticas**

Integrados en todo el libro

Capítulo 1 El valor posicional

PREGUNTA IMPORTANTE
¿Cómo se pueden expresar, ordenar y comparar los números?

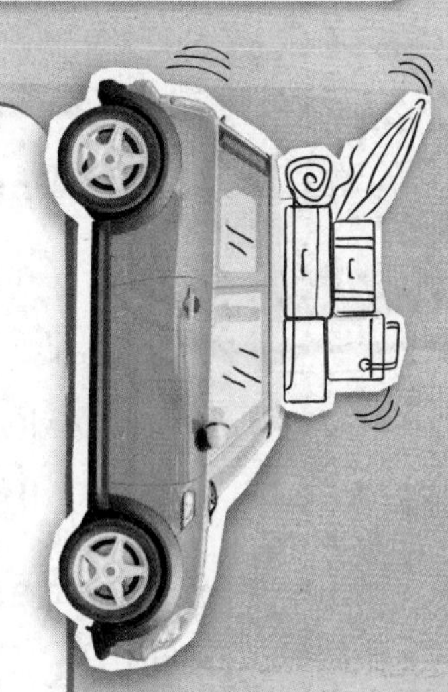

Para comenzar

Lecciones y tarea

Para terminar

¡Busca este símbolo! Observa
Conéctate para ver videos que te ayudarán a aprender los temas de las lecciones.

connectED.mcgraw-hill.com

Capítulo

2 La suma

PREGUNTA IMPORTANTE
¿Cómo me puede ayudar el valor posicional a sumar números más grandes?

Para comenzar

Lecciones y tarea

Para terminar

connectED.mcgraw-hill.com

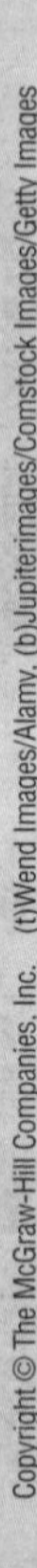

Capítulo 3 La resta

PREGUNTA IMPORTANTE
¿Qué relación hay entre las operaciones de resta y suma?

Para comenzar

Lecciones y tarea

Para terminar

¡Busca este símbolo! Ayuda en línea

Conéctate para recibir ayuda adicional mientras haces tu tarea.

connectED.mcgraw-hill.com

Capítulo 4 Comprender la multiplicación

PREGUNTA IMPORTANTE
¿Qué significa multiplicación?

Para comenzar

Lecciones y tarea

Para terminar

connectED.mcgraw-hill.com

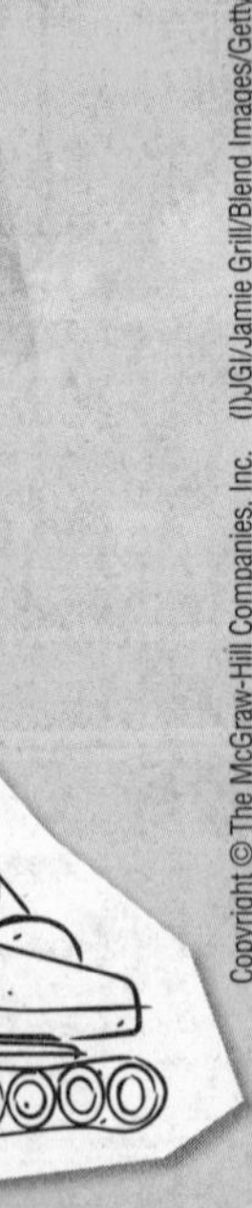

Capítulo 5 Comprender la división

PREGUNTA IMPORTANTE
¿Qué significa división?

Para comenzar

Lecciones y tarea

Para terminar

connectED.mcgraw-hill.com

¡Busca este símbolo!
Conéctate para buscar herramientas que te ayudarán a explorar conceptos.

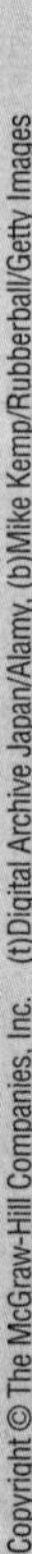

Capítulo 6

Patrones de la multiplicación y la división

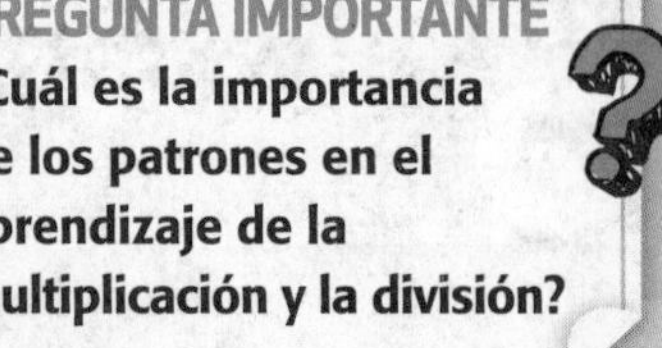

PREGUNTA IMPORTANTE
¿Cuál es la importancia de los patrones en el aprendizaje de la multiplicación y la división?

Para comenzar

Lecciones y tarea

Para terminar

¡DESPEGUE!

connectED.mcgraw-hill.com

Capítulo 7 La multiplicación y la división

PREGUNTA IMPORTANTE
¿Qué estrategias puedes usar para aprender las operaciones de multiplicación y de división?

Para comenzar

Lecciones y tarea

Para terminar

¡Busca este símbolo!

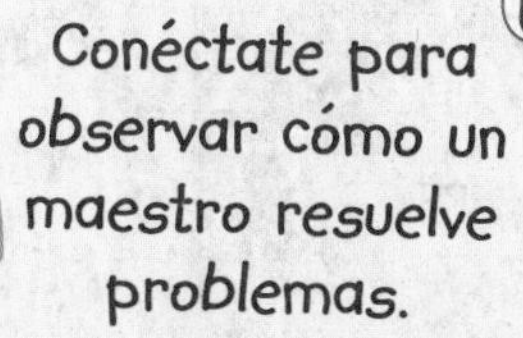

Conéctate para observar cómo un maestro resuelve problemas.

connectED.mcgraw-hill.com

Capítulo 8

Aplicar la multiplicación y la división

PREGUNTA IMPORTANTE

¿Cómo puedo aplicar operaciones de multiplicación y división de números pequeños a números grandes?

Para comenzar

Lecciones y tarea

Para terminar

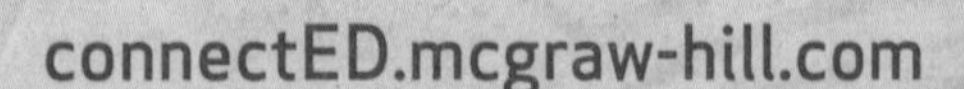

connectED.mcgraw-hill.com

Capítulo 9 Propiedades y ecuaciones

PREGUNTA IMPORTANTE
¿Cómo se usan las propiedades y las ecuaciones para agrupar números?

Para comenzar

Lecciones y tarea

Para terminar

connectED.mcgraw-hill.com

¡Busca este símbolo! Vocabulario

Conéctate para buscar actividades que te ayudarán a desarrollar tu vocabulario.

Capítulo 10 Fracciones

PREGUNTA IMPORTANTE
¿Cómo se pueden usar las fracciones para representar números y sus partes?

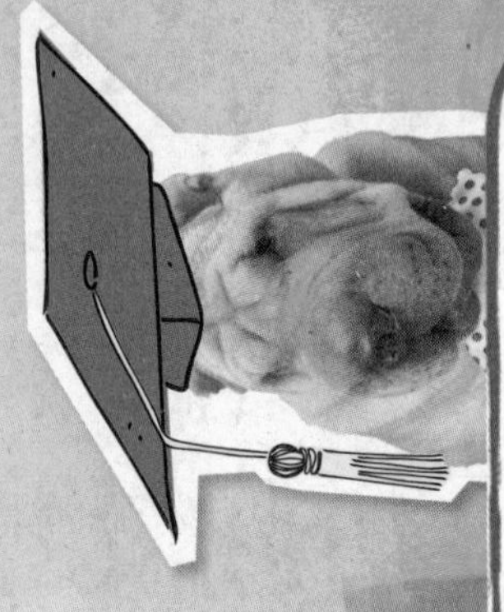

Para comenzar

Lecciones y tarea

Para terminar

¡Tengo la respuesta!

connectED.mcgraw-hill.com

Capítulo 11 Medición

PREGUNTA IMPORTANTE
¿Por qué medimos?

Para comenzar

Lecciones y tarea

Para terminar

¡Busca este símbolo! 
Conéctate para comprobar tu progreso.

connectED.mcgraw-hill.com

Capítulo 12 Representar e interpretar datos

PREGUNTA IMPORTANTE
¿Cómo obtenemos información útil de un conjunto de datos?

Para comenzar

Lecciones y tarea

Para terminar

connectED.mcgraw-hill.com

Capítulo 13 Perímetro y área

PREGUNTA IMPORTANTE
¿En qué se relacionan y en qué se diferencian el perímetro y el área?

¡Entiendo completamente esta área!

Para comenzar

Lecciones y tarea

Para terminar

connectED.mcgraw-hill.com

Capítulo 14 Geometría

PREGUNTA IMPORTANTE
¿Cómo me ayudan las figuras geométricas a resolver problemas del mundo real?

Para comenzar

Lecciones y tarea

Para terminar

connectED.mcgraw-hill.com

Capítulo

El valor posicional

PREGUNTA IMPORTANTE

¿Cómo se pueden expresar, ordenar y comparar los números?

¡Viajemos!

¡Mira el video!

Mis estándares estatales

Números y operaciones del sistema decimal

CCSS

3.NBT.1 Usar la comprensión del valor posicional para redondear números naturales a la decena o a la centena más cercana.

3.NBT.2 Sumar y restar hasta el 1,000 de manera fluida, aplicando estrategias y algoritmos basados en el valor posicional, las propiedades de las operaciones o la relación entre la suma y la resta.

3.NBT.3 Multiplicar números naturales de un dígito por múltiplos de 10 entre el 10 y el 90 (por ejemplo, 9 × 80, 5 × 60) aplicando estrategias basadas en el valor posicional y las propiedades de las operaciones.

¡Genial! ¡Esto es lo que voy a estar haciendo!

Estándares para las

PRÁCTICAS matemáticas

1. Entender los problemas y perseverar en la búsqueda de una solución.
2. Razonar de manera abstracta y cuantitativa.
3. Construir argumentos viables y hacer un análisis del razonamiento de los demás.
4. Representar con matemáticas.
5. Usar estratégicamente las herramientas apropiadas.
6. Prestar atención a la precisión.
7. Buscar una estructura y usarla.
8. Buscar y expresar regularidad en el razonamiento repetido.

= Se trabaja en este capítulo.

Nombre ....

Antes de seguir...

← Conéctate para hacer la prueba de preparación.

Escribe los números.

1.

centenas	decenas	unidades
	1	4

______

2.

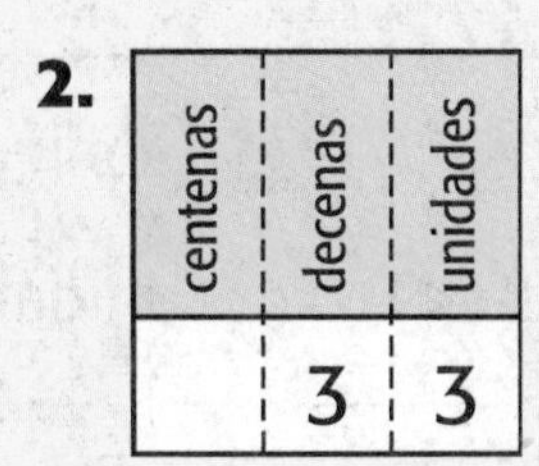

centenas	decenas	unidades
	3	3

______

3.

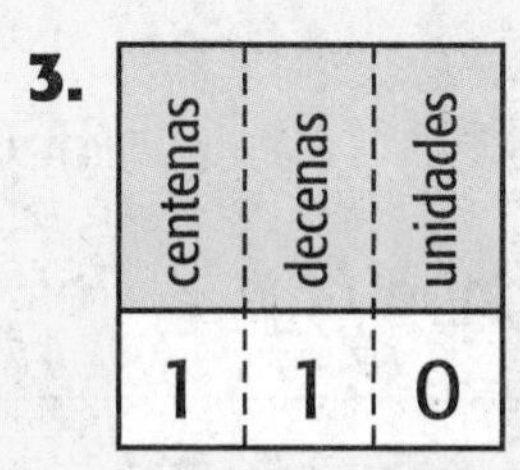

centenas	decenas	unidades
1	1	0

______

4. 1 decena, 5 unidades ______

5. 1 centena, 2 unidades ______

Escribe el número de decenas y unidades en los números.

6. 12 ______________________

7. 26 ______________________

Compara. Usa >, < o =.

8. 70 ◯ 61

9. 98 ◯ 99

10. 155 ◯ 55

11. ¿Qué número es una decena menor que 66?

______

12. ¿Qué número es una centena mayor que 800?

______

13. Diana tiene tres tarjetas con un valor de 10 y dos tarjetas con un valor de 1 cada una. Raúl tiene tres tarjetas con un valor de 1 y dos tarjetas con un valor de 10 cada una. ¿Las tarjetas de quién tienen el valor menor? Explica tu respuesta.

____

____

¿Cómo me fue?

Sombrea las casillas para mostrar los problemas que respondiste correctamente.

1	2	3	4	5	6	7	8	9	10	11	12	13

Nombre ....

Las palabras de mis mates

Repaso del vocabulario

centenas	decenas	es igual a (=)
es mayor que (>)	es menor que (<)	unidades

Haz conexiones

Usa el repaso del vocabulario para completar el organizador gráfico. No debes usar todas las palabras. Debes usar un símbolo en una de tus respuestas.

El 5 está en la posición de las ____________

El 4 está en la posición de las ____________

546

546 ◯ 546

El 6 está en la posición de las ____________

Escribe una oración con una o más palabras del repaso del vocabulario.

____

Mis tarjetas de vocabulario

Lección 1–1

dígito

0 1 2 3 4 5 6 7 8 9

Lección 1–1

forma desarrollada

$672 = 600 + 70 + 2$

Lección 1–1

forma estándar

3,491

Lección 1–1

forma verbal

seis mil cuatrocientos noventa y nueve

Lección 1–4

redondear

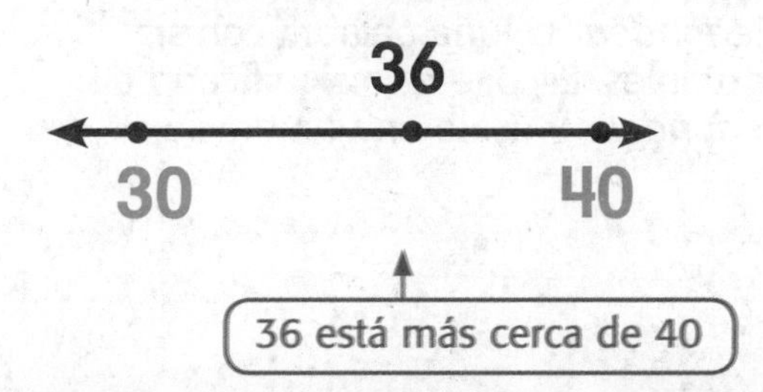

Lección 1–1

valor posicional

millares	centenas	decenas	unidades
4	5	2	9

4,000 500 20 9

Sugerencias

- Durante este año escolar, crea una pila separada de tarjetas para los verbos clave de las mates, como *redondear.* Entender estos verbos te ayudará en la resolución de problemas.
- ¡Practica tu caligrafía! Escribe las palabras en cursiva.

Forma de escribir un número como una suma que muestra el valor de cada dígito.

Explica lo que significa *desarrolladas* en esta oración: *Las plantas más desarrolladas tenían seis meses de plantadas.*

Símbolo que se usa para escribir números naturales.

Escribe un número de tres dígitos.

Forma de un número que se escribe en palabras.

Escribe el número 4,274 de forma verbal.

Manera habitual de escribir un número usando solo sus dígitos, sin usar palabras.

¿Cuál es otra manera de escribir un número?

El valor dado a un dígito según su posición en un número.

Escribe un número en el que 6 esté en la posición de las decenas y en la posición de las centenas.

Cambiar el valor de un número a uno con el que es más fácil trabajar.

Redondear es una palabra con significados múltiples. Escoge otro significado de *redondear* y úsalo en una oración.

Mi modelo de papel

FOLDABLES® Sigue los pasos que aparecen en el reverso para hacer tu modelo de papel.

Redondea a las decenas | Redondea a las centenas

563

Redondea a las decenas

	M	C	D	U
Escribe				
Redondea				

Redondea a las centenas

	M	C	D	U
Escribe				
Redondea				

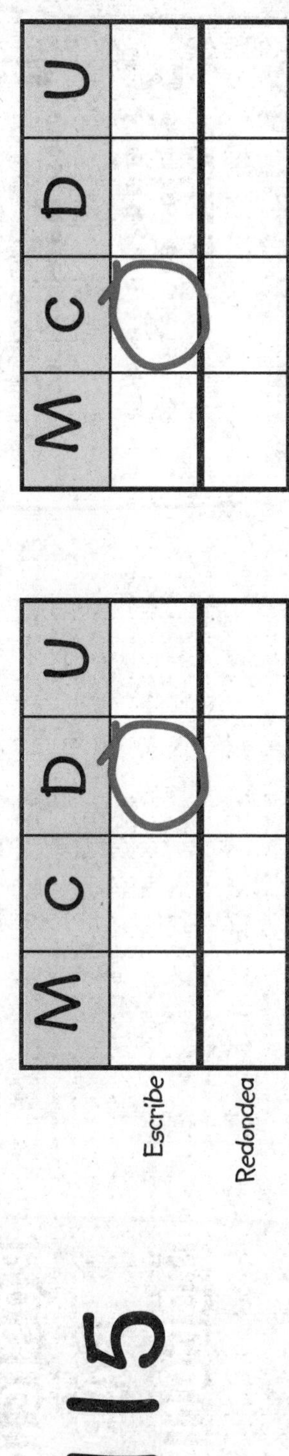

115

Redondea a las decenas

	M	C	D	U
Escribe				
Redondea				

Redondea a las centenas

	M	C	D	U
Escribe				
Redondea				

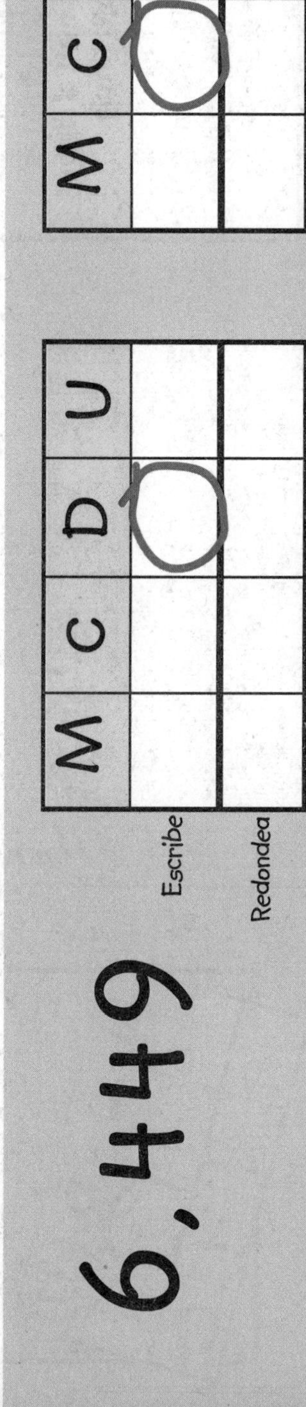

6,449

Redondea a las decenas

	M	C	D	U
Escribe				
Redondea				

Redondea a las centenas

	M	C	D	U
Escribe				
Redondea				

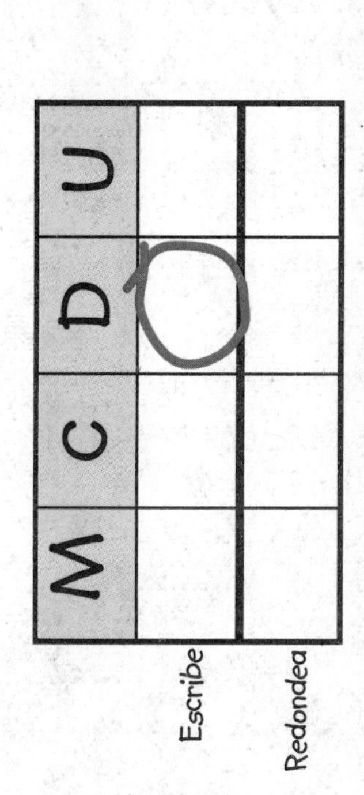

8,076

Redondea a las decenas

	M	C	D	U
Escribe				
Redondea				

Redondea a las centenas

	M	C	D	U
Escribe				
Redondea				

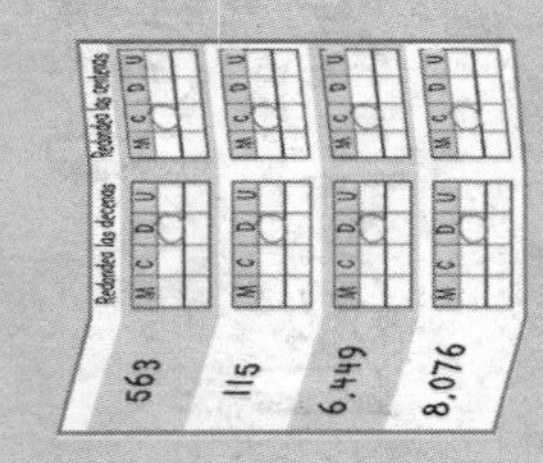

Reglas del redondeo

1. Encierra en un círculo el dígito que se va a redondear.
2. Mira el dígito a la derecha de la posición que se está redondeando.
3. Si el dígito es menor que 5, no cambies el dígito encerrado en el círculo. Si el dígito es 5 o mayor, suma 1 al dígito encerrado en el círculo.
4. Reemplaza con ceros todos los dígitos después del dígito encerrado en el círculo.

USA EL VALOR POSICIONAL PARA REDONDEAR

M	C	D	U
	7	(3)	7
	7	4	0

Nombre ....

El valor posicional hasta los millares

Lección 1

PREGUNTA IMPORTANTE
¿Cómo se pueden expresar, ordenar y comparar los números?

Un **dígito** es cualquier símbolo que se usa para escribir números naturales. Los números 0, 1, 2, 3, 4, 5, 6, 7, 8 y 9 son dígitos. El **valor posicional** de un dígito dice qué valor tiene en un número.

Las mates y mi mundo

Herramientas Observa Tutor

Ejemplo 1

La altura de la Estatua de la Libertad desde la parte superior de la base a la parte superior de la antorcha es de 1,813 pulgadas. Identifica la posición del dígito resaltado en 1,813. Luego, escribe el valor del dígito.

Puedes usar 10 centenas para mostrar 1,000.

Representa 1,813 con bloques de base diez.
Escribe cada dígito en la tabla de valor posicional.

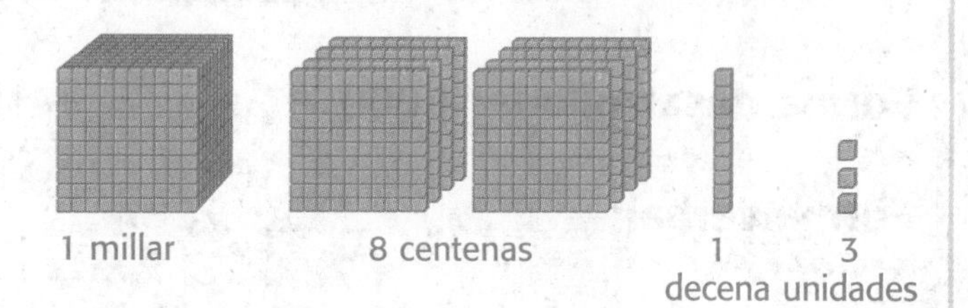

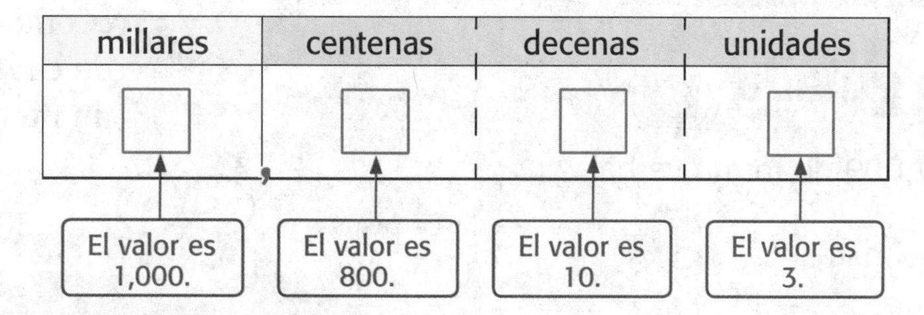

millares	centenas	decenas	unidades
☐	☐	☐	☐
El valor es 1,000.	El valor es 800.	El valor es 10.	El valor es 3.

El dígito resaltado, 1, está en la posición de los ________. Su valor es ________.

Ejemplo 2

Si diez personas suben las escaleras hasta la parte superior de la Estatua de la Libertad y luego las bajan, habrán recorrido 7,080 escalones. ¿Cuáles son los valores de los ceros en el número 7,080?

millares	centenas	decenas	unidades
7	0	8	0

Se pone una coma entre la posición de los millares y las centenas.

El 0 en un número se usa como marcador de posición. En 7,080, hay dos marcadores de posición, el cero en la posición de las ________ y el cero en la posición de las ________. Sus valores son 0.

Los números se pueden escribir de diferentes maneras. La **forma estándar** muestra solo los dígitos. La **forma desarrollada** muestra la suma de los valores de los dígitos. La **forma verbal** usa palabras.

Ejemplo 3

La distancia desde Mobile, Alabama, a la Estatua de la Libertad es de 1,215 millas.

Escribe 1,215 de tres maneras.

Forma estándar: ☐, ☐☐☐

Forma desarrollada: 1,000 + ______ + 10 + ______

Forma verbal: ______ ______ ______

¿Cómo sé el valor de cada dígito en un número?

Práctica guiada

1. Escribe 7,009 de forma verbal.

   ______ mil ______

2. Escribe 856 de forma desarrollada.

   ______ + ______ + ______

Nombre ....

CCSS

Práctica independiente

Escribe la posición y el valor de los dígitos resaltados.

3. 501 ______________ ______________

4. 5,772 ______________ ______________

5. 1,020 ______________ ______________

6. 4,810 ______________ ______________

7. 3,176 ______________ ______________

8. 804 ______________ ______________

Escribe los números de forma estándar.

9. 4,000 + 600 + 70 + 8 ______________

10. 3,000 + 20 + 1 ______________

11. *siete mil seiscientos cuarenta y uno* ______________

12. *ocho mil setecientos sesenta* ______________

Escribe los números de forma desarrollada y de forma verbal.

13. 4,332 ______________ + ______________ + ______________ + ______________

____

14. 6,503 ______________ + ______________ + ______________ + ______________

____

15. Una motocicleta cuesta $3,124. ¿Cuál es el valor de cada dígito?

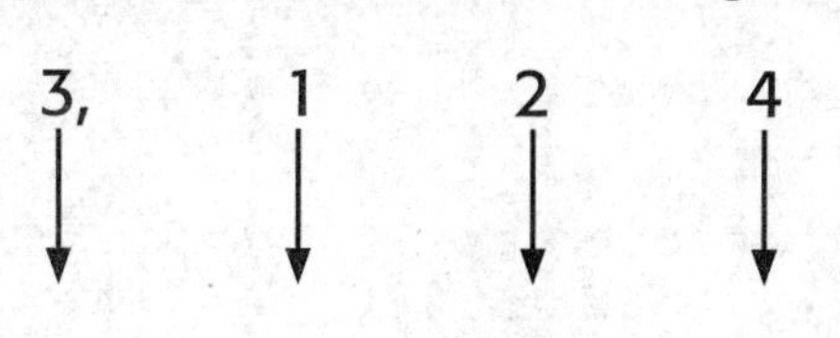

16. Escribe todos los números de tres dígitos que tengan 3 en la posición de las decenas y 5 en la posición de las unidades.

Resolución de problemas

17. El modelo representa el número de días al año en los que el polo Sur no tiene luz solar.

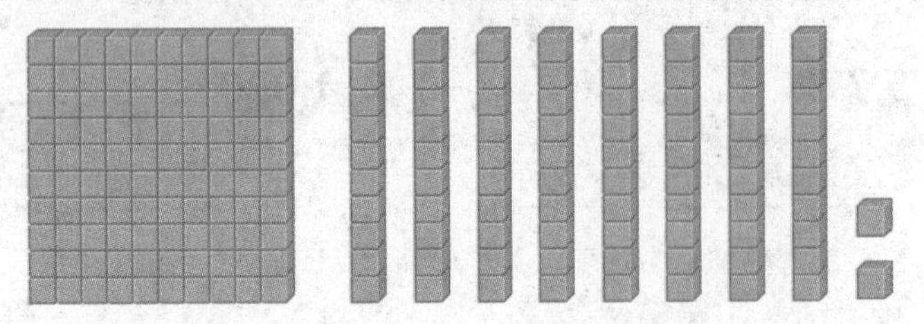

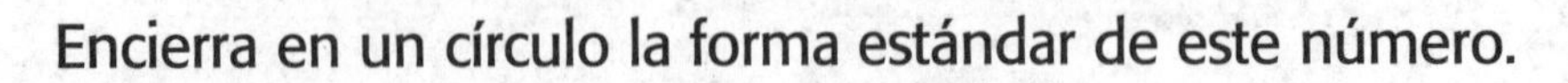

Encierra en un círculo la forma estándar de este número.

1,802 281 1,082 182

18. Martín ganó 7,283 puntos mientras jugaba a un videojuego. Encierra en un círculo la forma verbal correcta de este número.

siete mil ochocientos veintitrés

siete mil doscientos ochenta y tres

siete mil doscientos treinta y ocho

¡Mi trabajo!

19. PRÁCTICA matemática 3 **Hallar el error** Taylor escribe 2,013 de forma verbal. Halla su error y corrígelo.

doscientos trece

20. **Profundización de la pregunta importante** ¿Por qué es importante la posición de cada dígito en un número?

Nombre ....

Mi tarea

Lección 1
El valor posicional hasta los millares

Asistente de tareas

¿Necesitas ayuda? **connectED.mcgraw-hill.com**

Hay 1,576 escalones hasta la parte superior del *Empire State Building.* Observa el modelo. Escribe el número de forma estándar, de forma desarrollada y de forma verbal.

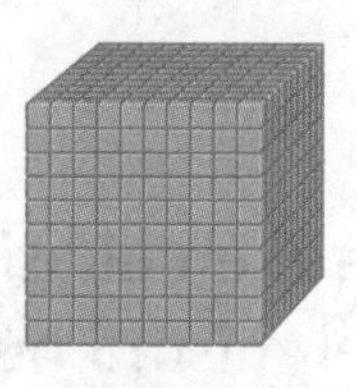
1 millar

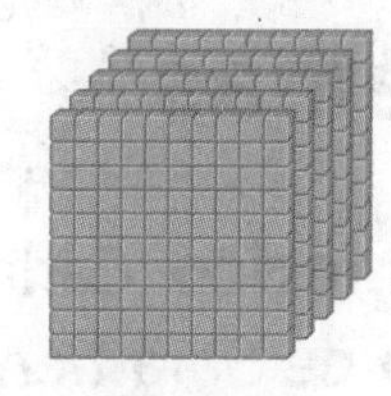
5 centenas

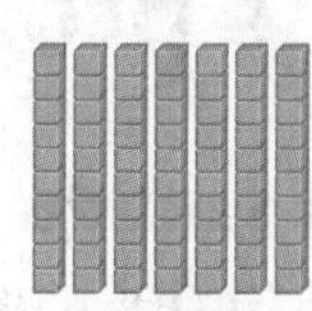
7 decenas 6 unidades

Forma estándar: 1,576
Forma desarrollada: 1,000 + 500 + 70 + 6
Forma verbal: *mil quinientos setenta y seis*

Escribe la posición y el valor del dígito resaltado en 1,576.
Una tabla de valor posicional ayuda a identificar la posición y el valor de un dígito.

millares	centenas	decenas	unidades
1,	(5)	7	6

El dígito 5, encerrado en un círculo, está en la posición de las centenas. Su valor es 500.

Práctica

Escribe los números de forma desarrollada y de forma verbal.

1. 2,368 2,000 + ______ + 60 + ______

dos ______, ______________ sesenta y ocho

2. 6,204 ______ + ______ + ______

______ mil ______________ cuatro

Escribe la posición y el valor de los dígitos resaltados.

3. 567 ______ ______

4. 6,327 ______ ______

5. 9,325 ______ ______

6. 8,281 ______ ______

Escribe los números de forma estándar.

7. 5,000 + 500 + 3 ______

8. 2,000 + 300 + 20 + 9 ______

9. 4,000 + 600 + 8 ______

10. 9,000 + 300 + 70 + 2 ______

El mundo real

Resolución de problemas

11. PRÁCTICA matemática 2 **Usar el sentido numerico** Carla está en el asiento número 1,024. El número del asiento de Sara tiene el mismo número de millares y decenas que el número del asiento de Carla, pero 2 centenas más y 3 unidades menos que el número del asiento de Carla. ¿Cuál es el número del asiento de Sara?

______

Comprobación del vocabulario

Vocabulario

Traza una línea para relacionar las palabras del vocabulario con su definición.

12. forma verbal	• valor dado a un dígito según su posición en el número
13. dígito	• forma de un número que se escribe en palabras
14. forma desarrollada	• forma de un número que muestra la suma del valor de cada dígito
15. forma estándar	• símbolo que se usa para escribir un número
16. valor posicional	• forma de escribir un número que muestra solo sus dígitos

Práctica para la prueba

17. ¿Cuál representa el número *dos mil ochenta?*

Ⓐ 280 Ⓒ 2,080

Ⓑ 2,008 Ⓓ 2,800

Nombre ....

Comparar números

Lección 2

PREGUNTA IMPORTANTE
¿Cómo se pueden expresar, ordenar y comparar los números?

Las mates y mi mundo

Herramientas | Observa | Tutor

Signo	Significado
$<$	es menor que
$>$	es mayor que
$=$	es igual a

Ejemplo 1

La familia Torres planea un viaje en carro al Gran Cañón. Una ruta tiene 840 millas. Una segunda ruta tiene 835 millas. ¿Cuál ruta es más corta?

Compara 835 y 840.

Una manera **Usa una tabla de valor posicional.**

centenas	decenas	unidades
8	4	0
8	3	5

Ambos números tienen 8 centenas.

840 tiene 4 decenas,
835 tiene 3 decenas,
4 decenas $>$ 3 decenas

Otra manera **Usa una recta numérica.**

830 831 832 833 834 835 836 837 838 839 840

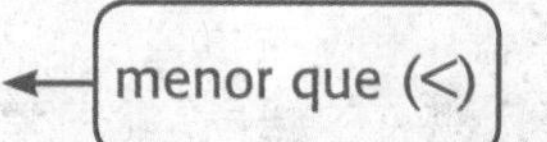

mayor que ($>$)

835 **está a la izquierda** de 840.

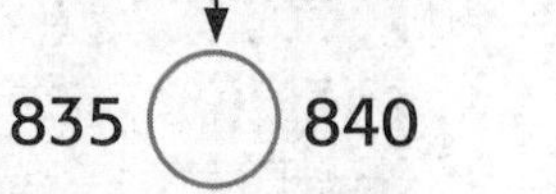

835 ◯ 840

840 **está a la derecha** de 835.

840 ◯ 835

Como ________ es menor que ________, la ________________ ruta es más corta.

Ejemplo 2 

Durante su carrera como jugador de *hockey*, Mark Messier anotó 1,887 puntos. Gordie Howe anotó 1,850 puntos. ¿Cuál jugador anotó un número mayor de puntos durante su carrera?

Compara 1,887 y 1,850.

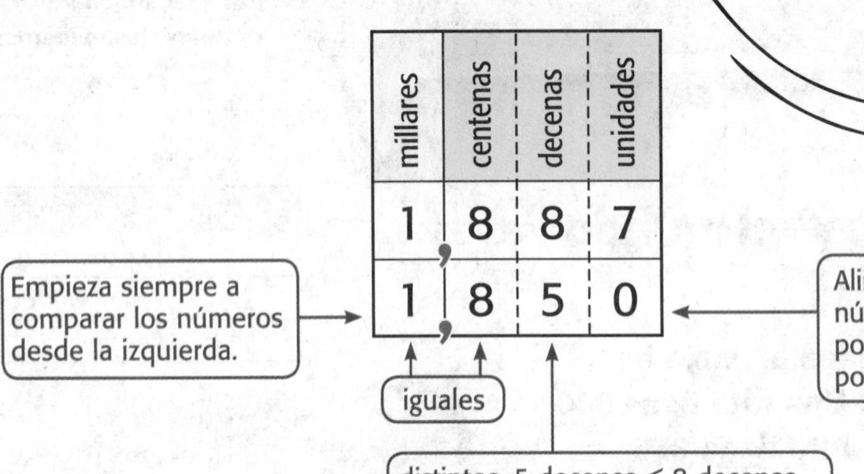

Como 8 > ______, 1,887 > ______.
Mark Messier anotó el número mayor de puntos.

¿Por qué no es necesario comparar los dígitos de las unidades en los números 365 y 378?

Práctica guiada 

¿Cuál número es menor? Completa el enunciado.

1.

centenas	decenas	unidades
8	7	0
4	0	0

______ < ______

2.

millares	centenas	decenas	unidades
9,	6	3	0
6,	4	0	3

______ < ______

3. Usa una recta numérica para comparar.
Escribe >, < o =.

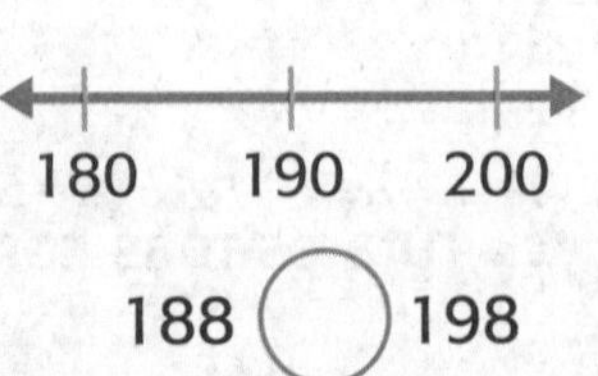

188 ◯ 198

Nombre ....

Práctica independiente

Compara. Usa >, < o =.

4. 604 ◯ 592 **5.** 188 ◯ 198 **6.** 1,000 ◯ 850

7. 999 ◯ 999 **8.** 1,121 ◯ 1,112 **9.** 6,573 ◯ 7,650

10. 2,644 ◯ 2,464 **11.** 1,000 ◯ 1,000 **12.** 3,039 ◯ 3,019

Encierra en un círculo el número mayor. Luego, completa el enunciado.

13. 555 725 **14.** 800 700 **15.** 998 989

_______ > _______ _______ > _______ _______ > _______

16. 931 8,310 **17.** 8,008 8,080 **18.** 2,753 2,735

_______ > _______ _______ > _______ _______ > _______

Encierra en un círculo el número menor. Luego, completa el enunciado.

19. 2,456 1,456 **20.** 3,052 3,050 **21.** 6,358 6,759

_______ < _______ _______ < _______ _______ < _______

22. 5,317 5,318 **23.** 2,099 1,099 **24.** 1,321 1,231

_______ < _______ _______ < _______ _______ < _______

Escoge un número por tu cuenta para completar el enunciado.

25. 6,993 < _______ **26.** 2,209 = _______ **27.** _______ > 7,203

28. Encierra en un círculo todos los números mayores que 4,109.

5,109 4,019 4,191 4,091 4,108 4,110

Resolución de problemas

29. La tabla muestra el número de boletos que se vendieron para entrar al cine. ¿Para cuál función se vendieron más boletos?

____

La venganza de los dinosaurios	
Función	**Boletos vendidos**
5:00 p. m.	235
7:00 p. m.	253

30. Encierra en un círculo el número menor que 4,259.

4,260   4,300   4,209

31. PRÁCTICA matemática 6 **Explicarle a un amigo** En tercer grado hay 165 estudiantes. En cada una de las tres clases de segundo grado hay 35 estudiantes. ¿Cuál grado tiene más estudiantes? Explica tu respuesta.

____

____

Problemas S.O.S.

32. PRÁCTICA matemática 2 **Usar el sentido numérico** Escribe el número mayor y menor de cuatro dígitos que puedas formar usando una vez cada uno de los números 6, 3, 9 y 7.

el mayor ________ el menor ________

33. **Profundización de la pregunta importante** ¿Cómo puedo representar la comparación entre dos números?

____

____

____

Nombre ....

Mi tarea

Lección 2
Comparar números

Asistente de tareas

¿Necesitas ayuda? connectED.mcgraw-hill.com

El Centro John Hancock, en Chicago, mide 1,127 pies de altura. El Centro Aon mide 1,136 pies de altura. ¿Cuál edificio es más alto?

Una tabla de valor posicional puede ayudar a comparar los números.

Por lo tanto, 1,127 es menor que 1,136.

1,127 $<$ 1,136

El Centro Aon es más alto.

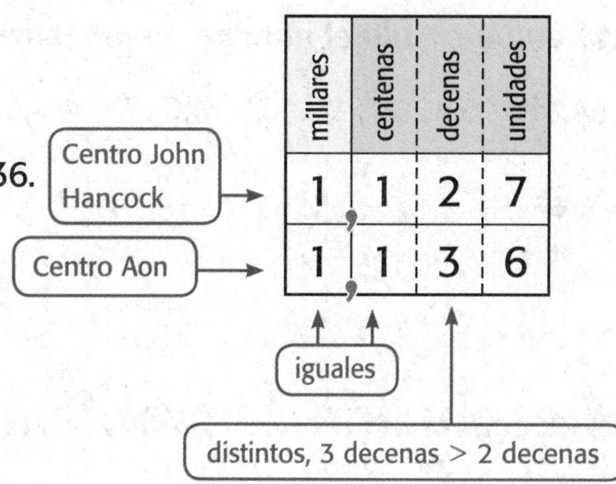

Usa estos símbolos para comparar.
$<$ significa que **es menor que**
$>$ significa que **es mayor que**
$=$ significa que **es igual a**

Práctica

¿Cuál número es menor? Completa el enunciado.

1.

centenas	decenas	unidades
6	9	6
6	8	7

_______ $<$ _______

2.

millares	centenas	decenas	unidades
2	1	8	3
3	1	5	4

_______ $<$ _______

Compara. Usa >, < o =.

3. 751 ◯ 715 **4.** 435 ◯ 543 **5.** 808 ◯ 880

6. 3,332 ◯ 3,332 **7.** 6,673 ◯ 6,376 **8.** 9,918 ◯ 9,819

Encierra en un círculo el número mayor. Luego, completa el enunciado.

9. 3,322 3,332 **10.** 1,877 1,788 **11.** 2,727 2,772

_______ > _______ _______ > _______ _______ > _______

Encierra en un círculo el número menor. Luego, completa el enunciado.

12. 5,642 5,426 **13.** 4,017 4,071 **14.** 6,310 6,231

_______ < _______ _______ < _______ _______ < _______

Resolución de problemas

15. PRÁCTICA matemática 2 **Usar símbolos** El año pasado hubo 191 días soleados y 174 días nublados. ¿Hubo más días soleados o nublados el año pasado? Compara usando <, > o =.

____

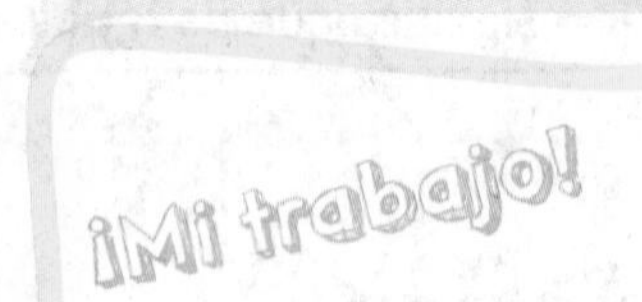

Práctica para la prueba

16. ¿Cuál número es mayor que 3,491?

Ⓐ 3,419 Ⓒ 3,491

Ⓑ 3,490 Ⓓ 3,499

Nombre ....

Ordenar números

Lección 3

PREGUNTA IMPORTANTE
¿Cómo se pueden expresar, ordenar y comparar los números?

Comparar números te ayuda a ordenarlos.

Las mates y mi mundo

Ejemplo 1

La familia Díaz hizo un viaje para observar las ballenas. Aprendieron sobre las diferentes ballenas. La tabla muestra las longitudes de tres ballenas. Ordena las longitudes de la *menor* a la *mayor*.

Longitudes promedio de las ballenas

Ballena	Longitud (pulgadas)
Orca	264
Ballena azul	1,128
Jorobada	744

Una manera **Usa una tabla de valor posicional.**

Alinea los números según su valor posicional desde la derecha. Compara desde la izquierda.

millares	centenas	decenas	unidades
	2	6	4
1,	1	2	8
	7	4	4

1 millar es el número mayor.

7 centenas > 2 centenas

Otra manera **Usa una recta numérica.**

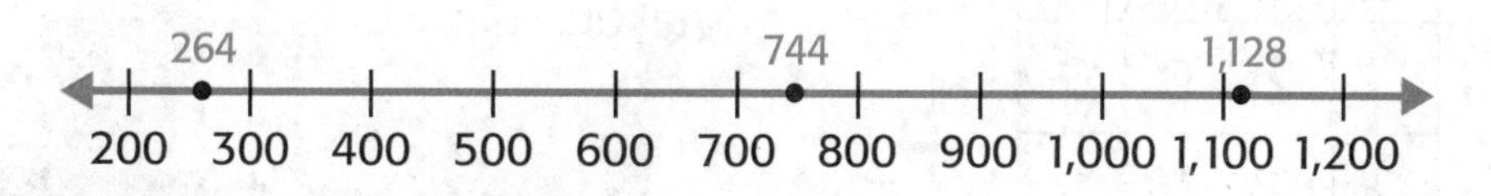

______ < ______ < ______

El orden de la *menor* a la *mayor* es ______ pulgadas, ______ pulgadas y ______ pulgadas.

Ejemplo 2 

La tabla muestra las distancias que las ballenas viajan para alimentarse en el verano. Esto se llama migración. Ordena estas distancias de la *mayor* a la *menor*.

Migración de ballenas	
Ballena	**Distancia (millas)**
Jorobada	3,500
Gris	6,200
Orca	900

Usa una tabla de valor posicional para alinear los números según su valor posicional. Compara desde la izquierda.

1 Compara los números con el valor posicional mayor.

6 millares > 3 millares

millares	centenas	decenas	unidades
3,	5	0	0
6,	2	0	0
	9	0	0

2 Compara los dos números restantes.

3 millares > 0 millares

El número mayor es ______. El segundo número mayor es ______.

______ > ______ > ______

Por lo tanto, las distancias de migración de las ballenas de la mayor a la menor son ______ millas, ______ millas y ______ millas.

Práctica guiada 

Ordena los números del *menor* al *mayor*.

1.

centenas	decenas	unidades
	3	9
	6	8
	3	2

______; ______; ______

2.

millares	centenas	decenas	unidades
,	2	0	2
2,	2	0	2
,	2	2	0

______; ______; ______

Habla de las MATES

Observa el ejercicio 2. Explica cómo puedes saber cuál número es el mayor.

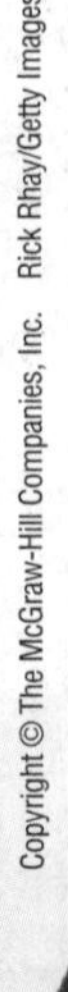

Nombre

Práctica independiente

Ordena los números del *mayor* al *menor*.

3. 303; 30; 3,003

4. 4,404; 4,044; 4,040

5. 1,234; 998; 2,134

6. 2,673; 2,787; 2,900

7. **Pesos de animales**

8. **Carros en oferta**

Ordena los números del *menor* al *mayor*.

9. 60; 600; 6,006

10. 349; 343; 560

11. 3,587; 875; 2,435

12. 999; 1,342; 2,000

13. **Mascotas en oferta**

14. **Número de estudiantes**

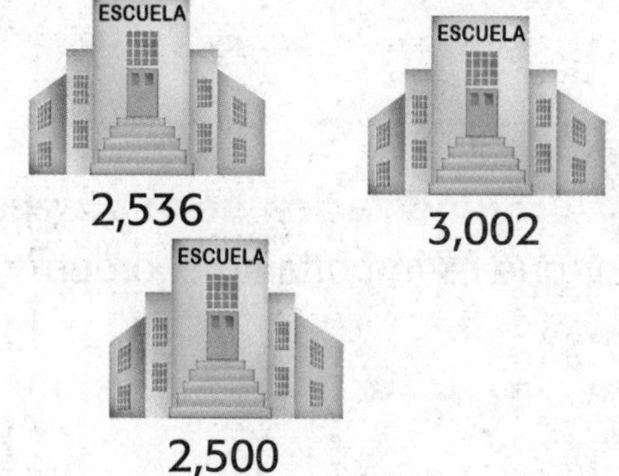

Resolución de problemas

15. Durante la temporada de juegos, el equipo A ganó 19 juegos, el equipo B ganó 40 juegos y el equipo C ganó 22 juegos. ¿Qué lugar ganó cada equipo en la temporada?

1.º ________ 2.º ________ 3.º ________

16. PRÁCTICA matemática 2 **Usar el sentido numérico** Escribe cuatro números que se puedan ordenar entre estos números.

59, ________, ________, ________, ________, 1,000

Problemas S.O.S.

17. PRÁCTICA matemática 8 **Buscar un patrón** Ordena las longitudes de los ríos de la más larga a la más corta.

Río	Longitud (millas)
Arkansas	1,469
Mississippi	2,340
Missouri	2,540
Ohio	1,310
Rojo	1,290

____

18. **Profundización de la pregunta importante** ¿Cuándo y por qué es importante el orden?

____

____

____

Nombre ....

Mi tarea

Lección 3
Ordenar números

Asistente de tareas

¿Necesitas ayuda? connectED.mcgraw-hill.com

La tabla muestra la cantidad de cada tipo de carro vendido. Ordena los carros vendidos del *menor* al *mayor*.

Tipo de carro	Carros vendidos
Deportivo utilitario	1,309
Sedán	1,803
Compacto	1,117

millares	centenas	decenas	unidades
1,	1	1	7
1,	3	0	9
1,	8	0	3

Usa una tabla de valor posicional.

Alinea los números desde la derecha.

Empieza a comparar desde la izquierda.

Las rectas numéricas son otra manera de ordenar los números.

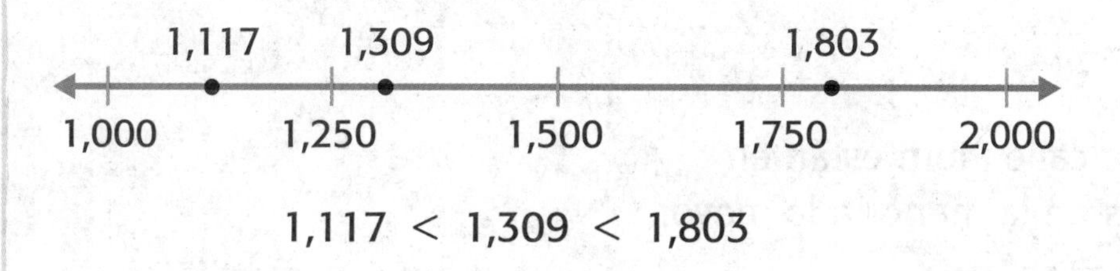

1,117 < 1,309 < 1,803

El orden del *menor* al *mayor* es compacto, deportivo utilitario y sedán.

Práctica

Ordena los números del *menor* al *mayor*.

1. 210; 182; 153

____

2. 1,692; 1,687; 1,685

____

3. 9,544; 9,455; 9,564

____

4. 653; 535, 335

____

Ordena los números del *mayor* al *menor*.

5. **Electrodomésticos en oferta**

6. **Millas recorridas**

Resolución de problemas

7. PRÁCTICA matemática 1 **Entender los problemas**
Los Jackson, los Chen y los Simm se fueron de vacaciones. Los Jackson viajaron 835 millas. Los Simm viajaron 947 millas y los Chen viajaron 100 millas más que los Jackson. ¿Cuál familia viajó más lejos en las vacaciones?

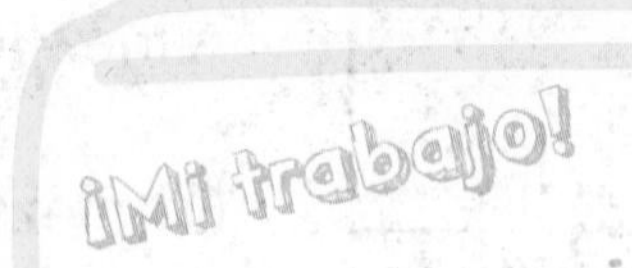

8. Las direcciones de la calle Plum están en desorden. Ordénalas de la menor a la mayor.

7867, 8112, 7831

Práctica para la prueba

9. ¿Cuál conjunto de números está ordenado correctamente del *menor* al *mayor*?

Ⓐ 7,659; 7,668; 8,985; 9,887

Ⓑ 9,887; 8,985; 7,668; 7,659

Ⓒ 8,985; 9,887; 7,668; 7,659

Ⓓ 9,887; 8,985; 7,659; 7,668

Compruebo mi progreso

Comprobación del vocabulario

1. Escribe en las casillas cada forma de escribir los números. Luego, escribe dos ejemplos de números para cada forma.

forma desarrollada **forma estándar** **forma verbal**

Formas de escribir los números

Comprobación del concepto

Escribe la posición y el valor de los dígitos resaltados.

2. 729

3. 4,301

4. 6,291

Escribe los números de forma estándar.

5. *seis mil cuatrocientos dos*

6. 2,000 + 90 + 3

Escribe los números de forma desarrollada y de forma verbal.

7. 7,362

8. 3,035

Compara. Escribe >, < o =.

9. 1,405 ◯ 1,450

10. 2,338 ◯ 2,338

11. 3,239 ◯ 2,993

El mundo real Resolución de problemas

12. El año pasado, Rita leyó 2,395 páginas. Jorge leyó 3,093 páginas. Liliana leyó 2,935 páginas. Escribe la cantidad de páginas que leyeron en orden del *mayor* al *menor.*

13. La familia de Pedro viajó 1,492 millas durante las vacaciones de verano. ¿Cuál es el valor del 4 en este número?

Práctica para la prueba

14. ¿Cuál es la forma desarrollada de 3,709?

Ⓐ 37 + 9

Ⓑ 3,000 + 700 + 9

Ⓒ 3,000 + 700 + 90

Ⓓ 3,000 + 700 + 900 + 9

Nombre ....

Redondear a la decena más cercana

Lección 4

PREGUNTA IMPORTANTE
¿Cómo se pueden expresar, ordenar y comparar los números?

Cuando **redondeas,** cambias el valor de un número a uno con el que es más fácil trabajar.

Las mates y mi mundo

Ejemplo 1

Hay 32 personas en fila adelante de Casandra para comprar palomitas de maíz. Aproximadamente, ¿cuántas personas son? Redondea a la decena más cercana.

Usa una tabla de valor posicional.

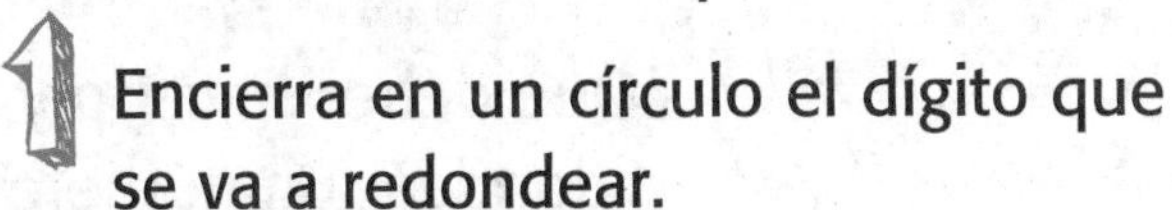

1. Encierra en un círculo el dígito que se va a redondear.
2. Observa el dígito a la derecha del dígito encerrado en el círculo.

centenas	decenas	unidades
	(3)	→ 2

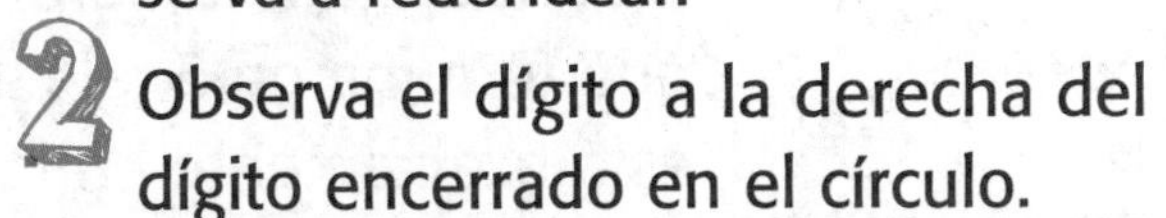

3. Si el dígito es menor que 5, no cambies el dígito encerrado en el círculo.
   $2 < 5$

centenas	decenas	unidades

4. Reemplaza con ceros todos los dígitos después del dígito encerrado en el círculo.

Usa una recta numérica.

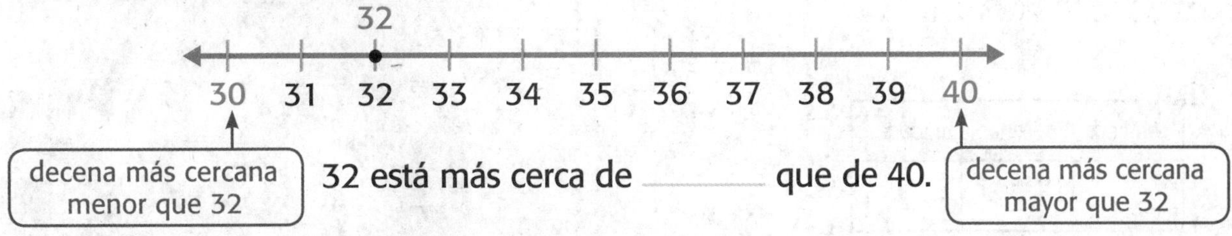

32 está más cerca de ________ que de 40.

Con cualquier método, la respuesta es la misma. Casandra tiene aproximadamente ________ personas adelante de ella.

Ejemplo 2  

Sonia envió 165 mensajes de texto por el teléfono celular de su familia. Aproximadamente, ¿cuántos mensajes envió Sonia?

Usa una tabla de valor posicional para redondear 165 a la decena más cercana.

1. Encierra en un círculo el dígito que se va a redondear.

centenas	decenas	unidades
1	(6) →	5

2. Observa el dígito a la derecha del dígito encerrado en el círculo.

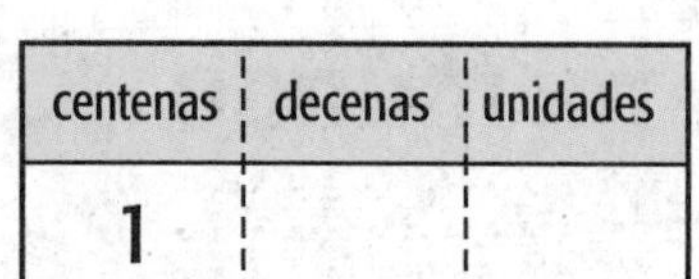

3. Si el dígito es 5 o mayor, suma 1 al dígito encerrado en el círculo. 5 = 5

centenas	decenas	unidades
1		

4. Reemplaza con ceros todos los dígitos después del dígito encerrado en el círculo.

Por lo tanto, Sonia envió aproximadamente 170 mensajes de texto.

Habla de las MATES

¿Qué debes hacer para redondear un número que termina en 5, el cual está exactamente en la mitad de dos números?

Práctica guiada 

Redondea a la decena más cercana.

1.

centenas	decenas	unidades
	5	8

______

2.

centenas	decenas	unidades
	8	5

______

3.

centenas	decenas	unidades
	7	2

______

Nombre

Práctica independiente

Redondea a la decena más cercana.

4. 77 ______ **5.** 67 ______ **6.** 13 ______ **7.** 21 ______

8. 285 ______ **9.** 195 ______ **10.** 157 ______ **11.** 679 ______

12. 123 ______ **13.** 244 ______ **14.** 749 ______ **15.** 603 ______

16. 353 ______ **17.** 894 ______ **18.** 568 ______ **19.** 829 ______

Redondea los números a la decena más cercana. Encierra en un círculo la fila o la columna en la que tres números redondeados sean iguales.

20.

37	317	37
513	766	91
251	249	245

21.

19	989	486
515	519	492
536	12	493

Redondea a la decena más cercana. Traza una línea para relacionar cada número con su número redondeado.

22. 345 • 290

23. 317 • 350

24. 295 • 310

25. 291 • 320

26. 305 • 300

Resolución de problemas

PRÁCTICA matemática 4 **Representar las mates** La tabla muestra los puntajes de bolos de Dan durante una semana.

Día	Puntaje
lunes	252
martes	83
miércoles	164
jueves	256
viernes	290
sábado	283
domingo	173

27. A la decena más cercana, ¿en cuál día el puntaje fue aproximadamente 260?

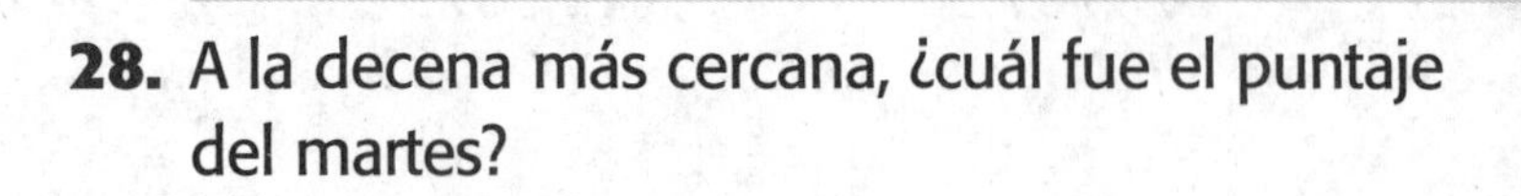

28. A la decena más cercana, ¿cuál fue el puntaje del martes?

29. A la decena más cercana, ¿el puntaje de cuál día se redondea a 250?

Problemas S.O.S.

30. **PRÁCTICA matemática 8** **Buscar un patrón** José piensa en un número que al redondearlo a la decena más cercana es 100. ¿Cuál puede ser el número? Explica tu respuesta.

31. **PRÁCTICA matemática 3** **Hallar el error** Tomás redondeó los siguientes números a la decena más cercana. Encierra en un círculo su error. Explica tu respuesta.

184 → 180	55 → 50	344 → 340

32. **Profundización de la pregunta importante** ¿Por qué es más fácil trabajar con números redondeados?

¡Mi trabajo!

Nombre ....

Mi tarea

Lección 4
Redondear a la decena más cercana

Asistente de tareas

¿Necesitas ayuda? connectED.mcgraw-hill.com

Carlos leyó un artículo sobre un jugador de fútbol americano que cargó el balón por 437 yardas. Redondea este número a la decena más cercana.

Usa una tabla de valor posicional.

1. Encierra en un círculo el dígito que se va a redondear.

centenas	decenas	unidades
4	(3) →	7

2. Observa el dígito a la derecha del dígito encerrado en el círculo.

3. Si el dígito es 5 o mayor, suma 1 al dígito encerrado en el círculo. Si es 4 o menor, no lo cambies.

centenas	decenas	unidades
4	4	0

4. Reemplaza con ceros todos los dígitos después del dígito encerrado en el círculo.

Por lo tanto, el jugador de fútbol americano cargó el balón por aproximadamente 440 yardas.

Práctica

Redondea a la decena más cercana.

1. 392 ________ **2.** 126 ________

Usa la recta numérica para redondear a la decena más cercana.

750 751 752 753 754 755 756 757 758 759 760

3. 753 ________ **4.** 758 ________ **5.** 756 ________

Usa la recta numérica para redondear a la decena más cercana.

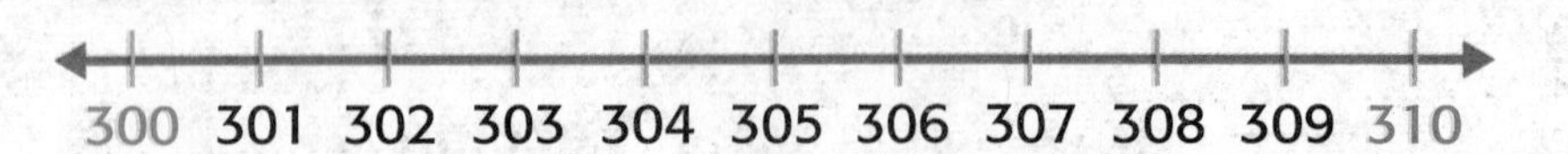

6. 302 ______ **7.** 304 ______ **8.** 305 ______

Redondea a la decena más cercana.

9. 429 ______ **10.** 191 ______ **11.** 198 ______

Resolución de problemas

12. PRÁCTICA matemática 2 **Usar el sentido numérico** El perro de Guille pesa 127 libras. Aproximadamente, ¿cuánto pesa su perro a la decena de libras más cercana?

____

Comprobación del vocabulario

Escribe en la línea uno de los siguientes para cada oración.

redondear   decena más cercana

13. Para ______________ un número, cambias su valor al de un número con el que es más fácil trabajar.

14. Redondeado a la ______________, 167 se convierte en 170.

Práctica para la prueba

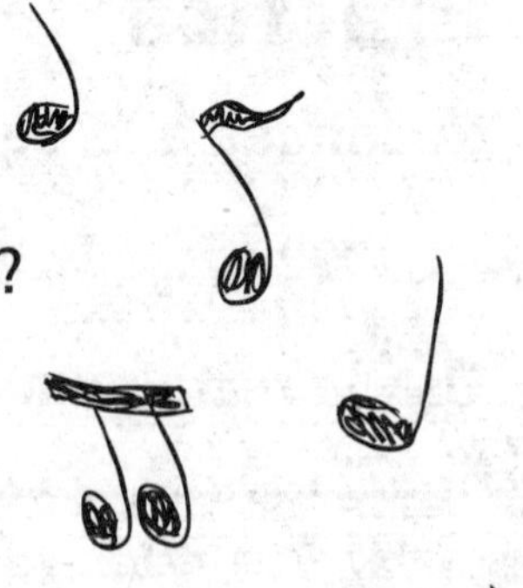

15. Luz agregó 143 canciones a su biblioteca musical de la computadora. Aproximadamente, ¿cuántas canciones es eso? Redondea a la decena más cercana.

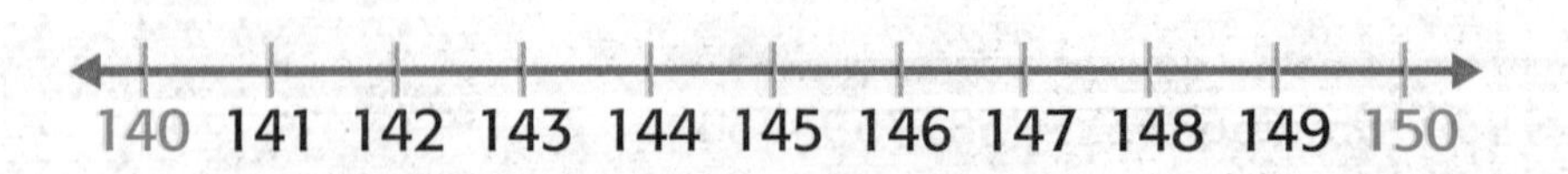

Ⓐ 130 canciones Ⓒ 145 canciones

Ⓑ 140 canciones Ⓓ 150 canciones

Nombre ....

Redondear a la centena más cercana

Lección 5

PREGUNTA IMPORTANTE
¿Cómo se pueden expresar, ordenar y comparar los números?

Puede haber más de un número redondeado de forma razonable.

¡RÁPIDO!

Las mates y mi mundo

Ejemplo 1

Un hidroplano es un bote con motor extremadamente veloz. En California, se impuso una marca de velocidad de 213 millas por hora. ¿Cuál es la marca de velocidad redondeada a la decena y a la centena más cercanas?

Redondea a la decena más cercana.

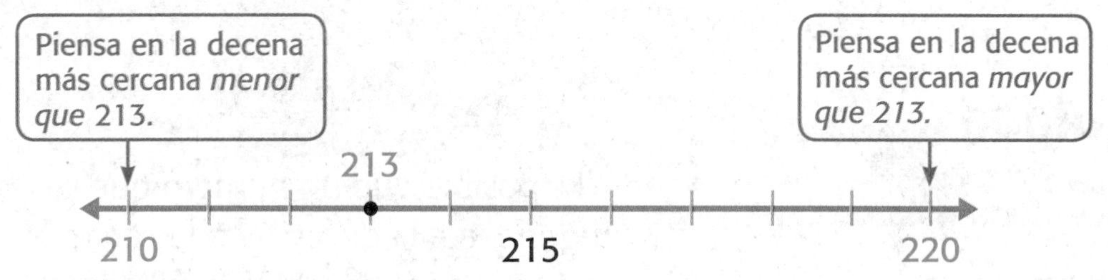

Redondeada a la decena más cercana, la velocidad del hidroplano fue de ________ millas por hora.

Redondea a la centena más cercana.

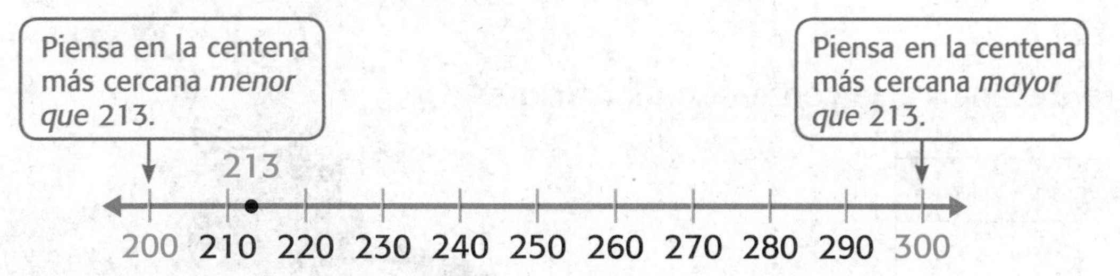

Redondeada a la centena más cercana, la velocidad del hidroplano fue de ________ millas por hora.

Ejemplo 2

Olivia puso unas golosinas en un frasco. Redondeó esa cantidad a la centena más cercana. Para ganar el frasco de golosinas se debe adivinar la estimación. ¿Cuál fue el número ganador?

1,483

Usa una tabla de valor posicional para redondear.

1. Encierra en un círculo el dígito que se va a redondear.
2. Observa el dígito a la derecha de la posición que se va a redondear.
3. Si el dígito es menor que 5, no cambies el dígito encerrado en el círculo. Si el dígito es 5 o mayor, suma 1 al dígito encerrado en el círculo.
4. Reemplaza con ceros todos los dígitos después del dígito encerrado en el círculo.

millares	centenas	decenas	unidades
1,	(4) →	8	3

millares	centenas	decenas	unidades
1,			

Por lo tanto, 1,483 redondeado a la centena más cercana es 1,500. El número ganador fue ______.

Pista

Los números "redondeados" tienen 1 o más ceros "redondeados" al final.

Práctica guiada

Redondea a la centena más cercana.

1.

centenas	decenas	unidades
6	2	2

______

¿Es posible que un número que se redondea a la decena y a la centena más cercanas dé como resultado el mismo número redondeado?

Redondea a la decena y a la centena más cercanas.

2.

centenas	decenas	unidades
2	6	5

decena ______ centena ______

Nombre ....

CCSS

Práctica independiente

Redondea a la centena más cercana.

3. 750 ______ **4.** 1,368 ______ **5.** 618 ______

6. 372 ______ **7.** 509 ______ **8.** 1,216 ______

Redondea a la decena y a la centena más cercanas.
Tacha el número redondeado que no pertenece.

9. 453

450 460 500

10. 6,333

7,000 6,330 6,300

11. 5,037

5,000 5,040 5,100

12. 4,776

4,700 4,800 4,780

Redondea los números a la centena más cercana. Encierra en un círculo la fila o la columna en la que tres números redondeados sean iguales.

13.

113	279	367
404	321	223
189	291	363

14.

1,925	4,782	2,295
850	3,815	3,795
4,723	4,689	4,717

Encierra en un círculo si los números están redondeados a la decena o a la centena más cercana.

15. 557 se redondea a 560 decena centena

16. 415 se redondea a 400 decena centena

17. 89 se redondea a 100 decena centena

18. 75 se redondea a 80 decena centena

Resolución de problemas

19. Un tren de pasajeros recorrió 687 millas. A la centena más cercana, ¿cuántas millas recorrió el tren?

_______ millas

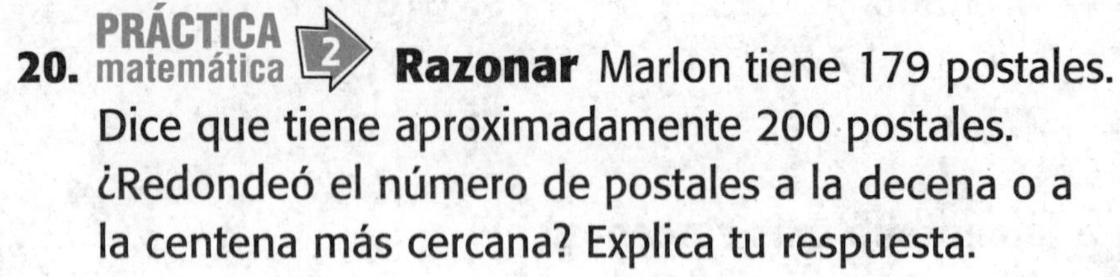

20. PRÁCTICA matemática 2 **Razonar** Marlon tiene 179 postales. Dice que tiene aproximadamente 200 postales. ¿Redondeó el número de postales a la decena o a la centena más cercana? Explica tu respuesta.

____

____

21. A la centena más cercana, ¿cuál sería el costo para que el tercer grado realizara una excursión al zoológico?

____

Problemas S.O.S.

22. PRÁCTICA matemática 4 **Representar las mates** El Sr. Jones piensa en un número que al redondearlo a la centena más cercana es 400. ¿Cuál es el número? Explica tu respuesta.

____

____

23. **Profundización de la pregunta importante** ¿Por qué es posible que quisieras redondear a la centena más cercana en vez de a la decena más cercana?

____

____

Nombre ....

Mi tarea

Lección 5
Redondear a la centena más cercana

Asistente de tareas

¿Necesitas ayuda? connectED.mcgraw-hill.com

Una montaña rusa en Ohio tiene una pista de 5,427 pies de largo. Aproximadamente, ¿cuántos pies es eso? Redondea a la centena más cercana.

Puedes usar una tabla de valor posicional.

1. Encierra en un círculo el dígito que se va a redondear.
2. Observa el dígito a la derecha del dígito encerrado en el círculo.

millares	centenas	decenas	unidades
5,	(4) →	2	7

3. Si el dígito es 5 o mayor, suma 1 al dígito encerrado en el círculo. Si es menor que 5, no lo cambies.

millares	centenas	decenas	unidades
5,	4	0	0

4. Reemplaza con ceros todos los dígitos después del dígito encerrado en el círculo.

Por lo tanto, la pista de la montaña rusa mide aproximadamente 5,400 pies de largo.

Práctica

Redondea a la centena más cercana.

1. 688 ________ **2.** 4,248 ________

3. 316 ________ **4.** 2,781 ________

Usa la recta numérica para redondear a la centena más cercana.

1,800 1,810 1,820 1,830 1,840 1,850 1,860 1,870 1,880 1,890 1,900

5. 1,877 ______ **6.** 1,849 ______ **7.** 1,829 ______

Redondea a la decena y a la centena más cercanas.

8.

centenas	decenas	unidades
7	0	9

decena ______

centena ______

9.

centenas	decenas	unidades
1	8	5

decena ______

centena ______

Resolución de problemas

10. PRÁCTICA matemática 2 **Razonar** La tabla muestra a cuántos pacientes atendieron tres médicos el año pasado. A la centena más cercana, ¿cuál médico atendió a aproximadamente 2,400 pacientes? Explica tu respuesta.

Médico	Pacientes
Dr. Walters	2,493
Dr. Santos	3,205
Dr. Cooper	2,353

______

______

11. Un grupo de excursionistas planean ascender al monte Carmy. A la centena más cercana, ¿cuántos pies aproximadamente ascenderán hasta el pico?

______

Práctica para la prueba

12. El Sr. Miles compró un telescopio que costó $3,556. A la centena más cercana, ¿cuánto costó el telescopio?

Ⓐ $3,500 Ⓒ $3,600

Ⓑ $3,560 Ⓓ $4,000

Nombre ....

El mundo real

Investigación para la resolución de problemas

ESTRATEGIA: Usar el plan de cuatro pasos

Lección 6

PREGUNTA IMPORTANTE
¿Cómo se pueden expresar, ordenar y comparar los números?

Aprende la estrategia

La familia de Dina fue al zoológico en vacaciones. Aprendieron que un correcaminos mide 1 pie de altura. Un elefante africano mide 12 pies de altura. ¿Cuánto más mide un elefante africano que un correcaminos?

1 Comprende

¿Qué sabes?

El correcaminos mide ______ pie de altura.

El elefante africano mide ______ pies de altura.

¿Qué debes hallar?

cuánto más mide un elefante africano que un ______

2 Planea

______ la altura del correcaminos de la altura del elefante.

3 Resuelve

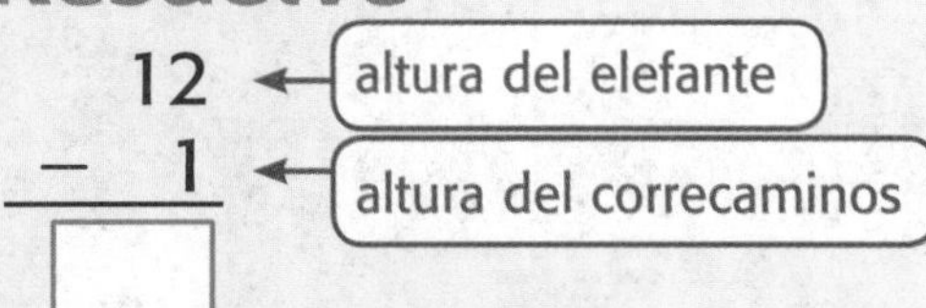

Por lo tanto, el elefante mide ______ pies más que el correcaminos.

4 Comprueba

¿Tiene sentido tu respuesta? ¿Por qué?

______

Practica la estrategia

Alex quiere comprar un boleto de tren a la casa de su abuelo. Un boleto de ida cuesta $43. Un boleto de ida y vuelta cuesta $79. ¿Es menos costoso comprar 2 boletos de ida o un boleto de ida y vuelta?

1 Comprende

¿Qué sabes?

¿Qué debes hallar?

---

2 Planea

---

3 Resuelve

4 Comprueba

¿Tiene sentido tu respuesta? ¿Por qué?

Nombre ....

Aplica la estrategia

Resuelve los problemas mediante el plan de cuatro pasos.

1. La tabla muestra el número de boletos que cuatro amigos vendieron el sábado.

Luisa 10 + 7	**Malcolm** catorce
Bobby 20 − 5	**Shelly** 19 + 2

Escribe de forma estándar el número de boletos que vendió cada amigo. Luego, ordena los números del *mayor* al *menor.*

2. Cameron y Mara caminaron 2 cuadras. Luego, voltearon en una esquina y caminaron 4 cuadras. Si giraran en este momento y regresaran a casa por donde vinieron, ¿cuántas cuadras caminarían en total?

3. PRÁCTICA matemática 5 **Usar herramientas de las mates** Sigue las instrucciones para hallar la altura correcta de la Torre CN en Toronto, Canadá. Comienza en 781 pies. Suma 100. Suma 1,000. Resta 7 decenas y suma 4 unidades.

4. En 1,000 años a partir de ahora, ¿qué año será? ¿Qué año será dentro de 100 años? ¿Dentro de 10 años?

Repasa las estrategias

Usa cualquier estrategia para resolver los problemas.

- Usar el plan de cuatro pasos.
- Probar, comprobar y revisar.
- Representar.

5. Los cubos numerados azules representan las centenas. Los cubos numerados rojos representan las decenas. Escribe la forma estándar para el conjunto de cubos numerados de cada persona.

Cubos numerados de Robin

Cubos numerados de Piero

Cubos numerados de Byron

Ordena estos números del *mayor* al *menor*.

¡Mi trabajo!

6. PRÁCTICA matemática 1 **Planear la solución** Dos estudiantes viajaron durante las vacaciones de verano. Tina viajó 395 millas. Carlos viajó 29 millas más que Tina. ¿Cuántas millas viajó Carlos?

7. PRÁCTICA matemática 6 **Responder con precisión** Un grupo de excursionistas viajó a las montañas Adirondack. A la decena más cercana, ¿cuántos pies caminaron aproximadamente si escalaron el monte Big Slide y el pico Algonquin?

Montañas Adirondack	
Monte Marcy	5,344 pies
Pico Algonquin	5,114 pies
Monte Whiteface	4,867 pies
Monte Big Slide	4,240 pies

Si en cambio redondeas a la centena más cercana, ¿hay alguna diferencia en la distancia? Usa <, > o = para explicar.

Mi tarea

Lección 6

Resolución de problemas: Usar el plan de cuatro pasos

Asistente de tareas

¿Necesitas ayuda? connectED.mcgraw-hill.com

Había 418 boletos vendidos para el recital de piano de Luis. Aproximadamente, ¿cuántos boletos se vendieron? Redondea a la centena más cercana.

1 Comprende **¿Qué sabes?**
Había 418 boletos vendidos.
¿Qué debes hallar?
el número de boletos vendidos redondeado a la centena más cercana

2 Planea **Usa una recta numérica.**

3 Resuelve

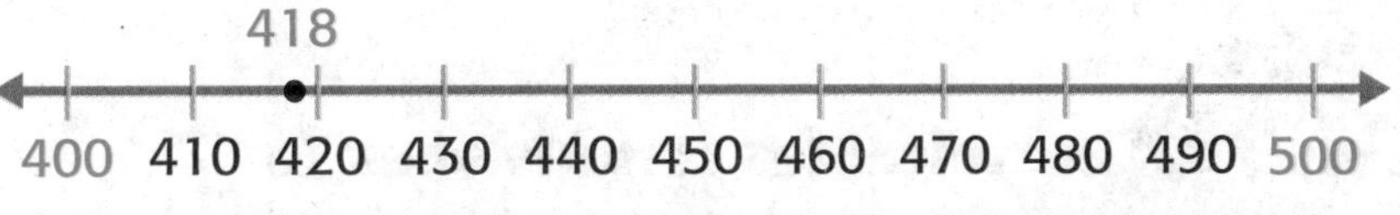

418 está más cerca de 400 que de 500. Se vendieron aproximadamente 400 boletos.

4 Comprueba Comprueba mediante una tabla de valor posicional.
La respuesta es correcta.

centenas	decenas	unidades
(4) →	1	8
4	0	0

Resolución de problemas

1. Victoria compra dos pares de gafas de sol a $8 cada uno. Aproximadamente, ¿cuánto pagó por ambos pares de gafas? Redondea a la decena más cercana. Resuelve el problema mediante el plan de cuatro pasos.

Resuelve los problemas con el plan de cuatro pasos.

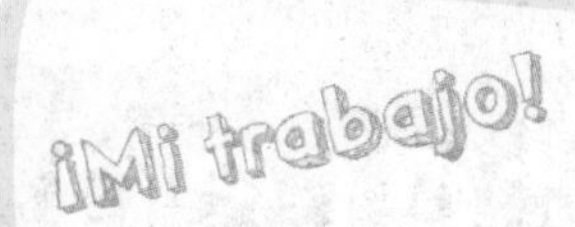

2. La escuela primaria Ridgeway recolectó *ocho mil quinientas treinta y una* latas de comida. La escuela primaria Park recolectó *ocho mil seiscientas cuarenta y dos* latas. ¿Cuál escuela recolectó más latas de comida? Escribe el número mayor de latas de forma desarrollada.

____

____

3. **PRÁCTICA matemática 1** **Hacer un plan** Hay 398 estudiantes en la escuela de Rebeca y 462 estudiantes en la escuela de Helena. Hay 10 estudiantes más en la escuela de Rodrigo que los que hay en la escuela de Rebeca. Ordena el número de estudiantes en cada escuela del menor al mayor.

____

4. **PRÁCTICA matemática 3** **Justificar las conclusiones** La tabla muestra los puntos que cada jugador anotó en un videojuego. ¿Quién anotó más puntos? Encierra en un círculo el nombre del jugador.

Jugador	Puntos
Josh	2,365
Jake	2,475

¿En qué posición están los dígitos que te ayudaron a resolver este problema?

____

5. La distancia de Los Ángeles, California, a Nueva York, Nueva York, es de 2,782 millas. ¿Cuál es la distancia entre las dos ciudades redondeada a la centena de millas más cercana?

____

Repaso

Capítulo 1

El valor posicional

Comprobación del vocabulario

Lee las claves. Rellena la sección correspondiente del crucigrama para responderlas. Usas las palabras de la lista.

dígito	**forma desarrollada**	**forma estándar**
forma verbal	**redondear**	**valor posicional**

Horizontales

1. Forma que muestra la suma del valor de los dígitos.
2. Forma de un número que usa palabras escritas.

Verticales

3. El valor dado a un dígito según su posición en un número.
4. Hallar el valor más cercano de un número con base en un valor posicional dado.
5. Símbolo que se usa para escribir números naturales.
6. Manera habitual de escribir los números que muestra solo sus dígitos.

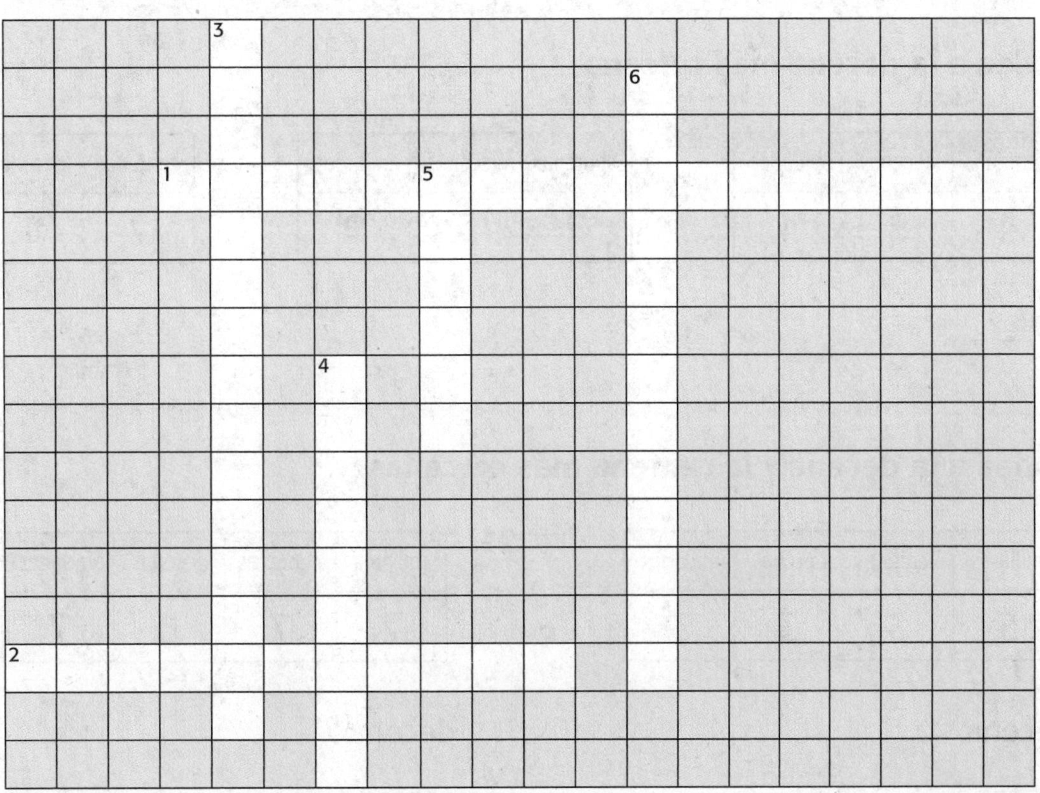

Comprobación del concepto 

Escribe la posición y el valor del dígito resaltado.

7. 945 ________ ________

8. 4,731 ________ ________

9. 5,409 ________ ________

Escribe los números de forma estándar.

10. 300 + 40 + 7 ________

11. *dos mil seiscientos veintidós* ________

Escribe 3,651 de forma desarrollada y de forma verbal.

12. Forma desarrollada: ________ + ________ + ________ + ________

13. Forma verbal: ____________________

Compara. Usa >, < o =.

14. 268 ◯ 298

15. 3,499 ◯ 3,499

16. 2,675 ◯ 2,567

Redondea a la decena más cercana.

17.

centenas	decenas	unidades
4	8	4

____

18.

centenas	decenas	unidades
2	5	9

____

19.

centenas	decenas	unidades
7	1	2

____

Redondea a la decena y la centena más cercanas.

20.

millares	centenas	decenas	unidades
5,	3	3	3

decena ________

centena ________

21.

millares	centenas	decenas	unidades
2,	7	8	7

decena ________

centena ________

Nombre

Resolución de problemas

22. Lisa usa los dígitos 3, 8, 0 y 1. Usa cada dígito solamente una vez. Halla el número natural mayor que Lisa puede formar.

23. Alicia escribió 5,004 de forma verbal. Halla y corrige su error.

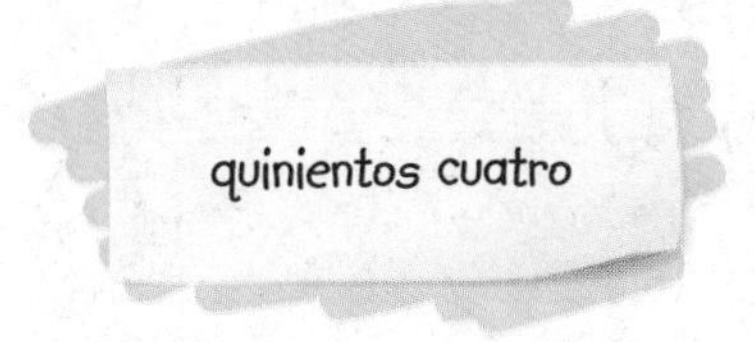

24. La familia de Kevin compró una computadora por $1,200. La familia de Margarita compró una computadora por $1,002. ¿Cuál computadora costó menos? Explica tu respuesta.

Práctica para la prueba

25. El equipo de atletismo de los Knights anotó 117 puntos en el encuentro de la semana pasada. Esta semana, anotó 10 puntos más que la semana pasada. Aproximadamente, ¿cuántos puntos anotó el equipo de los Knights esta semana? Redondea a la decena más cercana.

Ⓐ 120   Ⓒ 130

Ⓑ 127   Ⓓ 137

Pienso

Capítulo 1

Respuesta a la PREGUNTA IMPORTANTE

Usa lo que has aprendido sobre el valor posicional para completar el organizador gráfico.

Hacer un dibujo

Problema del mundo real

Vocabulario

PREGUNTA IMPORTANTE

¿Cómo se pueden expresar, ordenar y comparar los números?

Formas de los números

Piensa sobre la PREGUNTA IMPORTANTE  **Escribe tu respuesta.**

Capítulo

2 La suma

Mis estándares estatales

Números y operaciones del sistema decimal

CCSS

3.NBT.2 Sumar y restar hasta el 1,000 de manera fluida, aplicando estrategias y algoritmos basados en el valor posicional, las propiedades de las operaciones o la relación entre la suma y la resta.

Operaciones y razonamiento algebraico *Este capítulo también trata este estándar:*

3.OA.9 Identificar patrones aritméticos (incluidos los patrones de la tabla de sumar o de la tabla de multiplicar) y explicarlos recurriendo a las propiedades de las operaciones.

¡No hay problema, lo entenderé!

Estándares para las

PRÁCTICAS matemáticas

1. Entender los problemas y perseverar en la búsqueda de una solución.
2. Razonar de manera abstracta y cuantitativa.
3. Construir argumentos viables y hacer un análisis del razonamiento de los demás.
4. Representar con matemáticas.
5. Usar estratégicamente las herramientas apropiadas.
6. Prestar atención a la precisión.
7. Buscar una estructura y usarla.
8. Buscar y expresar regularidad en el razonamiento repetido.

= Se trabaja en este capítulo.

Nombre ....

Antes de seguir...

← Conéctate para hacer la prueba de preparación.

Suma.

1. $5 + 4$

2. $6 + 7$

3. $9 + 6$

4. $4 + 8$

5. 9 + 2 = _______ **6.** 4 + 6 = _______ **7.** 9 + 8 = _______ **8.** 7 + 7 = _______

9.

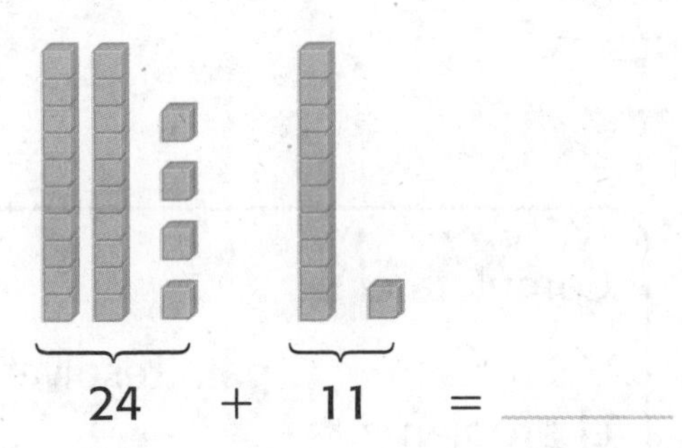

24 + 11 = _______

10.

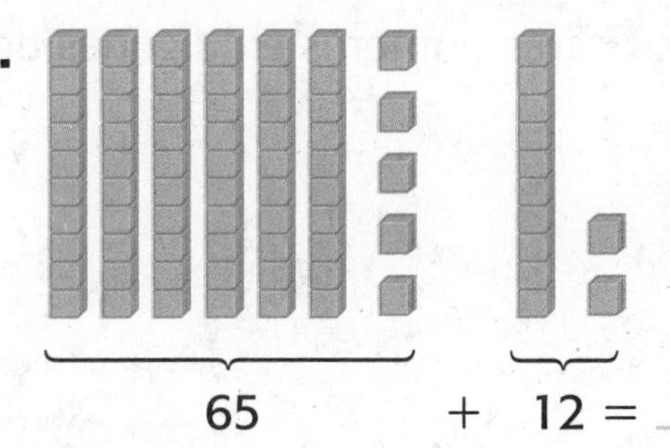

65 + 12 = _______

11. ¿Qué número es 10 más que 66?

____

12. ¿Qué número es 100 más que 800?

____

Redondea a la decena más cercana.

13. 72 _______ **14.** 17 _______ **15.** 63 _______ **16.** 88 _______

Redondea a la centena más cercana.

17. 470 _______ **18.** 771 _______ **19.** 301 _______ **20.** 149 _______

Sombrea las casillas para mostrar los problemas que respondiste correctamente.

¿Cómo me fue?

1	2	3	4	5	6	7	8	9	10	11	12	13	14	15	16	17	18	19	20

Nombre ______________________________

Las palabras de mis mates

Repaso del vocabulario

enunciado de suma   suma   sumando

Haz conexiones

Usa el repaso del vocabulario para completar el organizador gráfico. Usarás números en algunas de tus respuestas.

Bella y Tyler observaron aves en el parque. Bella vio 10 cisnes. Tyler vio 30 cardenales. ¿Cuántas aves vieron en total?

Completa el ______________ ______________ para resolver el problema.

10 + ________ = ________

Los ______________ son 10 y 30.

La ________ de 10 y 30 es 40.

Mis tarjetas de vocabulario

PRÁCTICAS matemáticas

Lección 2-1

cálculo mental

Lección 2-8

diagrama de barra

? $ gastados

$3,295	$3,999
el año pasado	este año

Lección 2-5

estimación

aproximadamente $30

Lección 2-7

incógnita

$21 + 6 = ■$

incógnita

Lección 2-1

paréntesis

$(3 + 4) + 2 = 3 + (4 + 2)$

Lección 2-2

patrón

+	0	1	2	3
0	0	1	2	3
1	1	2	3	4
2	2	3	4	5
3	3	4	5	6

Lección 2-1

propiedad asociativa de la suma

$(2 + 5) + 1 = 2 + (5 + 1)$

Lección 2-1

propiedad conmutativa de la suma

$12 + 15 = 15 + 12$

Sugerencias

- Durante este año escolar, crea una pila separada de tarjetas para los verbos clave de las mates, como *reagrupar*. Estos verbos te ayudarán en la resolución de problemas.
- Usa una tarjeta en blanco para escribir la pregunta importante de este capítulo. Escribe o dibuja en el reverso de la tarjeta ejemplos que te ayuden a responder la pregunta.

El diagrama de barra se usa para ilustrar las relaciones que hay entre los números.

Jimena ganó el año pasado $1,595 y $1,876 este año. Dibuja un diagrama de barra para mostrar este problema.

Ordenar o agrupar números de modo que sean más fáciles de sumar mentalmente.

¿Cuándo podría ser importante usar el cálculo mental en una tienda?

Número que falta, o el número por el que hay que resolver algo.

Escribe un ejemplo de incógnita al principio de un enunciado numérico.

Número cercano a un valor exacto.

Describe cuándo podrías necesitar hacer una estimación.

Conjunto de números que sigue un orden específico.

Escribe tu propio patrón usando números.

Símbolos que se usan para agrupar números. Muestran cómo agrupar operaciones en un enunciado numérico.

Usa el diccionario para hallar la forma singular de *paréntesis*.

El orden en el cual se suman dos o más números no altera la suma.

Completa el enunciado numérico para mostrar la propiedad conmutativa de la suma.

11 + 7 = ______

Propiedad que establece que la forma de agrupar los sumandos no altera la suma.

Escribe tu propio ejemplo para mostrar esta propiedad.

Mis tarjetas de vocabulario

Lección 2-1

propiedad de identidad de la suma

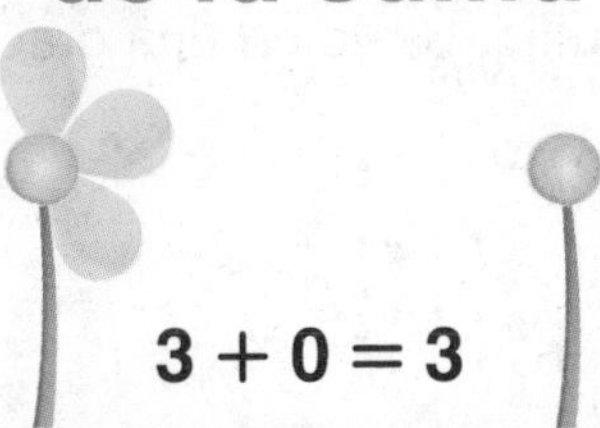

$3 + 0 = 3$

Lección 2-6

razonable

682 →	680
+ 17 →	+ 20
699	700

700 es una estimación razonable.

Lección 2-6

reagrupar

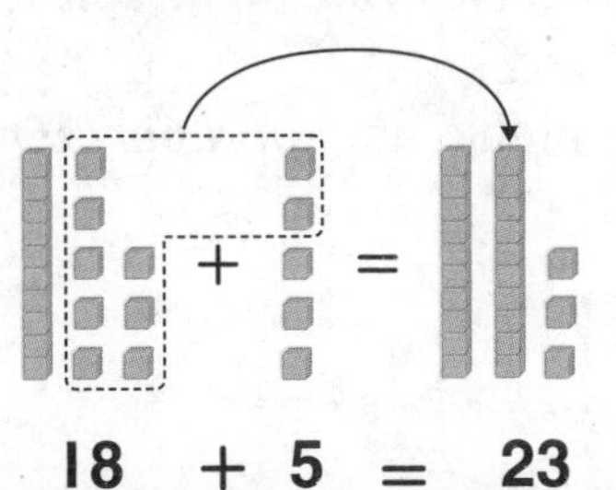

$18 + 5 = 23$

Sugerencias

- Durante este año escolar, crea una pila separada de tarjetas para los verbos clave de las mates, como reagrupar. Estos verbos te ayudarán en la resolución de problemas.
- Usa una tarjeta en blanco para escribir la pregunta importante de este capítulo. Escribe o dibuja en el reverso de la tarjeta ejemplos que te ayuden a responder la pregunta.

Dentro de los límites de lo que tiene sentido.

El prefijo *in–* puede significar "no". ¿Qué significa la palabra *irrazonable*?

Si sumas cero a un número, la suma es igual al número dado.

Reemplaza el sufijo *–idad* en *identidad* con un nuevo sufijo. Úsalo en una oración.

Usar el valor posicional para intercambiar cantidades iguales cuando se convierte un número.

¿Cuál es el prefijo en *reagrupar*? ¿Qué significa?

Mi modelo de papel

FOLDABLES® Sigue los pasos que aparecen en el reverso para hacer tu modelo de papel.

Millares	Centenas	Decenas	Unidades
1,000	100	10	1
1,000	100	10	1
1,000	100	10	1
1,000	100	10	1
1,000	100	10	1
1,000	100	10	1
1,000	100	10	1
1,000	100	10	1
1,000	100	10	1
1,000	100	10	1

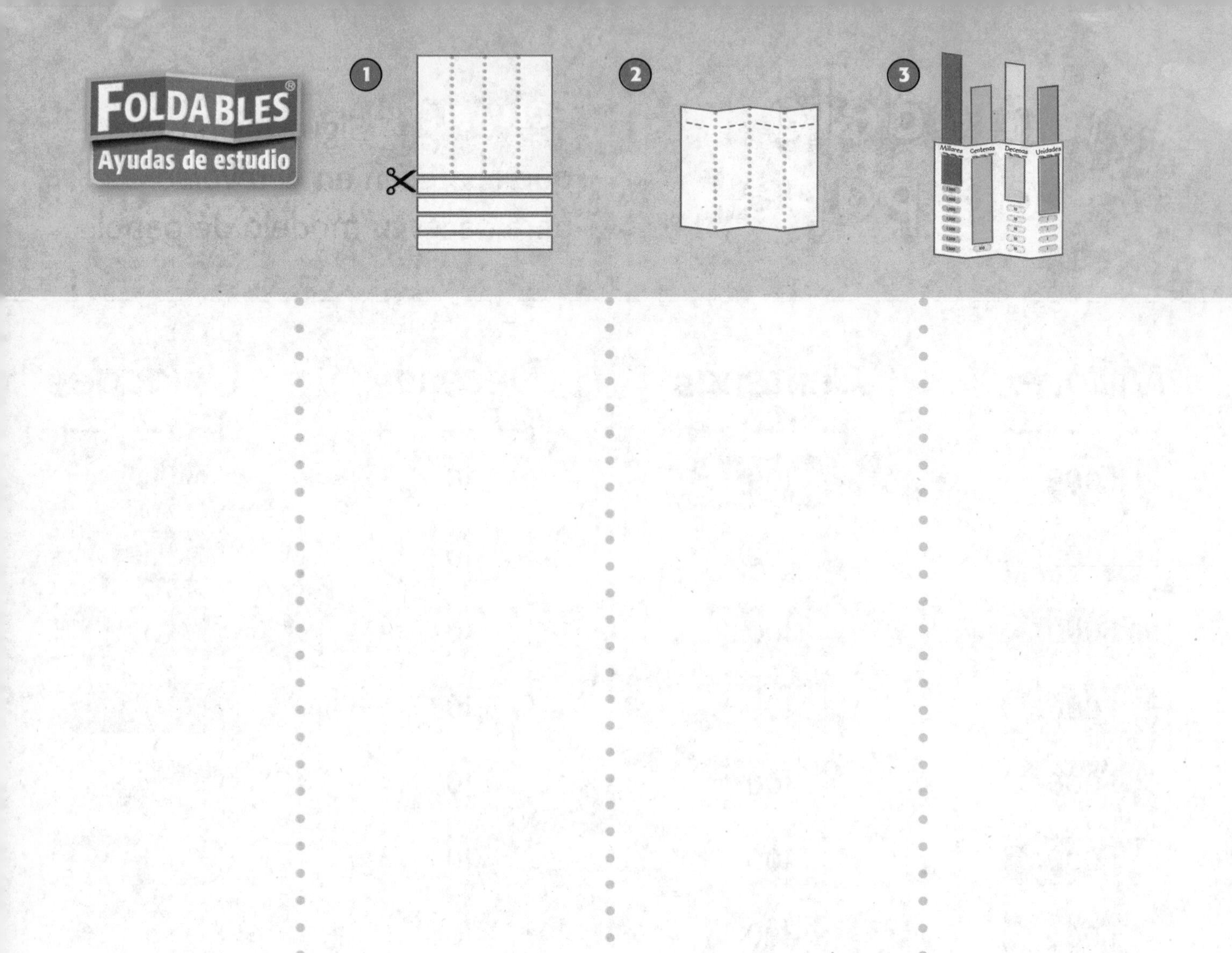
FOLDABLES
Ayudas de estudio
1
2
3
Millares
Centenas
Decenas
Unidades

Nombre ....

Propiedades de la suma

Lección 1

PREGUNTA IMPORTANTE
¿Cómo me puede ayudar el valor posicional a sumar números más grandes?

En las mates, las propiedades son reglas que puedes usar con los números.

Las mates y mi mundo

Ejemplo 1

Sergio tiene 4 bolígrafos azules y 5 bolígrafos rojos. Mario tiene 5 bolígrafos azules y 4 bolígrafos rojos. ¿Cuántos bolígrafos tiene cada niño?

Halla $4 + 5$. Luego, halla $5 + 4$.

$4 + 5 =$ ______. Sergio tiene ______ bolígrafos.

$5 + 4 =$ ______. Mario tiene ______ bolígrafos.

Esto muestra la **propiedad conmutativa de la suma**. El orden en el que se sumaron los números no alteró la suma.

Ejemplo 2

Ana practicó piano por 3 horas el viernes. No practicó el sábado. ¿Cuántas horas practicó en total?

Halla $3 + 0$. Luego, halla $0 + 3$.

$3 + 0 =$ ______ ←

$0 + 3 =$ ______ ←

Ana practicó 3 horas en total.

Esto muestra la **propiedad de identidad de la suma**. La suma de cualquier número y cero es el número.

A veces puedes agrupar los números de una manera que sea más fácil sumar mentalmente. Esto es el **cálculo mental**.

Ejemplo 3

Mateo vio 9 veleros, 4 botes de remos y 6 canoas en el lago. ¿Cuántas embarcaciones vio en total?

Pista

9 + 4 + 6 = 19 es un enunciado numérico porque contiene números, operaciones y un signo igual.

Halla (9 + 4) + 6.

Los **paréntesis** muestran cómo agrupar operaciones. Estos paréntesis te dicen que sumes primero 9 + 4.

Como 4 + 6 = 10, hallar 4 + 6 es más fácil que hallar 9 + 4. La manera en que se agrupan los sumandos no altera la suma. Esta es la **propiedad asociativa de la suma**.

$(9 + 4) + 6 = 9 + (4 + 6)$ propiedad asociativa de la suma

$= 9 + 10$ Suma 4 + 6.

$= 19$ Suma 9 y 10.

Por lo tanto, (9 + 4) + 6 = ______. Hay ______ embarcaciones en el lago.

Práctica guiada

Halla las sumas. Traza una línea para relacionar con la propiedad correcta de la suma.

¿Cómo usas la propiedad asociativa para sumar 7, 8 y 3?

1. 6 + 5 = ______

5 + 6 = ______

• de identidad

2. (5 + 7) + 3 = ______

5 + (7 + 3) = ______

• asociativa

• conmutativa

3. 0 + 12 = ______

Nombre ....

Práctica independiente

Halla las sumas. Traza una línea para relacionar con la propiedad correcta de la suma.

4. $(2 + 5) + 8 =$ ______

$2 + (5 + 8) =$ ______

5. $2 + 8 =$ ______

$8 + 2 =$ ______

- propiedad asociativa

6. $9 + 2 =$ ______

$2 + 9 =$ ______

7. $100 + 0 =$ ______

- propiedad de identidad

8. $4 + (6 + 3) =$ ______

$(4 + 6) + 3 =$ ______

Álgebra **Usa una propiedad de la suma para completar.**

9. $6 +$ ______ $= 6$

10. $(7 + 9) +$ ______ $= (9 + 7) + 3$

11. $9 + 2 = 2 +$ ______

12. $(8 + 3) +$ ______ $= 8 + (3 + 2)$

Halla las sumas mentalmente.

13. $(7 + 1) + 9 =$ ______

14. $(7 + 5) + 5 =$ ______

15. Completa el enunciado numérico para las siguientes figuras que muestren la propiedad asociativa de la suma.

$(3 + 5) +$ ______ $= 3 + ($ ______ $+$ ______ $)$

Resolución de problemas

¡QUIETO!

Escribe un enunciado numérico e identifica la propiedad.

16. En tres partidos de béisbol, los Tigres anotaron 7, 4 y 6 carreras. ¿Cuántas carreras anotaron los Tigres en los 3 partidos?

(_______ + 4) + 7 = _______

propiedad ______________ de la suma

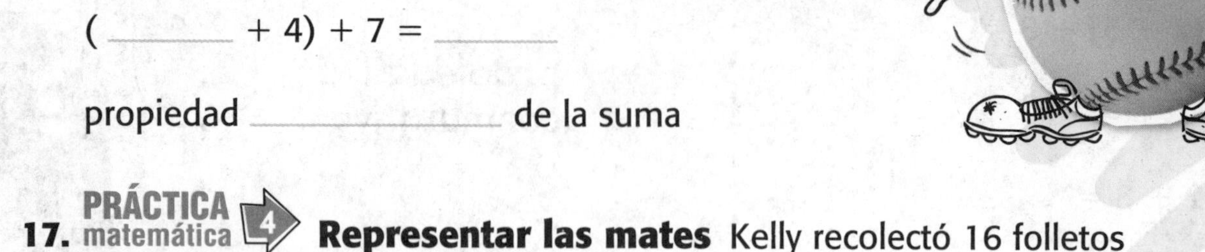

17. PRÁCTICA matemática 4 **Representar las mates** Kelly recolectó 16 folletos de vacaciones el verano pasado. Este verano no recolectó ninguno. ¿Cuántos folletos recolectó en total?

____

18. La Sra. Jackson compró 3 cuadernos azules y 9 cuadernos rojos. El Sr. Méndez compró 9 cuadernos azules y 3 cuadernos rojos. ¿Cuántos cuadernos compró cada uno?

____

____

Problemas S.O.S.

19. PRÁCTICA matemática 2 **Razonar** ¿Se puede usar la propiedad conmutativa para restar? Explica tu respuesta.

____

____

20. **Profundización de la pregunta importante** ¿Cómo pueden las propiedades de la suma ayudarme a sumar números naturales?

____

____

Nombre ....

Mi tarea

Lección 1
Propiedades de la suma

Asistente de tareas

¿Necesitas ayuda? connectED.mcgraw-hill.com

Jazmín compró 3 manzanas amarillas y 4 manzanas verdes. Martha compró 4 manzanas amarillas y 3 manzanas verdes. ¿Cuántas manzanas compró cada persona?

$3 + 4 = 7$ $4 + 3 = 7$ ← propiedad conmutativa de la suma

Cada una compró 7 manzanas. El orden en el que se suman los sumandos no cambia la suma.

Aprendiste otras dos propiedades de la suma.

La propiedad de identidad muestra que la suma de cualquier número y cero es el número.

$7 + 0 = 7$

La propiedad asociativa muestra que la manera en que se agrupan los sumandos no altera la suma.

$$(7 + 4) + 3 = 7 + (4 + 3)$$
$$= 7 + 7$$
$$= 14$$

Práctica

Traza líneas para relacionar las propiedades de la suma con los ejemplos correctos.

1. $3 + 4 = 7$ $4 + 3 = 7$ • propiedad conmutativa de la suma

2. $7 + 0 = 7$ • propiedad asociativa de la suma

3. $7 + (3 + 4) = (7 + 3) + 4$ • propiedad de identidad de la suma

Halla las sumas. Identifica la propiedad de la suma.

4. $46 + 0 =$ ______ **5.** $(7 + 9) + 3 =$ ______ $7 + (9 + 3) =$ ______

propiedad ______________ propiedad ______________________

Halla las sumas mentalmente.

6. $(6 + 8) + 2 =$ ______ **7.** $3 + (2 + 4) =$ ______

Resolución de problemas

8. PRÁCTICA matemática 1 **Entender los problemas** Pedro y Jaime recolectaron hojas amarillas y rojas. Cada uno recolectó el mismo número total de hojas. ¿Cuántas hojas rojas recolectó Jaime?

____

hojas de Pedro

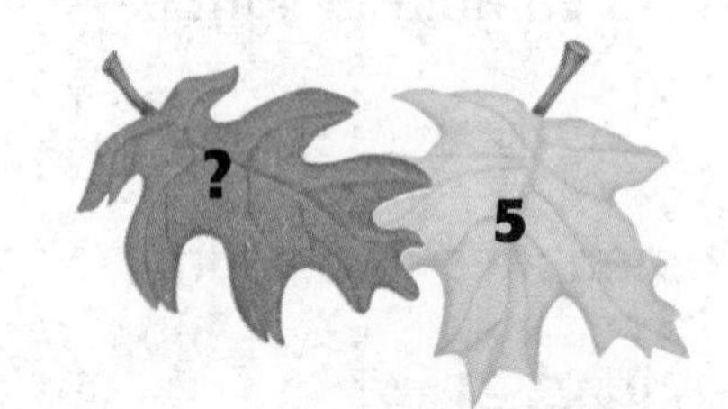

hojas de Jaime

Comprobación del vocabulario

Traza una línea para relacionar las palabras del vocabulario con sus ejemplos.

9. propiedad conmutativa	• símbolos que muestran agrupación
10. paréntesis	• $(3 + 1) + 4 = 8$ $3 + (1 + 4) = 8$
11. propiedad de identidad	• $5 + 6 = 11$ $6 + 5 = 11$
12. propiedad asociativa	• $2 + 0 = 2$

Práctica para la prueba

13. ¿Cuál enunciado numérico es un ejemplo de la propiedad asociativa?

Ⓐ $5 + 1 = 3 + 3$

Ⓑ $583 + 0 = 583$

Ⓒ $(8 + 2) + 5 = 8 + (2 + 5)$

Ⓓ $3 + 5 = 5 + 3$

Nombre ....

Patrones de la tabla de sumar

Lección 2

PREGUNTA IMPORTANTE
¿Cómo me puede ayudar el valor posicional a sumar números más grandes?

Estudia la tabla de sumar en busca de los **patrones** numéricos. Busca conjuntos de números que sigan un orden específico.

¡Forma un patrón!

Las mates y mi mundo

Tutor

Ejemplo 1

Danny coloreó de amarillo un patrón de casillas de izquierda a derecha en la diagonal descendente.
Describe el patrón.

columnas de sumandos

filas de sumandos

+	0	1	2	3	4	5	6	7	8	9	10
0	0	1	2	3	4	5	6	7	8	9	10
1	1	2	3	4	5	6	7	8	9	10	11
2	2	3	4	5	6	7	8	9	10	11	12
3	3	4	5	6	7	8	9	10	11	12	13
4	4	5	6	7	8	9	10	11	12	13	14
5	5	6	7	8	9	10	11	12	13	14	15
6	6	7	8	9	10	11	12	13	14	15	16
7	7	8	9	10	11	12	13	14	15	16	17
8	8	9	10	11	12	13	14	15	16	17	18
9	9	10	11	12	13	14	15	16	17	18	19
10	10	11	12	13	14	15	16	17	18	19	20

Números pares

Termina el patrón de números pares de Danny. Colorea las casillas.

0, 2, 4, 6, 8, 10, 12, 14, 16, 18, 20

Hay un patrón de sumar ______.

Cuando sumas ______ a un número par, la suma es un número ______.

Números impares

Empieza con la casilla verde. Colorea de verde el patrón de números impares en la diagonal descendente. Escribe los números.

1, ____, ____, ____, ____, ____, ____, ____, ____, ____

Hay un patrón de sumar ____. Cuando sumas ____ a un número impar, la suma es un número ______.

Ejemplo 2

1. ¿Qué patrón de números ves en la diagonal de casillas amarillas?

____

2. Mira la suma encerrada en un círculo. Sigue a la izquierda y hacia arriba hasta los sumandos encerrados en círculos.

3. Dibuja un triángulo alrededor de la suma en la tabla de sumar que tenga los mismos sumandos. Sigue a la izquierda y hacia arriba hasta los sumandos. Completa los enunciados numéricos.

+	0	1	2	3	4	5	6	7	8	9	10
0	0	1	2	3	4	5	6	7	8	9	10
1	1	2	3	4	5	6	7	8	9	10	11
2	2	3	4	5	6	7	8	9	10	11	12
3	3	4	5	6	7	8	9	10	11	12	13
4	4	5	6	7	8	9	10	11	12	13	14
5	5	6	7	8	9	10	11	12	13	14	15
6	6	7	8	9	10	11	12	13	14	15	16
7	7	8	9	10	11	12	13	14	15	16	17
8	8	9	10	11	12	13	14	15	16	17	18
9	9	10	11	12	13	14	15	16	17	18	19
10	10	11	12	13	14	15	16	17	18	19	20

sumandos

_____ + _____ = 7

_____ + _____ = 7

Los dos enunciados numéricos son un ejemplo de la propiedad _______________.

Práctica guiada

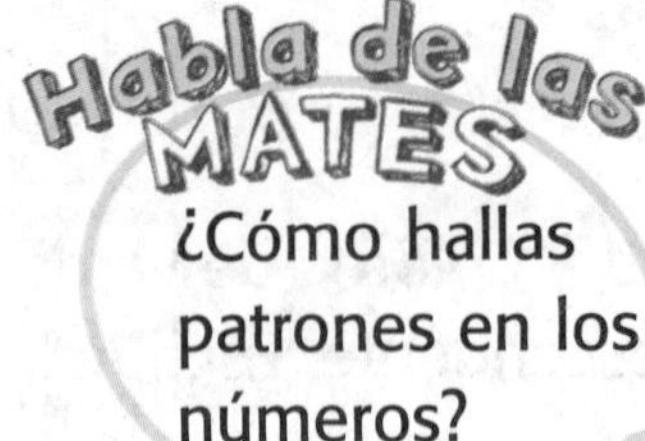

Describe el nuevo patrón de Danny en la siguiente tabla de sumar.

1. Cuando se suma _____ a un número, la suma es ese número.

2. Este es un ejemplo de la propiedad _______________ de la suma.

+	0	1	2	3	4	5	6
0	0	1	2	3	4	5	6
1	1	2	3	4	5	6	7
2	2	3	4	5	6	7	8
3	3	4	5	6	7	8	9
4	4	5	6	7	8	9	10
5	5	6	7	8	9	10	11
6	6	7	8	9	10	11	12

Nombre ____________

CCSS

Práctica independiente

Usa la tabla de sumar.

3. Sombrea de **azul** una diagonal de números que muestren las sumas iguales a 8.

4. Sombrea de **verde** una diagonal de números que muestren las sumas iguales a 5.

5. Sombrea de **amarillo** una fila de números que representen sumas con un sumando de 4.

6. Sombrea de **rosado** una columna de números que representen sumas con un sumando de 6.

+	0	1	2	3	4	5	6	7	8	9	10
0	0	1	2	3	4	5	6	7	8	9	10
1	1	2	3	4	5	6	7	8	9	10	11
2	2	3	4	5	6	7	8	9	10	11	12
3	3	4	5	6	7	8	9	10	11	12	13
4	4	5	6	7	8	9	10	11	12	13	14
5	5	6	7	8	9	10	11	12	13	14	15
6	6	7	8	9	10	11	12	13	14	15	16
7	7	8	9	10	11	12	13	14	15	16	17
8	8	9	10	11	12	13	14	15	16	17	18
9	9	10	11	12	13	14	15	16	17	18	19
10	10	11	12	13	14	15	16	17	18	19	20

7. Sombrea de **violeta** dos casillas que representen cada una la suma de 3 y 9. ¿Qué propiedad muestra esto?

____

8. Encierra en un círculo dos casillas que representen cada una la suma de 0 y 10. ¿Cuáles dos propiedades muestra esto?

____

____

9. Sombrea de **rojo** dos sumandos que tengan una suma de 8. Completa el enunciado numérico. Escribe primero el sumando mayor.

_______ + _______ = 8

Usa la propiedad conmutativa de la suma y sombrea de **rojo** los otros dos sumandos. Completa el otro enunciado de suma.

_______ + _______ = 8

Resolución de problemas

Usa la tabla de sumar.

+	0	1	2	3	4	5	6	7	8	9	10
0	0	1	2	3	4	5	6	7	8	9	10
1	1	2	3	4	5	6	7	8	9	10	11
2	2	3	4	5	6	7	8	9	10	11	12
3	3	4	5	6	7	8	9	10	11	12	13
4	4	5	6	7	8	9	10	11	12	13	14
5	5	6	7	8	9	10	11	12	13	14	15
6	6	7	8	9	10	11	12	13	14	15	16
7	7	8	9	10	11	12	13	14	15	16	17
8	8	9	10	11	12	13	14	15	16	17	18
9	9	10	11	12	13	14	15	16	17	18	19
10	10	11	12	13	14	15	16	17	18	19	20

10. PRÁCTICA matemática 5 **Usar herramientas de las mates** Mariana apiló 8 cajas. No tenía más cajas para apilar. Halla el número total de cajas apiladas. Sombrea dos casillas que representen cada una la suma. Escribe dos enunciados numéricos.

____

¿Cuáles dos propiedades muestra esto?

____

____

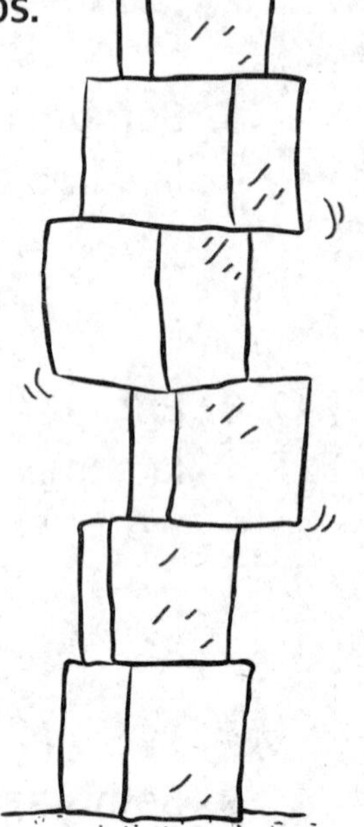

11. Pedro corrió 3 millas el domingo y 2 millas el lunes. Halla el número total de millas que corrió. Sombrea dos casillas que representen cada una la suma. Escribe dos enunciados numéricos.

____

¿Qué propiedad muestra esto?

____

Problemas S.O.S.

12. PRÁCTICA matemática 4 **Representar las mates** Escribe un problema del mundo real que puedas resolver mediante la tabla de sumar y la propiedad conmutativa de la suma. Luego, resuelve.

____

____

13. **Profundización de la pregunta importante** ¿Cómo pueden los patrones de la suma ayudarme a sumar mentalmente?

____

____

Nombre ....

Mi tarea

Lección 2
Patrones de la tabla de sumar

Asistente de tareas

¿Necesitas ayuda? connectED.mcgraw-hill.com

Eduardo coloreó de azul la fila superior de una tabla de sumar. ¿Cuál es el patrón?

La suma de cualquier número y cero es el número. Esto muestra la propiedad de identidad de la suma.

Usando verde, Eduardo empezó en 2 y coloreó un patrón descendente en diagonal. ¿Cuál es el patrón?

Sumar 2 a un número par muestra un patrón de números pares.

Usando violeta, Eduardo empezó en 5 y coloreó una diagonal descendente. ¿Cuál es el patrón?

Sumar 2 a un número impar muestra un patrón de números impares.

+	0	1	2	3	4	5	6	7	8	9	10
0	0	1	2	3	4	5	6	7	8	9	10
1	1	2	3	4	5	6	7	8	9	10	11
2	2	3	4	5	6	7	8	9	10	11	12
3	3	4	5	6	7	8	9	10	11	12	13
4	4	5	6	7	8	9	10	11	12	13	14
5	5	6	7	8	9	10	11	12	13	14	15
6	6	7	8	9	10	11	12	13	14	15	16
7	7	8	9	10	11	12	13	14	15	16	17
8	8	9	10	11	12	13	14	15	16	17	18
9	9	10	11	12	13	14	15	16	17	18	19
10	10	11	12	13	14	15	16	17	18	19	20

Práctica

Usa la anterior tabla de sumar.

1. Sombrea de rojo una diagonal de números impares.

2. Sombrea de amarillo una diagonal de números pares.

Usa la tabla de sumar.

3. Encierra en un círculo dos casillas que representen cada una la suma de 3 y 4. Esto muestra la propiedad conmutativa de la suma.

$3 + 4 =$ ____ y $4 + 3 =$ ____

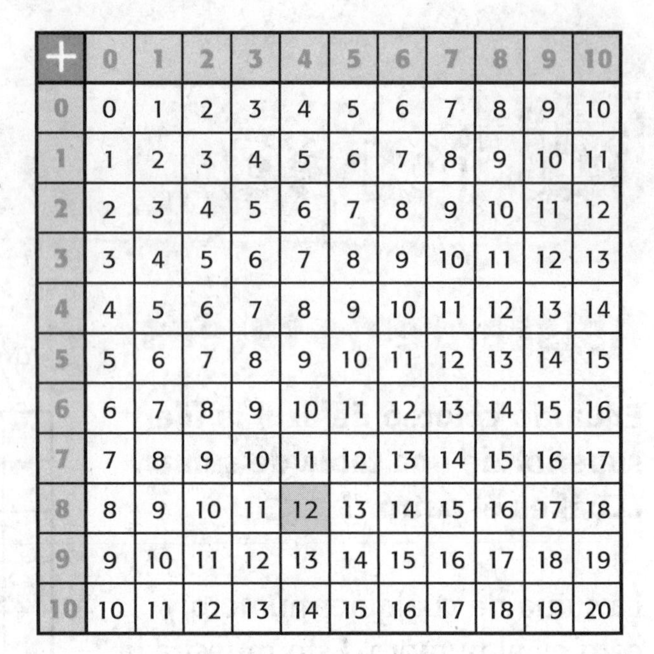

+	0	1	2	3	4	5	6	7	8	9	10
0	0	1	2	3	4	5	6	7	8	9	10
1	1	2	3	4	5	6	7	8	9	10	11
2	2	3	4	5	6	7	8	9	10	11	12
3	3	4	5	6	7	8	9	10	11	12	13
4	4	5	6	7	8	9	10	11	12	13	14
5	5	6	7	8	9	10	11	12	13	14	15
6	6	7	8	9	10	11	12	13	14	15	16
7	7	8	9	10	11	12	13	14	15	16	17
8	8	9	10	11	12	13	14	15	16	17	18
9	9	10	11	12	13	14	15	16	17	18	19
10	10	11	12	13	14	15	16	17	18	19	20

4. Encierra en un círculo los dos sumandos que formen la suma del 12 sombreado. Escribe el enunciado numérico.

____

5. Sombrea de **verde** una diagonal de números que muestren las sumas iguales a 9.

6. Sombrea de **amarillo** una fila de números que representen sumas con un sumando de 10.

El mundo real

Resolución de problemas

7. PRÁCTICA matemática 3 **Justificar las conclusiones** En casa de Jazmín había 11 amigos. Cada vez que sonaba el timbre, llegaban 2 amigos más. El timbre sonó 3 veces. ¿Cuántos amigos visitaron a Jazmín en total?

____

8. Steve colorea las siguientes sumas en una tabla de sumar. Si sigue el patrón, ¿seguirán siendo pares los numeros? Explica tu respuesta.

12, 14, 16, 18

____

____

Práctica para la prueba

9. Daniela está ahorrando para una bicicleta. Sus 4 últimos depósitos en el banco se muestran en la tabla. Si el patrón continúa, ¿de cuánto será su próximo depósito?

Depósitos en el banco
$9
$11
$13
$15
?

Ⓐ $2 Ⓑ $16 Ⓒ $17 Ⓓ $19

Nombre ....

Patrones de la suma

Lección 3

PREGUNTA IMPORTANTE
¿Cómo me puede ayudar el valor posicional a sumar números más grandes?

Las mates y mi mundo

Ejemplo 1

La libreta de ahorros muestra cuánto dinero se sumaba a la cuenta de Bart cada vez que iba al banco. ¿Cuánto dinero tenía Bart después de cada viaje al banco? Completa la libreta de ahorros de Bart.

	Libreta de ahorros de Bart				
	$		5	7	5
$1 más	$		5	7	
$100 más	$			7	6
$1,000 más	$	,	6	7	6

← primer viaje →
← segundo viaje →
← tercer viaje →

millares	centenas	decenas	unidades
	5	7	5
	5	7	(6)
	(6)	7	6
(1),	6	7	6

Los dígitos encerrados en un círculo muestran cuáles posiciones cambiaron cada vez. Por lo tanto, Bart tenía $ ________ después del primer viaje, $ ________ después del segundo viaje y $ ________ después del tercer viaje.

Bart sumó algo de dinero a los $1,676 que ya tenía en su cuenta. Ahora tiene $1,686. Completa el enunciado numérico para mostrar cuánto sumó.

$1,676 + ________ = $1,686

Ejemplo 2

Patrick llevó la cuenta de las millas que su familia recorrió en un viaje. Cada vez que se detenían, escribía las millas del cuentakilómetros. Patrick observó un patrón en los números que escribió. Describe el patrón.

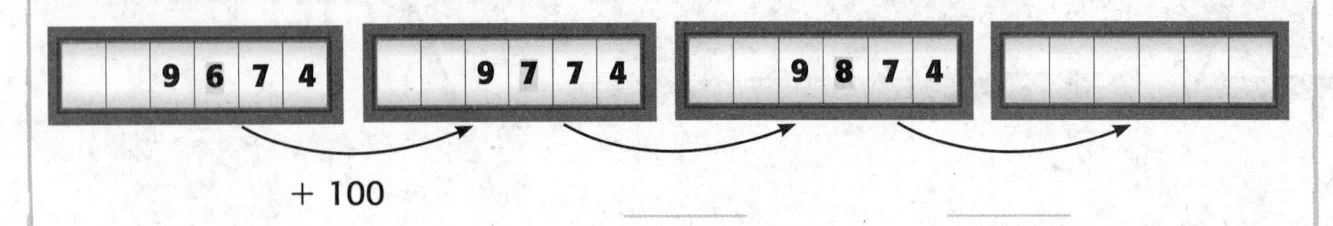

+ 100 ______ ______

Cada vez que se detenían, los números aumentaban en ______ millas.

Escribe el siguiente número en el patrón de arriba.

Por lo tanto, la familia de Patrick se detuvo cada ______ millas.

Práctica guiada 

Escribe el número en la tabla de valor posicional.

1. 100 más que 3,728

millares	centenas	decenas	unidades
3,	7	2	8

2. 1 más que 281

centenas	decenas	unidades
2	8	1

3. Completa el enunciado numérico.

millares	centenas	decenas	unidades
6,	3	2	5
6,	4	2	5

6,325 + ______ = 6,425

Habla de las MATES

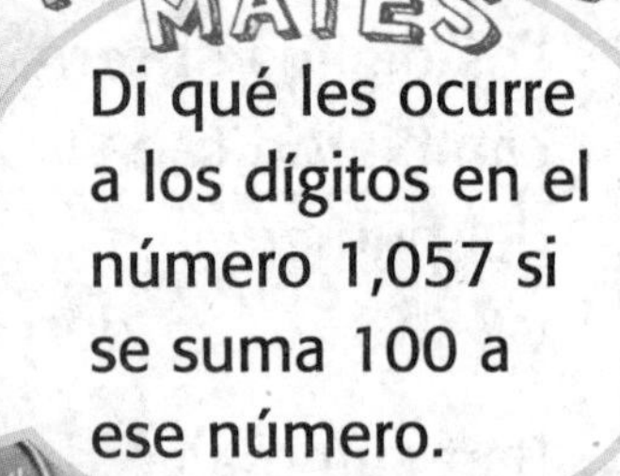

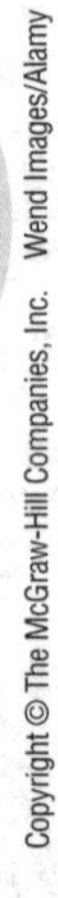

Nombre ....

Práctica independiente

Escribe el número.

4. 1 más que 972 ________

5. 1,000 más que 374 ________

6. 10 más que 310 ________

7. 1,000 más que 8,993 ________

8. 10 más que 1,437 ________

9. 100 más que 2,819 ________

10. 100 más que 173 ________

11. 10 más que 6,910 ________

Completa el enunciado numérico.

12. 974 + ________ = 975

13. 1,234 + ________ = 2,234

14. 8,264 + ________ = 9,264

15. 1,038 + ________ = 1,138

16. 6,123 + ________ = 6,223

17. 8,877 + ________ = 8,887

Identifica y completa el patrón numérico.

18. 6,282; 7,282; ________; 9,282

El patrón numérico es ________.

19. 9,379; ________; 9,381; 9,382

El patrón numérico es ________.

20. 7,874; 7,884; ________; 7,904; ________; ________

El patrón numérico es ________.

21. Suma para subir las escaleras.

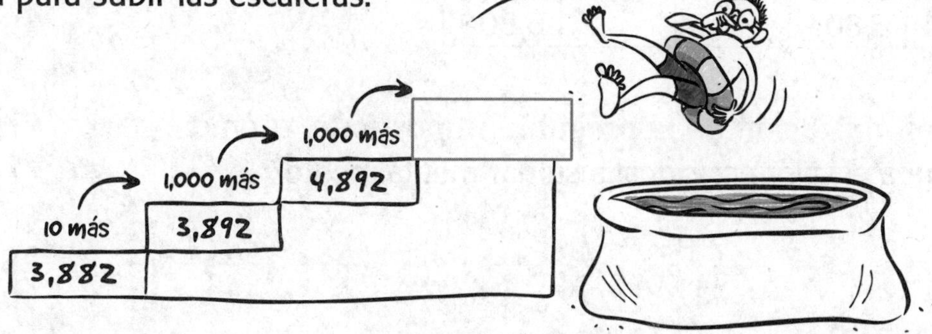

Resolución de problemas

22. PRÁCTICA matemática 8 **Buscar un patrón** Una fábrica empaca una bolsa de globos cada segundo. Los siguientes globos representan el número total de globos empacados después de 1 segundo más. ¿Cuántos globos hay en cada bolsa?

____

Completa el patrón.

1 segundo 2 segundos 3 segundos 4 segundos 5 segundos 6 segundos

23. Toma un segundo llenar una caja con bolsas de globos. Los siguientes números representan el número total de bolsas de globos empacadas en cajas después de 1 segundo más. Completa el patrón.

4,720; 4,730; 4,740; ________; ________; ________

Problemas S.O.S.

24. PRÁCTICA matemática 2 **Usar el sentido numérico** Laura está jugando a la rayuela. Ayúdala a llenar los espacios vacíos de la rayuela escribiendo el número que es 1, 10, 100 o 1,000 más, según el patrón.

Inicio	4,500	4,600		4,800					
					5,801	5,802		5,804	5,805
6,804	6,803			6,800					

25. **Profundización de la pregunta importante** ¿Cómo me ayuda el valor posicional a sumar mentalmente?

____

____

Mi tarea

Lección 3

Patrones de la suma

Asistente de tareas

¿Necesitas ayuda? connectED.mcgraw-hill.com

Durante muchos años, los estudiantes de la Sra. Bower elaboraron un total de 2,367 grullas de papel. Este año, desafió a sus estudiantes a elaborar un nuevo total de 2,467 grullas de papel. ¿Cuántas grullas de papel necesitan elaborar este año para completar el desafío?

Usa una tabla de valor posicional para hallar qué posición cambió de valor.

millares	centenas	decenas	unidades
2,	(3)	6	7
2,	(4)	6	7

El nuevo número es 100 más.

2,367 + 100 = 2,467

Por lo tanto, la clase de este año necesita elaborar 100 grullas de papel.

Práctica

Escribe el número en la tabla de valor posicional.

1. 10 más que 567

centenas	decenas	unidades
5	6	7

2. 1 más que 358

centenas	decenas	unidades
3	5	8

3. 1,000 más que 1,529

millares	centenas	decenas	unidades
1,	5	2	9

4. 100 más que 5,834

millares	centenas	decenas	unidades
5,	8	3	4

Completa el enunciado numérico.

5.

millares	centenas	decenas	unidades
1,	2	7	1
2,	2	7	1

1,271 + ______ = 2,271

6.

millares	centenas	decenas	unidades
4,	2	4	4
4,	3	4	4

4,244 + ______ = 4,344

Escribe el número.

7. 10 más que 1,465

______

8. 100 más que 8,699

______

9. 1,000 más que 3,007

______

Identifica y completa el patrón numérico.

10. 2,378; 2,478; 2,578; ______; 2,778; 2,878

El patrón numérico es ______.

11. 5,903; 5,913; 5,923; ______; 5,943; 5,953

El patrón numérico es ______.

El mundo real

Resolución de problemas

12. PRÁCTICA matemática 4 **Representar las mates** Un potro pesó 104 libras al nacer. En un mes aumentó 100 libras. ¿Cuánto pesa el caballo ahora? Completa el enunciado numérico para mostrar el cambio.

104 + ______ = ______

Práctica para la prueba

13. ¿Cuál patrón muestra 100 más?

Ⓐ 1,456; 1,556; 1,656; 1,756

Ⓑ 4,987; 4,887; 4,787; 4,687

Ⓒ 5,832; 5,833; 5,834; 5,835

Ⓓ 6,001; 7,001; 8,001; 9,001

Nombre ....

Sumar mentalmente

Lección 4

PREGUNTA IMPORTANTE
¿Cómo me puede ayudar el valor posicional a sumar números más grandes?

Las mates y mi mundo

Ejemplo 1

¿Cuántos asientos hay en los dos vagones?

Halla 151 + 128.

151 = 100 + 50 + 1
+ 128 = ☐ + ☐ + ☐

☐ + ☐ + ☐ = ☐

Suma las centenas. Suma las decenas. Suma las unidades.

Por lo tanto, 151 + 128 = ______. Hay ______ asientos en los dos vagones.

Ejemplo 2

Es fácil formar 100 de números que terminan en 98 o 99.

Halla 134 + 99.

134 + 99
−1 +1

☐ + ☐ Estos números son más fáciles de sumar.

133 + 100 = ☐

Por lo tanto, 134 + 99 = 233.

Forma de un sumando una decena como 10, 20, 30, etcétera. Estos números son más fáciles de sumar mentalmente.

Ejemplo 3

Hay 37 estudiantes del grado 3A y 25 estudiantes del grado 3B en el autobús. ¿Cuántos estudiantes hay en el autobús? Usa el cálculo mental para hallar 37 + 25.

Una manera **Cambia 25 por 30.**

37 − 5 ← Toma o resta 5 del primer sumando. → ☐

+ 25 + 5 ← Da o suma 5 al segundo sumando. → ☐

Los números 32 y 30 son más fáciles de sumar.

Por lo tanto, ____ + ____ = ____. Hay ____ estudiantes en el autobús.

Otra manera **Cambia 37 a 40.**

37 + 3 ← Da o suma 3 al primer sumando. → ☐

+ 25 − 3 ← Toma o resta 3 del segundo sumando. → ☐

Los números 40 y 22 son más fáciles de sumar.

Por lo tanto, ____ + ____ = ____. Hay ____ estudiantes en el autobús.

Práctica guiada 

¿Formarías una decena o una centena para hallar 156 + 262? Explica tu respuesta.

1. Descompón los sumandos para sumar mentalmente.

79 = 70 + ☐

+ 54 = 50 + ☐

☐ = ☐ + ☐

2. Forma una decena para sumar mentalmente.

64 + 8
− 2 + 2

☐ + ☐ = ☐

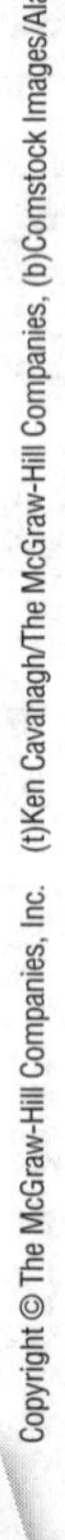

Nombre ....

CCSS

Práctica independiente

Descompón los sumandos para sumar mentalmente.

3. 46 = ☐ + ☐

\+ 53 = 50 + 3

99 = ☐ + 9

4. 67 = ☐ + 7

\+ 12 = 10 + ☐

☐ = ☐ + ☐

5. 63 = 60 + ☐

\+ 24 = ☐ + ☐

☐ = 80 + ☐

6. 325 = ☐ + ☐ + ☐

\+ 625 = ☐ + ☐ + ☐

☐ = ☐ + ☐ + ☐

Forma una decena o una centena para sumar mentalmente.

7. 47 + 99

−1 +1

☐ + ☐ = ☐

8. 31 + 299

−1 +1

☐ + ☐ = ☐

9. 447 + 123

+3 −3

☐ + ☐ = ☐

10. 539 + 356

☐ ☐

540 + ☐ = ☐

11. 127 + 145

☐ ☐

☐ + ☐ = ☐

12. 799 + 134

☐ ☐

☐ + ☐ = ☐

Resolución de problemas

13. Silvia está hallando 135 + 456. Explica cómo puede hallar la suma mentalmente.

____

____

14. PRÁCTICA matemática 6 **Explicarle a un amigo** Hay 49 asientos en el palco del teatro. Usa una estrategia de cálculo mental para hallar el número total de asientos en el palco y la platea del teatro.

____

15. Usa el cálculo mental para hallar la cantidad total de dinero que Yolanda gastará cuando compre los siguientes artículos. ________

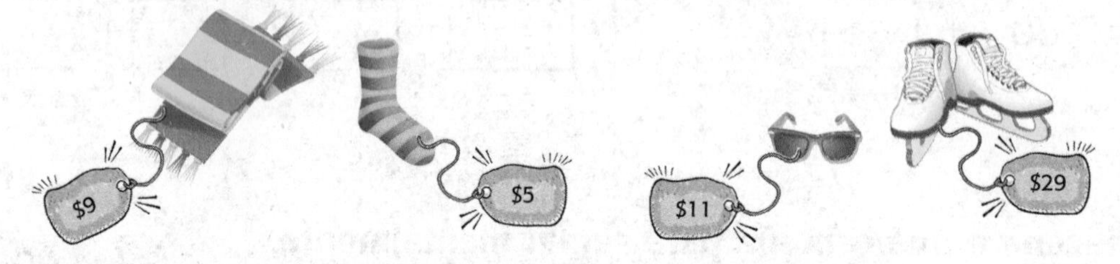

Problemas S.O.S.

16. PRÁCTICA matemática 3 **Hallar el error** Carlos halló mentalmente la suma de 56 + 36. Halla su error y corrígelo.

56 + 36
+ 4
60 + 36 = 96

____

____

17. **Profundización de la pregunta importante** ¿Por qué algunos números son más fáciles de sumar que otros?

____

____

Nombre ....

Mi tarea

Lección 4
Sumar mentalmente

Asistente de tareas

¿Necesitas ayuda? **connectED.mcgraw-hill.com**

Hay 58 pasajeros en un tren subterráneo. En la siguiente parada, 33 pasajeros más abordan el tren. ¿Cuántos pasajeros hay en total?

Puedes sumar mentalmente.

Forma de un sumando una decena como 10, 20, 30, etc.

58 + 2 ← Da, o suma, 2 al primer sumando. → 60
+ 33 − 2 ← Toma, o resta, 2 del segundo sumando. → + 31
91

Pista
Los números 60 y 31 son más fáciles de sumar.

Por lo tanto, 60 + 31 = 91. Hay 91 pasajeros.

Práctica

Descompón los sumandos para sumar mentalmente.

1. 41 = 40 + ☐
+ 26 = ☐ + 6
☐ = 60 + 7

2. 328 = ☐ + 20 + 8
+ 254 = 200 + ☐ + ☐
☐ = ☐ + ☐ + 12

Forma una decena o una centena para sumar mentalmente.

3. 76 + 7
− 3 + 3
☐ + ☐ = ☐

4. 598 + 256
+ 2 − 2
☐ + ☐ = ☐

Forma una decena o una centena para sumar mentalmente.

5. 339 + 123

☐ ☐

☐ + ☐ = ☐

6. 399 + 428

☐ ☐

☐ + ☐ = ☐

Descompón los sumandos para sumar mentalmente.

7. 767 = ☐ + ☐ + ☐

+ 29 = ☐ + ☐

☐ = ☐ + ☐ + ☐

8. 214 = ☐ + ☐ + ☐

+ 127 = ☐ + ☐ + ☐

☐ = ☐ + ☐ + ☐

Resolución de problemas

9. PRÁCTICA matemática 2 **Usar el sentido numérico** La empresa de Lambert alquila canoas los fines de semana. ¿Cuántas canoas se alquilaron en total en junio y julio?

Empresa de Lambert Alquiler de canoas	
Mes	**Alquiler**
junio	154
julio	198
agosto	176

¡Mi trabajo!

Práctica para la prueba

10. Durante la Semana de las Mates, hubo 77 visitantes el lunes y 28 el martes. ¿Cuántos visitantes hubo durante la Semana de las Mates en esos dos días?

Ⓐ 49 visitantes
Ⓑ 95 visitantes
Ⓒ 105 visitantes
Ⓓ 205 visitantes

Compruebo mi progreso

Comprobación del vocabulario

Escoge las palabras correctas para completar las oraciones.

asociativa	**cálculo mental**	**conmutativa**
identidad	**paréntesis**	**patrón**

1. La propiedad ______________ de la suma establece que el orden en el cual se suman dos o más números no altera la suma.

2. Un conjunto de números que sigue un orden específico es un ______________.

3. Puedes usar el ______________ para sumar números mentalmente.

4. La propiedad ______________ de la suma establece que la manera de agrupar los sumandos no altera la suma.

5. Los ______________ muestran qué números sumar primero.

6. La propiedad de ______________ de la suma establece que la suma de cualquier número y cero es ese número.

Comprobación del concepto

Forma una decena o una centena para sumar mentalmente.

7. 99 + 46

☐ ☐

☐ + ☐ = ☐

8. 641 + 199

☐ ☐

☐ + ☐ = ☐

Comprobación del concepto

Descompón los sumandos para sumar mentalmente.

9. 256 = 200 + 50 + ☐

+125 = ☐ + 20 + 5

☐ = ☐ + ☐ + ☐

Identifica y completa el patrón numérico.

10. 573; 673; ________ ; 873

El patrón numérico es ________.

11. 2,930; ________ ; 2,950; 2,960

El patrón numérico es ________.

Escribe el número en la tabla de valor posicional.

12. 1,000 más que 2,491

millares	centenas	decenas	unidades
2,	4	9	1

13. 100 más que 8,762

millares	centenas	decenas	unidades
8,	7	6	2

Resolución de problemas

14. En una venta de libros, Emily compra 4 libros. Paul compra 8 libros. Genie compra 6 libros. Usa una propiedad de la suma para hallar cuántos libros compran en total Emily, Paul y Genie. Escribe la propiedad de la suma.

____

Práctica para la prueba

15. El lunes, Lisa hace 9 flexiones. El martes, hace 0 flexiones. ¿Cuál propiedad de la suma se puede usar para hallar el número de flexiones que Lisa hace en total?

Ⓐ propiedad de identidad

Ⓑ propiedad conmutativa

Ⓒ propiedad asociativa

Ⓓ propiedad de patrón

Nombre ....

Estimar sumas

Lección 5

PREGUNTA IMPORTANTE
¿Cómo me puede ayudar el valor posicional a sumar números más grandes?

Cuando no necesitas un número exacto, a veces se usa una palabra como *aproximadamente.* En su lugar, puedes hallar una estimación. Una **estimación** es un número cercano al número exacto.

Las mates y mi mundo

Ejemplo 1

La tienda de tablas de esquí vendió 342 tablas de esquí y 637 pares de botas el año pasado. Aproximadamente, ¿cuántas tablas de esquí y pares de botas se vendieron en total?

Estima 342 + 637.
Redondea y luego suma.
Al estimar, puedes redondear a la decena o la centena más cercana.

Una manera **Posición de las centenas**

	centenas	decenas	unidades
	3	4	2 → ☐
+	6	3	7 → + ☐
			☐

A la centena más cercana, la tienda vendió aproximadamente ______ tablas de esquí y pares de botas.

Otra manera **Posición de las decenas**

	centenas	decenas	unidades
	3	4	2 → ☐
+	6	3	7 → + ☐
			☐

A la decena más cercana, la tienda vendió aproximadamente ______ tablas de esquí y pares de botas.

Puedes hacer más de una buena estimación.

Ejemplo 2

Un juego de mesa tiene $4,140 en dinero para jugar. Aproximadamente, ¿cuánto dinero habría si se unieran dos juegos?

Estima $4,140 + $4,140.
Redondea a la posición de las centenas.

$4,140 ⟶ $4,100
+ $4,140 ⟶ + ☐
☐

Por lo tanto, los dos juegos tienen aproximadamente ________ en dinero para jugar.

A veces no te dicen a qué posición redondear un número. Puedes redondear a la posición mayor.

Ejemplo 3

El martes, la Casa Blanca tuvo 219 visitantes. El día siguiente, tuvo 694 visitantes. Aproximadamente, ¿cuántas personas visitaron la Casa Blanca durante los dos días?

Estima 219 + 694.
La posición mayor de cada número es la posición de las ________.
Redondea a esta posición.

219 ⟶ ☐
+ 694 ⟶ + ☐
☐

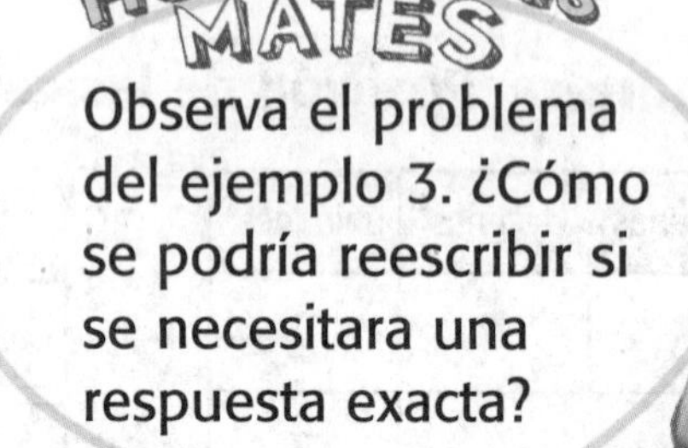

Por lo tanto, aproximadamente ________ personas visitaron la Casa Blanca durante los dos días.

Práctica guiada

Estima. Redondea los sumandos al valor posicional indicado.

1. 312 + 27; decenas

______ + ______ = ______

2. 383 + 122; centenas

______ + ______ = ______

Nombre

Práctica independiente

Estima. Redondea los sumandos al valor posicional indicado.

3. \$34 + \$23; decenas

_____ + _____ = _____

4. 636 + 27; decenas

_____ + _____ = _____

5. 687 + 231; centenas

_____ + _____ = _____

6. 1,624 + 334; centenas

_____ + _____ = _____

7. 1,172 + 1,115; decenas

_____ + _____ = _____

8. \$4,412 + \$1,204; centenas

_____ + _____ = _____

Estima. Redondea los sumandos a su valor posicional mayor.

9. 35 + 42

_____ + _____ = _____

10. 455 + 229

_____ + _____ = _____

11. 272 + 593

_____ + _____ = _____

12. 15 + 39

_____ + _____ = _____

13. 216 + 536

_____ + _____ = _____

14. 44 + 29

_____ + _____ = _____

Estima. Redondea los sumandos a la decena y a la centena más cercanas.

		Decena más cercana	Centena más cercana
15.	133 + 560		
16.	119 + 239		
17.	89 + 71		

Resolución de problemas

18. PRÁCTICA matemática 4 **Representar las mates** Aproximadamente, ¿cuántos participantes hubo en la Carrera de verano? Escribe un enunciado numérico para resolver.

Carrera de verano		
Hora de inicio	Grupo	Participantes
9:00 a. m.	corredores	79
10:00 a. m.	marchistas	51

19. A la centena más cercana, ¿cuál sería una estimación razonable para la asistencia total a la feria del condado para los dos días?

Problemas S.O.S.

20. PRÁCTICA matemática 1 **Entender los problemas** En el gimnasio de una escuela secundaria caben 2,136 personas sentadas. A la decena y a la centena más cercanas, aproximadamente, ¿cuántas personas se pueden sentar en el gimnasio? ¿Cuál es la diferencia entre las dos estimaciones?

21. **Profundización de la pregunta importante** ¿Cuándo podría necesitar estimar una suma?

Nombre ....

Mi tarea

Lección 5
Estimar sumas

Asistente de tareas

¿Necesitas ayuda? connectED.mcgraw-hill.com

El estacionamiento enfrente de la escuela tiene 153 espacios para estacionar. El estacionamiento detrás de la escuela tiene 138 espacios. Aproximadamente, ¿cuántos espacios para estacionar hay en total?

Estima 153 + 138.

Redondea y luego suma.

Una manera **Posición de las centenas**

	centenas	decenas	unidades	
	1	5	3	→ 200
+	1	3	8	→ + 100
				300

A la centena más cercana, los estacionamientos tienen aproximadamente 300 espacios para estacionar.

Otra manera **Posición de las decenas**

	centenas	decenas	unidades	
	1	5	3	→ 150
+	1	3	8	→ + 140
				290

A la decena más cercana, los estacionamientos tienen aproximadamente 290 espacios para estacionar.

Ambas estimaciones son razonables.

Práctica

Estima. Redondea los sumandos al valor posicional indicado.

1. 34 + 65; decenas

_____ + _____ = _____

2. 583 + 321; centenas

_____ + _____ = _____

3. 591 + 234; centenas

_____ + _____ = _____

4. $3,327 + $1,548; decenas

_____ + _____ = _____

5. 2,613 + 3,177; decenas

_____ + _____ = _____

6. $251 + $207; centenas

_____ + _____ = _____

7. Estima. Redondea los sumandos a la decena y a la centena más cercanas.

	Decena más cercana	Centena más cercana
363 + 132		

Resolución de problemas

8. Tres pizzas grandes cuestan $36. Dos pizzas medianas cuestan $25. A la decena más cercana, aproximadamente, ¿cuánto cuestan las 5 pizzas?

____

9. PRÁCTICA matemática 2 **Usar el sentido numérico** Cuatrocientos noventa y una personas asistieron a la obra de teatro de la escuela y 422 asistieron al concierto de la banda. Aproximadamente, ¿cuántas personas asistieron a estos dos eventos en total? Redondea a la centena más cercana.

____

Comprobación del vocabulario

10. Usa las siguientes palabras para explicar cómo resolviste el ejercicio 9.

redondear　　　estimación

____

____

Práctica para la prueba

11. ¿Cuál de los siguientes es la suma estimada de 380 y 437 a la centena más cercana?

Ⓐ 700　　Ⓒ 817

Ⓑ 800　　Ⓓ 820

Nombre ....

Manos a la obra
Usar modelos para sumar

Lección 6

PREGUNTA IMPORTANTE
¿Cómo me puede ayudar el valor posicional a sumar números más grandes?

Usa una tabla de valor posicional y bloques de base diez para representar sumas de tres dígitos con reagrupación. **Reagrupar** significa convertir un número usando el valor posicional.

Constrúyelo

Durante un viaje, Rosa contó 148 carros rojos y 153 carros verdes. ¿Cuántos carros contó Rosa en total?

Halla 148 + 153.

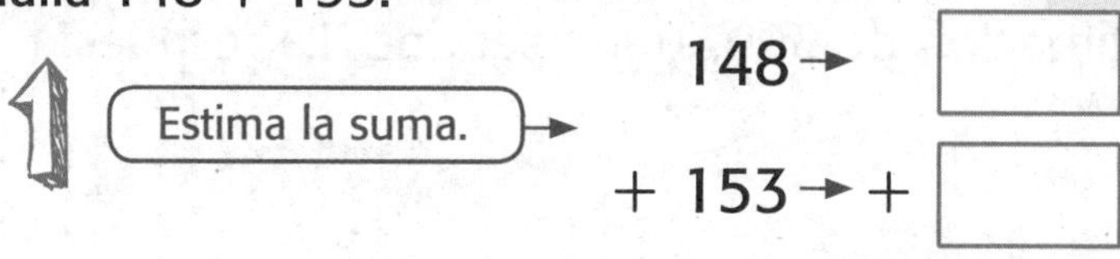

1 Estima la suma.

148 → ☐
\+ 153 → + ☐
☐

2 **Representa 148 + 153.**

Dibuja tus modelos a la derecha. Usa un ☐ para las centenas, un | para las decenas y un ▫ para las unidades.

centenas	decenas	unidades

3 **Suma las unidades.**
Reagrupa 10 unidades como 1 decena.

centenas	decenas	unidades

Dibuja tus modelos.

centenas	decenas	unidades

4 Suma las decenas y las centenas.

Reagrupa 10 decenas como _____ centena. Dibuja tus modelos a continuación.

centenas	decenas	unidades

Hay _____ centenas, _____ decenas y _____ unidad.

Por lo tanto, 148 + 153 = _______.

Comprueba que sea razonable

Pregúntate si la respuesta tiene sentido. ¿Es **razonable** tu respuesta?

El número 301 está cerca de la estimación de 300. Tiene sentido. La respuesta es razonable.

Coméntalo

1. Explica cómo sabes cuándo necesitas reagrupar.

____

____

2. PRÁCTICA matemática 6 **Responder con precisión** ¿Por qué se reagruparon las unidades y las decenas?

____

____

3. Di si necesitas reagrupar o no para hallar la suma de 147 y 214. Explica tu respuesta.

____

____

Nombre ....

Practícalo

Usa modelos para sumar. Dibuja la suma.

4. 259 + 162 = ______

5. 138 + 371 = ______

6. 541 + 169 = ______

7. 261 + 139 = ______

8. 342 + 204 = ______

9. 193 + 154 = ______

Aplícalo

Usa bloques de base diez, la tabla y la siguiente información para resolver los problemas.

La familia Smith viajó de Chicago, Illinois, a Indianápolis, Indiana. Luego viajaron de Indianápolis a Memphis, Tennessee.

Recorrido	Distancia
De Chicago a Indianápolis	181 millas
De Indianápolis a Memphis	464 millas

10. ¿Cuántas millas viajó la familia Smith de Chicago a Memphis? Escribe un enunciado numérico.

______ + ______ = ______ millas en total

11. A la centena más cercana, aproximadamente, ¿cuántas millas viajó la familia Smith en el viaje de ida y vuelta?

______ millas + ______ millas = ______ en el viaje de ida y vuelta

12. PRÁCTICA matemática 4 **Representar las mates** La familia Smith gastó un total de \$2,345 en los gastos del viaje y \$500 en gasolina. Aproximadamente, ¿cuánto dinero gastó en total? Redondea a la centena más cercana.

\$______ + \$______ = \$______

Escríbelo

13. ¿Cómo sé si debo reagrupar para hallar una suma?

____

____

Nombre ....

Mi tarea

Lección 6
Manos a la obra: Usar modelos para sumar

Asistente de tareas

¿Necesitas ayuda? connectED.mcgraw-hill.com

¿Cuántas millas recorrió Carrie en total?

Recorrido	Distancia
De Búfalo a Harrisburg	186 millas
De Harrisburg a Filadelfia	105 millas

1 Estima la suma.
186 + 105 → 200 + 100 = 300 ← Usa tu estimación para comprobar después que la respuesta sea razonable.

2 Representa 186 + 105.

centenas	decenas	unidades

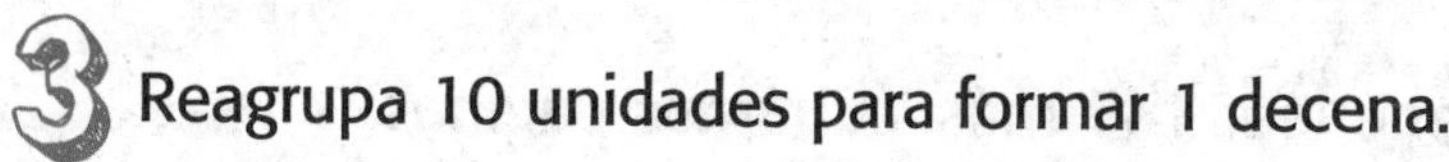

3 Reagrupa 10 unidades para formar 1 decena.

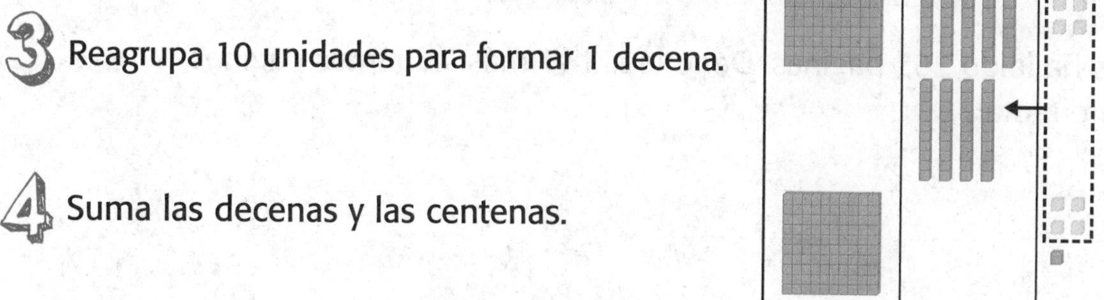

4 Suma las decenas y las centenas.

Hay 2 centenas, 9 decenas y 1 unidad.
186 + 105 = 291
Carrie recorrió 291 millas.

Comprueba

El número 291 está cerca de la estimación de 300. La respuesta es razonable.

Práctica

1. Dibuja bloques de valor posicional para mostrar la suma.

272 + 119 = ______

Dibuja bloques de valor posicional para mostrar la suma.

2. 632 + 354 = ______ **3.** 216 + 775 = ______

Resolución de problemas

4. PRÁCTICA matemática 4 **Representar las mates** Luisa tiene 183 monedas de 1¢. Su papá le da 128 más. Escribe un enunciado numérico para mostrar cuántas monedas de 1¢ tiene Luisa ahora.

______

5. Jonás ha leído 265 páginas. Debe leer 147 más. ¿Cuántas páginas leerá en total?

______

Comprobación del vocabulario

Escoge la palabra correcta para completar las oraciones.

razonable reagrupar suma

6. ______ significa convertir un número usando el valor posicional.

7. La respuesta a un enunciado de suma se llama ______.

8. Estima la respuesta exacta antes de resolver el problema para ver si tu respuesta es ______.

Nombre ....

Sumar números de tres dígitos

Lección 7

PREGUNTA IMPORTANTE
¿Cómo me puede ayudar el valor posicional a sumar números más grandes?

Cuando sumas, puedes necesitar reagrupar. **Reagrupar** significa convertir un número usando el valor posicional.

Las mates y mi mundo

¿Me buscas?

Ejemplo 1

Durante un viaje de fin de semana a Vermont, el Club de Vida Silvestre observó 127 carrizos y 58 águilas. ¿Cuántos carrizos y águilas observó el Club de Vida Silvestre?

Halla 127 + 58.

	centenas	decenas	unidades
	1	2	7
+		5	8

Estima 127 + 58 ⟶ ______ + ______ = ______

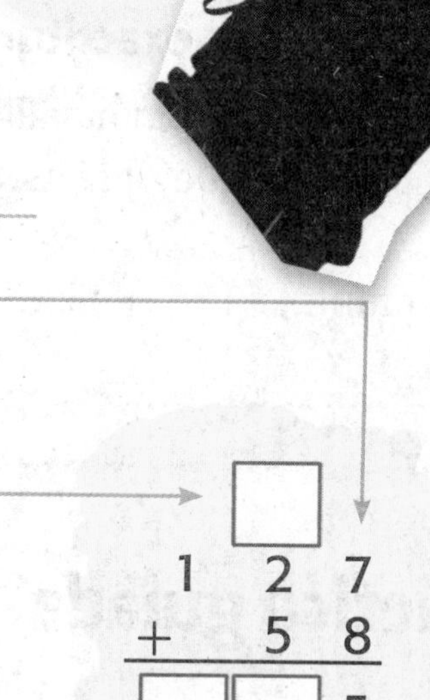

Suma las unidades.
7 unidades + 8 unidades = 15 unidades
Reagrupa 15 unidades como 1 decena y 5 unidades.

Suma las decenas y las centenas.
1 decena + 2 decenas + 5 decenas = 8 decenas
1 centena + 0 centenas = 1 centena

$$\begin{array}{rrr} & \square & \\ 1 & 2 & 7 \\ + & 5 & 8 \\ \hline \square & \square & 5 \end{array}$$

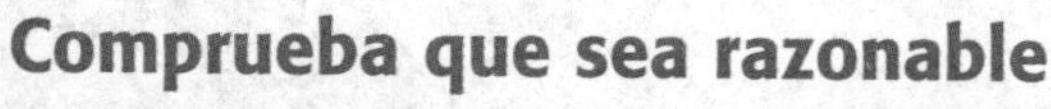

Comprueba que sea razonable

El número 185 está cerca de la estimación de ______.
Tiene sentido. La respuesta es **razonable.**
127 + 58 = ______

Por lo tanto, el Club de Vida Silvestre observó ______ carrizos y águilas.

Puedes escribir un enunciado numérico para hallar la **incógnita,** o número que falta.

"¡A que no me atrapas!"

Ejemplo 2

Una caja de redes para mariposas cuesta $175. Otra caja cuesta $225. ¿Cuánto cuestan las cajas de redes en total?

Escribe un enunciado numérico para hallar la incógnita.

$175 + $225 = ■. ← La incógnita es por lo cual vas a resolver.

	□	□	
	$ 1	7	5
+	$ 2	2	5
	$ □	□	□

1 Suma las unidades.
5 unidades + 5 unidades = 10 unidades
Reagrupa 10 unidades como 1 decena y 0 unidades.

2 Suma las decenas y las centenas.
1 decena + 7 decenas + 2 decenas = 10 decenas
Reagrupa 10 decenas como 1 centena y 0 decenas.
1 centena + 1 centena + 2 centenas = 4 centenas

Comprueba la exactitud

Usa la propiedad conmutativa para comprobar tu respuesta. No importa en qué orden sumes, la suma es la misma.

$$\begin{array}{r} \$225 \\ +\ \$175 \\ \hline \$400 \end{array}$$

Por lo tanto, $175 + $225 = ________. La incógnita es ________. La redes cuestan ________.

¿Por qué es importante comprobar que sea razonable?

Práctica guiada

Suma.

1.

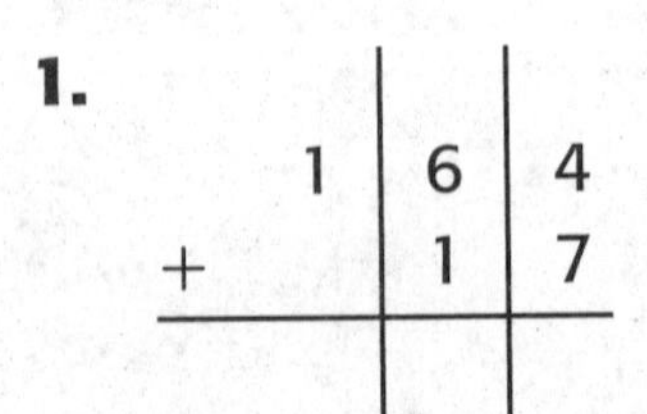

2.

	1	5	6
+	2	2	9

Nombre ....

CCSS

Práctica independiente

Suma. Comprueba que sea razonable.

3.

	7	5	9
+		1	9

Estimación: ______

4.

	4	4	5
+		2	6

Estimación: ______

5.

$	3	4	5
+ $		9	3

Estimación: ______

6. $427 + $217

Estimación: ______

7. 597 + 51

Estimación: ______

8. 279 + 19

Estimación: ______

Suma. Usa la propiedad conmutativa de la suma para comprobar la exactitud.

9. 228 + 149   149 + 228

10. 231 + 596   596 + 231

Álgebra **Suma para hallar la incógnita.**

11. 43 + 217 = ■

+		

La incógnita es ______.

12. 607 + 27 = ■

+		

La incógnita es ______.

13. $173 + $591 = ■

+		

La incógnita es ______.

Resolución de problemas

Escribe un enunciado numérico con un símbolo para la incógnita. Luego, resuelve.

14. Una bicicleta de 10 velocidades está en oferta por $199 y una bicicleta de carreras de 12 velocidades está en oferta por $458. ¿Cuánto cuestan las dos bicicletas en total?

____

15. PRÁCTICA matemática 2 **Usar el álgebra** Un periódico encuestó a 475 estudiantes acerca de su deporte favorito. Una revista encuestó a 189 estudiantes acerca de su merienda favorita. ¿Cuántos estudiantes fueron encuestados por la revista y el periódico?

____

Problemas S.O.S.

16. PRÁCTICA matemática 2 **Usar el sentido numérico** Usa los dígitos 3, 5 y 7 para formar dos números de tres dígitos con la mayor suma posible. Usa cada dígito una vez en cada número. Escribe un enunciado numérico.

____

17. **Profundización de la pregunta importante** ¿Cómo puedo usar el valor posicional para sumar números de tres dígitos?

____

____

Nombre ....

Mi tarea

Lección 7
Sumar números de tres dígitos

Asistente de tareas

¿Necesitas ayuda? connectED.mcgraw-hill.com

Una tienda de juguetes vendió 223 robots el año pasado. Este año, vendió 198 robots. ¿Cuántos robots vendió durante los dos años?

Halla 223 + 198.

Estima 223 + 198 ⟶ 200 + 200 = 400

1 Suma las unidades.
3 unidades + 8 unidades = 11 unidades
Reagrupa 11 unidades como 1 decena y 1 unidad.

2 Suma las decenas y las centenas.
1 decena + 2 decenas + 9 decenas = 12 decenas
Reagrupa 12 decenas como 1 centena y 2 decenas.
1 centena + 2 centenas + 1 centena = 4 centenas

$$\begin{array}{r} {}^{1}\,{}^{1} \\ 223 \\ +\ 198 \\ \hline 421 \end{array}$$

Comprueba que sea razonable
El número 421 está cerca de la estimación de 400. La respuesta es razonable.

Por lo tanto, 223 + 198 = 421.

La tienda vendió 421 robots de juguete durante los dos años.

Práctica

Suma. Comprueba que sea razonable.

1.

	1	7	8
+		9	9

Estimación: ____________

2.

6	9	5
+ 1	4	1

Estimación: ____________

3.

$	3	2	7
+ $		5	6

Estimación: ____________

Suma. Usa la propiedad conmutativa para comprobar la exactitud.

4.

$	3	5	0
+ $	4	6	5
$			

$	4	6	5
+ $	3	5	0
$			

5.

1	9	6
+ 2	8	6

2	8	6
+ 1	9	6

Álgebra **Suma para hallar la incógnita.**

6. 661 + 99 = ■

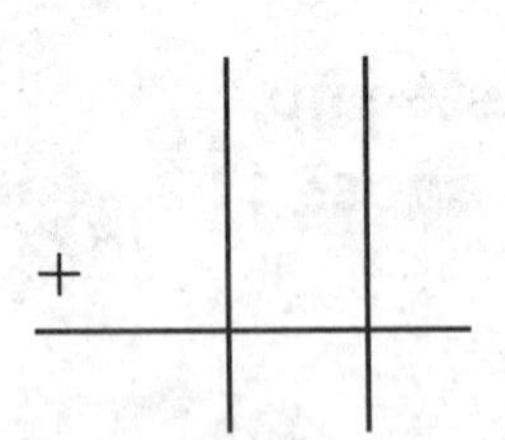

La incógnita es ☐.

7. $258 + $337 = ■

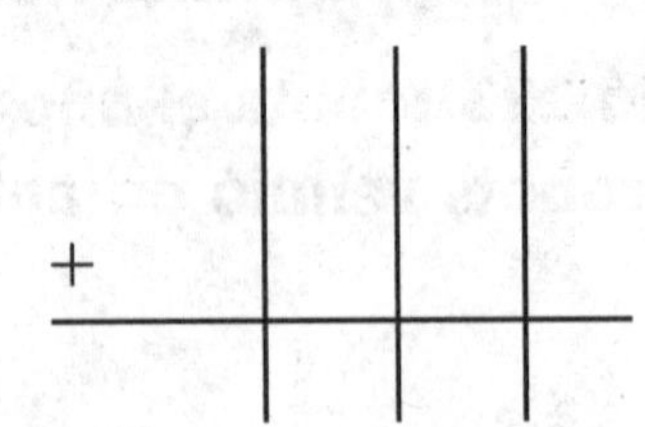

La incógnita es ☐.

8. $739 + $81 = ■

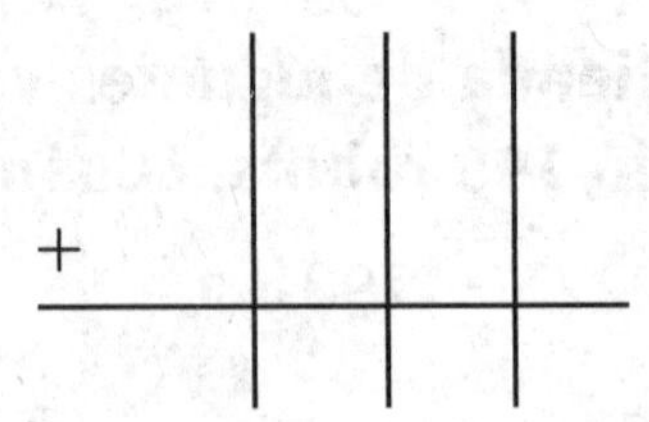

La incógnita es ☐.

Resolución de problemas

9. PRÁCTICA matemática 1 **Hacer un plan** El director pidió 215 pastelitos y 125 *bagels*. ¿Cuántos pastelitos y *bagels* se pidieron en total?

____

Comprobación del vocabulario

Escoge la palabra correcta para completar las oraciones.

incógnita razonable reagrupar

10. ______________ significa convertir un número usando el valor posicional.

11. Un número que falta es la ______________.

12. Si la respuesta tiene sentido, es ______________.

Práctica para la prueba

13. La Sra. Lewis compró dos estatuas para su jardín. Una costó $145 y otra costó $262. ¿Cuál fue el costo total?

Ⓐ $117 Ⓒ $407

Ⓑ $317 Ⓓ $410

Compruebo mi progreso

Comprobación del vocabulario

enunciado de suma **estimación** **incógnita** **razonable**

reagrupar **redondear** **suma** **sumando**

Rotula cada uno con la palabra correcta del vocabulario.

1. 139 ⟶ 100
+273 ⟶ +300
400

______

2. 139 + 273 = 412
412 está cerca a la estimación de 400.

La respuesta es ______.

3. 148 + 153 = 301 ⟵ ______

______

4. 543 + 281 = ■

______ ______

5. Intercambia 10 unidades como 1 decena.

centenas	decenas	unidades

______

6. El número 153 a la decena más cercana es 150.
El número 153 a la centena más cercana es 200.

______

Comprobación del concepto

Estima. Redondea los sumandos al valor posicional indicado.

7. 214 + 62; decenas

____ + ____ = ____

8. 483 + 112; centenas

____ + ____ = ____

Usa modelos para sumar. Dibuja la suma.

9. 99 + 209 = ______ **10.** 316 + 284 = ______ **11.** 377 + 308 = ______

Suma. Comprueba que sea razonable.

12. 34 + 727 =

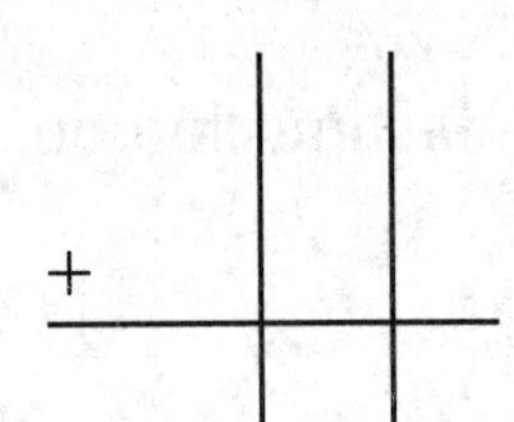

Estimación: ______

13. 528 + 149 =

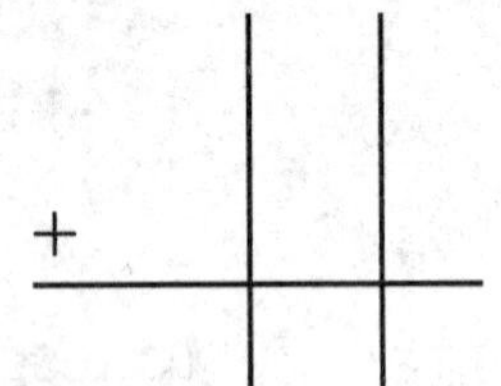

Estimación: ______

14. $193 + $619 =

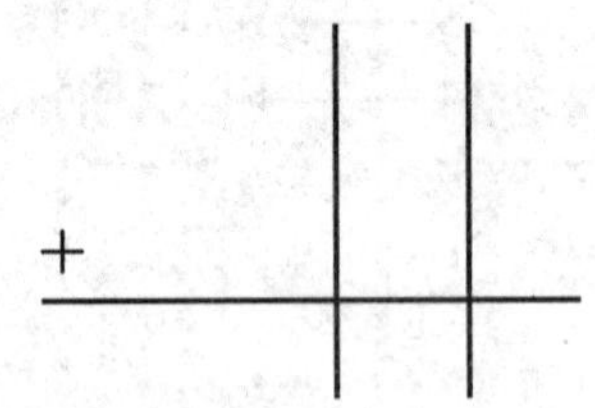

Estimación: ______

Resolución de problemas

15. En la granja de Doris hay 468 manzanos y 224 perales. A la decena más cercana, ¿cuántos manzanos y perales hay en total?

______

16. Hay 369 niños y 421 niñas inscritos en el Campamento Aventura este verano. ¿Cuántos campistas hay inscritos en total?

______

Práctica para la prueba

17. Pasar una noche en un hotel de la playa cuesta $177. Los Taylor quieren pasar dos noches en julio. ¿Cuánto costarán dos noches?

Ⓐ $244 Ⓒ $354

Ⓑ $344 Ⓓ $400

Nombre ____________________

Sumar números de cuatro dígitos

Lección 8

PREGUNTA IMPORTANTE
¿Cómo me puede ayudar el valor posicional a sumar números más grandes?

Las mates y mi mundo

Ejemplo 1

El crucero más grande puede transportar una tripulación de 1,365. ¿Cuál es el número total de pasajeros y tripulación que puede viajar en este barco?

Halla 1,365 + 4,376.

Estima 1,365 + 4,376 ⟶ 1,400 + 4,400 = ______

Suma las unidades.

5 unidades + 6 unidades = 11 unidades
Reagrupa 11 unidades como 1 decena y 1 unidad.

Suma las decenas.

1 decena + 6 decenas + 7 decenas = 14 decenas
Reagrupa 14 decenas como 1 centena y 4 decenas.

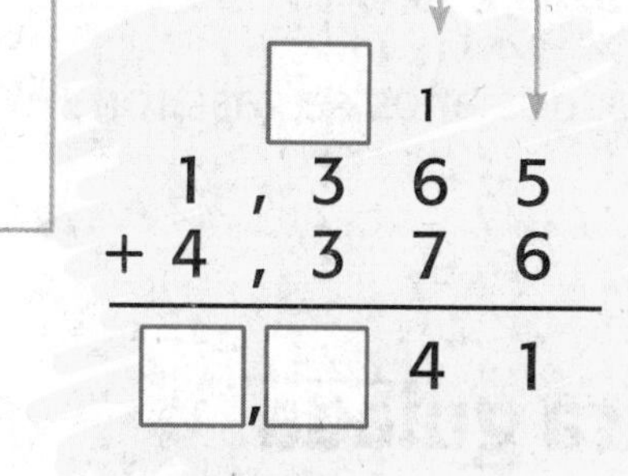

Suma las centenas y los millares.

1 centena + 3 centenas + 3 centenas = 7 centenas
1 millar + 4 millares = 5 millares

Comprueba que sea razonable.

El número 5,741 está cerca de la estimación de 5,800.

Por lo tanto, 1,365 + 4,376 = ______. El barco puede transportar ______ personas a bordo.

Ejemplo 2 

El año pasado se gastaron $3,295 en un parque de patinaje. Este año se gastaron $3,999. ¿Cuánto dinero se gastó durante los dos años?

Escribe un enunciado numérico con un símbolo para la incógnita.

$3,295 + $3,999 = ■

Un **diagrama de barra,** un modelo que se usa para ilustrar una relación numérica, puede ayudarte a organizar la información.

■ $ gastado	
$3,295	**$3,999**
año pasado	este año

Suma.

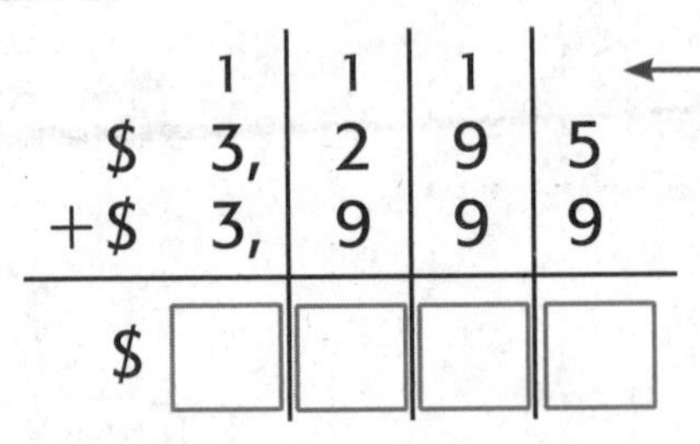

Comprueba la exactitud

Usa la propiedad conmutativa para comprobar tu respuesta. No importa en qué orden sumes, la suma es la misma.

Por lo tanto, $3,295 + $3,999 = ________. La incógnita es ________.

Durante los dos años se gastaron ________ en el parque de patinaje.

¿Cómo podrías usar la propiedad conmutativa para comprobar que tu respuesta al ejercicio 2 es correcta?

Práctica guiada 

Suma. Comprueba que sea razonable.

1.

```
  3, 3 4 5
+      6 5 4
  □ □ □ □
```

Estima:

______ + ______ = ______

2.

```
  $ 4, 2 3 4
+ $ 1, 7 0 9
  $ □ □ □ □
```

Estima:

______ + ______ = ______

Nombre ....

CCSS

Práctica independiente

Suma. Comprueba que sea razonable.

3. 6,499 + 543

4. 1,998 + 300

5. \$2,503 + \$2,899

6. \$8,285 + \$1,456

7. 2,390 + 3,490

8. \$5,555 + \$3,555

Suma. Usa la propiedad conmutativa de la suma para comprobar la exactitud.

9. 1,734 + 2,882   2,882 + 1,734

10. 2,333 + 5,977   5,977 + 2,333

Álgebra **Suma para hallar la incógnita.**

11. 2,865 + 5,522 = ■

+

La incógnita es ______.

12. 3,075 + 5,640 = ■

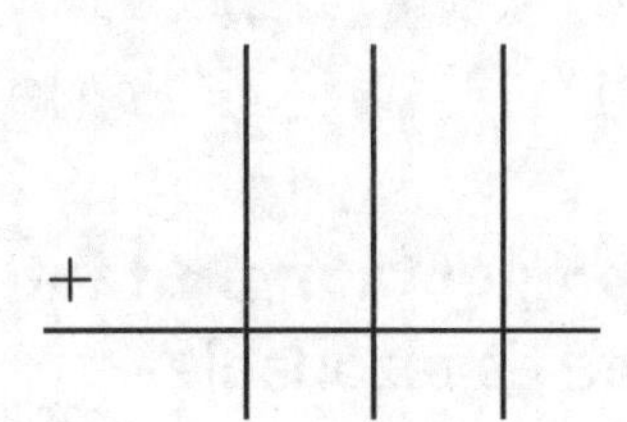

La incógnita es ______.

13. 1,603 + 3,509 = ■

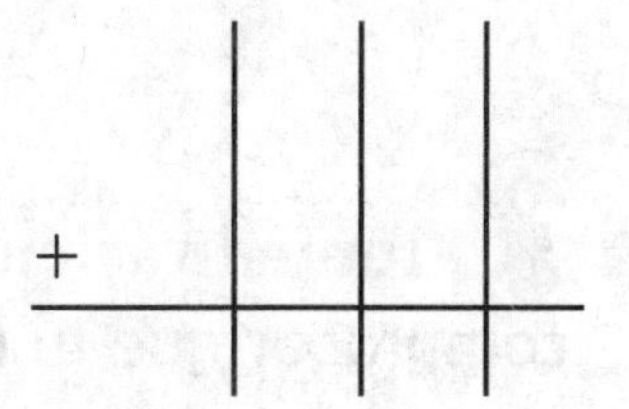

La incógnita es ______.

Resolución de problemas

14. En un año, el papá de Luis consumió 1,688 galones de gasolina en su carro. El carro de su mamá consumió 1,297 galones. Usa un diagrama de barra para hallar el total de galones de gasolina que se consumieron. Escribe un enunciado numérico con un símbolo para la incógnita. Luego, resuelve.

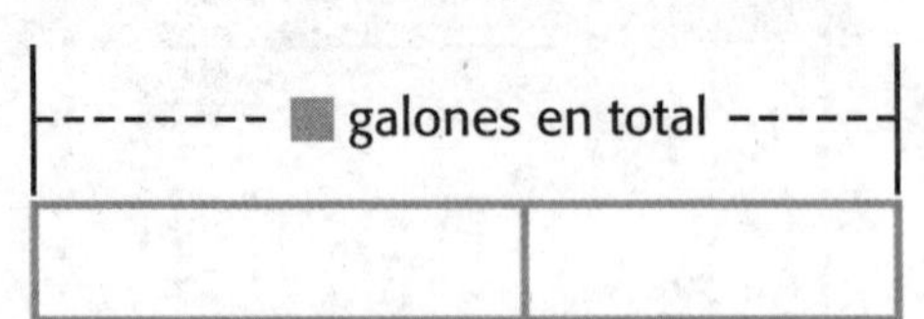

¡Mi trabajo!

15. PRÁCTICA matemática 3 **Sacar una conclusión** Aproximadamente, ¿cuántas personas fueron encuestadas acerca de su lugar de veraneo favorito? ¿La estimación es mayor o menor que la respuesta exacta? Explica tu respuesta.

Playa	2,311
Parque de diversiones	2,862

16. PRÁCTICA matemática 2 **Usar el sentido numérico** Usa los dígitos de 0 a 7 para crear dos números de 4 dígitos cuya suma sea mayor que 9,999.

17. **Profundización de la pregunta importante** Explica cómo puedes comprobar que tu respuesta es razonable.

Nombre ....

Mi tarea

Lección 8

Sumar números de cuatro dígitos

Asistente de tareas

¿Necesitas ayuda? connectED.mcgraw-hill.com

El circo tuvo una asistencia de 7,245 personas en la tribuna y 1,877 en el palco en el espectáculo del viernes en la noche. ¿Cuántas personas en total asistieron al circo?

Halla 7,245 + 1,877.

Estima 7,200 + 1,900 = 9,100

1 Suma las unidades.
5 unidades + 7 unidades = 12 unidades
Reagrupa 12 unidades como 1 decena y 2 unidades.

2 Suma las decenas.
1 decena + 4 decenas + 7 decenas = 12 decenas
Reagrupa 12 decenas como 1 centena y 2 decenas.

3 Suma las centenas y los millares.
1 centena + 2 centenas + 8 centenas = 11 centenas
Reagrupa 11 centenas como 1 millar y 1 centena.
1 millar + 7 millares + 1 millar = 9 millares

$$\begin{array}{r} {}^{1}\;\;\;\,{}^{1}\;{}^{1}\;\;\; \\ 7,245 \\ +\ 1,877 \\ \hline 9,122 \end{array}$$

Comprueba que sea razonable.
El número 9,122 está cerca de la estimación de 9,100. La respuesta es razonable.

7,245 + 1,877 = 9,122.
El viernes en la noche, 9,122 personas asistieron al circo.

Práctica

Suma. Comprueba que sea razonable.

1.

4,	0	9	1
+ 2,	2	3	8

2.

$ 5,	0	4	5
+ $ 3,	9	9	9

Suma. Comprueba que sea razonable.

3.

2,	0	8	8
+ 6,	3	4	6

4.

4,	4	6	3
+ 4,	8	1	9

5.

3,	8	6	6
+ 4,	7	2	7

6. Usa la propiedad conmutativa para comprobar tu respuesta al ejercicio 3.

$$\begin{array}{r} 6,346 \\ +\ 2,088 \\ \hline \end{array}$$

Álgebra Suma para hallar las incógnitas.

7. 7,028 + 2,578 = ■

7,	0	2	8
+ 2,	5	7	8

La incógnita es ______.

8. 5,724 + 2,197 = ■

5,	7	2	4
+ 2,	1	9	7

La incógnita es ______.

9. 4,999 + 4,265 = ■

4,	9	9	9
+ 4,	2	6	5

La incógnita es ______.

Resolución de problemas

10. PRÁCTICA matemática 2 **Usar el álgebra** Raquel corrió 3,012 metros el lunes y 5,150 metros el miércoles. ¿Cuántos metros corrió en total? Escribe un enunciado numérico con un símbolo para la incógnita. Luego, resuelve.

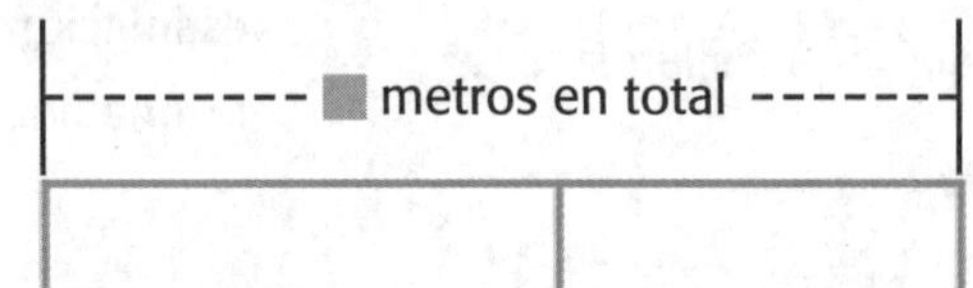

Práctica para la prueba

11. El Sr. Shelton trabajó 1,976 horas un año y 2,080 horas el siguiente año. ¿Cuál es el número total de horas que trabajó el Sr. Shelton en los dos años?

Ⓐ 3,056 horas
Ⓑ 3,956 horas
Ⓒ 4,156 horas
Ⓓ 4,056 horas

Nombre ....

El mundo real

Investigación para la resolución de problemas

ESTRATEGIA: Respuestas razonables

Lección 9

PREGUNTA IMPORTANTE
¿Cómo me puede ayudar el valor posicional a sumar números más grandes?

Aprende la estrategia

¿Es razonable decir que la familia de Luis ha viajado aproximadamente 2,200 millas este año?

1 Comprende

Viajes de este año	
Papá	398 millas
Luis	737 millas
Hermano	1,106 millas

¿Qué sabes?

Sé que la familia de Luis ha viajado

_______ millas, _______ millas y _______ millas.

¿Qué debes hallar?

Debo hallar si la familia viajó aproximadamente _______ millas.

2 Planea

Estimaré la suma. Luego compararé las _______________.

3 Resuelve

Estima

1,106	→	1,100
737	→	700
+ 398	→	+ 400
		☐

La suma estimada de _______ millas es la misma que la estimación en el problema. Por lo tanto, la respuesta es razonable.

4 Comprueba

¿Tiene sentido tu respuesta? ¿Por qué?

Sí. 398 + 737 + 1,106 = 2,241, que está cerca de la suma estimada de _______.

Practica la estrategia

Jaime nadó 28 vueltas la semana pasada y 24 vueltas esta semana. Dice que debe nadar el mismo número de vueltas a la semana durante dos semanas más para nadar un total de aproximadamente 100 vueltas. ¿Es esta una estimación razonable? Explica tu respuesta.

1 Comprende

¿Qué sabes?

____

____

¿Qué debes hallar?

____

____

2 Planea

____

____

3 Resuelve

4 Comprueba

¿Tiene sentido tu respuesta? ¿Por qué?

____

Aplica la estrategia

Determina una respuesta razonable para los problemas.

1. Una cuenta bancaria tiene $3,701 el lunes. El martes se suman $4,294 a la cuenta. ¿Es razonable decir que ahora hay aproximadamente $7,000 en la cuenta? Explica tu respuesta.

2. El año pasado se vendieron 337 libros en la feria del libro. Este año se vendieron 217 libros más que el año pasado. ¿Es razonable decir que este año se vendieron más de 500 libros? Explica tu respuesta.

3. Juliana estimó que debe hacer 100 recordatorios para la reunión familiar. ¿Es una estimación razonable si 67 miembros de la familia llegan el viernes y 42 miembros llegan el sábado? Explica tu respuesta.

4. PRÁCTICA matemática 3 **Justificar las conclusiones** Para la feria estatal, se estableció una meta de asistencia de 9,000 personas el viernes y el sábado.

Asistencia a la feria estatal	
Día	**Asistencia**
Viernes	5,653
Sábado	4,059

¿Es razonable decir que la meta se cumplió? Explica tu respuesta.

Repasa las estrategias

Usa cualquier estrategia para resolver los problemas.

- Usar el plan de cuatro pasos.
- Determinar respuestas razonables.

5. ¿Cuánto costarán todas las flores?

Florería del Sr. White		
Flor	**Cantidad**	**Costo unitario**
Margaritas	7	$5
Rosas	3	$10
Lirios	4	$6
Petunias	9	$4
Caléndulas	9	$3

______

6. PRÁCTICA matemática 2 **Usar símbolos** Las tarjetas muestran el número de puntos que Silvia y Mary tienen en un juego.

Tarjetas de Silvia

Tarjetas de Mary

¿Cuántos puntos tiene Silvia y cuántos tiene Mary? ¿Quién tiene el mayor número de puntos? Usa < o >.

______

______

7. Valeria gastó $378 en el centro comercial. Su hermana gastó $291. Aproximadamente, ¿cuánto gastaron ambas hermanas?

______

Mi tarea

Lección 9
Resolución de problemas: Respuestas razonables

Asistente de tareas

¿Necesitas ayuda? **connectED.mcgraw-hill.com**

¿Es razonable decir que aproximadamente 3,000 estudiantes participaron en la encuesta?

Encuesta de carreras	
Científico	2,129 votos
Escritor	1,093 votos
Médico	1,076 votos

1 Comprende

¿Qué sabes?

Por científico votaron 2,129 estudiantes, por escritor votaron 1,093 estudiantes y por médico votaron 1,076 estudiantes.

¿Qué debes hallar?

Si 3,000 es un total razonable para todos los votos.

2 Planea

Estima la suma. Luego, compara la estimación con 3,000.

3 Resuelve

$$\begin{array}{rcr} 2{,}129 & \longrightarrow & 2{,}100 \\ 1{,}093 & \longrightarrow & 1{,}100 \\ +\ 1{,}076 & \longrightarrow & +\ 1{,}100 \\ \hline & & 4{,}300 \end{array}$$

La suma estimada de 4,300 no está cerca de 3,000. Por lo tanto, 3,000 no es un total razonable para todos los votos.

4 Comprueba

¿Tiene sentido tu respuesta? ¿Por qué?

Sí; 2,129 + 1,093 + 1,076 es 4,298, que no está cerca del total sugerido de 3,000. La cantidad de 3,000 no es un total razonable.

Resolución de problemas

Determina una respuesta razonable para los problemas.

1. Los estudiantes sacaron 632 libros de ficción y 392 libros de no ficción de la biblioteca escolar. ¿Es razonable decir que los estudiantes sacaron aproximadamente 1,000 libros? Explica tu respuesta.

2. Algunos estudiantes de la Escuela Primaria Sydney entraron al Concurso Nacional de Poesía. Entraron 19 de segundo grado, 23 de tercer grado y 9 de cuarto grado. ¿Entraron al concurso al menos 50 estudiantes? Explica tu respuesta.

3. PRÁCTICA matemática 2 **Razonar** La cabeza del dinosaurio favorito de Grace mide 14 pies de largo, el cuerpo mide 26 pies de largo y la cola mide 19 pies. ¿Es razonable decir que el dinosaurio completo mide 60 pies de largo? Explica tu respuesta.

Usa la tabla para resolver los ejercicios 4 y 5.

Estaciones de radio	
Country	3,589 oyentes
Rock	2,986 oyentes
Hip Hop	3,472 oyentes

4. ¿Cuántas personas escuchan música *country y hip hop*?

5. La meta para la estación de *rock* era tener 3,000 oyentes. ¿Es razonable decir que la estación de *rock* alcanzó su meta? Explica tu respuesta.

Nombre ....

Práctica de fluidez

PRÁCTICA matemática 6

Suma.

1. $54 + 43$

2. $36 + 12$

3. $74 + 32$

4. $63 + 26$

5. $52 + 27$

6. $64 + 18$

7. $43 + 39$

8. $89 + 75$

9. $91 + 36$

10. $88 + 57$

11. $77 + 39$

12. $82 + 81$

13. $710 + 33$

14. $811 + 49$

15. $99 + 28$

16. $800 + 64$

17. $426 + 319$

18. $109 + 72$

19. $293 + 310$

20. $365 + 364$

Nombre ....

Práctica de fluidez

Suma.

1. $\begin{array}{r} 66 \\ +\ 34 \\ \hline \end{array}$	**2.** $\begin{array}{r} 73 \\ +\ 19 \\ \hline \end{array}$	**3.** $\begin{array}{r} 91 \\ +\ 51 \\ \hline \end{array}$	**4.** $\begin{array}{r} 163 \\ +\ 77 \\ \hline \end{array}$
5. $\begin{array}{r} 25 \\ +\ 96 \\ \hline \end{array}$	**6.** $\begin{array}{r} 641 \\ +\ 187 \\ \hline \end{array}$	**7.** $\begin{array}{r} 123 \\ +\ 390 \\ \hline \end{array}$	**8.** $\begin{array}{r} 51 \\ +\ 45 \\ \hline \end{array}$
9. $\begin{array}{r} 910 \\ +\ 48 \\ \hline \end{array}$	**10.** $\begin{array}{r} 888 \\ +\ 37 \\ \hline \end{array}$	**11.** $\begin{array}{r} 771 \\ +\ 98 \\ \hline \end{array}$	**12.** $\begin{array}{r} 382 \\ +\ 591 \\ \hline \end{array}$
13. $\begin{array}{r} 625 \\ +\ 63 \\ \hline \end{array}$	**14.** $\begin{array}{r} 754 \\ +\ 111 \\ \hline \end{array}$	**15.** $\begin{array}{r} 990 \\ +\ 10 \\ \hline \end{array}$	**16.** $\begin{array}{r} 329 \\ +\ 34 \\ \hline \end{array}$
17. $\begin{array}{r} 264 \\ +\ 91 \\ \hline \end{array}$	**18.** $\begin{array}{r} 428 \\ +\ 326 \\ \hline \end{array}$	**19.** $\begin{array}{r} 531 \\ +\ 11 \\ \hline \end{array}$	**20.** $\begin{array}{r} 508 \\ +\ 426 \\ \hline \end{array}$

Repaso

Capítulo 2

La suma

Comprobación del vocabulario

Escoge las palabras correctas para completar las oraciones.

cálculo mental	**diagrama de barra**	**estimación**
incógnita	**paréntesis**	**patrón**
propiedad asociativa	**propiedad conmutativa**	**propiedad de identidad**
razonable	**reagrupar**	

1. La ______________________ de la suma establece que puedes cambiar el orden de los sumandos y obtener todavía la misma suma.

2. Los ______________________ te dicen qué operaciones agrupar en un enunciado numérico.

3. El ______________________ es una manera de hacer cálculos en la cabeza.

4. Un número cercano a su valor real es una ______________________.

5. Usar el valor posicional para intercambiar cantidades iguales cuando se convierte un número es ______________________.

6. Un ______________________ es un conjunto de números que siguen un orden específico.

7. La ______________________ de la suma establece que cuando se suma cero a cualquier número, la suma es ese número.

8. Cuando una respuesta tiene sentido, es ______________________.

9. El número que falta o por el cual estás resolviendo un problema es la ______________________.

Comprobación del concepto 

Halla las sumas. Identifica la propiedad de la suma. Escribe *conmutativa, asociativa* o *de identidad.*

10. 8 + 0 = _____

____

11. 2 + (4 + 3) = _____

(2 + 4) + 3 = _____

____

12. 5 + 7 = _____

7 + 5 = _____

____

Escribe el número.

13. 1 más que 375

____

14. 1,000 más que 2,184

____

Forma una decena o una centena para sumar mentalmente.

15. 198 + 132

☐ ☐

_____ + _____ = _____

16. 1,274 + 3,599

☐ ☐

_____ + _____ = _____

Estima. Redondea los sumandos al valor posicional indicado.

17. 725 + 229; decenas

_____ + _____ = _____

18. 8,291 + 1,101; centenas

_____ + _____ = _____

Suma. Comprueba que sea razonable.

19.

6	4	3
+ 2	8	2

Estima:

_____ + _____ = _____

20.

2,	2	0	8
+ 5,	0	9	2

Estima:

_____ + _____ = _____

Nombre

Resolución de problemas

Escribe un enunciado numérico con un símbolo para la incógnita. Luego, resuelve.

21. Un caballo pesa 1,723 libras. Un caballo más pequeño pesa 902 libras. ¿Cuánto pesan ambos caballos en total?

22. Una pelota de golf tiene 336 hoyuelos. ¿Cuántos hoyuelos tendrían dos pelotas de golf en total?

23. Samuel caminó una milla antes de almuerzo y una milla después de almuerzo. La longitud de una milla es 1,760 yardas. En yardas, ¿cuál es la distancia total que Samuel caminó?

24. En el Estado de Washington hay dos montañas distintas que tienen récords de nevada. Un invierno, el monte Ranier recibió 1,224 pulgadas de nieve. El monte Baker recibió 1,140 pulgadas de nieve. ¿Cuál es el total de nieve recibida en estas dos montañas?

Práctica para la prueba

25. Daniel viajó 792 millas de Pensacola, Florida, a Key West, Florida, y luego de regreso. ¿Cuál es la distancia que viajó a las centenas de millas más cercanas?

Ⓐ 800 millas
Ⓑ 1,580 millas
Ⓒ 1,584 millas
Ⓓ 1,600 millas

Pienso

Capítulo 2

Respuesta a la PREGUNTA IMPORTANTE

Usa lo que aprendiste acerca de la suma para completar el organizador gráfico.

Problema del mundo real

Dibujar un modelo

PREGUNTA IMPORTANTE

¿Cómo me puede ayudar el valor posicional a sumar números más grandes?

Propiedades

Vocabulario

Piensa sobre la PREGUNTA IMPORTANTE  **Escribe tu respuesta.**

Capítulo

3 La resta

PREGUNTA IMPORTANTE

¿Qué relación hay entre las operaciones de resta y suma?

Actividades que hago para divertirme

¡Mira el video!

Observa

Mis estándares estatales

Números y operaciones del sistema decimal

CCSS

3.NBT.2 Sumar y restar hasta el 1,000 de manera fluida, aplicando estrategias y algoritmos basados en el valor posicional, las propiedades de las operaciones o la relación entre la suma y la resta.

Operaciones y razonamiento algebraico *Este capítulo también trata este estándar:*

3.OA.8 Resolver problemas contextualizados de dos pasos aplicando las cuatro operaciones. Representar esos problemas con ecuaciones que tengan una letra que represente la cantidad desconocida. Evaluar si las respuestas son razonables mediante cálculos mentales y estrategias de estimación que incluyan el redondeo.

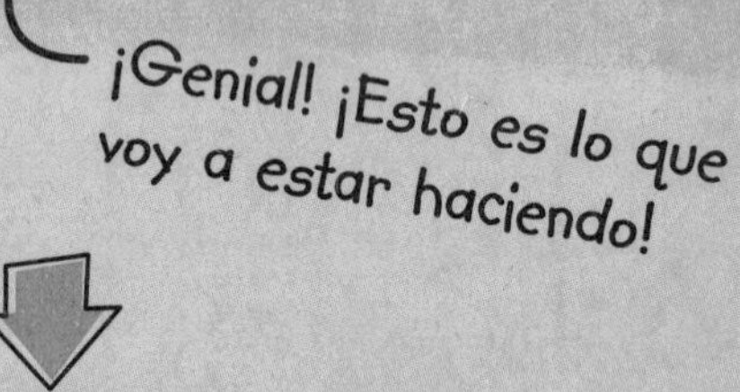

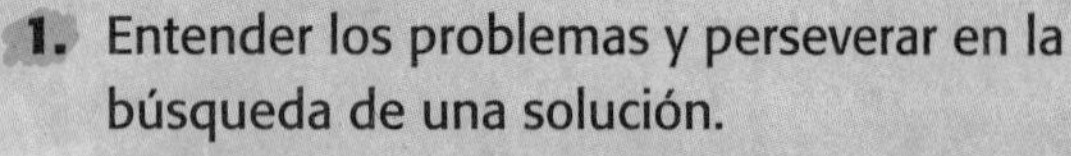

1. Entender los problemas y perseverar en la búsqueda de una solución.
2. Razonar de manera abstracta y cuantitativa.
3. Construir argumentos viables y hacer un análisis del razonamiento de los demás.
4. Representar con matemáticas.
5. Usar estratégicamente las herramientas apropiadas.
6. Prestar atención a la precisión.
7. Buscar una estructura y usarla.
8. Buscar y expresar regularidad en el razonamiento repetido.

= Se trabaja en este capítulo.

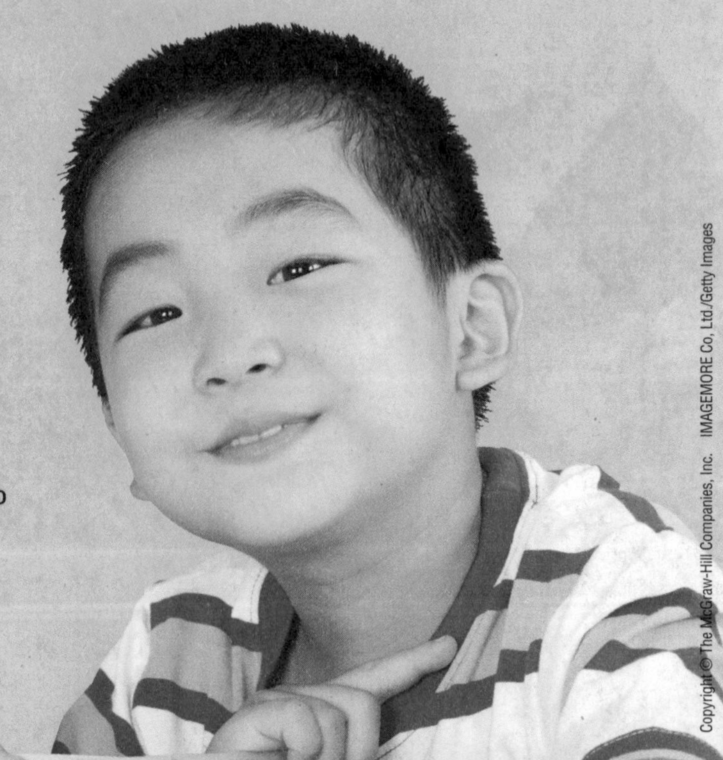

Nombre

Antes de seguir...

Conéctate para hacer la prueba de preparación.

Resta.

1. $9 - 4$

2. $12 - 7$

3. $15 - 8$

4. $11 - 6$

5. 13 − 7 = ____

6. 10 − 6 = ____

7. 9 − 6 = ____

8. 16 − 8 = ____

Usa los bloques de base diez para hallar las diferencias.

9.

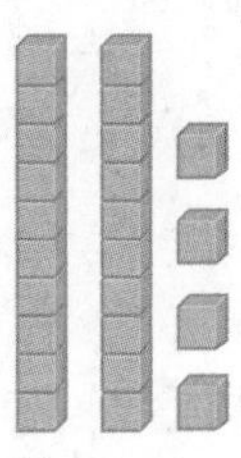

24 − 11 = ______

10.

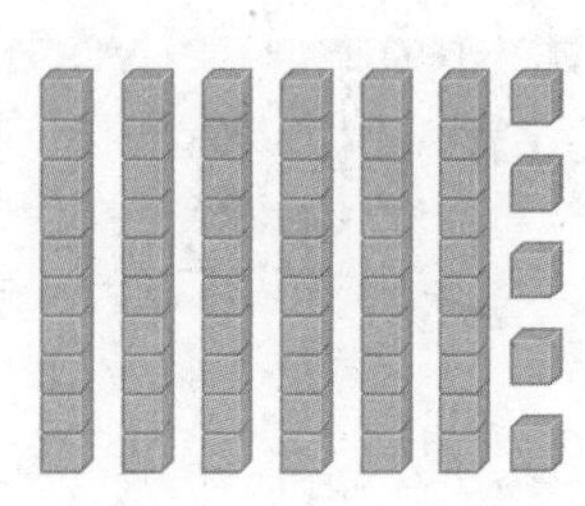

65 − 24 = ______

Redondea a la decena más cercana.

11. 454 ______

12. 689 ______

13. 712 ______

Redondea a la centena más cercana.

14. 377 ______

15. 409 ______

16. 1,335 ______

¿Cómo me fue?

Sombrea las casillas para mostrar los problemas que respondiste correctamente.

1	2	3	4	5	6	7	8	9	10	11	12	13	14	15	16

Nombre ....

Las palabras de mis mates

Repaso del vocabulario

diferencia	enunciado de resta	estimación
igual	restar	signo igual (=)
signo más (+)	signo menos (–)	suma
sumando	sumar	

Haz conexiones
Usa las palabras del repaso del vocabulario para completar el diagrama de Venn.

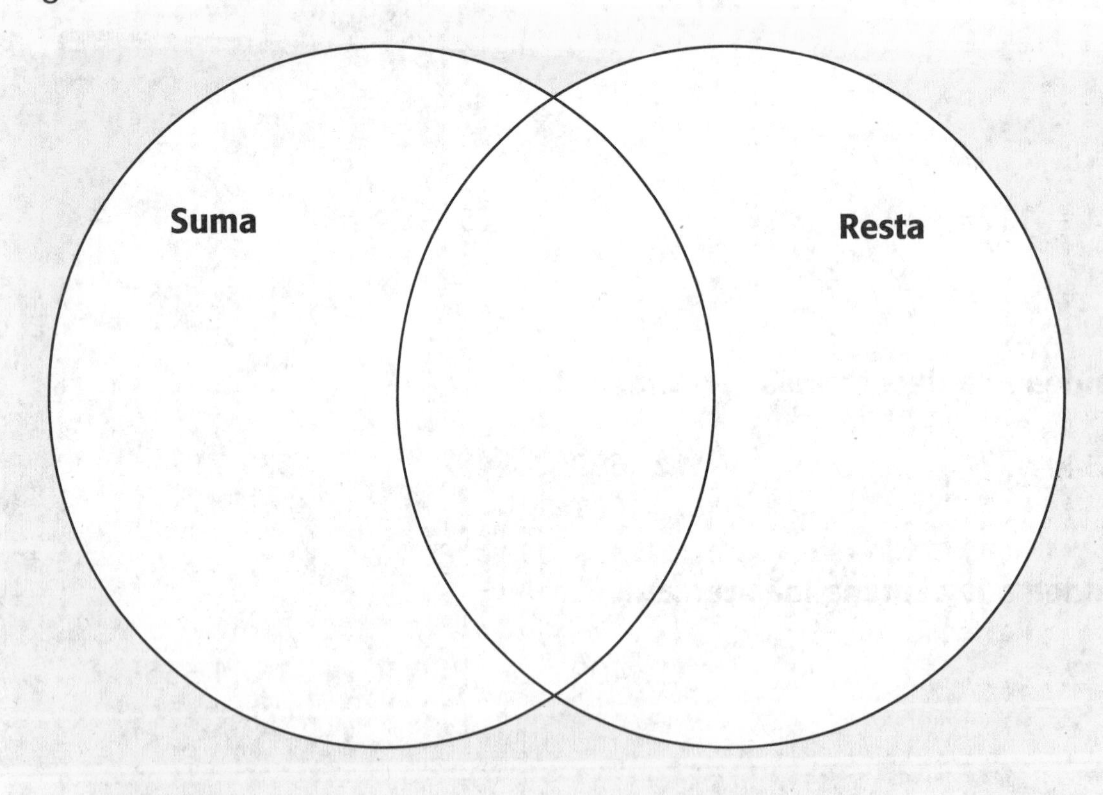

Mis tarjetas de vocabulario

Lección 3-4

operaciones inversas

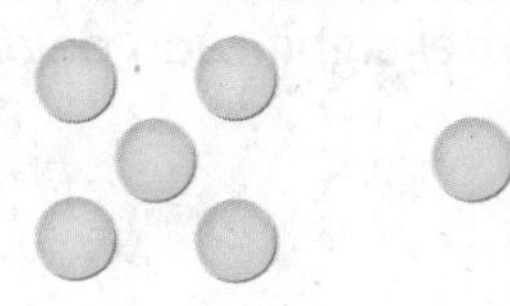

5 + 3 = 8
8 − 3 = 5

Lección 3-4

reagrupar

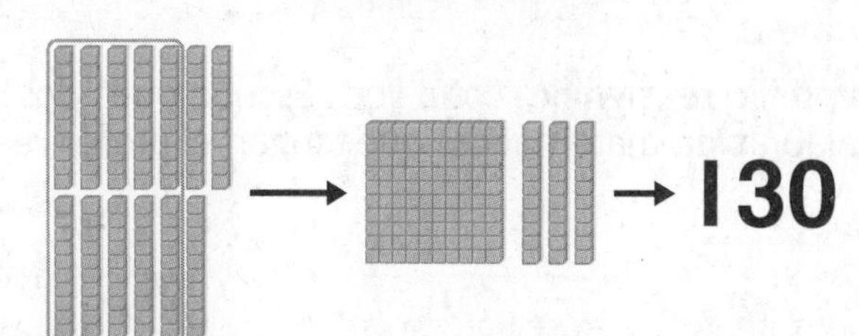

Sugerencias

- Haz una marca de conteo en la tarjeta correspondiente cada vez que leas una de estas palabras en este capítulo o la uses al escribir. Ponte como meta hacer al menos 10 marcas de conteo en cada tarjeta.
- Usa las tarjetas en blanco para crear tus propias tarjetas de vocabulario.

Usar el valor posicional para intercambiar cantidades iguales cuando se convierte un número.

El prefijo *re-* significa "otra vez". Escribe otras dos palabras de matemáticas que tengan el prefijo *re-*.

Operaciones que se anulan entre sí.

Inversa significa "opuesta". ¿Cómo te ayuda esto a recordar el significado de *operaciones inversas?*

Mi modelo de papel

FOLDABLES® Sigue los pasos que aparecen en el reverso para hacer tu modelo de papel.

Restar números con ceros

Reagrupar con números de cuatro dígitos

Reagrupar con números de tres dígitos

Estimar la diferencia

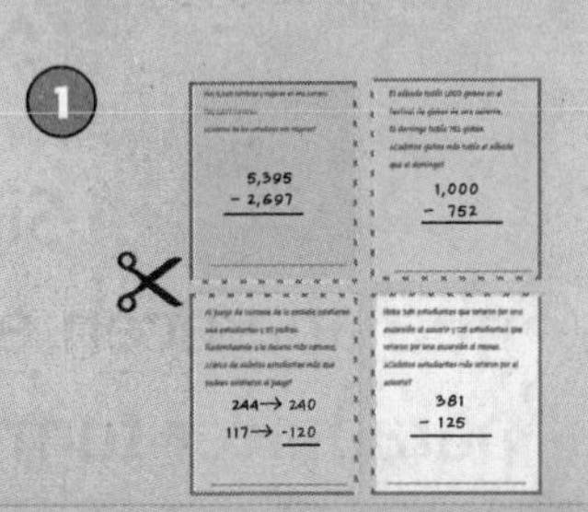

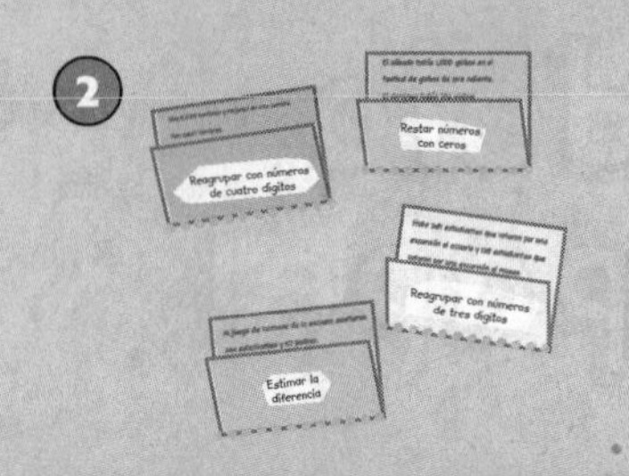

Hay 5,395 hombres y mujeres en una carrera.

Hay 2,697 hombres.

¿Cuántos de los corredores son mujeres?

$$\begin{array}{r} 5{,}395 \\ -\ 2{,}697 \\ \hline \end{array}$$

El sábado había 1,000 globos en el festival de globos de aire caliente.

El domingo había 752 globos.

¿Cuántos globos más había el sábado que el domingo?

$$\begin{array}{r} 1{,}000 \\ -\ 752 \\ \hline \end{array}$$

Al juego de lacrosse de la escuela asistieron 244 estudiantes y 117 padres.

Redondeando a la decena más cercana, ¿cuántos estudiantes más que padres aproximadamente asistieron al juego?

$$\begin{array}{rr} 244 \rightarrow & 240 \\ 117 \rightarrow & -120 \\ & \hline \end{array}$$

Hubo 381 estudiantes que votaron por una excursión al acuario y 125 estudiantes que votaron por una excursión al museo.

¿Cuántos estudiantes más votaron por el acuario?

$$\begin{array}{r} 381 \\ -\ 125 \\ \hline \end{array}$$

Nombre ....

Restar mentalmente

Lección 1

PREGUNTA IMPORTANTE
¿Qué relación hay entre las operaciones de resta y suma?

Para restar mentalmente, descompón el número más pequeño en partes. Luego, resta por partes.

Las mates y mi mundo

Ejemplo 1

El día estaba soleado y cálido a 86 °F para jugar al aire libre. ¿Cuál era la temperatura cuando descendió 17 °F?

Halla 86 − 17.

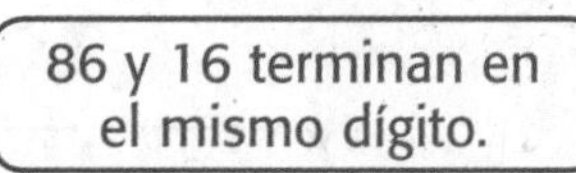

 Descompón 17. **86 − 17** (17 = 16 + 1)

 Resta 16. **86 − 16 =** ______

 Resta 1. **70 − 1 =** ______

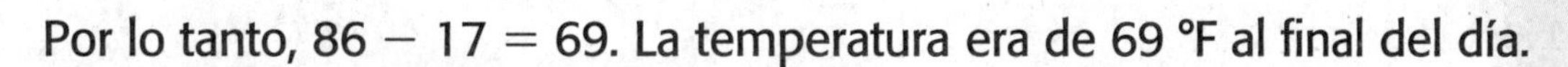

Por lo tanto, 86 − 17 = 69. La temperatura era de 69 °F al final del día.

También puedes usar las reglas de la resta para restar mentalmente.

Reglas de la resta	
Restar un número de sí mismo da igual a cero.	367 − 367 = 0
Restar cero de un número da igual al mismo número.	545 − 0 = 545

Ejemplo 2

Halla 417 − 417.

Restar un número de sí mismo da igual a ______.

Por lo tanto, 417 − 417 = ______.

Puedes restar mentalmente un número que termine en 9 o 99.

Ejemplo 3

Halla 140 − 129.

Forma una decena.
129 está cerca de 130.

Suma 1 a 129 para formar 130.

140 − 130 = 10

Como restaste 1 de más, vuelve a sumarlo.
10 + 1 = 11

Por lo tanto, 140 − 129 = 11.

Ejemplo 4

Halla 223 − 99.

Forma una centena.
99 está cerca de 100.

Suma 1 a 99 para formar 100.

223 − 100 = 123

Como restaste 1 de más, vuelve a sumarlo.
123 + 1 = 124

Por lo tanto, 223 − 99 = ______.

Práctica guiada 

1. Resta mentalmente 34 − 18 descomponiendo el número más pequeño.

18 = 14 + ______

34 − 14 = ______

______ − 4 = ______

Por lo tanto, 34 − 18 = ______.

2. Resta mentalmente 94 − 59 formando una decena.

94 − 60 = ______

______ + 1 = ______

Por lo tanto, 94 − 59 = ______.

Nombre ....

CCSS

Práctica independiente

Resta mentalmente descomponiendo el número más pequeño.

3. 792 − 94 = ______

4. 885 − 52 = ______

5. 831 − 321 = ______

6. 725 − 717 = ______

Forma una decena o una centena para restar mentalmente.

7. 87 − 69 = ______

8. 745 − 239 = ______

9. 652 − 599 = ______

10. 384 − 199 = ______

Escribe los enunciados numéricos de acuerdo con su regla de resta.

11.

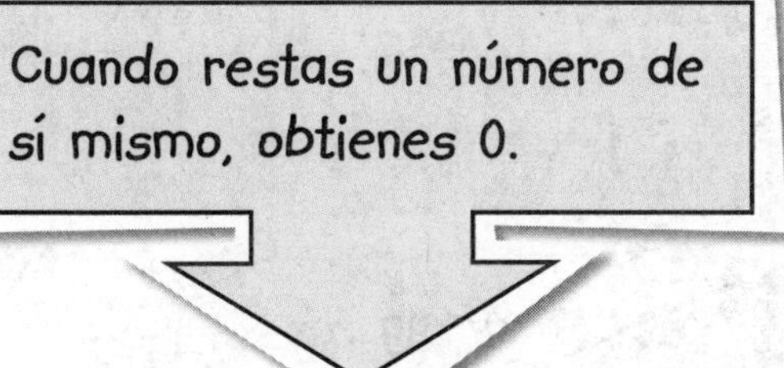

____

____

12.

Cuando restas 0 de un número, obtienes ese número.

____

____

1,937 − 1,937 = 0	9,999 − 0 = 9,999
4,274 − 0 = 4,274	491 − 491 = 0

Resolución de problemas

Usa una estrategia de resta mental para resolver.

OFERTA HOY ~~$73~~ $49

13. ¿Cuánto podría haber ahorrado Mauricio en estos zapatos si hubiera esperado hasta hoy para comprarlos?

____

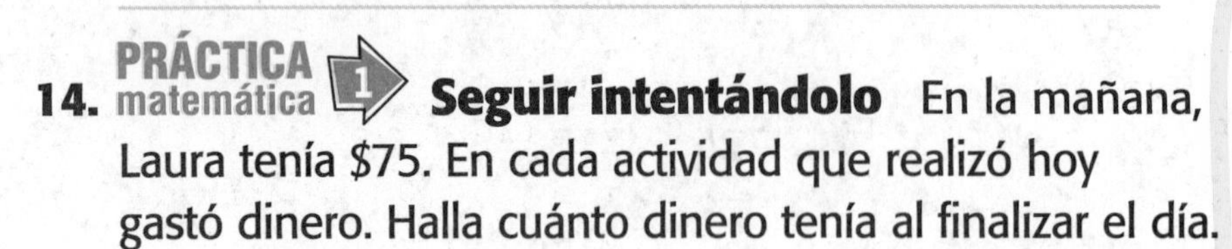

14. PRÁCTICA matemática 1 **Seguir intentándolo** En la mañana, Laura tenía $75. En cada actividad que realizó hoy gastó dinero. Halla cuánto dinero tenía al finalizar el día.

____

¡Mi trabajo!

Problemas S.O.S.

15. PRÁCTICA matemática 5 **Calcular mentalmente** Escribe las diferencias a medida que restas mentalmente.

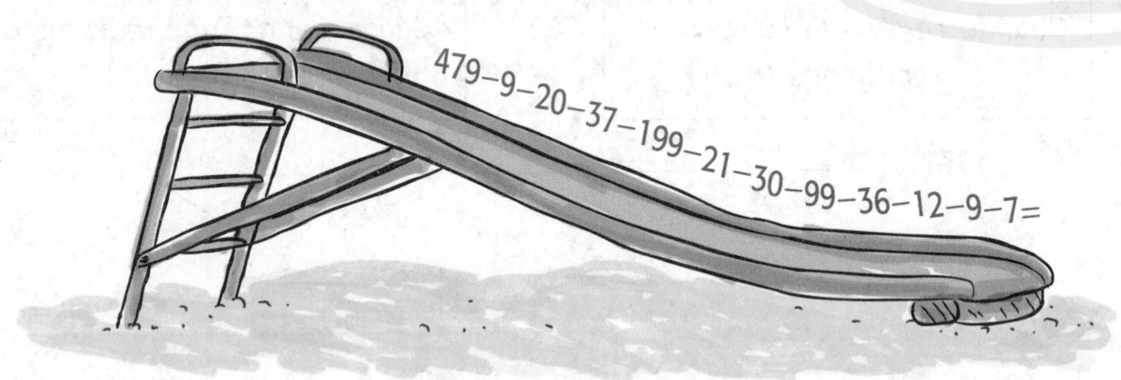

____

16. **Profundización de la pregunta importante** ¿Cómo puedo restar mentalmente?

____

____

Nombre ....

Mi tarea

Lección 1
Restar mentalmente

Asistente de tareas

¿Necesitas ayuda? connectED.mcgraw-hill.com

Mia quiere una guitarra que cuesta $96. Hasta ahora, ha ahorrado $48. ¿Cuánto dinero más necesita ahorrar para comprar la guitarra?

Halla $96 – $48. Resta por partes.

1 Descompón 48. $96 – $48 ($48 = **$46** + **$2**)

2 Resta una parte. $96 – **$46** = $50

3 Resta la otra parte. $50 – **$2** = $48

Por lo tanto, Mia necesita $48 más.

Práctica

Resta mentalmente descomponiendo el número más pequeño.

1. 82 – 47 ________ **2.** 165 – 26 = ________

3. 387 – 308 = ________ **4.** 674 – 426 = ________

Forma una decena o una centena para restar mentalmente.

5. 76 – 59 = ________ **6.** 120 – 39 = ________

7. 554 – 199 = ________ **8.** 453 – 19 = ________

Resolución de problemas

Usa cualquier estrategia de cálculo mental para resolver.

9. PRÁCTICA matemática 5 **Calcular mentalmente** El equipo rojo tiene 522 hinchas en las gradas. El equipo azul tiene 425 hinchas en las gradas. ¿Cuántos hinchas menos tiene el equipo azul?

10. PRÁCTICA matemática 2 **Usar el sentido numérico** Hay 172 casas en el vecindario de Kyle. Él reparte el periódico a 99 casas. ¿A cuántas casas Kyle *no* reparte el periódico?

Comprobación del vocabulario

Traza una línea para relacionar la palabra con su definición o significado.

11. restar • La respuesta a un problema de resta.

12. diferencia • Hallar la diferencia entre dos números.

Práctica para la prueba

13. Luisa tiene una cámara digital con una tarjeta de memoria que puede almacenar 284 fotos. Si Luisa ha tomado 159 fotos, ¿cuántas fotos más puede almacenar la tarjeta de memoria?

Ⓐ 124 fotos

Ⓑ 125 fotos

Ⓒ 135 fotos

Ⓓ 443 fotos

Nombre ....

Estimar diferencias

Lección 2

PREGUNTA IMPORTANTE
¿Qué relación hay entre las operaciones de resta y suma?

A veces quieres hallar una estimación en vez de una respuesta exacta. Puedes estimar diferencias redondeando a la centena o a la decena más cercana.

Las mates y mi mundo

Ejemplo 1

China tiene más de 3,728 millas de líneas férreas de alta velocidad. Japón tiene más de 1,518 millas de líneas férreas de alta velocidad. Aproximadamente, ¿cuántas millas más de líneas férreas de alta velocidad tiene China?

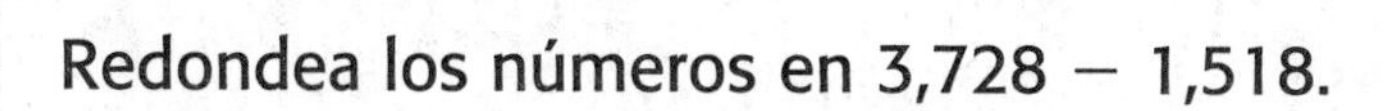

Redondea los números en 3,728 − 1,518.

Luego, halla la diferencia estimada.

3,728 →
− 1,518 →

A la centena más cercana

	millares	centenas	decenas	unidades
	3,		0	0
−	1,		0	0

A la centena más cercana, hay aproximadamente ______ más millas de líneas férreas de alta velocidad en China.

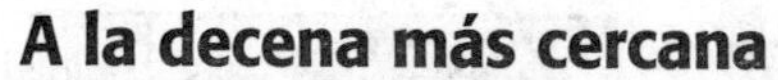

A la decena más cercana

	millares	centenas	decenas	unidades
	3,	7		0
−	1,	5		0

A la decena más cercana, hay aproximadamente ______ más millas de líneas férreas de alta velocidad en China.

Cada estimación es razonable. Puede haber más de una estimación razonable al resolver un problema.

No siempre se te dice a qué posición redondear un número. Puedes redondearlo al valor posicional mayor.

Ejemplo 2

Un museo tiene 237 obras de arte en el primer piso. En el segundo piso tiene 349 obras de arte. Aproximadamente, ¿cuántas obras de arte más hay en el segundo piso?

Estima 349 − 237.

La posición de mayor valor de 349 y 237 es la posición de

las ________

Redondea a la posición de las centenas. Luego, resta.

```
  349 ———→    300
− 237 ———→  − 200  ←— Resta mentalmente.
            [    ]
```

Por lo tanto, hay aproximadamente ________ cuadros más en el segundo piso.

Práctica guiada 

1. Estima 488 − 351. Redondea los números a la posición de las decenas.

	centenas	decenas	unidades
−			

Habla de las MATES

4,749 se redondeó a 4,750. ¿Se redondeó 4,749 a la decena o a la centena más cercana? Explica tu respuesta.

2. Estima 542 − 225. Redondea los números al valor posicional mayor.

	centenas	decenas	unidades
−			

Nombre ....

CCSS

Práctica independiente

Estima. Redondea los números al valor posicional indicado.

3. 986 − 664; decenas

_____ − _____ = _____

4. 550 − 244; decenas

_____ − _____ = _____

5. 1,836 − 1,648; centenas

_____ − _____ = _____

6. 7,621 − 2,000; centenas

_____ − _____ = _____

Estima. Redondea los números al valor posicional mayor.

7. 937 − 338

_____ − _____ = _____

8. 51 − 24

_____ − _____ = _____

9. 716 − 207

_____ − _____ = _____

10. 885 − 474

_____ − _____ = _____

Estima. Redondea los números a la decena y a la centena más cercanas.

		Decena más cercana	Centena más cercana
11.	632 −313		
12.	877 −770		
13.	584 −341		

Resolución de problemas

14. PRÁCTICA matemática 6 **Responder con precisión** Una sala de cine comparó las ventas de boletos de los fines de semana. Estima a la centena más cercana para hallar en qué mes se vendieron menos boletos. Explica tu respuesta.

Ventas de boletos de cine		
Día	Enero	Febrero
Sábado	3,924	2,945
Domingo	2,789	1,754

¡Mi trabajo!

Problemas S.O.S.

15. PRÁCTICA matemática 1 **Entender los problemas** El hermano de Gina va a un campamento en el verano. ¿Cuál es la diferencia estimada en el costo total entre asistir al Campamento A y al Campamento B? Redondea a la decena más cercana.

$ ______

Costos del campamento		
Campamento	Tarifa	Otros gastos
Campamento A	$1,192	$805
Campamento B	$1,055	$979

16. **Profundización de la pregunta importante** ¿Cómo sé a qué posición redondear un número?

Nombre ....

Mi tarea

Lección 2
Estimar diferencias

Asistente de tareas

¿Necesitas ayuda? connectED.mcgraw-hill.com

Noé va a comprar una de dos patinetas. Aproximadamente, ¿cuánto dinero ahorraría Noé si comprara la menos costosa? Redondea a la decena y a la centena más cercanas.

Una manera **Redondea a la centena más cercana.**

A la centena más cercana, Noé ahorraría $200.

$1,463	→	$1,500
– $1,322	→	– $1,300
		$ 200

Otra manera **Redondea a la decena más cercana.**

A la decena más cercana, Noé ahorraría $140.

$1,463	→	$1,460
– $1,322	→	– $1,320
		$ 140

Cada estimación es razonable. Puede haber más de una estimación razonable al resolver un problema.

Práctica

Estima. Redondea los números al valor posicional indicado.

1. 816 – 708; decenas

_______ – _______ = _______

2. 466 – 152; centenas

_______ – _______ = _______

3. 537 – 288; centenas

_______ – _______ = _______

4. 9,531 – 1,428; decenas

_______ – _______ = _______

Estima. Redondea los números a la decena y a la centena más cercanas.

	Decena más cercana	Centena más cercana
5. 3,677 − 2,232		
6. 573 − 441		
7. 1,885 − 483		

Resolución de problemas

8. La tropa de exploradores de Shannon vendió 2,357 cajas de galletas. Empezaron con 3,600 cajas. A la centena más cercana, aproximadamente, ¿cuántas cajas les falta vender?

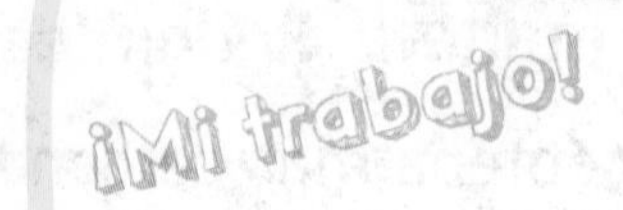

9. PRÁCTICA matemática 2 **Usar el sentido numérico** El estadio Clearview vendió 8,371 bolsas de cacahuates el fin de semana pasado. El estadio Capital vendió 4,309 bolsas de cacahuates el fin de semana pasado. ¿Cuál estadio vendió más bolsas de cacahuates? A la decena más cercana, aproximadamente, ¿cuántas bolsas más se vendieron?

Práctica para la prueba

10. ¿Cuál muestra la diferencia estimada para 8,859 − 3,591 a la centena más cercana?

Ⓐ 5,000 Ⓒ 5,300

Ⓑ 5,268 Ⓓ 5,400

Nombre ....

El mundo real

Investigación para la resolución de problemas

ESTRATEGIA: Estimación o respuesta exacta

Lección 3

PREGUNTA IMPORTANTE
¿Qué relación hay entre las operaciones de resta y suma?

Aprende la estrategia 

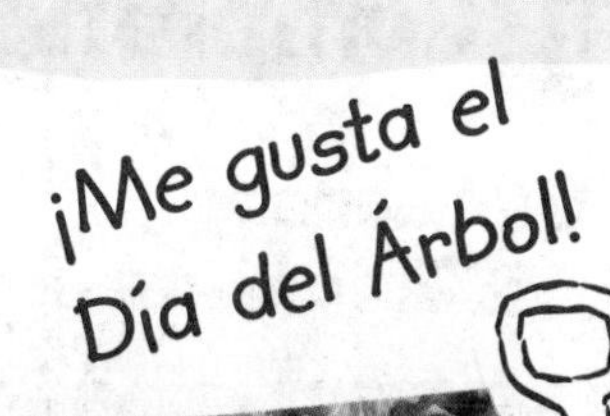

Para celebrar el Día del Árbol, el distrito escolar de Diana plantó árboles. Los estudiantes de secundaria plantaron 1,536 árboles. Los estudiantes de escuela primaria plantaron 1,380 árboles. Aproximadamente, ¿cuántos árboles más plantaron los estudiantes de secundaria?

1 Comprende

¿Qué sabes?

Los estudiantes de secundaria plantaron ______ árboles.

Los estudiantes de escuela primaria plantaron ______ árboles.

¿Qué debes hallar?

aproximadamente cuántos árboles más plantaron los estudiantes de ______

2 Planea

No se necesita una respuesta exacta. Estimaré.

3 Resuelve

Redondea los números. Luego, resta.

1,536 → 1,500
1,380 → 1,400

Redondea cada uno a la centena más cercana.

$$\begin{array}{r} 1{,}500 \\ -\ 1{,}400 \\ \hline 100 \end{array}$$

Los estudiantes de secundaria sembraron aproximadamente 100 árboles más.

4 Comprueba

¿Tiene sentido tu respuesta? ¿Por qué?

____

Practica la estrategia

Los estudiantes de los grados 2 y 3 escribieron 61 cuentos para celebrar el día del escritor. Los estudiantes de segundo grado escribieron 26 cuentos. ¿Cuántos cuentos escribieron los estudiantes de tercer grado?

Comprende

¿Qué sabes?

¿Qué debes hallar?

2 Planea

3 Resuelve

4 Comprueba

¿Tiene sentido tu respuesta? ¿Por qué?

Nombre

Aplica la estrategia

Determina si los problemas requieren una estimación o una respuesta exacta. Luego, resuelve.

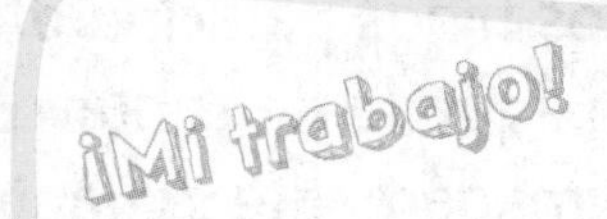

1. PRÁCTICA matemática 4 **Representar las mates**
Ángela cortó dos trozos de cuerda. Uno medía 32 pulgadas de largo. El otro medía 49 pulgadas de largo. ¿Tendrá suficiente cuerda para un proyecto que necesita 76 pulgadas de cuerda? Explica tu respuesta.

2. PRÁCTICA matemática 2 **Usar el sentido numérico**
El número 7 cuatrillones tiene 24 ceros después del 7. El número 7 mil cuatrillones tiene 27 ceros después del 7. ¿Cuántos ceros son en total? ¿Cuál es la diferencia entre el número de ceros en 7 cuatrillones y 7 mil?

3. PRÁCTICA matemática 3 **Justificar las conclusiones**
Tres autobuses pueden transportar un total de 180 estudiantes. ¿Hay suficiente espacio en tres autobuses para 95 niños y 92 niñas? Explica tu respuesta.

4. La Sra. Carpenter recibió una cuenta por reparaciones del carro. Aproximadamente, ¿cuánto costó el cambio de aceite si las otras reparaciones costaron $102?

Repasa las estrategias

Usa cualquier estrategia para resolver los problemas.

- Determinar respuestas razonables.
- Determinar una respuesta estimada o exacta.
- Usar el plan de cuatro pasos.

5. Algunos niños participaron en una búsqueda de centavos. Aproximadamente, ¿cuántos centavos más encontró Luis que cualquiera de sus dos amigos?

Búsqueda de centavos	
Cintia	133
Luis	182
Juan	125

____

6. PRÁCTICA matemática 1 **Comprobar que sea razonable** El lunes hay en una cuenta bancaria $320. El martes, se suman $629 a la cuenta. El miércoles, se retiran $630 de la cuenta. ¿Es razonable decir que hay aproximadamente $100 en la cuenta después del miércoles? Explica tu respuesta.

____

____

____

7. Cuando la escuela abrió por primera vez, su biblioteca tenía 213 libros. Hoy tiene más de 650 libros. Aproximadamente, ¿cuántos libros ha comprado la escuela desde que abrió por primera vez? Explica tu respuesta.

____

____

8. La familia Bonilla gastó $1,679 en sus vacaciones. La familia Turner gastó $983. Aproximadamente, ¿cuánto menos gastó la familia Turner? Explica tu respuesta.

____

____

____

¡Mi trabajo!

Mi tarea

Lección 3
Resolución de problemas: Estimación o respuesta exacta

Asistente de tareas

¿Necesitas ayuda? connectED.mcgraw-hill.com

¿Cuál es la diferencia en el número total de cintas que ganaron las niñas?

Cintas del equipo de natación		
Nadadoras	Año pasado	Este año
Mackenzie	26	31
Zoe	19	33

1 Comprende

¿Qué sabes?

El número de cintas que las niñas ganaron cada año.

¿Qué debes hallar?

La diferencia en el número total de cintas entre las niñas.

2 Planea

Se necesita una respuesta exacta. Sumaré para hallar el total.
Luego, restaré para hallar la diferencia.

3 Resuelve

Mackenzie

$$\begin{array}{r} 26 \\ +\ 31 \\ \hline 57 \end{array}$$

Zoe

$$\begin{array}{r} 19 \\ +\ 33 \\ \hline 52 \end{array}$$

$57 - 52 = 5$
La diferencia entre el número total de cintas para cada niña es 5.

4 Comprueba

¿Tiene sentido tu respuesta? ¿Por qué?

Sí; se usa la operación inversa de suma.
$5 + 52 = 57$ demuestra que la respuesta es correcta.

Resolución de problemas

Determina si los problemas requieren una estimación o una respuesta exacta. Luego, resuelve.

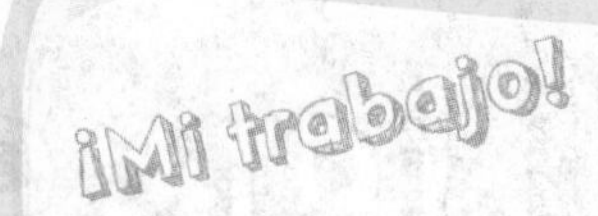

1. Manuel ahorró $53 en agosto y $15 en septiembre. ¿Es razonable decir que necesita $50 más para pagar una clase de karate que cuesta $100? Explica tu respuesta.

2. Había 4,569 hinchas en un partido de fútbol. El equipo visitante tenía 1,604 hinchas. Aproximadamente, ¿cuántos hinchas había del equipo local? Explica tu respuesta.

3. **PRÁCTICA matemática 1 Entender los problemas**
Lucas compra dos calabazas pequeñas y 1 grande. ¿Cuánto gasta Lucas?

Venta de calabazas

Calabazas pequeñas	$4
Calabazas grandes	$7

4. Luis aprendió que el oso pardo del zoológico pesa 1,578 libras. Aproximadamente, ¿cuánto más pesa el oso pardo que el oso polar? Explica tu respuesta.

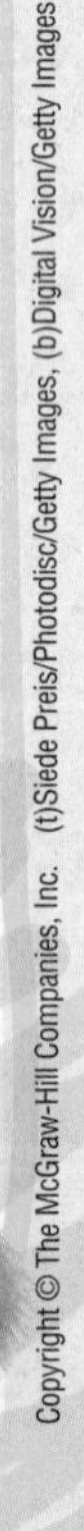

Compruebo mi progreso

Comprobación del vocabulario

1. Relaciona cada palabra con su definición. Termina de dibujar la pieza de rompecabezas de cada palabra de tal manera que encaje con la pieza de rompecabezas de su definición.

restar	un número cercano al valor exacto
diferencia	la respuesta a un problema de resta
estimación	quitar parte o todo

Comprobación del concepto

2. Halla mentalmente la diferencia entre los números que están conectados. Escribe la diferencia en la casilla debajo de la flecha. Se da el último número para que puedas comprobar tu trabajo.

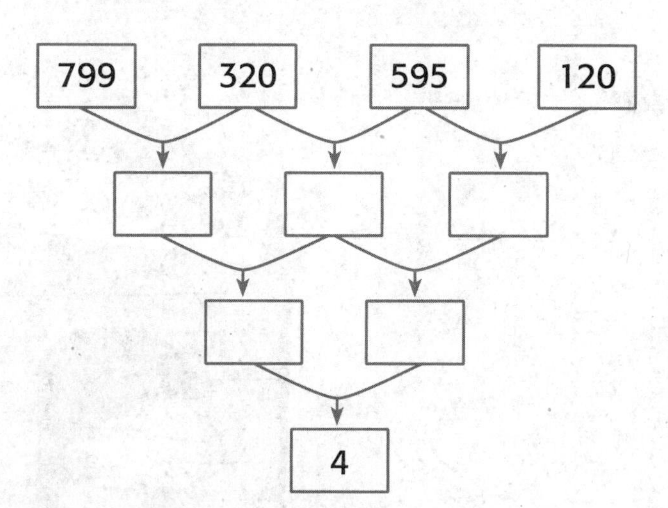

Resolución de problemas

3. Una carpa cuesta $499. Está en rebaja a $75 menos del precio original. Resta mentalmente para hallar el precio de venta rebajado.

¡Mi trabajo!

4. La tabla muestra cuánto dinero ganó una sala de cine la semana pasada. Aproximadamente, ¿cuánto más ganó el viernes que el domingo?

Ventas del cine	
Día	**Cantidad**
Viernes	$432
Sábado	$721
Domingo	$184

Determina si se necesita una respuesta estimada o exacta. Luego, resuelve.

5. Este año, el tercer grado recaudó $379 para una perrera. El año pasado, recaudó $232. Resta mentalmente para hallar cuánto dinero más se recaudó este año que el año pasado.

Práctica para la prueba

6. Estima la diferencia.

   319 − 212 = ■

   Ⓐ 100 Ⓒ 200
   Ⓑ 107 Ⓓ 531

Nombre

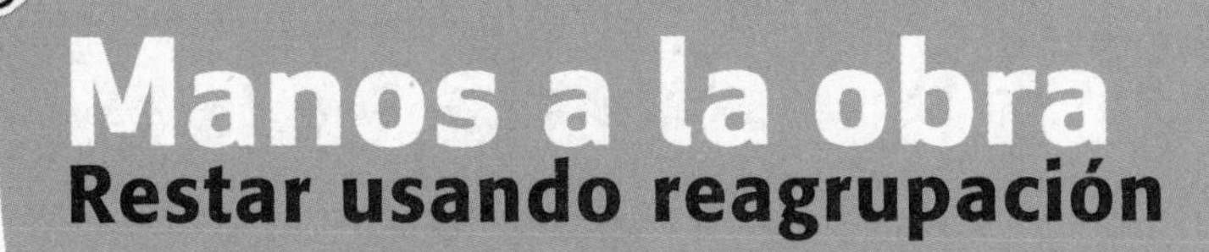

Manos a la obra
Restar usando reagrupación

Lección 4

PREGUNTA IMPORTANTE
¿Qué relación hay entre las operaciones de resta y suma?

A veces necesitas **reagrupar** al restar. Usarás el valor posicional para intercambiar cantidades iguales para convertir un número.

Constrúyelo

Herramientas

Halla 244 − 137 = ■. ← incógnita

Estima 244 − 137 ⟶ 200 − 100 = 100

1 Representa 244.
Usa bloques de base diez. Dibuja tu modelo.

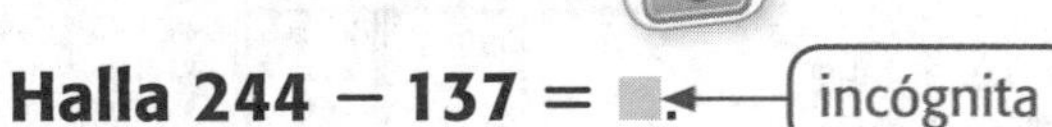

¡Mi dibujo!

2 Resta las unidades.
No puedes restar 7 unidades de 4 unidades. Reagrupa 1 decena como 10 unidades. Ahora hay 14 unidades. Resta 7 unidades.
14 unidades − 7 unidades = ☐ unidades.
Dibuja el resultado.

Resta 3 decenas.

3 decenas − 3 decenas =
______ decenas

4 Resta las centenas.

2 centenas − 1 centena =

______ centena

Dibuja el resultado.

Por lo tanto, 244 − 137 = ______.

La incógnita es ______.

Comprueba

La suma y la resta son **operaciones inversas** porque se anulan entre sí.

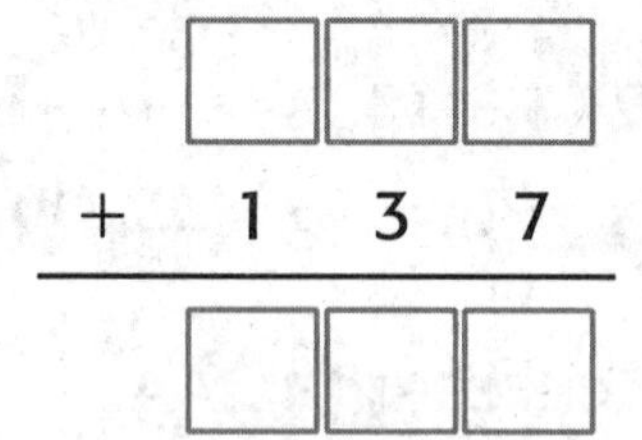

Coméntalo

1. En el paso 2, ¿por qué reagrupaste 1 decena como 10 unidades?

______

2. ¿Qué observaste acerca de las decenas en el paso 3 al restarlas?

______

______

3. PRÁCTICA matemática 2 **Hacer un alto y pensar** Supón que, después de restar las unidades, no hubiera suficientes decenas de las cuales restar. ¿Qué piensas que tendrías que hacer?

______

4. ¿Por qué puedes usar la suma para comprobar tu respuesta a un problema de resta?

______

Nombre ....

Practícalo

Usa modelos para restar. Dibuja la diferencia.

5. 181 − 63 = ______

6. 322 − 118 = ______

7. 342 − 119 = ______

8. 212 − 103 = ______

Usa modelos para restar. Dibuja la diferencia. Usa la suma para comprobar.

9. 341 − 19 = ______

$$\begin{array}{r} \square\square\square \\ +\ \ 1\ 9 \\ \hline \square\square\square \end{array}$$

10. 553 − 128 = ______

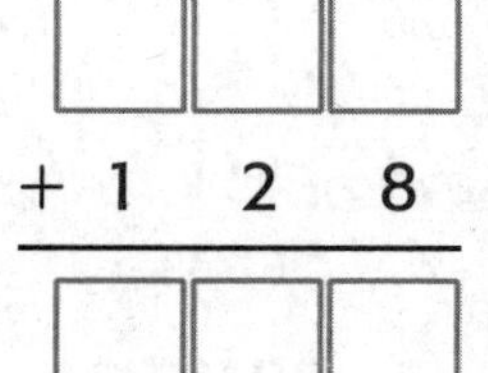

$$\begin{array}{r} \square\square\square \\ +\ 1\ 2\ 8 \\ \hline \square\square\square \end{array}$$

11. 338 − 175 = ______

$$\begin{array}{r} \\ + \quad \\ \hline \end{array}$$

12. 632 − 313 = ______

$$\begin{array}{r} \\ + \quad \\ \hline \end{array}$$

Aplícalo

Usa bloques de base diez para resolver.

13. PRÁCTICA matemática 5 **Usar herramientas de las mates** El edificio del Bank of America en Charlotte, Carolina del Norte, mide 871 pies de alto. El edificio One Liberty Place en Filadelfia, Pennsylvania, mide 945 pies de alto. Escribe un enunciado numérico para hallar cuántos pies más mide el edificio One Liberty Place. Luego, escribe un enunciado de suma para comprobar.

_____ − _____ = _____

El edificio One Liberty Place mide _____ pies más que el edificio del Bank of America.

_____ + _____ = _____

14. La familia Storrow visitó el acuario y vio 483 peces de agua salada y 358 peces de agua dulce. Más adelante, ese mismo mes, unos trabajadores trasladaron 139 peces a un nuevo acuario. ¿Cuántos peces quedaron? Explica cómo obtuviste la respuesta.

15. PRÁCTICA matemática 4 **Representar las mates** Escribe un problema de resta del mundo real en el que se deba reagrupar para resolverlo.

Escríbelo

16. ¿Qué significa reagrupar?

Nombre ....

Mi tarea

Lección 4

Manos a la obra: Restar usando reagrupación

Asistente de tareas

¿Necesitas ayuda? connectED.mcgraw-hill.com

El Sr. Skylar construyó 432 jaulas de pájaros para la feria de artesanías. De esas, se vendieron 315. ¿Cuántas jaulas quedan?

Halla 432 − 315.

Estima 432 − 315 ⟶ 430 − 320 = 110

1 Representa 432.

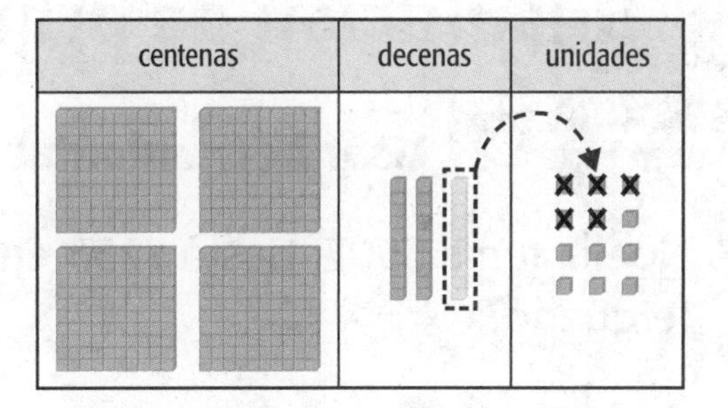

2 Resta las unidades.
Reagrupa 1 decena como 10 unidades.
12 unidades − 5 unidades = 7 unidades

3 Resta las decenas y las centenas.
2 decenas − 1 decena = 1 decena
4 centenas − 3 centenas = 1 centena

centenas | decenas | unidades

Por lo tanto, al Sr. Skylar le quedan 117 jaulas.

Comprueba
Usa la suma para comprobar la resta.

el mismo

$$\begin{array}{r} 432 \\ -\ 315 \\ \hline 117 \end{array} \qquad \begin{array}{r} 117 \\ +\ 315 \\ \hline 432 \end{array}$$

Práctica

Usa modelos para restar. Dibuja la diferencia.

1. 552 − 361 = ______

2. 636 − 324 = ______

Usa modelos para restar. Dibuja la diferencia. Usa la suma para comprobar.

3. 486 − 318 = ______

+ ______

4. 270 − 131 = ______

+ ______

Resolución de problemas

Usar herramientas de las mates **Usa modelos para restar.**

5. Noelia tenía $507. Gastó $255 en una bicicleta nueva. ¿Cuánto dinero le quedó?

____

6. Eduardo puso 643 artículos en una venta de garaje. Vendió 456 artículos. ¿Cuántos artículos le quedaron?

____

Comprobación del vocabulario

Escoge las palabras correctas para completar las oraciones.

enunciado de resta   operación inversa   reagrupar

7. La suma es la ______________ de la resta.

8. 395 − 278 = 117 es un ejemplo de ______________.

9. A veces necesito ______________, o usar el valor posicional para convertir un número para restar.

Nombre

Restar con números de tres dígitos

Lección 5

PREGUNTA IMPORTANTE
¿Qué relación hay entre las operaciones de resta y suma?

Las mates y mi mundo

Ejemplo 1

¿Cuántas hojas más de cartulina tiene Will que Liz?

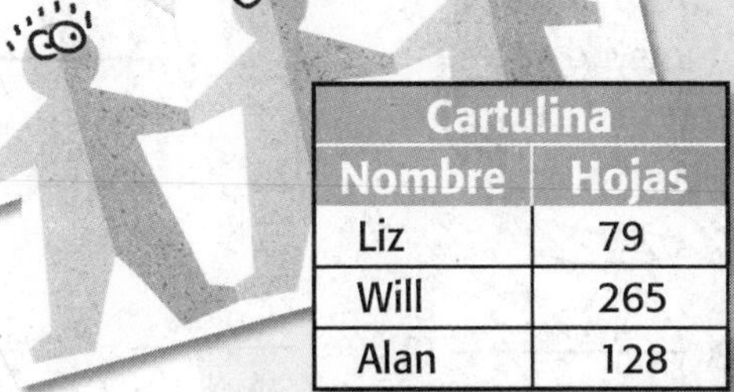

Cartulina	
Nombre	**Hojas**
Liz	79
Will	265
Alan	128

Halla la incógnita. 265 − 79 = ■

Estima

265 → 300
− 79 → −100
□

Resta las unidades.

Reagrupa 1 decena como 10 unidades.

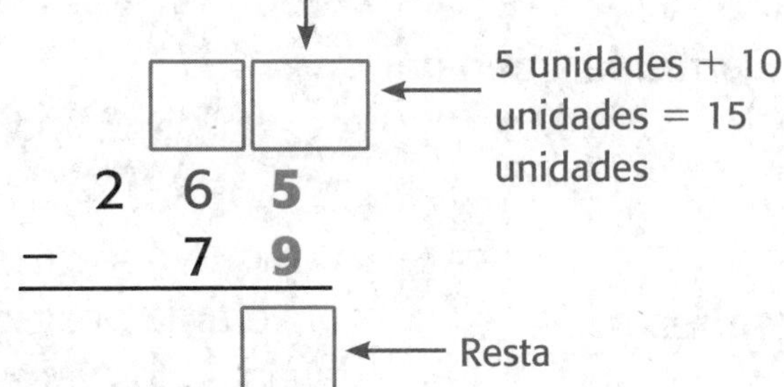

5 unidades + 10 unidades = 15 unidades

265
− 79
□ ← Resta

Resta las decenas y las centenas.

Reagrupa 1 centena como 10 decenas.

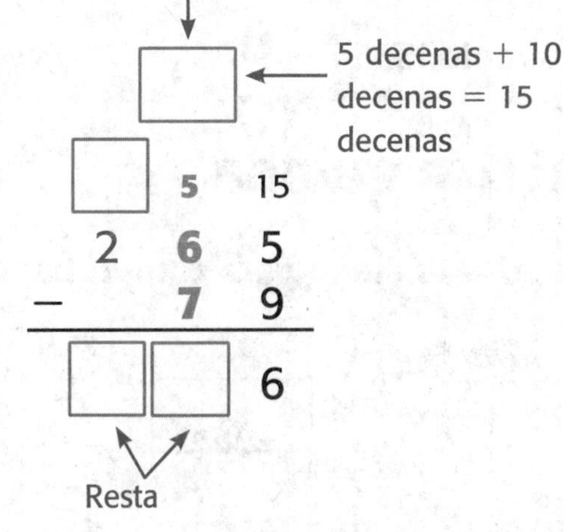

5 decenas + 10 decenas = 15 decenas

5 15
265
− 79
□□6
Resta

Comprueba

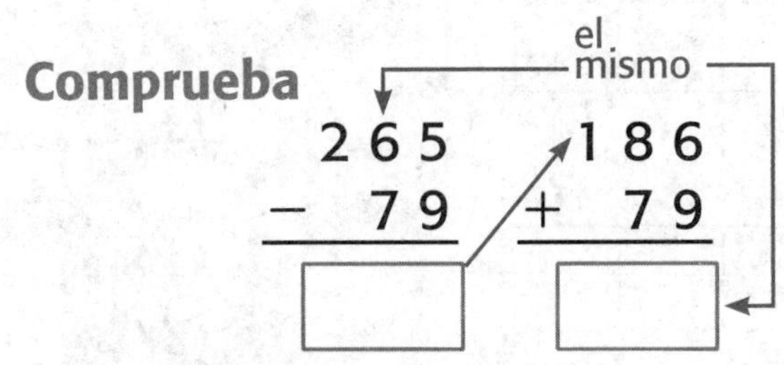

265   186
− 79   + 79
□   □

el mismo

La suma muestra que la respuesta de la resta es correcta.

______ está cerca de la cantidad de ______ estimada. La estimación muestra que la respuesta es razonable.

Por lo tanto, 265 − 79 = ______. Will tiene ______ hojas más de cartulina.

Ejemplo 2

Denzel quiere comprar un aeroplano con control remoto por $125. Tiene $354. ¿Cuánto dinero le quedará?

Halla la incógnita. $354 − $125 = ■. ← incógnita

Estima $354 − $125 → $350 − $130 = ______

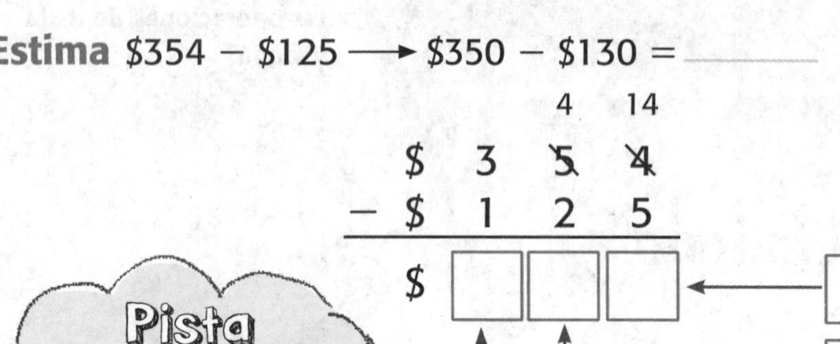

```
        4  14
  $ 3  5  4
− $ 1  2  5
  $ [ ][ ][ ]
```

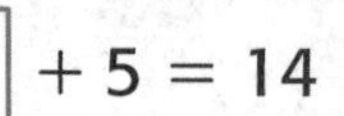

[ ] + 5 = 14

[ ] + 2 = 4

[ ] + 1 = 3

Pista

Usa la suma como ayuda para restar teniendo presente una operación relacionada.

Comprueba (el mismo)

```
  $354      $229
− $125    + $125
  [   ]     [   ]
```

La suma muestra que la respuesta es correcta.

______ está cerca de la cantidad de ______ estimada. La respuesta es razonable.

Por lo tanto, $354 − $125 = ______. A Denzel le quedarán ______.

Práctica guiada

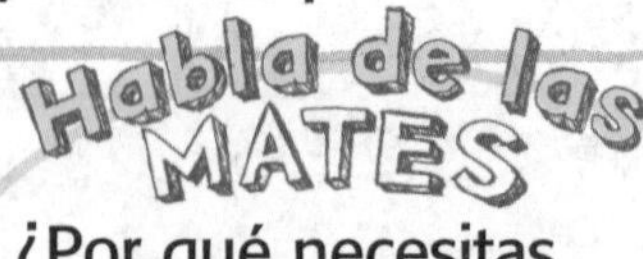

¿Por qué necesitas convertir la posición de las decenas dos veces en el ejercicio 2?

Resta. Usa la suma para comprobar tu respuesta.

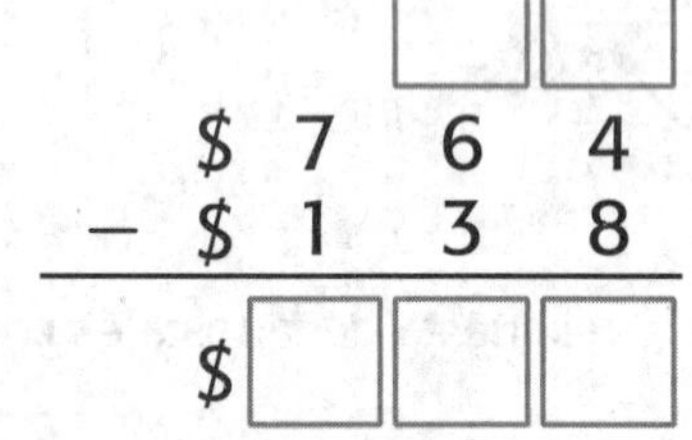

1.

```
   [ ][ ]
  $ 7  6  4
− $ 1  3  8
  $[ ][ ][ ]
```

Comprueba:

```
  $
+ $
  $
```

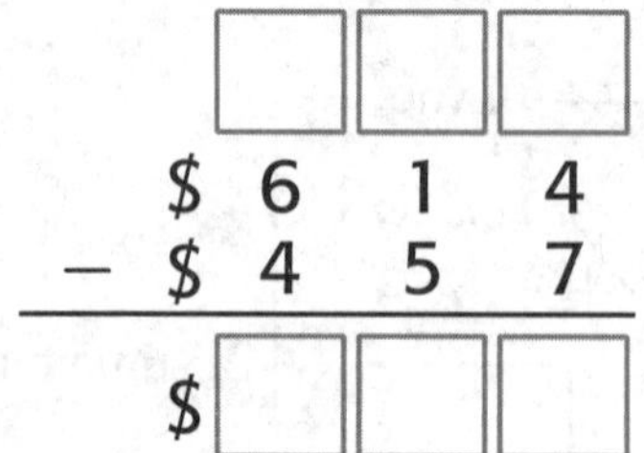

2.

```
      [ ]
   [ ][ ][ ]
  $ 6  1  4
− $ 4  5  7
  $[ ][ ][ ]
```

Comprueba:

```
  $
+ $
  $
```

Nombre

Práctica independiente

Resta. Usa la suma para comprobar tu respuesta

3.

	$	6	8	7
−	$	3	5	3

Comprueba:

+

4.

	1	7	7
−		9	4

Comprueba:

+

5.

	$	8	4	3
−	$	1	8	7

Comprueba:

+

Álgebra Resta para hallar la incógnita.

6. $769 − $359 = ■

La incógnita es $ ______.

7. 267 − 178 = ■

La incógnita es ______.

8. 492 − 383 = ■

La incógnita es ______.

Álgebra Usa la suma para hallar las incógnitas.

9.

	6	1	■
−	4	1	7
	▲	0	2

■ = ______

▲ = ______

10.

	■	9	9
−	1	▲	0
	2	1	9

■ = ______

▲ = ______

11.

	7	9	8
−	■	9	7
	4	▲	1

■ = ______

▲ = ______

Resolución de problemas

Los estudiantes de la escuela primaria de Glenwood votaron para escoger un destino para una excursión. La tabla muestra los resultados.

Opciones para la excursión	
Excursión	**Votos**
Acuario	233
Museo	105
Faro	269
Centro de ciencias	298

12. ¿Cuántos estudiantes más votaron por el faro que por el acuario? Escribe un enunciado numérico para resolver. Luego, comprueba con un enunciado de suma.

_____ − _____ = __________

_____ + _____ = __________

13. PRÁCTICA matemática 1 **Comprobar que sea razonable** ¿Cuántos estudiantes más votaron por el centro de ciencias que por el faro? Escribe un enunciado numérico para resolver. Luego, comprueba con un enunciado de suma.

_____ − _____ = __________

_____ + _____ = __________

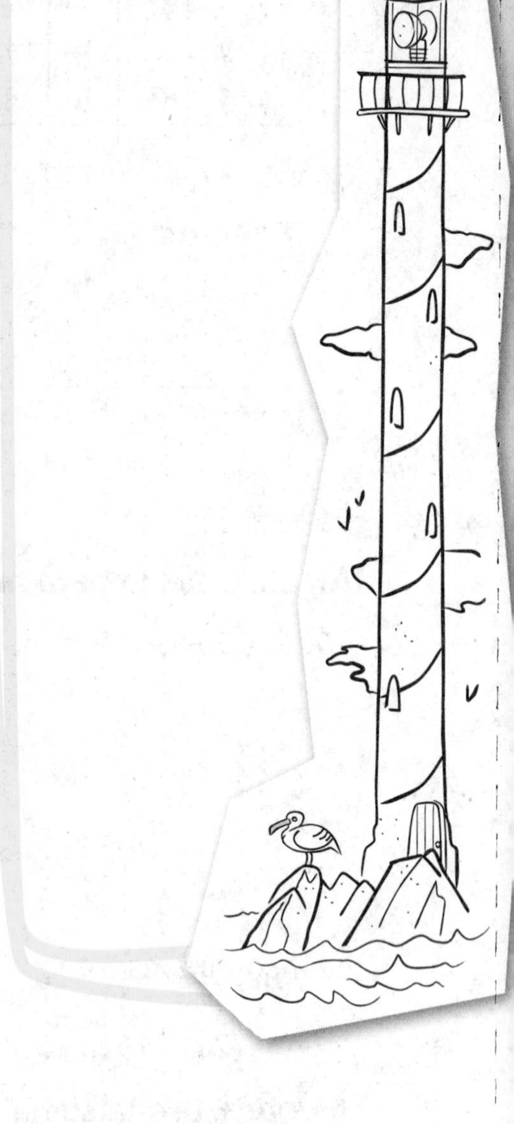

Problemas S.O.S.

14. PRÁCTICA matemática 3 **Hallar el error** Cuando Federico restó 308 de 785, obtuvo 477. Para comprobar su respuesta, sumó 308 y 785. ¿Qué hizo mal?

____

15. **Profundización de la pregunta importante** ¿Por qué puedes usar la suma para comprobar tu respuesta en un problema de resta?

____

Nombre ....

Mi tarea

Lección 5
Restar con números de tres dígitos

Asistente de tareas

¿Necesitas ayuda? connectED.mcgraw-hill.com

Chloe saltó a la cuerda 631 veces sin detenerse. Alison saltó 444 veces. ¿Cuántos saltos más hizo Chloe?
Halla 631 − 444.

1 Resta las unidades.

$$\begin{array}{r} {}^{2\,11} \\ 6\not{3}\not{1} \\ -\ 444 \\ \hline 7 \end{array}$$

Reagrupa 1 decena como 10 unidades.
10 unidades + 1 unidad = 11 unidades
11 unidades − 4 unidades = 7 unidades

2 Resta las decenas y las centenas.

$$\begin{array}{r} {}^{12} \\ {}^{5\,\not{2}\,11} \\ \not{6}\not{3}\not{1} \\ -\ 444 \\ \hline 187 \end{array}$$

Reagrupa una centena como 10 unidades.
10 decenas + 2 decenas = 12 decenas
12 decenas − 4 decenas = 8 decenas
5 centenas − 4 centenas = 1 centena

Comprueba

$$\begin{array}{r} 631 \\ -\ 444 \\ \hline 187 \end{array} \qquad \begin{array}{r} 187 \\ +\ 444 \\ \hline 631 \end{array}$$

el mismo

La suma muestra que la respuesta de la resta es correcta.

Como 631 − 444 = 187, Chloe hizo 187 saltos más.

Práctica

Resta. Usa la suma para comprobar tu respuesta.

1.

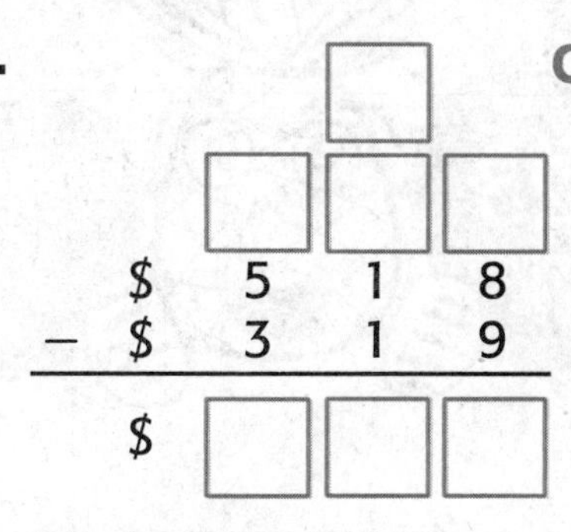

$$\begin{array}{rrrr} & \$ & 5 & 1 & 8 \\ - & \$ & 3 & 1 & 9 \\ \hline & \$ & \square & \square & \square \end{array}$$

Comprueba:

2.

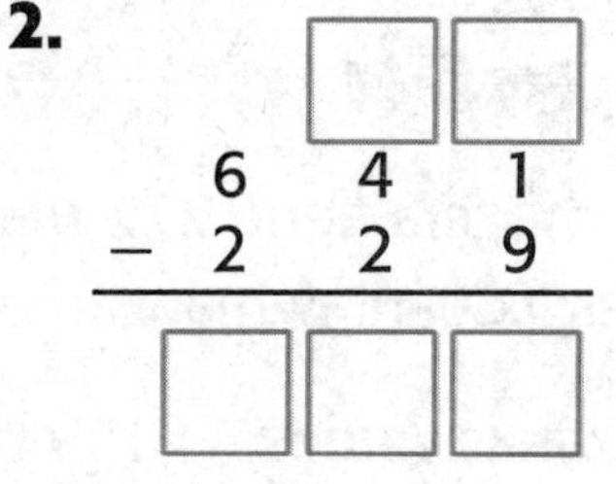

$$\begin{array}{rrrr} & 6 & 4 & 1 \\ - & 2 & 2 & 9 \\ \hline & \square & \square & \square \end{array}$$

Comprueba:

Resta. Usa la suma para comprobar tu respuesta.

3.

$	7	6	4
− $	3	5	3
$			

Comprueba:

4.

5	4	2
− 2	6	5

Comprueba:

Álgebra **Resta para hallar la incógnita.**

5. 599 − 284 = ■

6. 436 − 377 = ■

7. 514 − 175 = ■

La incógnita es ______. La incógnita es ______. La incógnita es ______.

Resolución de problemas

Escribe un enunciado numérico para resolver.

8. PRÁCTICA matemática 4 **Representar las mates.** Tanisha compró un paquete de 225 hojas de papel para su tarea. Después de una semana, le quedaban 198 hojas de papel. ¿Cuántas hojas de papel usó?

____

9. A la biblioteca escolar le gustaría recaudar $915 para comprar libros nuevos. Hasta ahora, ha recaudado $475. ¿Cuánto más necesita recaudar para alcanzar su meta?

____

Práctica para la prueba

10. Una caja de madera tiene 272 manzanas rojas y verdes. ¿Cuántas manzanas verdes hay?

Ⓐ 149 manzanas verdes Ⓒ 159 manzanas verdes

Ⓑ 150 manzanas verdes Ⓓ 395 manzanas verdes

Nombre ....

Restar con números de cuatro dígitos

Lección 6

PREGUNTA IMPORTANTE
¿Qué relación hay entre las operaciones de resta y suma?

Las mates y mi mundo

Ejemplo 1

¿Cuál es la diferencia en altura entre las cascadas de Ribbon y Kalambo?

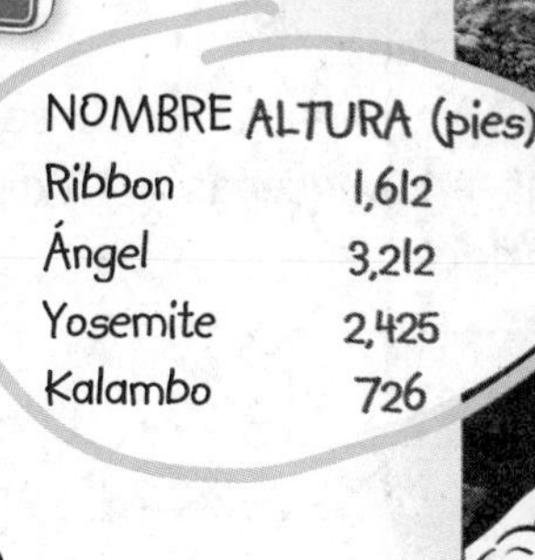

NOMBRE	ALTURA (pies)
Ribbon	1,612
Ángel	3,212
Yosemite	2,425
Kalambo	726

Halla la incógnita. 1,612 − 726 = ■

Estima 1,612 − 726 ⟶ 1,600 − ______ = 900

Resta las unidades.
Reagrupa 1 decena como 10 unidades.
2 unidades +10 unidades = 12 unidades

$$\begin{array}{r} 1,\ 6\ \not{1}\ \not{2} \\ -\quad 7\ 2\ 6 \\ \hline \square \end{array}$$

Resta las decenas.
Reagrupa 1 centena como 10 decenas.
0 decenas + 10 decenas = 10 decenas

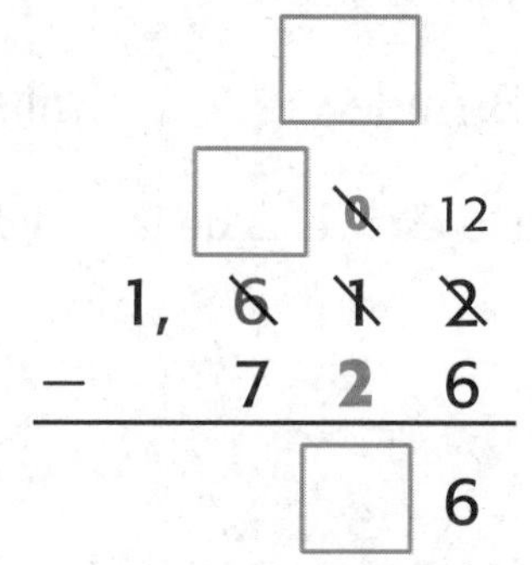

Resta las centenas y los millares.
Reagrupa 1 millar como 10 centenas.

$$\begin{array}{r} 15\ \ 10\ \ \ \ \\ 0\ \ \not{5}\ \ \not{0}\ \ 12 \\ \not{1},\ \not{6}\ \not{1}\ \not{2} \\ -\quad 7\ 2\ 6 \\ \hline \square\ 8\ 6 \end{array}$$

Comprueba
886 está cerca de la cantidad de 900 estimada. La estimación demuestra que la respuesta es razonable.

Por lo tanto, 1,612 − 726 = ______.

La cascada de Ribbon mide ______ pies más que la de Kalambo.

Ejemplo 2

La ruta ciclística A mide 1,579 millas. La ruta ciclística B mide 3,559 millas. ¿Cuántas más millas mide la ruta B?

Halla la incógnita. 3,559 − 1,579 = ? ← Se puede usar el signo ? para la incógnita.

Estima

$$\begin{array}{r} 3{,}559 \\ -1{,}579 \\ \hline \end{array} \rightarrow \begin{array}{r} 3{,}600 \\ -1{,}600 \\ \hline \square \end{array}$$

Resta las unidades y las decenas.

Resta las unidades.
Reagrupa 1 centena como 10 decenas.
5 decenas + 10 decenas = 15 decenas
Resta las decenas.

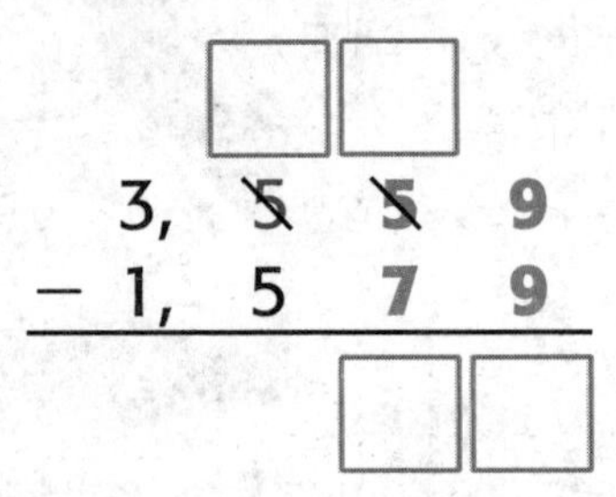

2 Resta las centenas y los millares.

Reagrupa 1 millar como 10 centenas.
10 centenas + 4 centenas = 14 centenas
Resta las centenas.
Resta los millares.

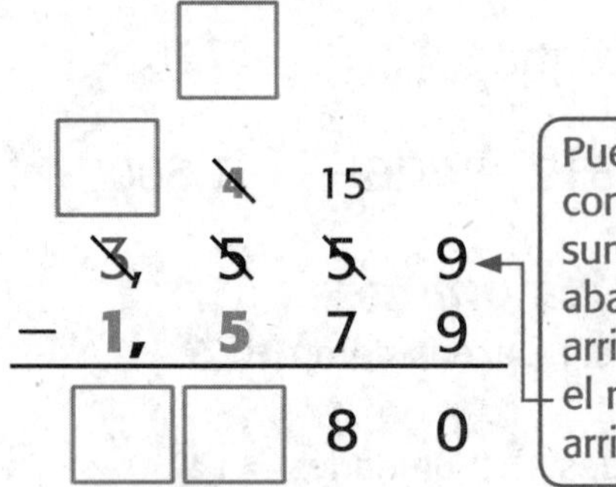

Puedes comprobar sumando de abajo hacia arriba. ¿Obtuviste el número de arriba?

La ruta ciclística B mide ______ millas más. La incógnita es ______.

Comprueba 1,980 está cerca de la cantidad de 2,000 estimada. La respuesta es razonable.

Práctica guiada

Habla de las MATES

Explica los pasos para hallar 8,422 − 5,995.

1. Resta. Usa la suma para comprobar tu respuesta.

Comprueba:

$$\begin{array}{r} \$\,7,\ 3\ 7\ 1 \\ -\$\quad\ \ 3\ 6\ 5 \\ \hline \$\,\square\square\square\square \end{array}$$

Nombre ....

CCSS

Práctica independiente

Resta. Usa la suma para comprobar tu respuesta.

2.

1,	3	9	2
−	2	3	8

Comprueba:

3.

3,	2	9	8
−	8	5	8

Comprueba:

4.

3,	4	7	5
− 1,	2	6	7

Comprueba:

Álgebra Resta para hallar la incógnita.

5. \$4,875 − \$3,168 = ?

6. \$6,182 − \$581 = ?

7. 6,340 − 3,451 = ?

La incógnita es ______. La incógnita es ______. La incógnita es ______.

Álgebra Compara. Usa >, < o =.

8. 1,543 − 984 ◯ 5,193 − 4,893

9. 2,116 − 781 ◯ 5,334 − 3,999

Resolución de problemas

10. **PRÁCTICA matemática** 2 **Usar el álgebra** De los 2,159 boletos para el concierto vendidos con anterioridad, solo se usaron 1,947 boletos. Escribe un enunciado numérico para mostrar cuántos boletos no se usaron.

____

11. Belinda va a comprar uno de dos carros. Uno cuesta $8,463 y el otro cuesta $5,322. ¿Cuánto dinero ahorraría Belinda si comprara el carro menos costoso?

$ _______ − $ _______ = $ _______

Problemas S.O.S.

12. **PRÁCTICA matemática** 2 **Razonar** Un grupo de estudiantes usó 6,423 latas para crear una escultura. Otro grupo hizo una escultura con 2,112 latas. ¿Cuál es la diferencia en el número de latas que se usó para la escultura? ¿Cómo sabes que tu respuesta es correcta?

____

____

____

13. **Profundización de la pregunta importante** Explica en qué se parecen la resta con números de cuatro dígitos y la resta con números de tres dígitos.

____

____

____

Nombre ....

Mi tarea

Lección 6
Restar con números de cuatro dígitos

Asistente de tareas

¿Necesitas ayuda? connectED.mcgraw-hill.com

Halla 4,453 − 2,474.

Resta las unidades.
Reagrupa 1 decena como 10 unidades.

$$\begin{array}{r} \overset{4\;13}{4,\,4\,\cancel{5}\,\cancel{3}} \\ -\,2,\,4\,7\,4 \\ \hline 9 \end{array}$$

10 unidades + 3 unidades = 13 unidades

2 Resta las decenas.
Reagrupa 1 centena como 10 decenas.

$$\begin{array}{r} 4,\,\cancel{4}\,\cancel{5}\,\cancel{3} \\ -\,2,\,4\,7\,4 \\ \hline 7\,9 \end{array}$$

(3 14 13 sobre los dígitos reagrupados)

4 decenas + 10 decenas = 14 decenas

3 Resta las centenas y los millares.
Reagrupa 1 millar como 10 centenas.

$$\begin{array}{r} \cancel{4},\,\cancel{4}\,\cancel{5}\,\cancel{3} \\ -\,2,\,4\,7\,4 \\ \hline 1,\,9\,7\,9 \end{array}$$

(3 13 14 13 sobre los dígitos reagrupados)

3 centenas + 10 centenas = 13 centenas

Comprueba

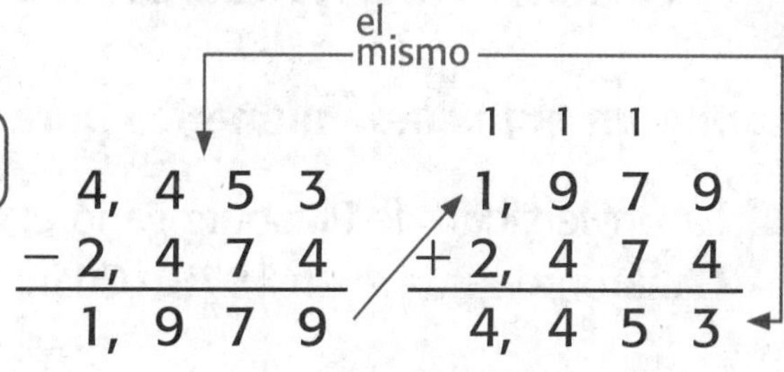

La suma muestra que la respuesta es correcta.

Por lo tanto, 4,453 − 2,474 = 1,979.

Práctica

1. Resta. Usa la suma para comprobar tu respuesta.

$$\begin{array}{r} 6,\,2\,1\,7 \\ -\quad 8\,6\,0 \\ \hline \square\,\square\,\square\,\square \end{array}$$

Comprueba:

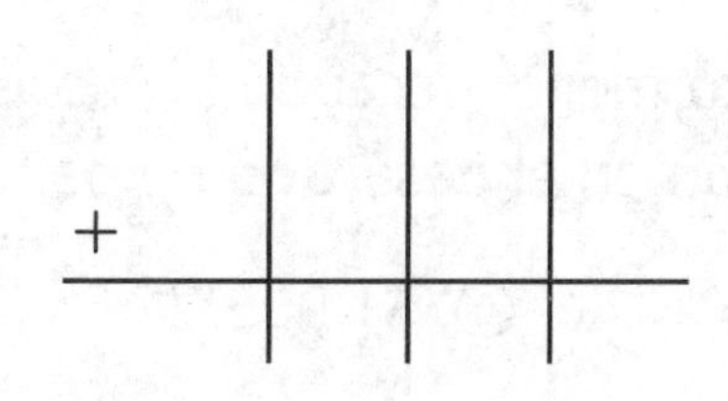

Resta. Usa la suma para comprobar tu respuesta.

2.

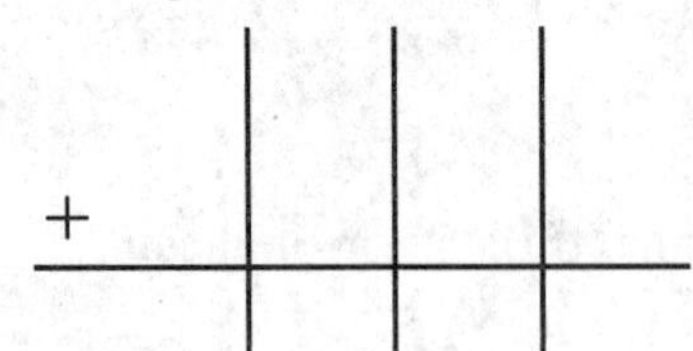

Comprueba:

+

3.

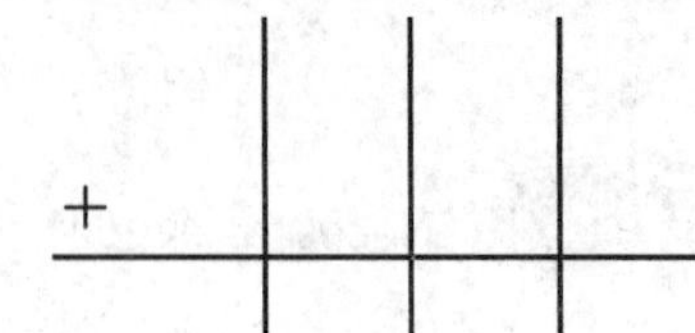

Comprueba:

+

4.

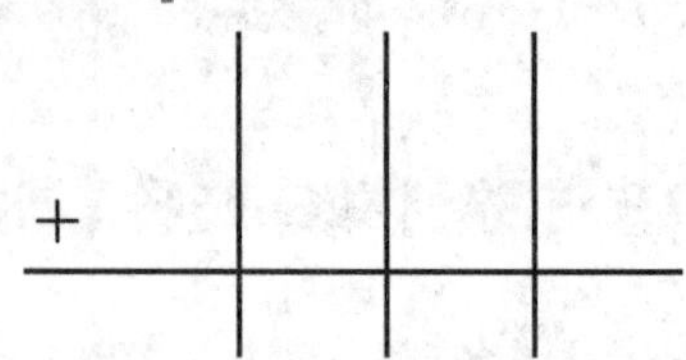

Comprueba:

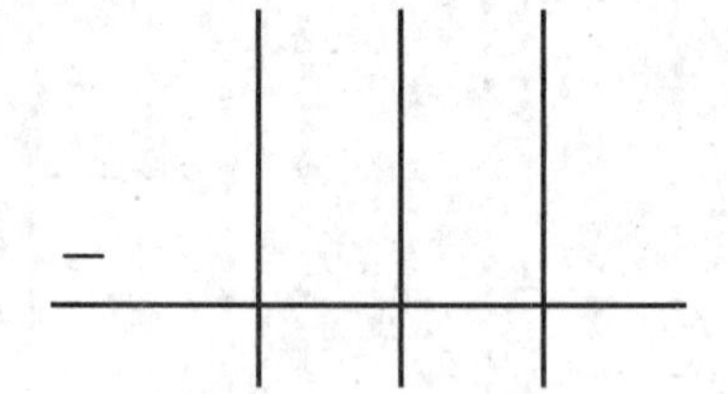

Álgebra **Resta para hallar la incógnita.**

5. \$3,958 − \$1,079 = ?

−

La incógnita es \$________.

6. \$8,337 − \$483 = ?

−

La incógnita es \$________.

7. 6,451 − 2,378 = ?

−

La incógnita es ________.

Resolución de problemas

Escribe un enunciado numérico para resolver.

8. La Universidad de Pittsburg ganó el campeonato universitario de fútbol en 1937. Ganaron de nuevo en 1976. ¿Cuántos años hubo entre los campeonatos?

____

9. PRÁCTICA matemática 4 **Representar las mates** Una biblioteca tiene 2,220 libros sobre deportes y 1,814 libros sobre animales. ¿Cuántos libros más hay de deportes que de animales?

____

Práctica para la prueba

10. ¿Cuánto dinero menos recaudó la escuela de Selena este año en el desayuno de panqueques?

Ⓐ \$900 Ⓒ \$1,905

Ⓑ \$905 Ⓓ \$8,145

AÑO PASADO
\$4,525

ESTE AÑO
\$3,620

Nombre ....

Restar números con ceros

Lección 7

PREGUNTA IMPORTANTE
¿Qué relación hay entre las operaciones de resta y suma?

Las mates y mi mundo

Ejemplo 1

Una caja grande de sandías pesa 300 libras. Una caja más pequeña pesa 134 libras. ¿Cuál es la diferencia entre el peso de las dos cajas?

Halla la incógnita. 300 − 134 = ■

Estima 300 − 134 ⟶ 300 − 100 = ☐

Reagrupa.

```
 2 10
 3̸ 0̸ 0
−1 3 4
```

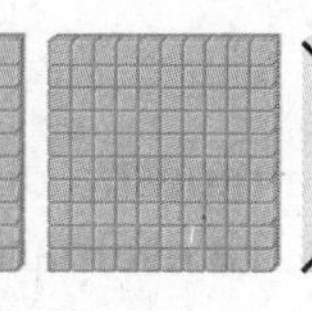
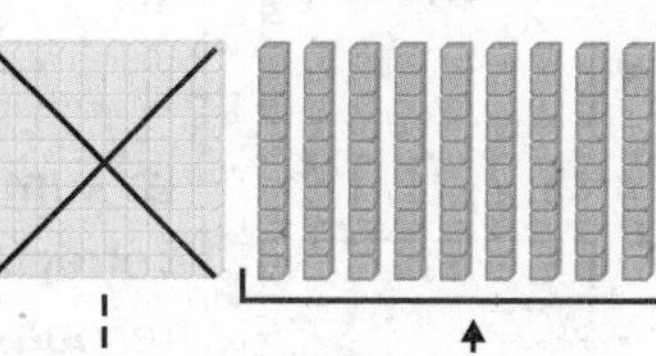

Reagrupa 1 centena como 10 decenas.

Reagrupa una vez más. Luego, resta colocando una X sobre los bloques.

```
      9
 2   1̸0̸  10
 3̸   0̸    0̸
−1   3    4
 ☐   ☐    ☐
```

Reagrupa 1 decena como 10 unidades.

Resta las unidades, las decenas y las centenas.

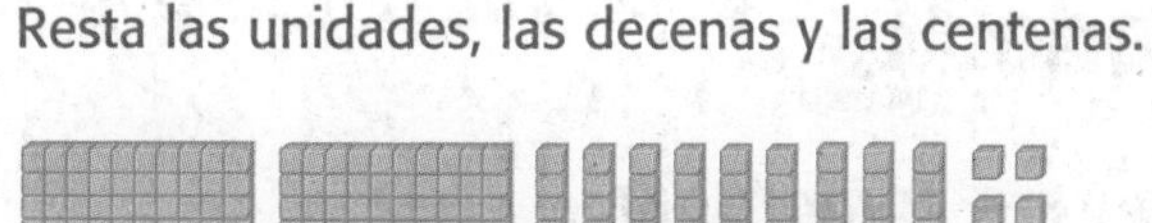
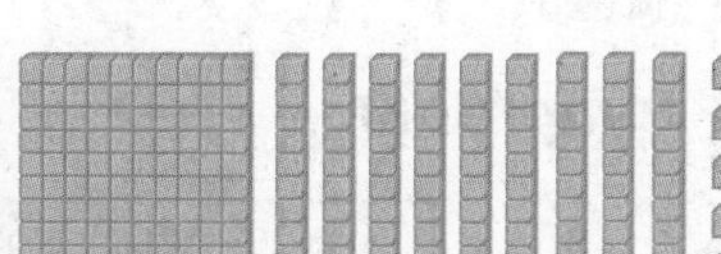

Comprueba Usa la ____________ para comprobar.

```
  300        166
 −134       +134
  ☐          300
```

La suma muestra que la respuesta es correcta.

________ está cerca de la cantidad de ________ estimada.
La estimación muestra que la respuesta es razonable.

Por lo tanto, 300 − 134 = ________ libras. La incógnita es ________.

Usa lo que has aprendido sobre reagrupar dos veces para reagrupar tres veces.

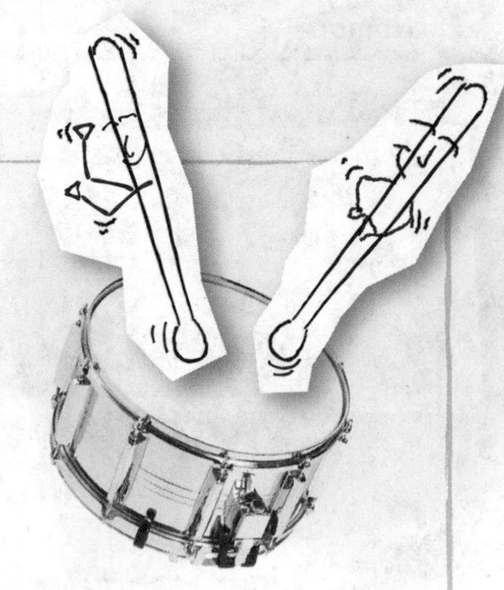

Ejemplo 2

Una escuela compró instrumentos musicales por \$5,004. La batería costó \$2,815. ¿Cuánto dinero se gastó en el resto de los instrumentos?

Halla la incógnita. \$5,004 − \$2,815 = ■

Estima \$5,004 − \$2,815 ⟶ \$5,000 − \$2,800 = \$2,200

1 Reagrupa 1 millar, luego 1 centena y 1 decena.

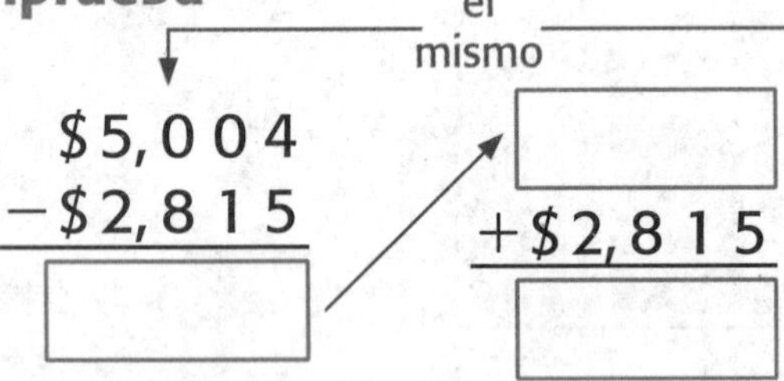

2 Resta empezando en la posición de las unidades.

```
       9   9
  4   10  10  14
$ 5,  0   0   4
-$ 2,  8   1   5
$ [ ] [ ] [ ] [ ]
```

Comprueba

```
  $5,004      [      ]
 -$2,815     +$2,815
 [      ]    [      ]
```

el mismo

La suma muestra que la respuesta es correcta. La estimación muestra que la respuesta es razonable.

Por lo tanto, \$5,004 − \$2,815 = ________. La incógnita es ________.

Práctica guiada

Comprueba

Resta. Usa la suma para comprobar.

1.

```
   3  0  9
-     5  7
```

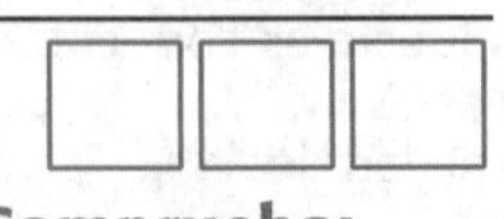

Comprueba:

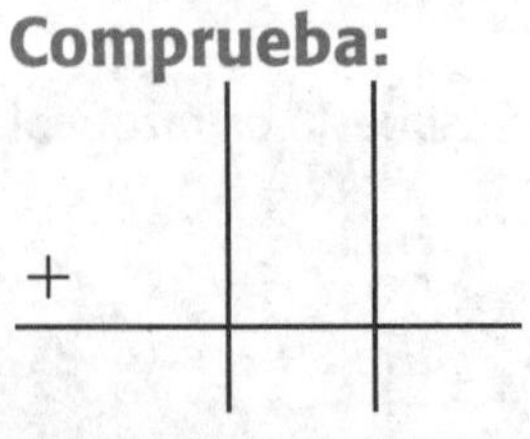

2.

```
 2,  0  0  6
-    5  3  6
```

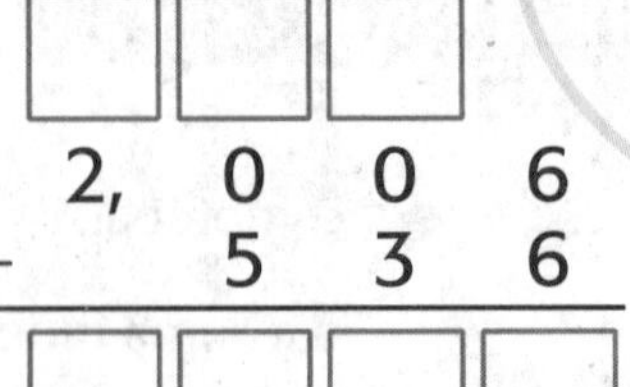

Comprueba:

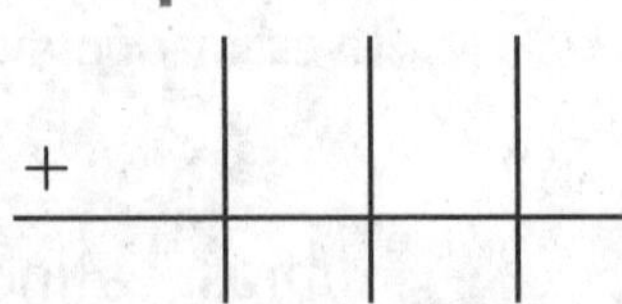

Habla de las MATES

Explica dónde empezarías a reagrupar para hallar la diferencia en el ejercicio 6,000 − 3,475.

Nombre ....

Práctica independiente

Resta. Usa la suma para comprobar tu respuesta.

3.

4	0	8
−	3	6

Comprueba:

+

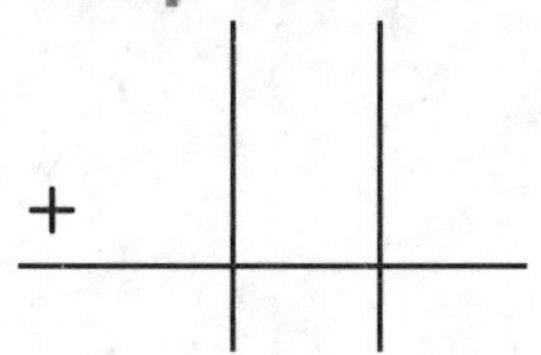

4.

8	0	5
−	7	5

Comprueba:

+

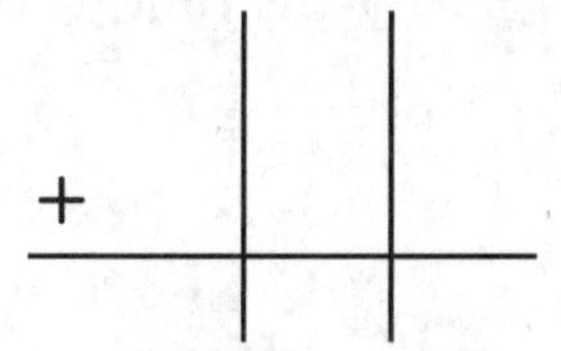

5.

6	0	4
− 4	9	2

Comprueba:

+

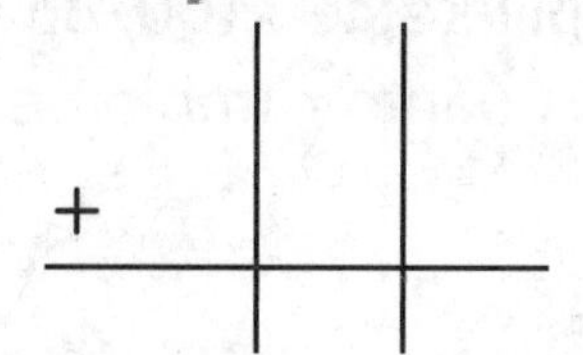

Álgebra **Resta para hallar la incógnita.**

6. \$9,006 − \$7,474 = ■

−

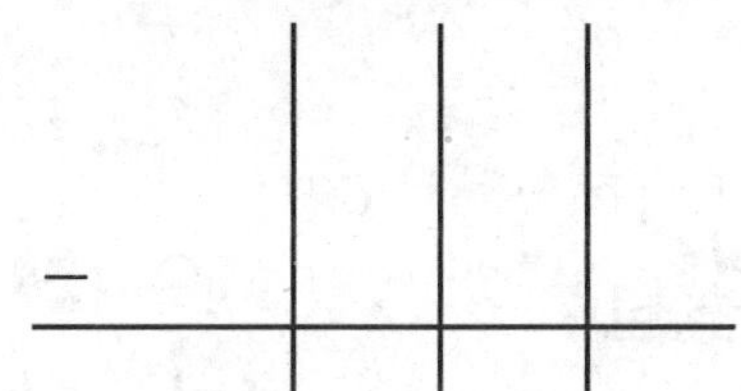

La incógnita es \$_______.

7. 8,007 − 4,836 = ■

−

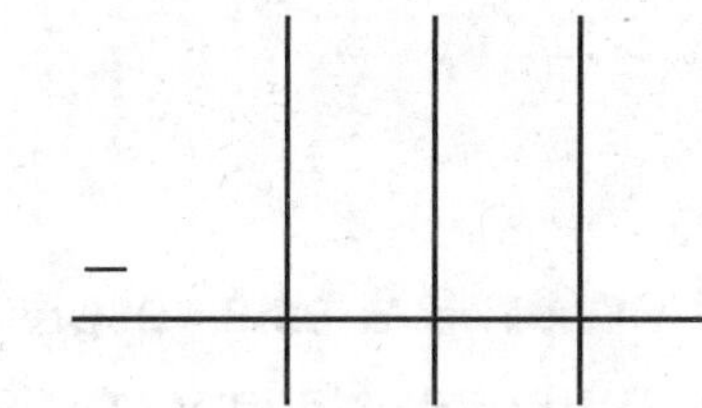

La incógnita es _______.

8. \$9,003 − \$5,295 = ■

−

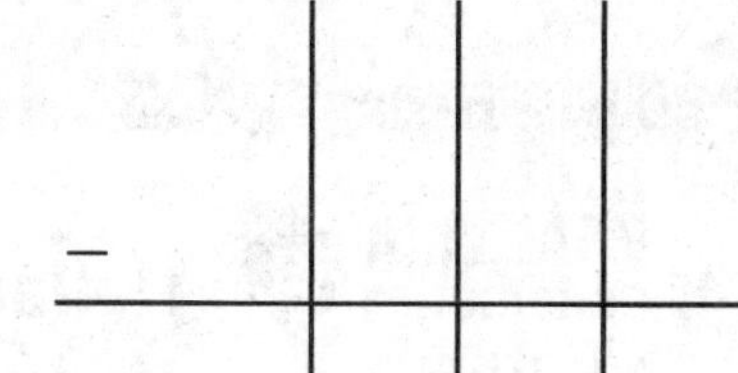

La incógnita es _______.

9. 3,070 − 2,021 = ■

−

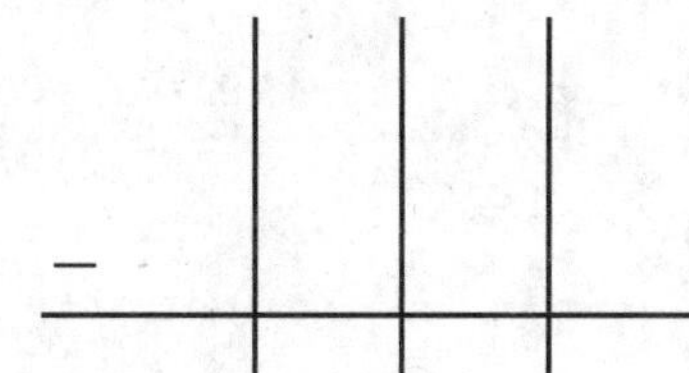

La incógnita es _______.

10. 1,007 − 972 = ■

−

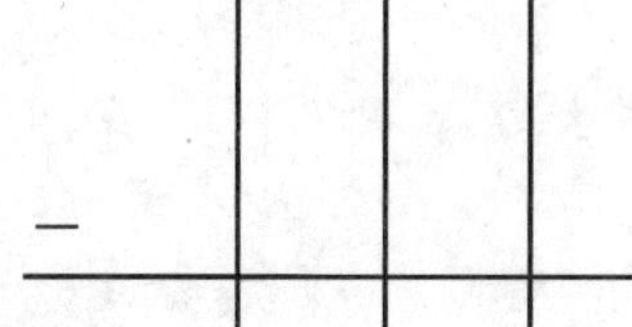

La incógnita es _______.

11. 9,560 − 7,920 = ■

−

La incógnita es _______.

Resolución de problemas

Para los ejercicios 12 y 13, usa los precios que se muestran.

12. Antonio compró la bicicleta. Le dio al vendedor un billete de $100, un billete de $50 y un billete de $20. ¿Cuánto cambio debe recibir Antonio?

____

13. PRÁCTICA matemática 3 **Sacar una conclusión** Supón que Antonio decidió comprar también los patines, después de que le dio al vendedor el dinero. ¿Cuánto dinero más necesita darle Antonio al vendedor?

____

Problemas S.O.S.

14. PRÁCTICA matemática 3 **Hallar el error** Eva está resolviendo el problema de resta que se muestra. Halla y corrige su error.

$$\begin{array}{r} 5,300 \\ -4,547 \\ \hline 1,853 \end{array}$$

____

____

____

15. **Profundización de la pregunta importante** ¿Cuándo debería reagrupar más de una vez?

____

Nombre ....

Mi tarea

Lección 7
Restar números con ceros

Asistente de tareas

¿Necesitas ayuda? connectED.mcgraw-hill.com

Martina ganó 3,000 boletos en un videojuego. Usó 1,872 boletos para comprar un premio. ¿Cuántos boletos le quedaron?

3,000 − 1,872 = ■ ← Halla la incógnita.

Estima 3,000 − 1,900 = 1,100

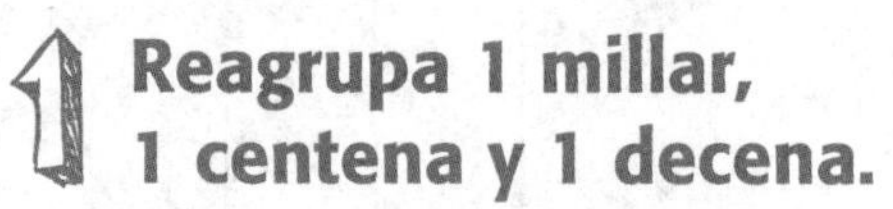

1 Reagrupa 1 millar, 1 centena y 1 decena.

```
    9  9
 2 10 10 10
   3, 0 0 0
 − 1, 8 7 2
```

2 Resta, empezando en la posición más a la derecha.

```
    9  9
 2 10 10 10
   3, 0 0 0
 − 1, 8 7 2
   1, 1 2 8
```

Comprueba

```
   1, 1 2 8
 + 1, 8 7 2
   3, 0 0 0
```

La suma muestra que la respuesta es correcta.

1,128 está cerca de la cantidad de 1,100 estimada. La estimación muestra que la respuesta es razonable.

Práctica

Resta. Usa la suma para comprobar.

1.

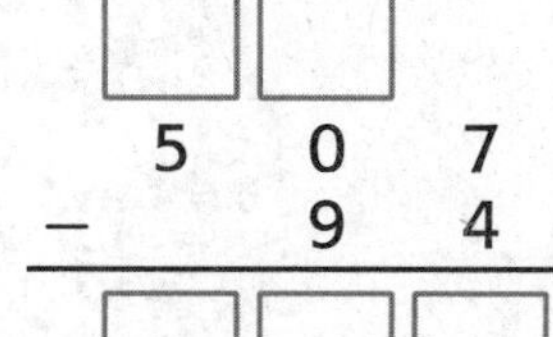

```
   5 0 7
 −   9 4
```

Comprueba:

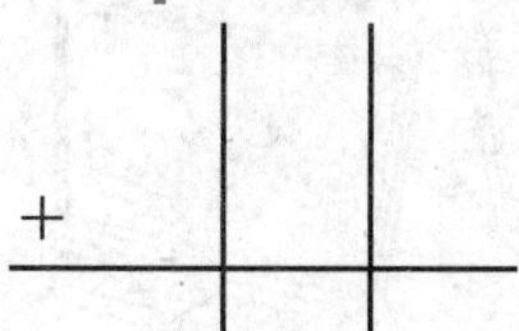

2.

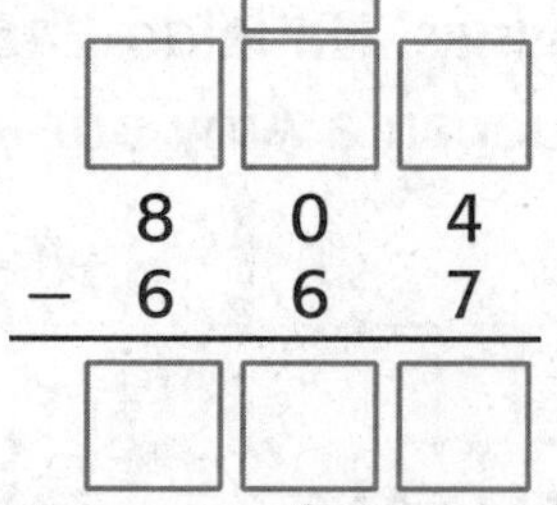

```
   8 0 4
 − 6 6 7
```

Comprueba:

3.

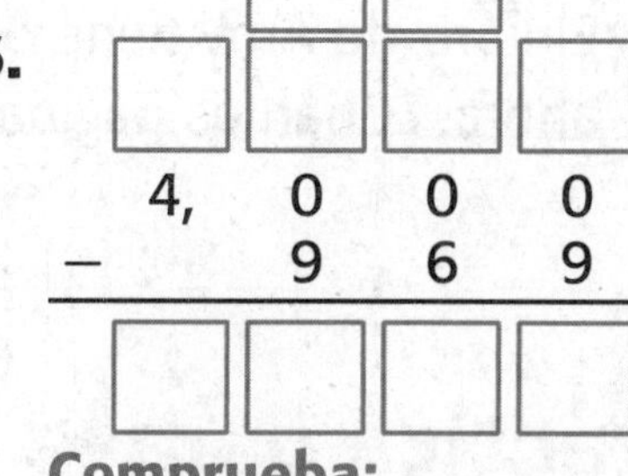

```
   4, 0 0 0
 −    9 6 9
```

Comprueba:

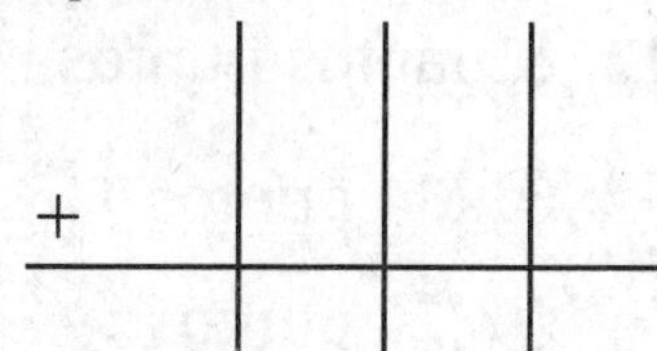

Resta. Usa la suma para comprobar tu respuesta.

4. 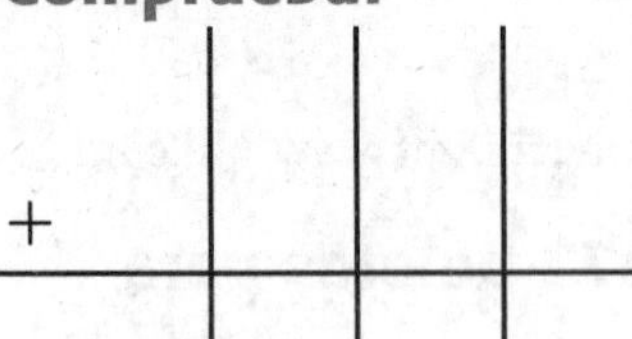

5. 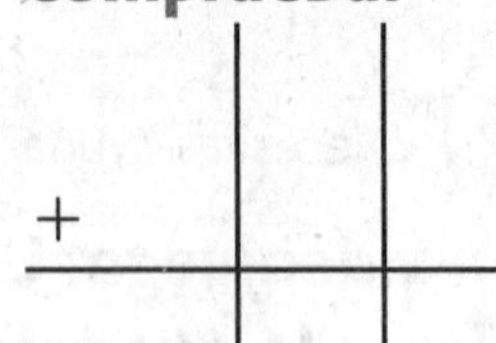

6. 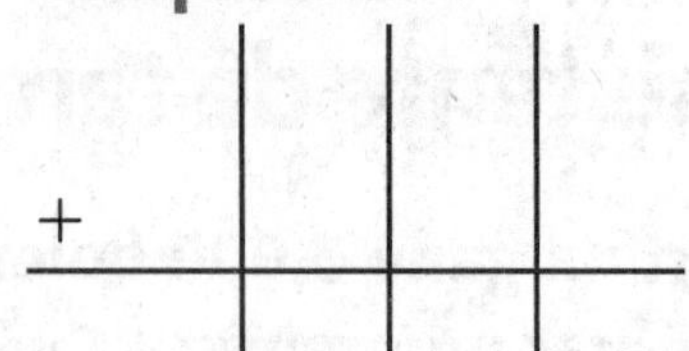

Comprueba:

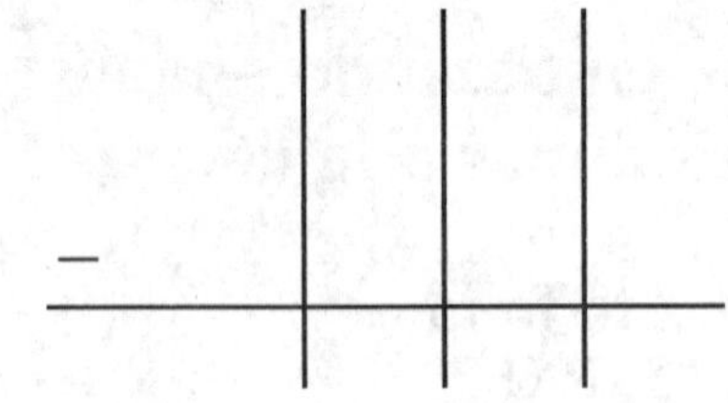

Comprueba:

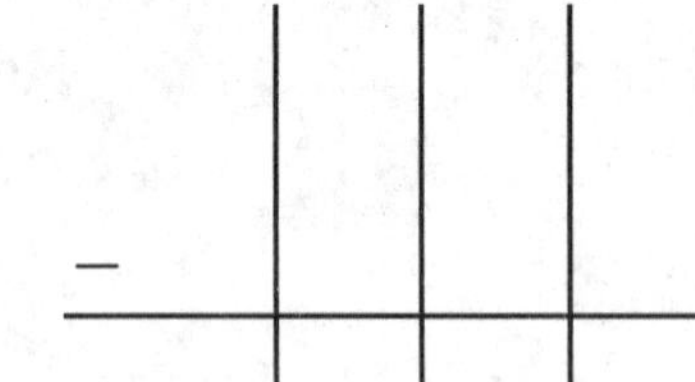

Comprueba:

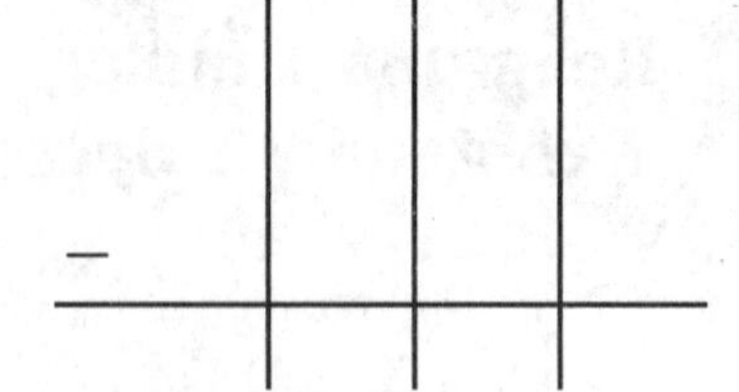

Álgebra **Resta para hallar la incógnita.**

7. $3,008 − $1,053 = ■

8. 8,200 − 875 = ■

9. 9,001 − 3,860 = ■

■ = ______ ■ = ______ ■ = ______

Resolución de problemas

PRÁCTICA matemática 2 **Entender los símbolos** **Escribe un enunciado numérico.**

10. Una bolsa contiene 5,300 semillas. Brandon siembra 790 de las semillas. ¿Cuántas semillas quedan?

____

11. El libro de Amy tiene 500 páginas. Ha leído 245 páginas hasta ahora. ¿Cuántas páginas le quedan a Amy por leer?

____

Práctica para la prueba

12. ¿Cuántos puntos más anotó Jocelyn?

Ⓐ 64 puntos Ⓒ 164 puntos

Ⓑ 74 puntos Ⓓ 174 puntos

Nombre

Práctica de fluidez

Resta.

1. $\begin{array}{r} 94 \\ -\ 13 \\ \hline \end{array}$

2. $\begin{array}{r} 63 \\ -\ 21 \\ \hline \end{array}$

3. $\begin{array}{r} 84 \\ -\ 73 \\ \hline \end{array}$

4. $\begin{array}{r} 63 \\ -\ 46 \\ \hline \end{array}$

5. $\begin{array}{r} 42 \\ -\ 27 \\ \hline \end{array}$

6. $\begin{array}{r} 74 \\ -\ 38 \\ \hline \end{array}$

7. $\begin{array}{r} 58 \\ -\ 29 \\ \hline \end{array}$

8. $\begin{array}{r} 89 \\ -\ 75 \\ \hline \end{array}$

9. $\begin{array}{r} 71 \\ -\ 56 \\ \hline \end{array}$

10. $\begin{array}{r} 88 \\ -\ 57 \\ \hline \end{array}$

11. $\begin{array}{r} 73 \\ -\ 59 \\ \hline \end{array}$

12. $\begin{array}{r} 92 \\ -\ 47 \\ \hline \end{array}$

13. $\begin{array}{r} 422 \\ -\ 83 \\ \hline \end{array}$

14. $\begin{array}{r} 111 \\ -\ 42 \\ \hline \end{array}$

15. $\begin{array}{r} 299 \\ -\ 82 \\ \hline \end{array}$

16. $\begin{array}{r} 604 \\ -\ 92 \\ \hline \end{array}$

17. $\begin{array}{r} 476 \\ -\ 229 \\ \hline \end{array}$

18. $\begin{array}{r} 800 \\ -\ 293 \\ \hline \end{array}$

19. $\begin{array}{r} 493 \\ -\ 310 \\ \hline \end{array}$

20. $\begin{array}{r} 395 \\ -\ 395 \\ \hline \end{array}$

Nombre

Práctica de fluidez

Resta.

1. $\begin{array}{r} 166 \\ -\ 34 \\ \hline \end{array}$

2. $\begin{array}{r} 73 \\ -\ 19 \\ \hline \end{array}$

3. $\begin{array}{r} 91 \\ -\ 51 \\ \hline \end{array}$

4. $\begin{array}{r} 184 \\ -\ 78 \\ \hline \end{array}$

5. $\begin{array}{r} 425 \\ -\ 246 \\ \hline \end{array}$

6. $\begin{array}{r} 661 \\ -\ 487 \\ \hline \end{array}$

7. $\begin{array}{r} 973 \\ -\ 390 \\ \hline \end{array}$

8. $\begin{array}{r} 451 \\ -\ 85 \\ \hline \end{array}$

9. $\begin{array}{r} 730 \\ -\ 692 \\ \hline \end{array}$

10. $\begin{array}{r} 493 \\ -\ 298 \\ \hline \end{array}$

11. $\begin{array}{r} 671 \\ -\ 479 \\ \hline \end{array}$

12. $\begin{array}{r} 682 \\ -\ 595 \\ \hline \end{array}$

13. $\begin{array}{r} 625 \\ -\ 263 \\ \hline \end{array}$

14. $\begin{array}{r} 700 \\ -\ 397 \\ \hline \end{array}$

15. $\begin{array}{r} 990 \\ -\ 372 \\ \hline \end{array}$

16. $\begin{array}{r} 338 \\ -\ 70 \\ \hline \end{array}$

17. $\begin{array}{r} 260 \\ -\ 99 \\ \hline \end{array}$

18. $\begin{array}{r} 428 \\ -\ 326 \\ \hline \end{array}$

19. $\begin{array}{r} 511 \\ -\ 300 \\ \hline \end{array}$

20. $\begin{array}{r} 906 \\ -\ 274 \\ \hline \end{array}$

Repaso

Capítulo 3

La resta

Comprobación del vocabulario

Escoge las palabras correctas para completar las oraciones.

diferencia	**enunciado de resta**	**estimación**
operaciones inversas	**reagrupar**	**restar**

1. La respuesta a un problema de resta se llama ______________.
2. Al ______________, quito el número menor del número mayor.
3. Puedo ______________ para intercambiar cantidades iguales cuando se convierte un número.
4. Cuando no necesito una respuesta exacta puedo buscar una ______________ para hallar una respuesta que sea cercana.
5. Un enunciado numérico en el que se quita una cantidad de otra cantidad es un ______________.
6. Dos operaciones que se pueden anular entre sí, como la suma y la resta, se llaman______________.

Comprobación del concepto

Resta mentalmente descomponiendo el número más pequeño.

7. 884 − 51 = ______ **8.** 283 − 171 = ______ **9.** 724 − 616 = ______

Estima. Redondea los números al valor posicional indicado.

10. 765 − 121; decenas

_____ − _____ = _____

11. 2,219 − 1,109; centenas

_____ − _____ = _____

Resta. Usa la suma para comprobar tu respuesta.

12.

	6	5	3
−	2	2	7

13.

	5	0	0
−	1	3	0

14.

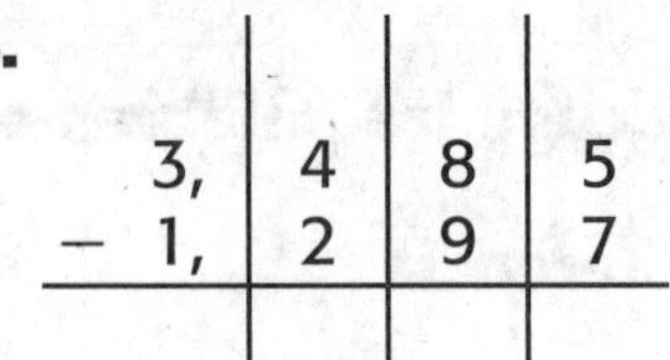

	3,	4	8	5
−	1,	2	9	7

Comprueba:

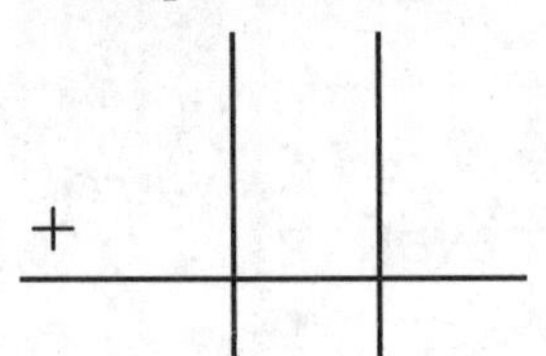

+

Comprueba:

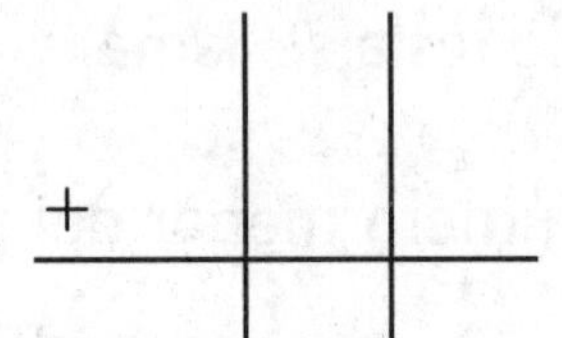

+

Comprueba:

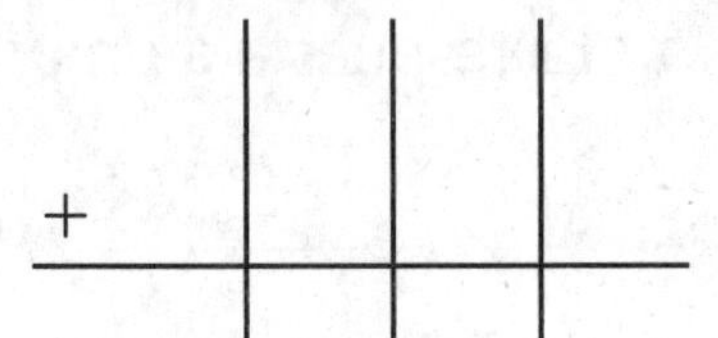

+

Álgebra **Resta para hallar la incógnita.**

15. 608 − 45 = ■

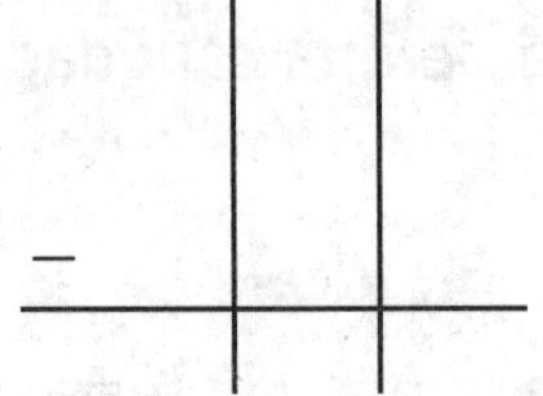

−

La incógnita es _____.

16. \$3,568 − \$639 = ■

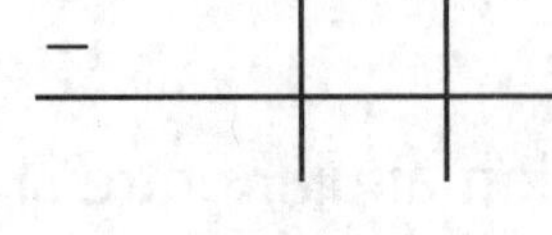

−

La incógnita es \$ _____.

17. 3,008 − 1,836 = ■

−

La incógnita es _____.

Álgebra **Usa la suma para hallar las incógnitas.**

18.

	5	8	0
−	■	▲	0
	4	3	0

■ = _____

▲ = _____

19.

	1	■	5
−		4	▲
		8	6

■ = _____

▲ = _____

20.

	6,	9	2	0
−	■	1	▲	8
	4,	7	2	2

■ = _____

▲ = _____

Nombre

Resolución de problemas

21. Un artista creó una obra de arte con 675 cuentas redondas de vidrio. También había 179 cuentas en forma de corazón. Escribe un enunciado numérico para hallar aproximadamente cuántas cuentas redondas más había que cuentas en forma de corazón.

22. Hay 365 días en un año. Hubo 173 días soleados este año. Escribe un enunciado numérico para hallar el número de días que no fueron soleados.

23. ¿En cuál mes se vendieron menos boletos de rifa? Explica tu respuesta.

Ventas de boletos de la rifa de una tele		
Día	Marzo	Abril
Sábado	$3,129	$4,103
Domingo	$3,977	$3,001

Práctica para la prueba

24. Los estudiantes quieren hacer 425 tarjetas de buenos deseos. Hasta ahora han hecho 165 tarjetas. ¿Cuántas tarjetas más necesitan hacer?

Ⓐ 240 tarjetas Ⓒ 270 tarjetas

Ⓑ 260 tarjetas Ⓓ 590 tarjetas

Pienso

Capítulo 3

Respuesta a la PREGUNTA IMPORTANTE

Usa lo que aprendiste sobre la resta para completar el organizador gráfico.

PREGUNTA IMPORTANTE

¿Qué relación hay entre las operaciones de resta y suma?

Problema del mundo real

Modelos

Vocabulario

Piensa sobre la PREGUNTA IMPORTANTE  **Escribe tu respuesta.**

Capítulo

4 Comprender la multiplicación

PREGUNTA IMPORTANTE

¿Qué significa multiplicación?

Mis comidas favoritas

¡Mira el video!

Observa

Mis estándares estatales

Operaciones y razonamiento algebraico

CCSS

3.OA.1 Interpretar productos de números naturales (por ejemplo, interpretar 5 × 7 como la cantidad total de objetos en 5 grupos de 7 objetos cada uno).

3.OA.3 Realizar operaciones de multiplicación y de división hasta el 100 para resolver problemas contextualizados en situaciones que involucren grupos iguales, arreglos y medidas (por ejemplo, usando dibujos y ecuaciones con un símbolo en el lugar del número desconocido para representar el problema).

3.OA.5 Aplicar las propiedades de las operaciones como estrategias para multiplicar y dividir.

3.OA.8 Resolver problemas contextualizados de dos pasos aplicando las cuatro operaciones. Representar esos problemas con ecuaciones que tengan una letra que represente la cantidad desconocida. Evaluar si las respuestas son razonables mediante cálculos mentales y estrategias de estimación que incluyan el redondeo.

Estándares para las

PRÁCTICAS matemáticas

1. Entender los problemas y perseverar en la búsqueda de una solución.
2. Razonar de manera abstracta y cuantitativa.
3. Construir argumentos viables y hacer un análisis del razonamiento de los demás.
4. Representar con matemáticas.
5. Usar estratégicamente las herramientas apropiadas.
6. Prestar atención a la precisión.
7. Buscar una estructura y usarla.
8. Buscar y expresar regularidad en el razonamiento repetido.

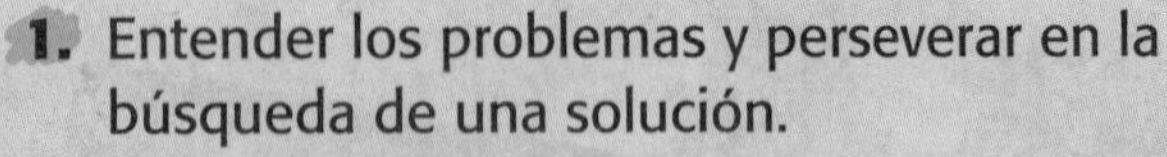

= Se trabaja en este capítulo.

Nombre ....

Antes de seguir...

← Conéctate para hacer la prueba de preparación.

Halla las sumas.

1. $2 + 2 + 2 + 2 =$ ____

2. $4 + 4 =$ ____

3. $5 + 5 + 5 =$ ____

4. $10 + 10 + 10 + 10 =$ ____

5. $0 + 0 + 0 =$ ____

6. $1 + 1 + 1 =$ ____

Escribe un enunciado de suma para cada imagen.

7.

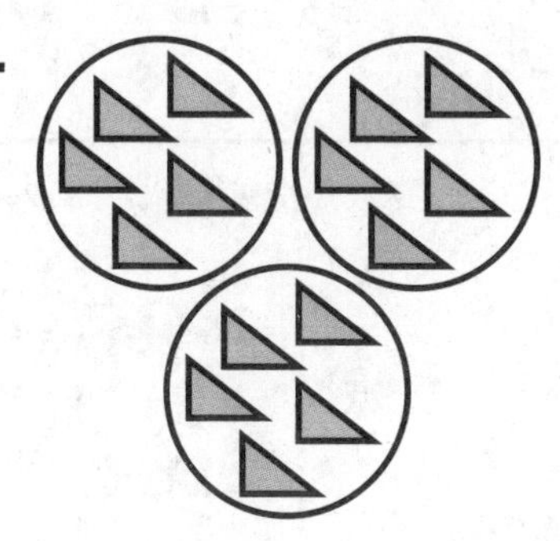

____ + ____ + ____ = ____

8.

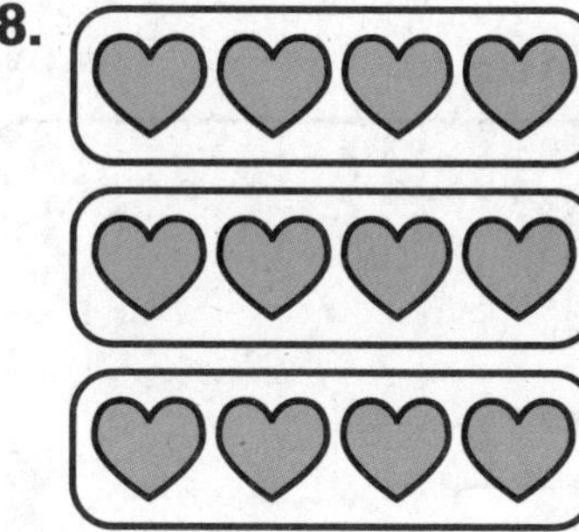

____ + ____ + ____ = ____

Resuelve. Usa la suma repetida.

9. Larisa tiene 2 tazas con cuatro galletas en cada una. ¿Cuántas galletas tiene en total?

____ galletas

10. El lunes y el martes, Lance dio 3 vueltas en bicicleta alrededor de la manzana cada día. En total, ¿cuántas vueltas en bicicleta dio alrededor de la manzana?

____ vueltas

¿Cómo me fue?

Sombrea las casillas para mostrar los problemas que respondiste correctamente.

1	2	3	4	5	6	7	8	9	10

Nombre ....

Las palabras de mis mates

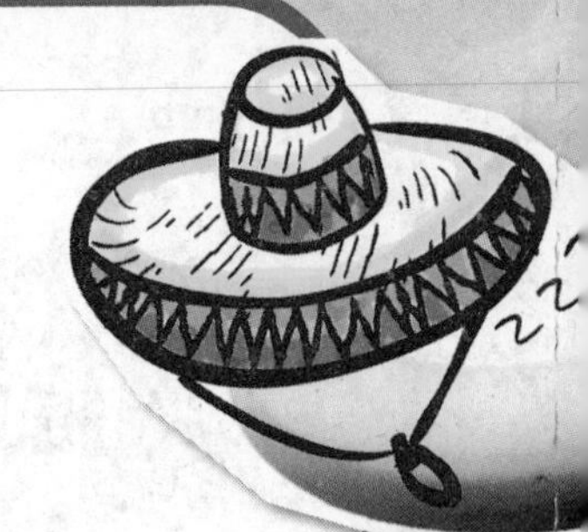

Repaso del vocabulario

enunciado numérico   suma   suma repetida

Haz conexiones

Usa las palabras del repaso del vocabulario para rotular los ejemplos de suma en el organizador gráfico. Dibuja un ejemplo de la suma en la segunda columna.

Rotula | **Dibuja**

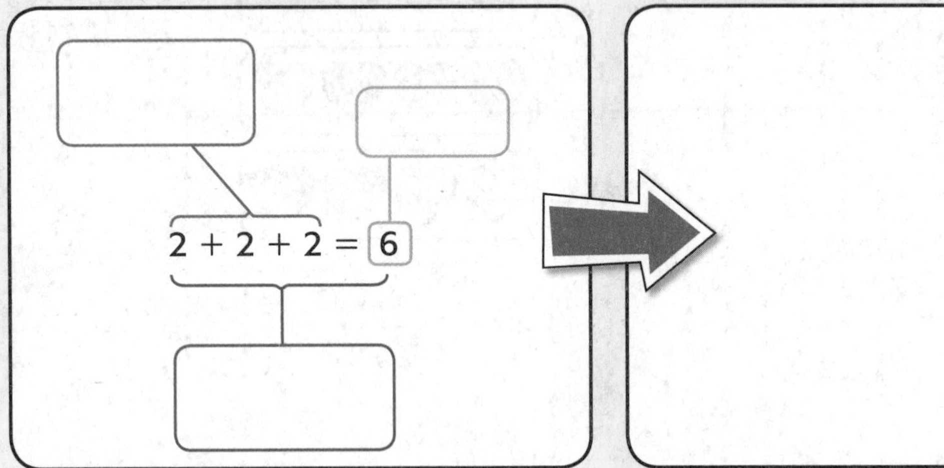

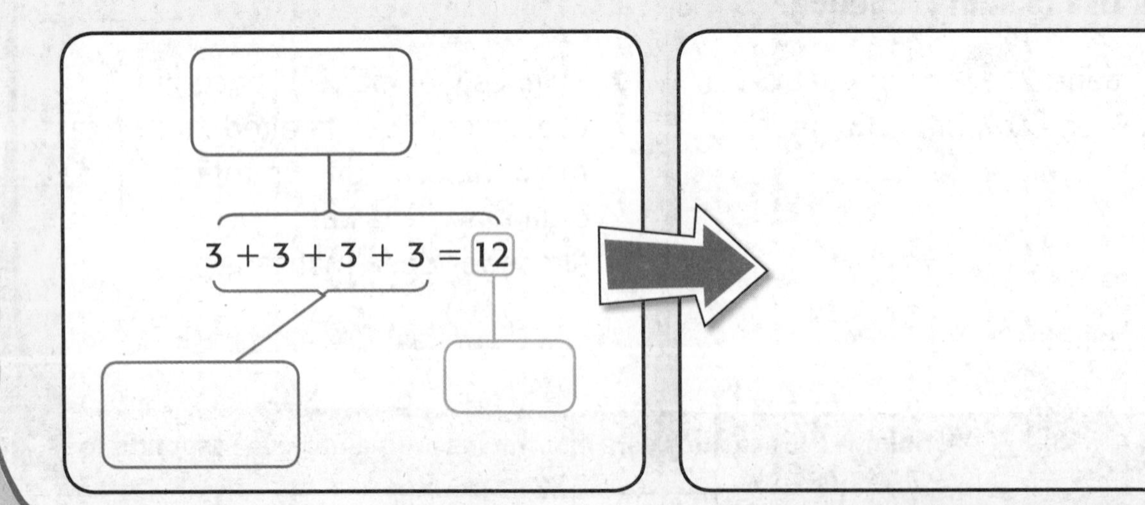

Mis tarjetas de vocabulario

Lección 4-3

arreglo

4 × 5 = 20

Lección 4-6

combinación

	Pantalones	Pantalones
Camisa	camisa, pantalones	camisa, pantalones
Camisa	camisa, pantalones	camisa, pantalones

$2 \times 2 = 4$

Lección 4-6

diagrama de árbol

Alimento	Color	Combinación
manzana	roja	manzana, roja
	verde	manzana, verde
pimiento	rojo	pimiento, rojo
	verde	pimiento, verde

Lección 4-1

enunciado de multiplicación

$3 \times 5 = 15$

Lección 4-2

factor

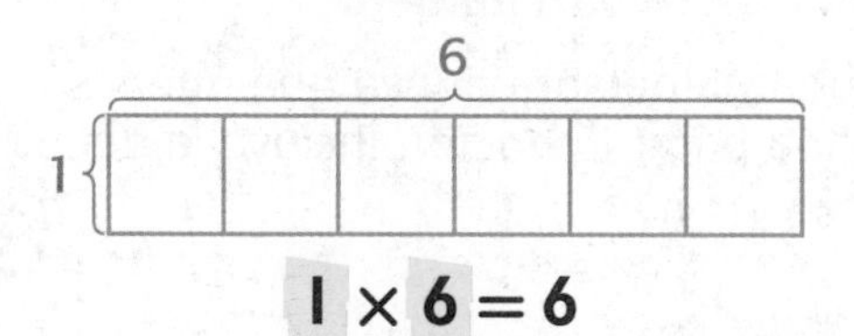

$1 \times 6 = 6$

Lección 4-1

grupos iguales

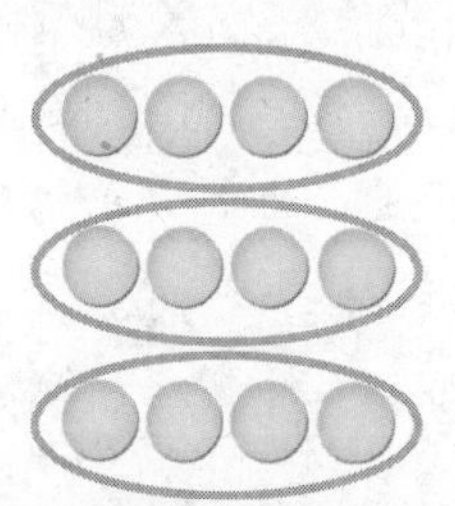

Lección 4-1

multiplicar (multiplicación)

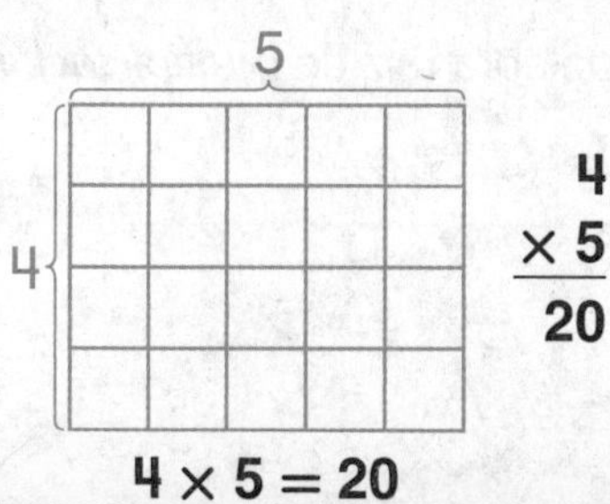

$$\begin{array}{r} 4 \\ \times 5 \\ \hline 20 \end{array}$$

$4 \times 5 = 20$

Lección 4-2

producto

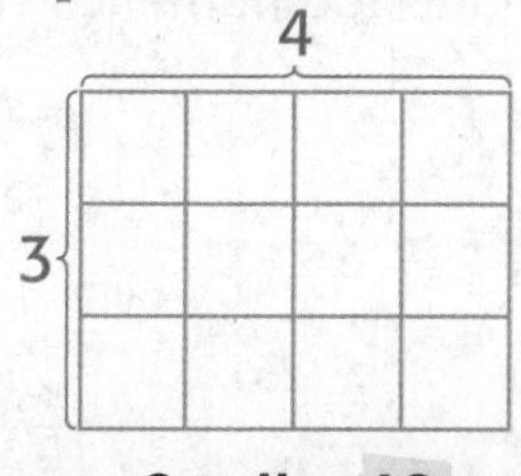

$3 \times 4 = 12$

Sugerencias

- Agrupa dos o tres palabras relacionadas. Agrega una palabra que no tenga relación. Pídele a otro estudiante que identifique qué palabra no está relacionada.
- Halla imágenes que muestren algunas de las palabras. Pídele a un amigo que adivine qué palabra muestra cada imagen.

Conjunto nuevo que tiene un artículo de cada grupo de artículos.

¿Cuál es la palabra raíz de *combinación?* Escribe otras dos palabras con esta raíz y diferentes sufijos.

Objetos o símbolos organizados en filas y columnas de la misma longitud.

Desarreglo significa "sin orden". Escribe el prefijo en *desarreglo* y su significado.

Enunciado numérico con el signo $\times$.

Escribe un ejemplo de un enunciado de multiplicación. Luego, escribe el enunciado con palabras.

Diagrama de todos los resultados posibles de un suceso o serie de sucesos o experimentos.

Explica en qué se parece un *diagrama de árbol* a un árbol.

Grupos con el mismo número de objetos.

Dibuja un ejemplo de 4 grupos iguales.

Número que divide un número natural en partes iguales. También un número que se multiplica por otro número.

Escribe una palabra nueva que puedas formar a partir de *factor*. Incluye la definición.

Respuesta a un problema de multiplicación.

Escribe un enunciado numérico con un producto de 6.

Operación de dos números para hallar su producto.

Escribe la palabra raíz de *multiplicación*.

Mis tarjetas de vocabulario

Lección 4-3

propiedad conmutativa de la multiplicación

$3 \times 6 = 6 \times 3$

Sugerencias

- Agrupa dos o tres palabras relacionadas. Agrega una palabra que no tenga relación. Pídele a otro estudiante que identifique qué palabra no está relacionada.
- Halla imágenes que muestren algunas de las palabras. Pídele a un amigo que adivine qué palabra muestran las imágenes.
- Escribe en las tarjetas en blanco tus propias palabras de vocabulario.

La propiedad que establece que el orden en el que se multiplican dos números no altera el producto.

¿Qué parte de la palabra conmutativa significa "cambiar una cosa por otra"?

___

Mi modelo de papel

FOLDABLES® Sigue los pasos que aparecen en el reverso para hacer tu modelo de papel.

¿Cuántas combinaciones?

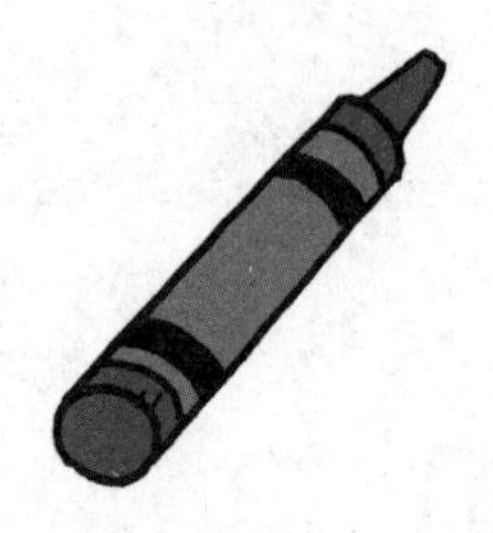

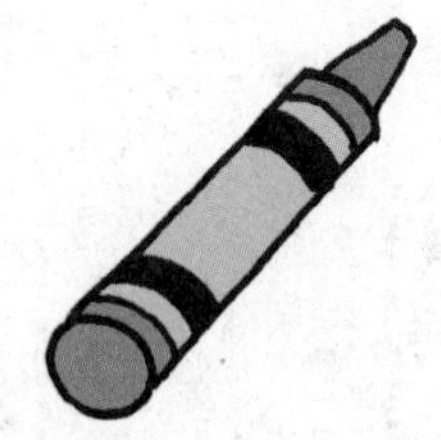

_____ colores × _____ figuras = _____ combinaciones

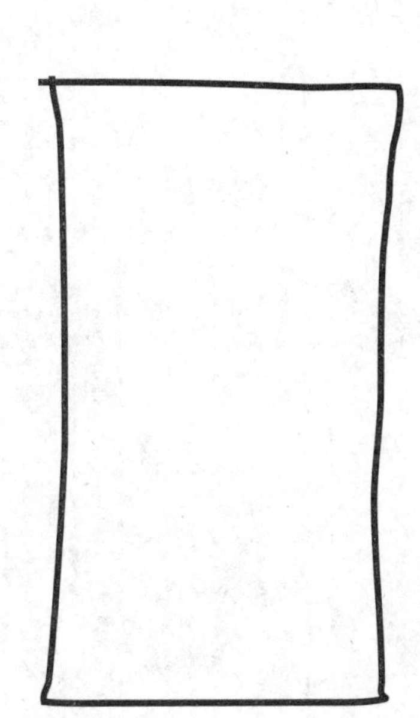

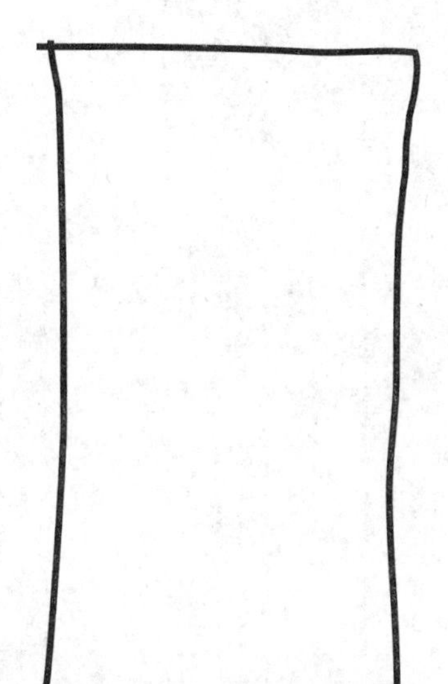

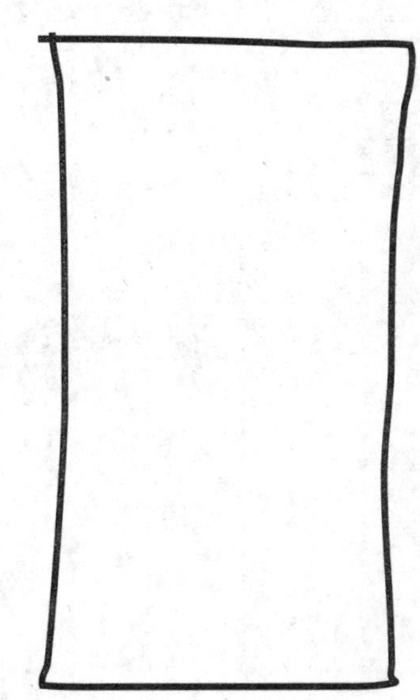

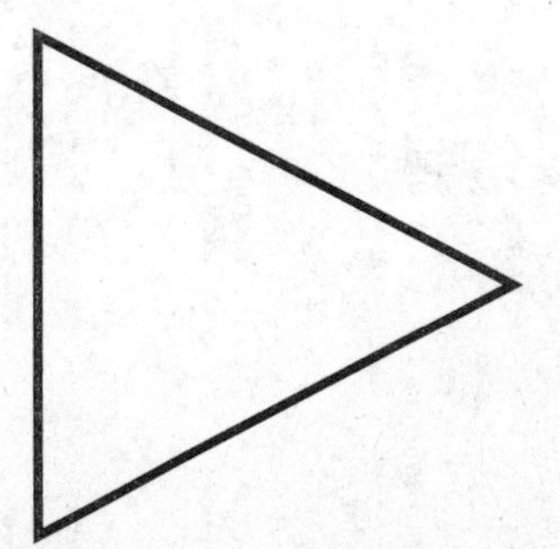

FOLDABLES
Ayudas de estudio

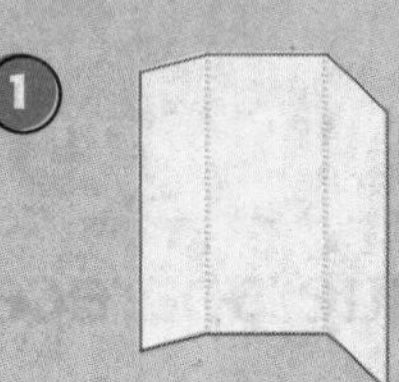

Nombre ....

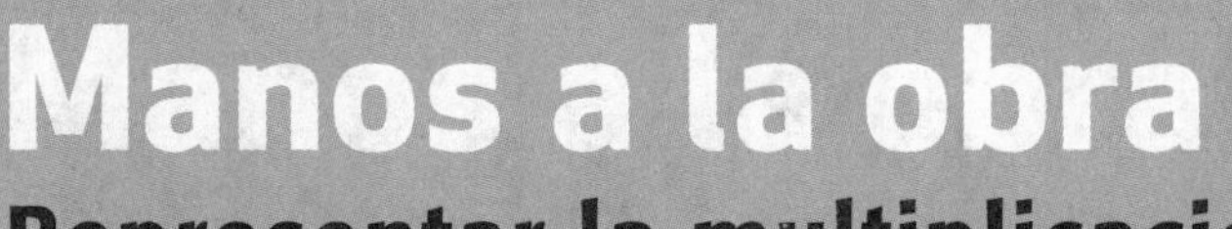

Manos a la obra

Representar la multiplicación

Lección 1

PREGUNTA IMPORTANTE

¿Qué significa multiplicación?

Construyelo

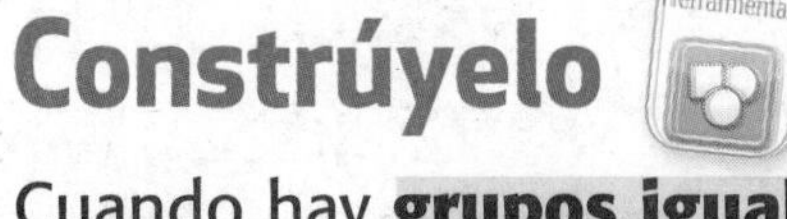

Cuando hay **grupos iguales,** tienes el mismo número de objetos en cada grupo. Usa la suma repetida para hallar la cantidad total de objetos.

Halla el total en 4 grupos iguales de 5.

1. Usa cubos conectables para representar 4 grupos iguales de 5 cubos. Dibuja los grupos.

   Hay ____ grupos con ____ en cada grupo.

2. Escribe la cantidad de cubos en cada grupo. Usa la suma repetida para completar el enunciado numérico.

   ____ + ____ + ____ + ____ = ____

   El total en 4 grupos de 5 es 20.

3. Registra el número de grupos, el número en cada grupo y el total anterior.

   Explora otras formas de agrupar los 20 cubos en partes iguales.

Número de grupos	Número en cada grupo	Total
4	5	20
10	2	20

También puedes usar la **multiplicación** para hallar la cantidad total de objetos en grupos iguales. Un enunciado numérico con el signo (×) se llama **enunciado de multiplicación.** Esto significa **multiplicar.**

¡SABROSO!

Inténtalo

Shawn ayudó a su mamá a hornear galletas. Sirvió 4 galletas en cada plato. Hay 2 platos. ¿Cuántas galletas sirvió?

Halla el total de 2 platos con 4 galletas.

¡Mi dibujo!

1. Usa fichas para representar los grupos iguales. Dibuja los grupos.

2. Usa la suma repetida para completar el enunciado numérico.

   ____ + ____ = ____

3. Escribe un enunciado de multiplicación para mostrar 2 platos de 4 galletas, o 2 grupos de 4.

   ____ × ____ = ____

   número de grupos; número en cada grupo; total

Por lo tanto, Shawn sirvió ____ galletas.

Coméntalo

1. PRÁCTICA matemática 3 **Sacar una conclusión** ¿Cómo te puede ayudar la suma a hallar la cantidad total de objetos en grupos iguales?

   ____

2. ¿Cómo hallaste el número total de cubos en el paso 2 de la primera actividad?

   ____

3. Shawn contó un lote de galletas al sumar 4 + 4 + 4. ¿Cómo podría haberlo ayudado la multiplicación a hallar el total?

   ____

   ¿Cuál fue el total? ____________

Nombre ....

CCSS

Practícalo

Dibuja un modelo para hallar el número total.

4. 6 grupos de 2 son igual a ______

5. 3 grupos de 5 son igual a ______

6. 2 × 4 = ______

7. 1 × 7 = ______

Describe cada conjunto de grupos iguales.

8.

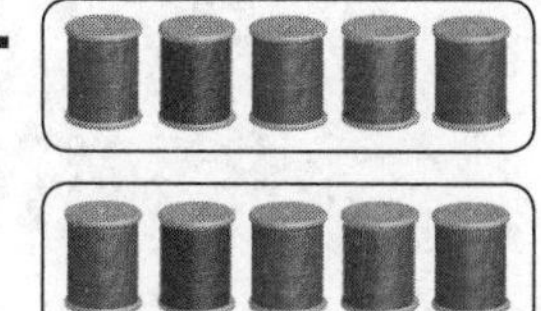

______ + ______ = ______

______ grupos de ______ = ______

9.

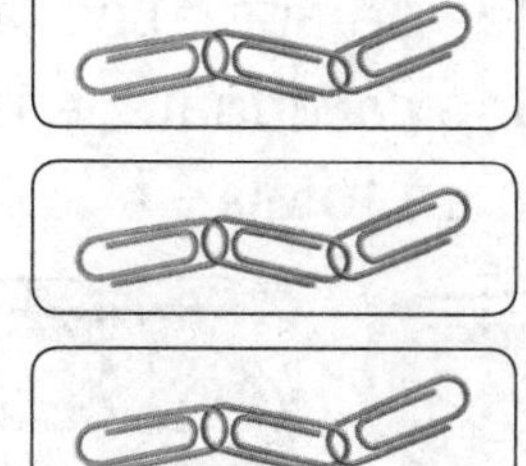

______ + ______ + ______ = ______

______ grupos de ______ = ______

10. 8 × 2 = ______

______ grupos de ______ = ______

11. 5 × 5 = ______

______ grupos de ______ = ______

Agrupa las fichas en partes iguales. Dibuja los grupos iguales.

12. conjunto de 6 fichas

13. conjunto de 18 fichas

El mundo real

Aplícalo

PRÁCTICA matemática 4 Representar las mates

Dibuja para completar los modelos. Luego, completa los enunciados numéricos.

14. Las pelotas de tenis vienen en latas de 3. ¿Cuántas pelotas hay en 4 latas?

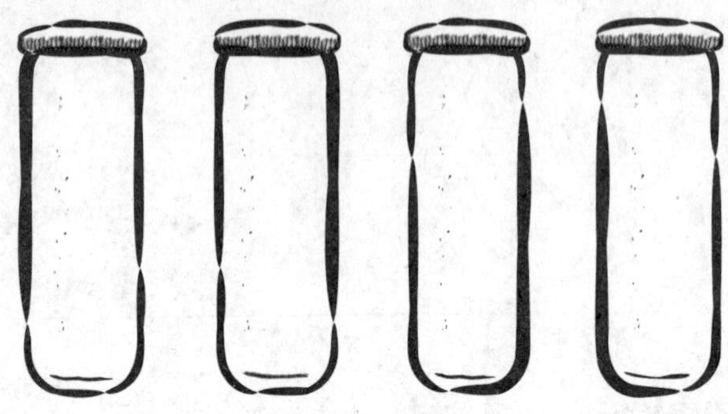

____ + ____ + ____ + ____ = ____ pelotas

15. Sam tiene 2 tallos de apio. Los tallos están cubiertos de mantequilla de cacahuate y 4 pasas. ¿Cuántas pasas tiene Sam en total?

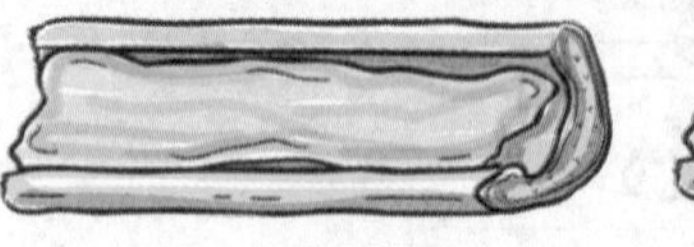

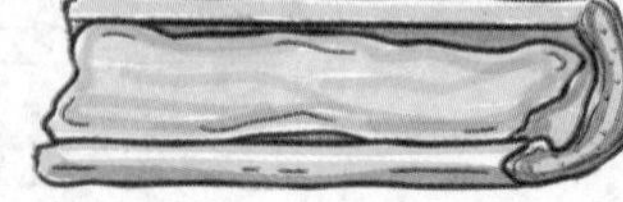

____ + ____ = ____ pasas

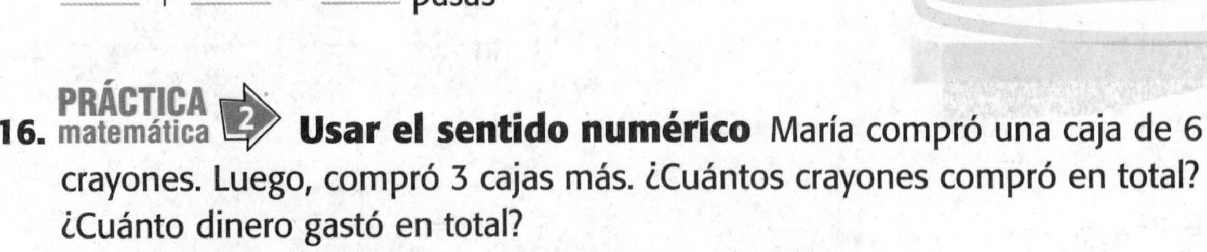

16. **PRÁCTICA matemática 2 Usar el sentido numérico** María compró una caja de 6 crayones. Luego, compró 3 cajas más. ¿Cuántos crayones compró en total? ¿Cuánto dinero gastó en total?

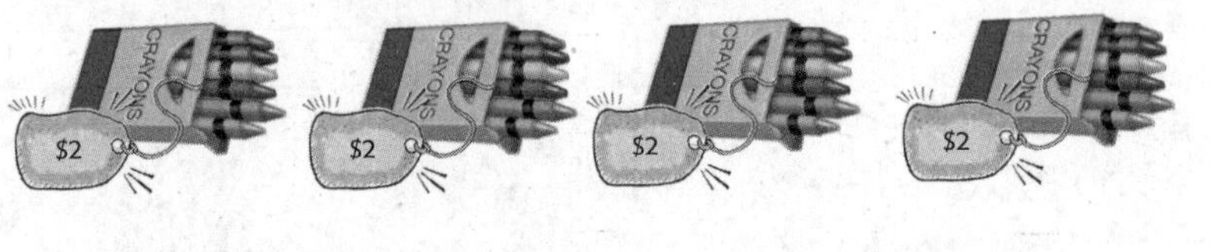

____ + ____ + ____ + ____ = ____ crayones; ____

Escríbelo

17. ¿Qué significa multiplicar?

____

____

Nombre

Mi tarea

Lección 1

Manos a la obra: Representar la multiplicación

Asistente de tareas

¿Necesitas ayuda? connectED.mcgraw-hill.com

Gina puso 3 cucharadas de helado en cada tazón. Hay 6 tazones. ¿Cuántos tazones de helado hay?

1 El modelo muestra la cantidad total de cucharadas.

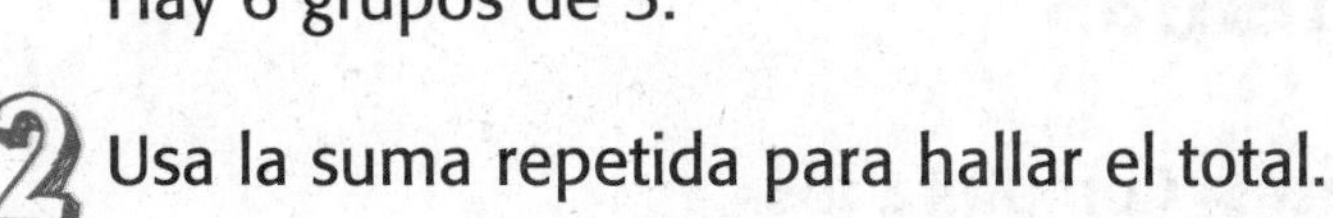

Hay 6 tazones y cada uno tiene 3 cucharadas.
Hay 6 grupos de 3.

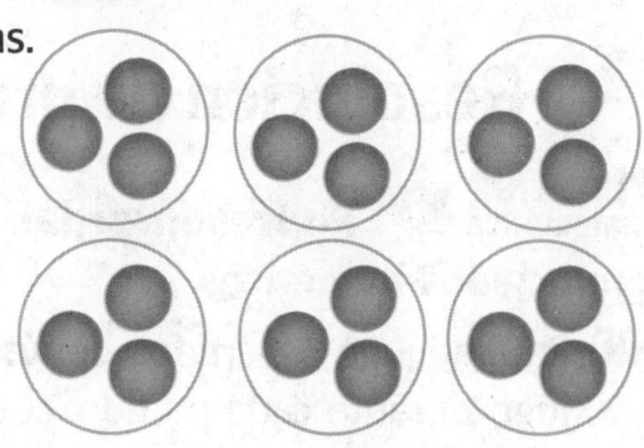

2 Usa la suma repetida para hallar el total.

$3 + 3 + 3 + 3 + 3 + 3 = 18$

Hay 18 cucharadas de helado.

Práctica

Dibuja un modelo para hallar el número total.

1. 2 grupos de 8 son igual a ______

2. 5 grupos de 7 son igual a ______

3. $6 \times 4 =$ ______

4. $4 \times 8 =$ ______

Describe los conjuntos de grupos iguales.

5.

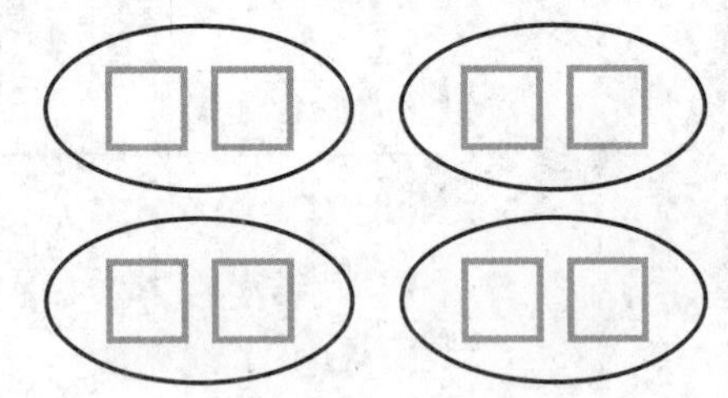

___ + ___ + ___ + ___ = ___

___ grupos de ___ = ___

6.

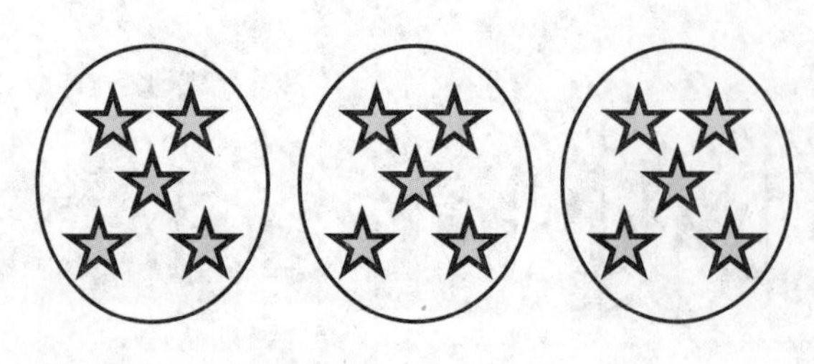

___ + ___ + ___ = ___

___ grupos de ___ = ___

7. $6 \times 5 =$ ___

___ grupos de ___ = ___

8. $3 \times 4 =$ ___

___ grupos de ___ = ___

Resolución de problemas

PRÁCTICA matemática 4 **Representar las mates** **Completa los enunciados numéricos.**

9. Paulina jugó 3 partidos de fútbol el sábado. Bebió 1 caja de jugo durante cada partido. ¿Cuántas cajas de jugo bebió?

___ + ___ + ___ = ___ cajas de jugo

10. Daniel, Jaime, Molly y Corey tienen cada uno 4 libros de la biblioteca. ¿Cuántos libros tienen en total?

___ + ___ + ___ + ___ = ___ libros de la biblioteca

Comprobación del vocabulario

11. Escoge las palabras correctas para completar la siguiente oración.

grupos iguales   multiplicación

Puedes usar la ______________ para hallar el número total de objetos en ______________.

Nombre ....

La multiplicación como una suma repetida

Lección 2

PREGUNTA IMPORTANTE
¿Qué significa multiplicación?

Existen muchas maneras de hallar el total cuando hay grupos de objetos iguales.

Las mates y mi mundo

Ejemplo 1

Gilberto hizo 4 pizzas pequeñas para su fiesta. Cada pizza tenía 5 rodajas de tomate. ¿Cuántas rodajas de tomate usó Gilberto para hacer 4 pizzas pequeñas?

Halla cuántas rodajas de tomate hay en 4 grupos de 5.

Una manera Haz un dibujo.

¡Mi dibujo!

Hay ______ grupos. Dibuja 4 pizzas.

Hay ______ en cada grupo.
Dibuja 5 rodajas de tomate en cada pizza.

Cuenta. Hay ______ rodajas de tomate.

Otra manera Usa la suma repetida.

Escribe un enunciado de suma para mostrar los grupos iguales.

______ + ______ + ______ + ______ = ______

Por lo tanto, ______ grupos de 5 son ______.

Gilberto usó ______ rodajas de tomate.

Cuando hallas el total de grupos iguales de objetos, **multiplicas**. El signo (×) significa que debes multiplicar. Los números multiplicados son **factores**. El resultado es el **producto**.

Ejemplo 2

Una celdilla de un panal tiene 6 lados. ¿Cuántos lados tienen 5 celdillas separadas de un panal?

Halla 5 grupos de 6.

Una manera **Escribe un enunciado de suma.**

Usa bloques de patrones de 6 lados. Cuenta el número de lados en todos.

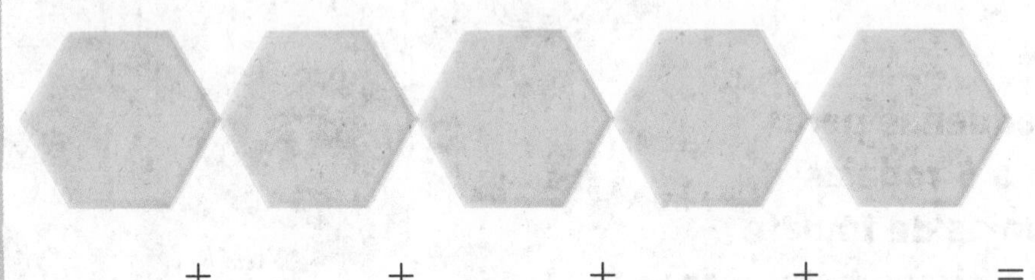

_____ + _____ + _____ + _____ + _____ = _____

Otra manera **Escribe un enunciado de multiplicación.**

número de celdillas (grupos)		número de lados		total
	×		=	■ ← Halla la incógnita o valor desconocido.
factor		factor		producto

Por lo tanto, _____ grupos de 6 son _____. La incógnita es _____ lados.

Práctica guiada

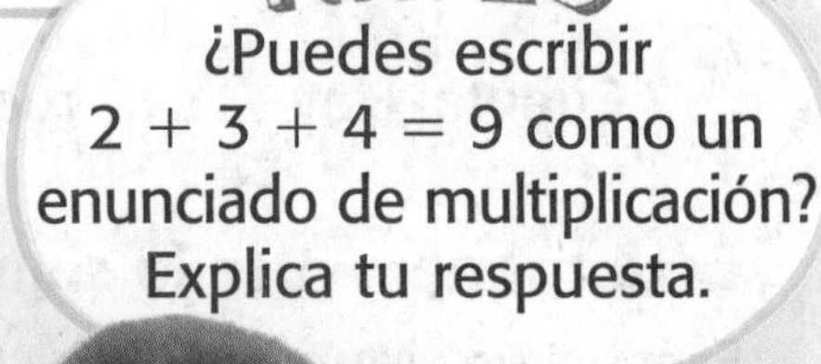

¿Puedes escribir $2 + 3 + 4 = 9$ como un enunciado de multiplicación? Explica tu respuesta.

1. Escribe un enunciado de suma y uno de multiplicación.

_____ + _____ + _____ + _____ = _____

_____ × _____ = _____

Nombre ....

Práctica independiente

Escribe un enunciado de suma y uno de multiplicación para cada uno.

2. 

___ + ___ + ___ = ___

___ × ___ = ___

3. 

___ + ___ = ___

___ × ___ = ___

4. 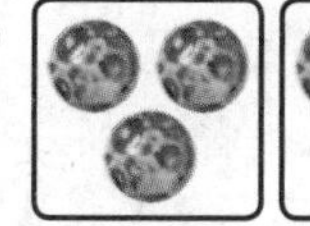 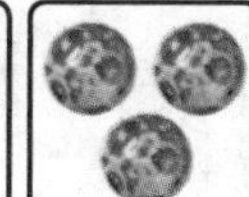 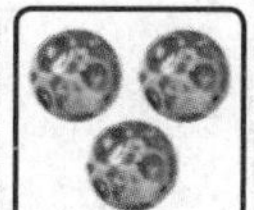 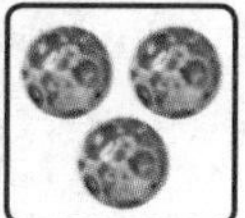 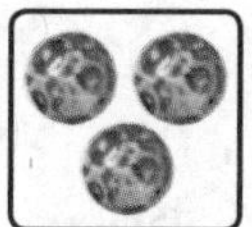 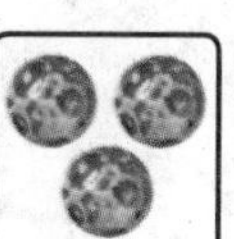

___ + ___ + ___ + ___ + ___ + ___ = ___

___ × ___ = ___

5.      

___ + ___ + ___ + ___ + ___ + ___ + ___ + ___ = ___

___ × ___ = ___

Haz un dibujo para hallar el total. Escribe un enunciado de multiplicación.

6. 6 grupos de 5

___ × ___ = ___

7. 8 grupos de 4

___ × ___ = ___

Álgebra Multiplica para hallar el producto desconocido.

8. 3 × 5 = ■

La incógnita es ___.

9. 5 × 2 = ■

La incógnita es ___.

10. 3 × 3 = ■

La incógnita es ___.

Resolución de problemas

Álgebra Escribe un enunciado de multiplicación con un símbolo para la incógnita. Luego, resuélvelo.

11. Adriana compró 3 cajas de pinturas. Cada caja tiene 8 colores. ¿Cuál es el número total de colores?

$3 \times 8 = \blacksquare$

$3 \times 8 =$ ______ colores

12. Tres niños tienen cada uno 5 globos. ¿Cuántos globos tienen en total?

______ $\times$ ______ $= \blacksquare$

______ $\times$ ______ $=$ ______ globos

¡Mi trabajo!

Problemas S.O.S.

13. PRÁCTICA matemática 4 **Representar las mates** Escribe un problema del mundo real para el modelo. Escribe un enunciado de multiplicación para hallar el total.

____

____

14. PRÁCTICA matemática 2 **Usar el sentido numérico** ¿Cuánto es 2 más 5 grupos de 3? ______

15. **Profundización de la pregunta importante** ¿En qué se parecen la multiplicación y la suma repetida?

____

____

Nombre ....

Mi tarea

Lección 2

La multiplicación como una suma repetida

Asistente de tareas

¿Necesitas ayuda? connectED.mcgraw-hill.com

Daniela va a poner 2 tenedores en cada uno de 8 puestos de mesa. ¿Cuántos tenedores necesita en total?

Halla 8 grupos de 2.

Escribe un enunciado de suma para mostrar grupos iguales.

$2 + 2 + 2 + 2 + 2 + 2 + 2 + 2 = 16$

Escribe un enunciado de multiplicación para mostrar 8 grupos de 2.

$8 \times 2 = \blacksquare$ ← Halla la incógnita.

$8 \times 2 = 16$

Por lo tanto, 8 grupos de 2 son 16. La incógnita es 16 tenedores.

Práctica

Escribe un enunciado de suma y uno de multiplicación para cada uno.

1.

6 + 6 + ___ + ___ + ___ = ___

___ × ___ = ___

2.

___ + ___ + ___ + ___ = ___

___ × ___ = ___

Resolución de problemas

Haz un dibujo para hallar el total. Escribe un enunciado de multiplicación.

3. 7 grupos de 1 uva verde

_____ × _____ = _____

4. 9 grupos de 2 galletas cuadradas

_____ × _____ = _____

5. PRÁCTICA matemática 4 **Representar las mates** ¿Cuántos botones tiene Leonora en total si tiene 4 bolsas de botones y cada una tiene 10 botones?

_____ × _____ = _____

Multiplica para hallar el producto desconocido.

6. 8 × 3 = ■

La incógnita es _____.

7. 4 × 3 = ■

La incógnita es _____.

Comprobación del vocabulario

Usa las palabras correctas y el enunciado numérico 6 × 8 = 48 para resolver.

grupos iguales   suma repetida   multiplicar   factores   producto

8. El número 48 es el _____.

9. El signo × te dice que debes _____.

10. Los números 6 y 8 son los _____.

11. 8 + 8 + 8 + 8 + 8 + 8 = 48 muestra _____.

12. 6 × 8 significa 6 _____ de 8.

Práctica para la prueba

13. Sam está lavando ventanas. Hay 5 ventanas en cada uno de 7 cuartos. ¿Cuántas ventanas tiene que lavar Sam?

Ⓐ 2 ventanas
Ⓑ 12 ventanas
Ⓒ 30 ventanas
Ⓓ 35 ventanas

Nombre ....

Manos a la obra
Multiplicar con arreglos

Lección 3

PREGUNTA IMPORTANTE
¿Qué significa multiplicación?

Dibújalo

Un **arreglo** tiene filas y columnas de igual longitud.

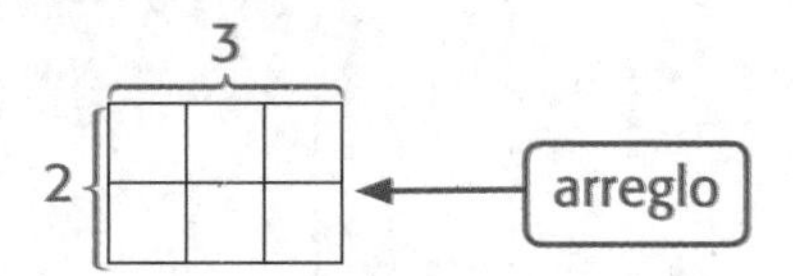

1. Haz un arreglo sobre una hoja de papel. Organiza las fichas en 4 filas con 3 fichas en cada una. Dibuja el arreglo.
2. Cuenta. ¿Cuál es el número total de fichas? ________
3. Gira la hoja. Ahora hay ________ filas con ________ fichas en cada fila.

   Dibuja cómo se ve ahora el arreglo.
4. Cuenta. ¿Cuál es el número total de fichas? ________

Por lo tanto, hay el mismo número de fichas, ________, si giras el arreglo.

La **propiedad conmutativa de la multiplicación** establece que el orden en el que se multiplican los números no altera el producto.

Inténtalo

Usa fichas para hacer un arreglo en papel que tenga 5 filas de 2 fichas. Dibuja el arreglo.

¡Mi dibujo!

Escribe un enunciado de suma para mostrar filas iguales.

___ + ___ + ___ + ___ + ___ = ___

Escribe un enunciado de multiplicación para representar el arreglo.

filas ___ × número en cada fila ___ = total ___

2 Gira el arreglo hacia el otro lado. Ahora hay ___ filas de ___ fichas. Dibuja el arreglo.

Escribe un enunciado de suma para mostrar filas iguales.

___ + ___ = ___

Escribe un enunciado de multiplicación para representar el arreglo.

filas ___ × número en cada fila ___ = total ___

Coméntalo

1. PRÁCTICA matemática 2 **Hacer un alto y pensar** ¿Cuál es la relación entre la suma repetida y un arreglo?

____

2. ¿Cómo puedes usar un arreglo para representar la propiedad conmutativa?

____

3. Enumera 3 objetos cotidianos que estén organizados en un arreglo.

____

Nombre ....

Practícalo

Dibuja un arreglo para hallar el producto.

4. $4 \times 2 =$ ____ **5.** $3 \times 5 =$ ____

Escribe un enunciado de suma y uno de multiplicación para mostrar filas iguales.

6. 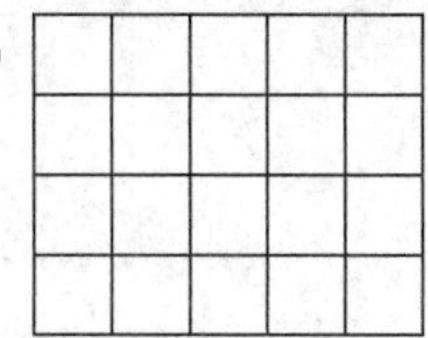

____ + ____ + ____ + ____ = ____

____ × ____ = ____

7. 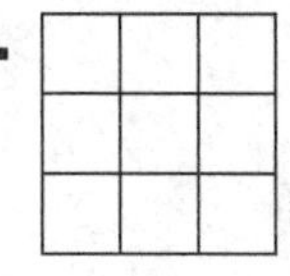

____ + ____ + ____ = ____

____ × ____ = ____

8. 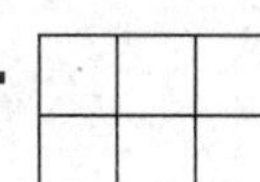

____ + ____ = ____

____ × ____ = ____

9. Usa la propiedad conmutativa de la multiplicación para escribir otro enunciado de multiplicación para el ejercicio 8.

____ × ____ = ____

10. Describe una situación del mundo real para el ejercicio 6.

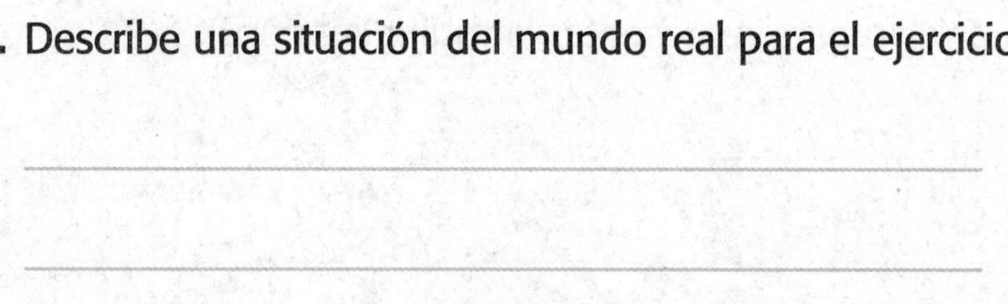

Aplícalo

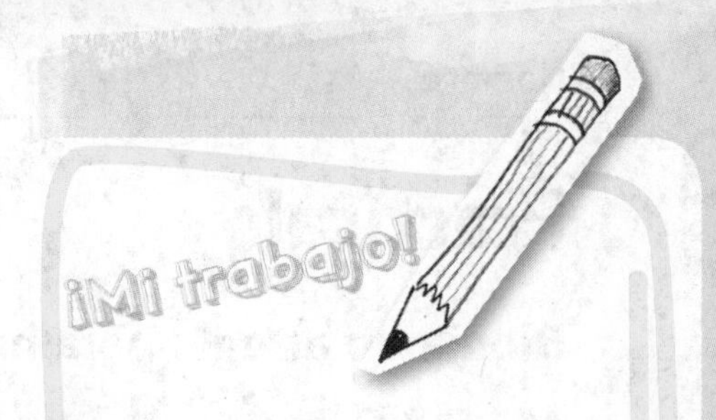

11. Marcos tiene 3 láminas de adhesivos. Cada lámina tiene 4 adhesivos. Escribe un enunciado de multiplicación para hallar cuántos adhesivos tiene en total.

____ × ____ = ____ adhesivos

12. Encierra en un círculo la imagen que no representa un arreglo. Explica tu respuesta.

____

____

13. PRÁCTICA matemática 1 **Seguir intentándolo** Dibuja un arreglo para hallar el número desconocido en el enunciado de multiplicación 6 × ■ = 18.

Escríbelo

14. ¿Cómo puedo usar un arreglo para representar la multiplicación?

____

____

Nombre ....

Mi tarea

Lección 3

Manos a la obra: Multiplicar con arreglos

Asistente de tareas

¿Necesitas ayuda? connectED.mcgraw-hill.com

James descubrió que una lámina de estampillas es un arreglo. Las estampillas están organizadas en 6 filas iguales de 3.

Escribe un enunciado de suma para mostrar filas iguales.

$3 + 3 + 3 + 3 + 3 + 3 = 18$

Escribe un enunciado de multiplicación para representar el arreglo.

$$\underbrace{6}_{\text{filas}} \times \underbrace{3}_{\text{número en cada fila}} = \underbrace{18}_{\text{total}}$$

James gira la lámina de estampillas hacia el otro lado. Todavía hay 18 estampillas, solo que ahora hay 3 filas iguales de 6.

$$\underbrace{3}_{\text{filas}} \times \underbrace{6}_{\text{número en cada fila}} = \underbrace{18}_{\text{total}}$$

Esta es la propiedad conmutativa de la multiplicación.

Práctica

Dibuja un arreglo para hallar el producto.

1. $5 \times 7 =$ ______

2. $6 \times 5 =$ ______

Escribe un enunciado de suma y uno de multiplicación para mostrar filas iguales.

3. 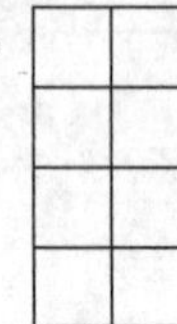

4. 

______________________ ______________________

______________________ ______________________

Comprobación del vocabulario

5. Dibuja 2 arreglos para representar $2 \times 3 = 6$. Usa los arreglos para mostrar el significado de la propiedad conmutativa de la multiplicación.

Resolución de problemas

6. PRÁCTICA matemática 4 **Representar las mates** El juego de acuarelas de Suki tiene 3 filas de pinturas. Hay 8 colores en cada fila. Escribe un enunciado de multiplicación para hallar el número total de colores en el juego.

____

7. Un tablero de ajedrez tiene 8 filas, con 8 casillas en cada fila. Escribe un enunciado de multiplicación para hallar el número total de casillas.

____

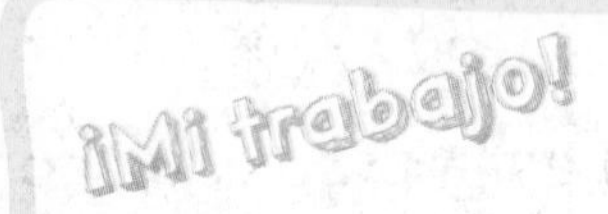

Nombre ______

Los arreglos y la multiplicación

Lección 4

PREGUNTA IMPORTANTE
¿Qué significa multiplicación?

Un **arreglo** es un grupo de objetos organizados en filas y columnas de números iguales. Los arreglos te ayudan a multiplicar.

Las mates y mi mundo

Ejemplo 1

La Sra. Roberts horneó un grupo de rosquillas. Organizó las rosquillas en 3 filas iguales de 4 rosquillas en la bandeja de enfriamiento. ¿Cuántas rosquillas horneó?

Halla el número total de rosquillas. Usa fichas para representar el arreglo. Dibuja el arreglo.

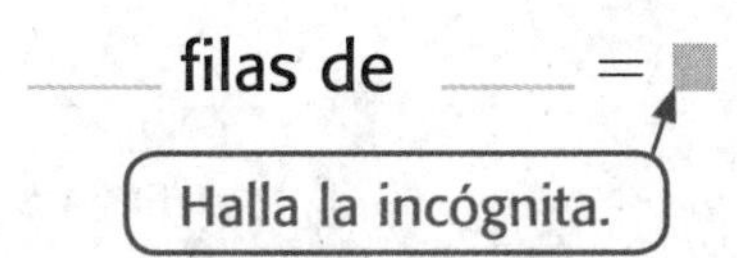

____ filas de ____ = ■

Halla la incógnita.

Puedes usar la suma o la multiplicación repetidas para hallar la incógnita.

Una manera **Suma.** ____ + ____ + ____ = ____ ← enunciado de suma

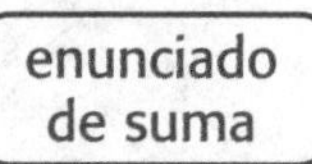

Otra manera **Multiplica.** ____ × ____ = ____ ← enunciado de multiplicación

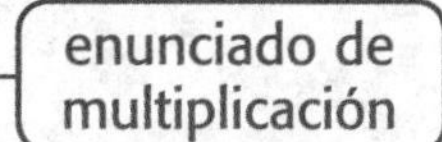

Por lo tanto, ____ filas de ____ son ____ o ____ × ____ = ____.

La incógnita es ____. La Sra. Roberts horneó 12 rosquillas.

Ejemplo 2

Se muestra una página del álbum de fotos de Elsa. Escribe dos enunciados de multiplicación para hallar cuántas fotos hay en la página.

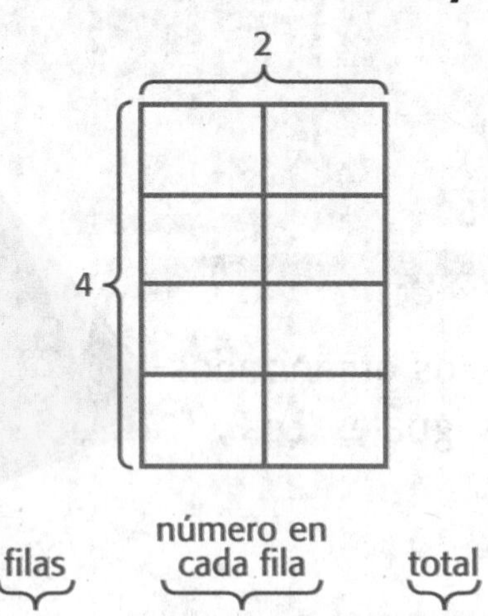

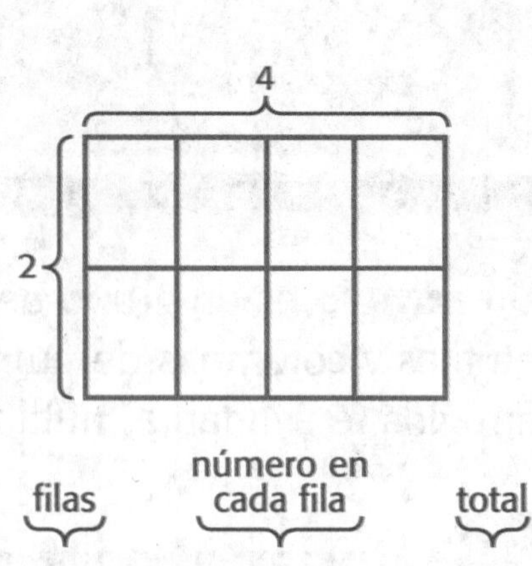

filas		número en cada fila		total		filas		número en cada fila		total
____	×	____	=	____		____	×	____	=	____

Concepto clave Propiedad conmutativa

Palabras	La **propiedad conmutativa de la multiplicación** dice que el orden en el que se multiplican los números no altera el producto.
Ejemplos	4 × 2 = 8 (factor factor producto) 2 × 4 = 8 (factor factor producto)

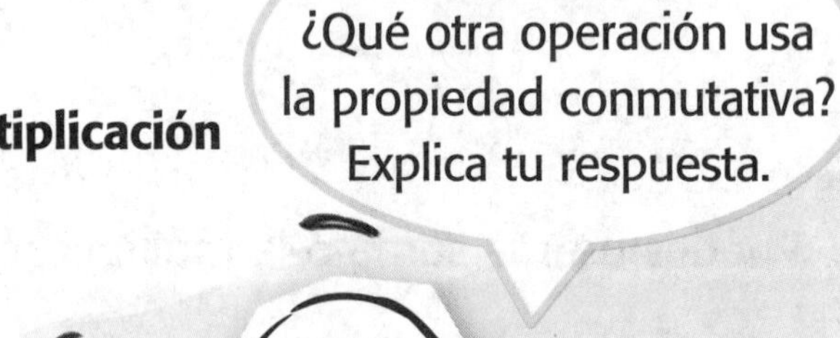

Práctica guiada

Escribe un enunciado de suma y uno de multiplicación para mostrar filas iguales.

1. ____ + ____ = ____

____ × ____ = ____

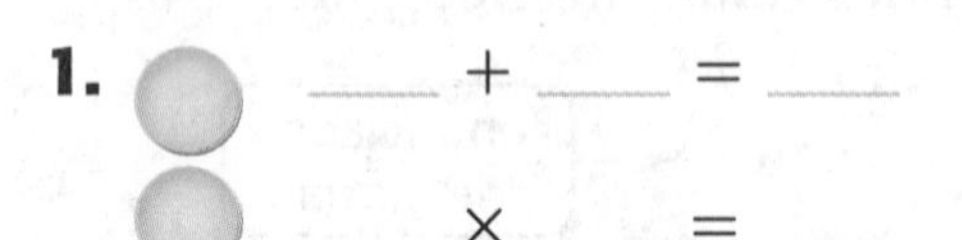

2. ____ + ____ = ____

____ × ____ = ____

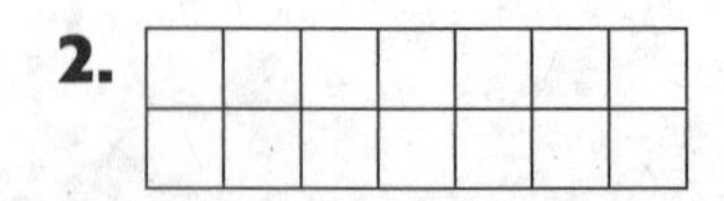

Nombre

CCSS

Práctica independiente

Escribe un enunciado de suma y uno de multiplicación para mostrar filas iguales.

3. 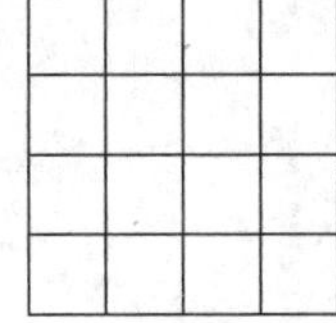

___ + ___ + ___ = ___

___ × ___ = ___

4. 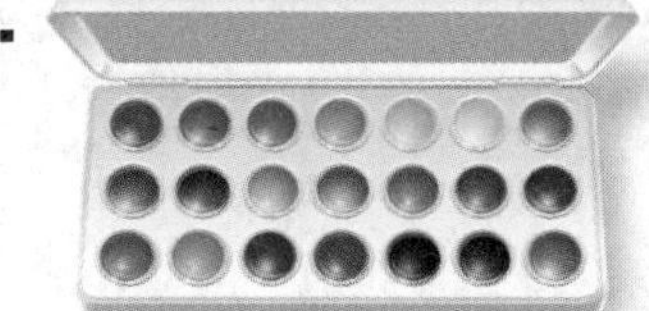

___ + ___ = ___

___ × ___ = ___

5. 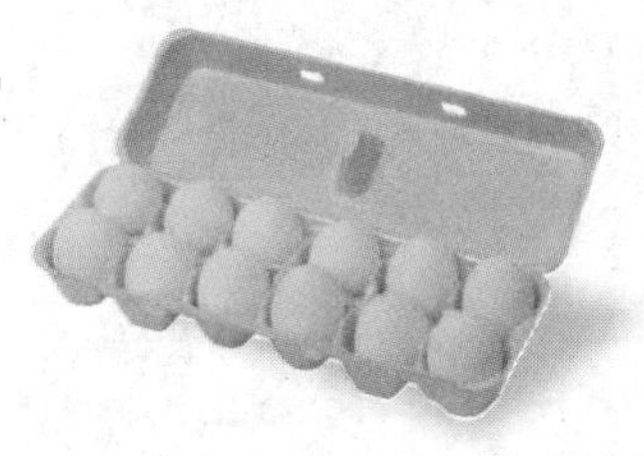

___ + ___ + ___ + ___ = ___

___ × ___ = ___

6. 

___ + ___ + ___ = ___

___ × ___ = ___

7.

___ + ___ = ___

___ × ___ = ___

8.

___ + ___ = ___

___ × ___ = ___

Usa la propiedad conmutativa de la multiplicación para hallar los números que faltan.

9. 5 × 2 = ___

2 × ___ = 10

10. ___ × 5 = 15

___ × 3 = 15

11. 3 × ___ = 27

9 × 3 = ___

12. Hope dibujó el arreglo de la derecha. Escribe un enunciado de multiplicación para representar el modelo.

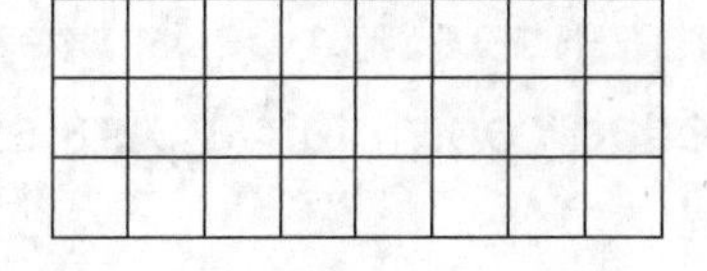

___ × ___ = ___

Resolución de problemas

Hora de ponerse al día

Dibuja un arreglo para resolver los ejercicios 13 y 14. Luego, escribe dos enunciados de multiplicación.

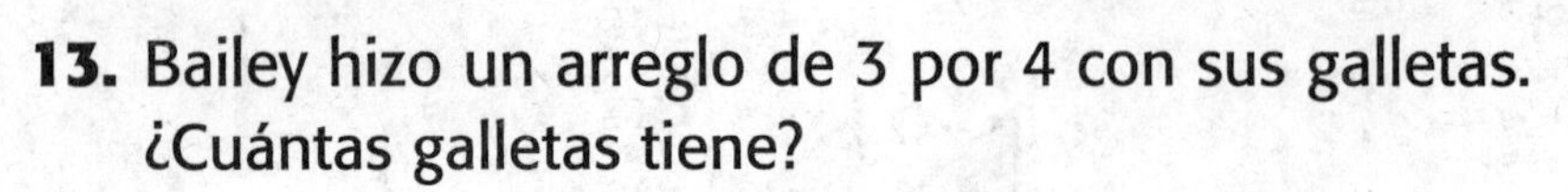

13. Bailey hizo un arreglo de 3 por 4 con sus galletas. ¿Cuántas galletas tiene?

14. Hay 4 meseros para atender 5 mesas cada uno. ¿Cuántas mesas en total tienen los meseros?

Problemas S.O.S.

15. PRÁCTICA matemática 2 **Razonar** ¿Por qué a veces solo tienes un enunciado de multiplicación para un arreglo?

16. PRÁCTICA matemática 3 **Hallar el error** Ana está usando los números 2, 3 y 6 para mostrar la propiedad conmutativa. Halla y corrige su error.

$3 \times 2 = 6$ por lo tanto, $6 \times 3 = 2$

17. **Profundización de la pregunta importante** ¿Cómo se puede usar la propiedad conmutativa para escribir enunciados de multiplicación?

Nombre

Mi tarea

Lección 4

Los arreglos y la multiplicación

Asistente de tareas

¿Necesitas ayuda? connectED.mcgraw-hill.com

Las calabazas en un huerto están organizadas en filas con un número igual en cada una. ¿Cuántas calabazas hay en el huerto?

Escribe un enunciado de suma y uno de multiplicación para mostrar filas iguales.

$6 + 6 + 6 = 18$ $3 \times 6 = 18$

La propiedad conmutativa de la multiplicación te permite cambiar el orden de los factores para escribir otro enunciado de multiplicación, $6 \times 3 = 18$.

Hay 18 calabazas en el huerto.

Práctica

Escribe un enunciado de suma y uno de multiplicación para mostrar filas iguales.

1.

___ + ___ + ___ = ___

___ × ___ = ___

2.

___ + ___ + ___ = ___

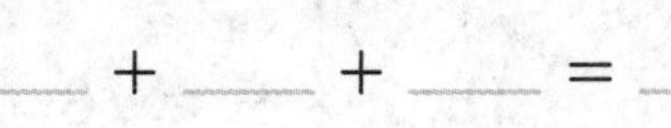

___ × ___ = ___

Usa la propiedad conmutativa de la multiplicación para hallar los números que faltan.

3. $3 \times 2 = 6$ $\quad$ ____ $\times 3 = 6$

4. $6 \times 4 = 24$ $\quad$ $4 \times$ ____ $= 24$

5. $8 \times 6 = 48$ $\quad$ $6 \times 8 =$ ____

6. $5 \times 2 = 10$ $\quad$ ____ $\times 5 = 10$

Resolución de problemas

Dibuja un arreglo para resolver. Luego, escribe dos enunciados de multiplicación.

7. Las botellas de sirope están organizadas en 4 filas de 7 botellas cada una. ¿Cuántas botellas de sirope hay en total?

____

____

¡Mi dibujo!

8. Un estacionamiento tiene 6 filas de 10 espacios. ¿Cuántos espacios para estacionar hay en total?

____

____

Comprobación del vocabulario

9. ¿Cómo puedes usar un arreglo para mostrar la propiedad conmutativa?

____

____

Práctica para la prueba

10. ¿Cuál pareja de enunciados numéricos representa la propiedad conmutativa de la multiplicación?

Ⓐ $3 \times 6 = 18$; $2 \times 9 = 18$

Ⓑ $6 \times 7 = 42$; $7 \times 6 = 42$

Ⓒ $4 \times 5 = 20$; $8 \times 5 = 40$

Ⓓ $9 + 11 = 20$; $11 + 9 = 20$

Compruebo mi progreso

Comprobación del vocabulario

Escribe la letra de la palabra que corresponde con las definiciones o ejemplos.

A arreglo

B propiedad conmutativa de la multiplicación

C grupos iguales

D factores

E multiplicación

F enunciado de multiplicación

G multiplicar

H producto

J suma repetida

_____ **1.** $2 + 2 + 2 + 2 = 8$

_____ **2.** $5 \times 3 = \mathbf{15}$

_____ **3.** $2 \times 4 = 8$

_____ **4.** El signo × significa que debes _____.

_____ **5.** Operación para hallar el número total en grupos iguales.

_____ **6.** $\mathbf{5} \times \mathbf{3} = 15$

_____ **7.** $3 \times 2 = 6 \quad 2 \times 3 = 6$

_____ **8.**

_____ **9.** 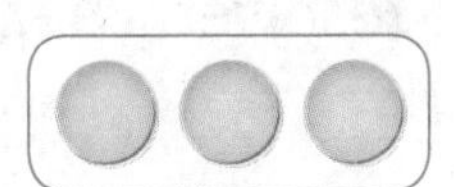

Comprobación del concepto

Álgebra Encierra en un círculo los grupos iguales. Halla la incógnita

10. 2 grupos de 4 = ■

2 grupos de 4 = _____

11. 4 grupos de 5 = ■

4 grupos de 5 = _____

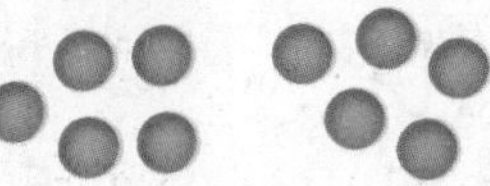

Usa la suma repetida para multiplicar.

12. $6 \times 2 =$ ___

___ + ___ + ___ +

___ + ___ + ___ = ___

13. $2 \times 5 =$ ___

___ + ___ = ___

Escribe un enunciado de suma y uno de multiplicación para mostrar filas iguales.

14.

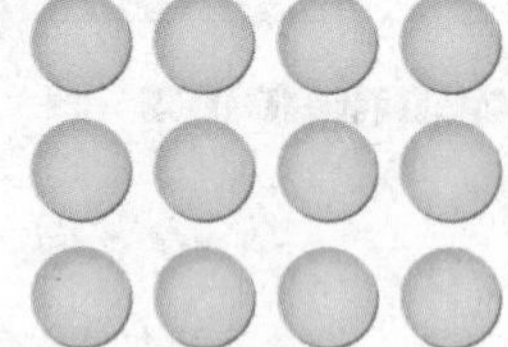

___ + ___ + ___ = ___

___ × ___ = ___

15.

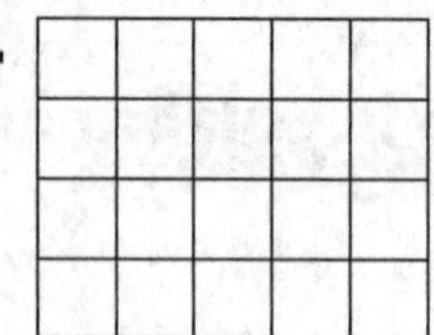

___ + ___ + ___ + ___ = ___

___ × ___ = ___

Resolución de problemas

16. **Álgebra** Cada uno de siete tigres dejó 4 huellas de garras. ¿Cuántas huellas de garras hay en total? Escribe un enunciado de multiplicación con un símbolo para la incógnita. Luego, resuelve.

____

17. Los boletos para adultos de la muestra de talento cuestan $6. ¿Cuánto costarán 4 boletos para adultos? Dibuja un arreglo para resolver. Luego, escribe dos enunciados de multiplicación.

____

¡Mi dibujo!

Práctica para la prueba

18. ¿Cuál de los siguientes enunciados numéricos se relaciona con el enunciado de suma $5 + 5 + 5 = 15$?

Ⓐ $3 \times 5 = 15$ Ⓒ $15 - 5 = 10$

Ⓑ $3 + 5 = 8$ Ⓓ $5 + 3 = 8$

El mundo real

Investigación para la resolución de problemas

ESTRATEGIA: Hacer una tabla

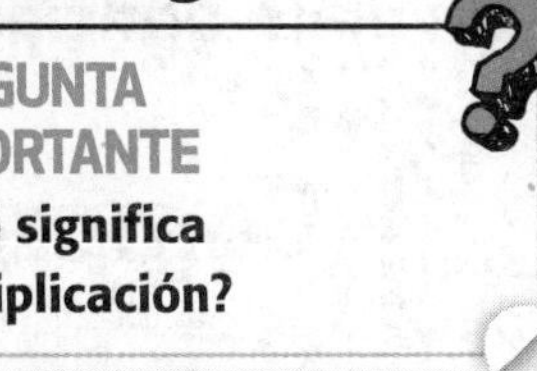

Lección 5

PREGUNTA IMPORTANTE

¿Qué significa multiplicación?

Aprende la estrategia

Observa Tutor

Selma compró 3 pantalones cortos y 2 camisas. Laura compró 4 pantalones cortos y 2 camisas. ¿Cuántos conjuntos diferentes de camisa y pantalón corto puede armar cada niña?

1 Comprende

¿Qué sabes?

¿Qué debes hallar?

Cuántos conjuntos diferentes de ______ y ______ puede armar cada una.

2 Planea

Organiza la información en una tabla de columnas y filas.

3 Resuelve

Haz una tabla por cada niña. Enumera los posibles conjuntos de camisa y pantalón corto.

Selma	Camisa 1	Camisa 2
Pantalón corto A	A1	A2
Pantalón corto B	B1	B2
Pantalón corto C	C1	C2

Laura	Camisa 1	Camisa 2
Pantalón corto A	A1	A2
Pantalón corto B	B1	B2
Pantalón corto C	C1	C2
Pantalón corto D	D1	D2

Por lo tanto, Selma puede armar ____ conjuntos y Laura puede armar ____.

4 Comprueba

¿Tiene sentido tu respuesta? ¿Por qué?

Practica la estrategia

¿Cuántos almuerzos puede hacer Malia si escoge un plato principal y un acompañamiento?

Platos principales
- tacos
- sándwich de queso
- fideos

Acompañamientos
- fruta
- sopa
- verduras

Comprende

¿Qué sabes?

¿Qué debes hallar?

2 Planea

3 Resuelve

Comprueba

¿Tiene sentido tu respuesta? ¿Por qué?

Nombre

Aplica la estrategia

Resuelve los problemas haciendo una tabla.

1. Trey puede escoger un tipo de pan y un tipo de carne para su sándwich. ¿Cuántos sándwiches distintos puede hacer Trey?

	Pavo	Pollo
Integral		
Blanco		

Trey puede hacer ______ sándwiches.

¡Mi trabajo!

2. Los estudiantes de la clase del Sr. Robb diseñan una bandera. El fondo de la bandera puede ser dorado, rojo o verde. La bandera puede tener una franja azul o violeta. Colorea todas las banderas posibles.

	Azul	Violeta
Dorado		
Rojo		
Verde		

Ellos pueden diseñar ______ banderas.

3. PRÁCTICA matemática 4 **Representar las mates** Tracy tiene una foto de su mamá, una de su papá y una de su perro. Tiene un portarretrato negro y uno blanco. ¿Cuál es la pregunta? Resuelve.

____

____

Repasa las estrategias

Usa cualquier estrategia para resolver los problemas.
- Usar el plan de cuatro pasos.
- Determinar respuestas razonables.
- Hacer una tabla.

4. Amber tiene monedas en un frasco. La suma de las monedas es 13¢. ¿Cuáles son los grupos posibles de monedas que Amber puede tener?

5. Solana compra 2 bolsas de mezcla para ensalada por $8 y 3 libras de verduras frescas por $9. Le da al cajero $20. ¿Cuánto cambio recibirá?

6. PRÁCTICA matemática 6 **Responder con precisión** El Sr. Gómez tiene 12 plantas de tomate organizadas en 2 filas de 6. Enumera otras dos formas en que el Sr. Gómez puede organizar sus 12 plantas de tomate en filas iguales. Explica a un compañero cómo obtuviste tu respuesta.

7. PRÁCTICA matemática 5 **Usar herramientas de las mates** Un sitio para acampar tiene 3 tiendas con 5 personas en cada una. Otro sitio para acampar tiene 3 tiendas con 4 personas en cada una. ¿Cuántos campistas hay en total? Dibuja un arreglo para resolver.

Nombre ....

Mi tarea

Lección 5
Resolución de problemas: Hacer una tabla

Asistente de tareas

¿Necesitas ayuda? connectED.mcgraw-hill.com

La bicicleta nueva de Jane puede tener frenos de mano o de pedal. La bicicleta puede ser plateada, azul, negra o violeta. ¿Cuántas posibles bicicletas hay?

1 Comprende

Hay dos tipos de frenos: frenos de mano o frenos de pedal.
Hay 4 opciones de color: plateado, azul, negro o violeta.

Necesito hallar la cantidad de posibles bicicletas.

2 Planea

Haz una tabla.

	Plateada	Azul	Negra	Violeta
Freno de mano	Mano/ Plateada	Mano/ Azul	Mano/ Negra	Mano/ Violeta
Freno de pedal	Pedal/ Plateada	Pedal/Azul	Pedal/ Negra	Pedal/ Violeta

3 Resuelve

Hay 8 bicicletas posibles.

4 Comprueba

Multiplica 2 tipos de frenos por 4 opciones de color. $4 \times 2 = 8$

Resolución de problemas

El mundo real

1. Resuelve el problema haciendo una tabla.

Claudio va a decorar su habitación. Puede elegir pintura habana, azul o gris y cortinas de franjas o de cuadros. ¿De cuántas formas puede decorar su habitación con pintura y cortinas distintas?

____

	habana (h)	azul (a)	gris (g)
de franjas (f)			
de cuadros (c)			

Resuelve los problemas haciendo una tabla.

2. Jimmy tiene un cubo numerado rotulado del 1 al 6 y una moneda de 1¢. Si lanza al aire el cubo y la moneda, ¿de cuántas formas distintas pueden caer al piso el cubo y la moneda?

	1	2	3	4	5	6
cara (c)						
cruz (cz)						

3. Archie gana $4 a la semana por hacer sus deberes. ¿Cuánto dinero ganará Archie en 2 meses si cada mes tiene 4 semanas?

	Semana 1	Semana 2	Semana 3	Semana 4
Mes 1				
Mes 2				

4. PRÁCTICA matemática 7 **Identificar la estructura** Abigail tiene una camisa verde, una amarilla y una violeta para combinar con un par de pantalones blanco, negro o rojo. ¿Cuántos conjuntos de camisa y pantalón puede armar?

	pantalón (b)	pantalón (n)	pantalón (r)
camisa (v)			
camisa (a)			
camisa (vi)			

¿Cuántos conjuntos serían posibles si Abigail tuviera solo 2 camisas y 2 pares de pantalones? Explica tu respuesta.

Nombre ....

Usar la multiplicación para hallar combinaciones

Lección 6

PREGUNTA IMPORTANTE
¿Qué significa multiplicación?

Cuando haces una **combinación,** formas un conjunto nuevo que tiene un artículo de cada grupo de artículos.

Las mates y mi mundo

Ejemplo 1

El equipo de Amos tiene 3 colores de camiseta: verde, rojo y amarillo. Ellos pueden usar pantalones cortos anaranjados o negros. Halla todas las combinaciones de camisetas y pantalones cortos para el equipo.

1 Colorea la primera camiseta de verde, la segunda de rojo y la tercera de amarillo.

2 Colorea debajo de cada camiseta un par de pantalones cortos de anaranjado y 1 par de pantalones cortos de negro.

Combinaciones	1	2		4	5	
Colores de camiseta	VERDE	VERDE	ROJO	ROJO		
Colores de pantalones cortos	ANARANJADO	NEGRO	ANARANJADO		ANARANJADO	

Escribe un enunciado de multiplicación.

_______ × _______ = ■ ← Halla la incógnita.
colores de camiseta   colores de pantalones cortos   combinaciones

_______ × _______ = _______

Por lo tanto, hay _______ combinaciones posibles de camisetas y pantalones cortos.

Otra manera de hallar combinaciones es mediante un diagrama de árbol. Un **diagrama de árbol** tiene "ramas" para mostrar todas las posibles combinaciones.

Ejemplo 2 

¿Cuáles son todas las posibles combinaciones de helado de fruta si escoges un sabor y una fruta para agregar?

Completa el diagrama de árbol.

Sabores	Frutas	Combinaciones
mango	plátano	mango, ______
	mora	mango, mora
	melocotón	______, melocotón
fresa	plátano	______, plátano
	mora	______, mora
	melocotón	______, ______
vainilla	plátano	______, ______
	mora	______, ______
	melocotón	______, ______

Comprueba Multiplica para hallar la cantidad de combinaciones posibles.

______ sabores × ______ frutas = ______ combinaciones de helado de fruta.

Por lo tanto, hay ______ combinaciones posibles de helado de fruta.

Práctica guiada 

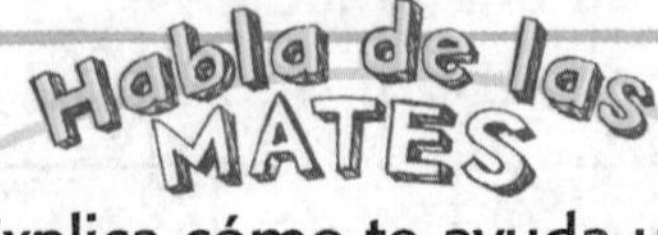

Explica cómo te ayuda un diagrama de árbol a hallar todas las combinaciones posibles sin repetir ninguna.

1. Toma como referencia el ejemplo 2. ¿Cómo cambiaría la cantidad posible de combinaciones si se agregara un sabor más? Escribe el enunciado de multiplicación.

______ × ______ = ______

Nombre

Práctica independiente

Halla todas las combinaciones posibles. Escribe un enunciado de multiplicación para comprobar.

2. Jackie tiene un juego de tarjetas con triángulos y círculos. Cada figura puede ser azul, roja, amarilla o verde. ¿Cuántas tarjetas diferentes hay?

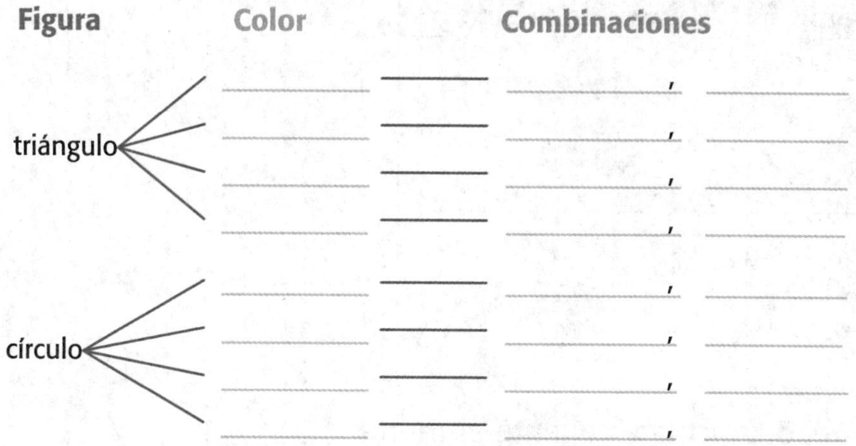

Figura | Color | Combinaciones

triángulo

círculo

_____ × _____ = _____ tarjetas diferentes

3. Enumera todos los números de 2 dígitos que se pueden formar con 3 o 4 como el dígito de las decenas y 1, 6, 7, 8 o 9 como el dígito de las unidades.

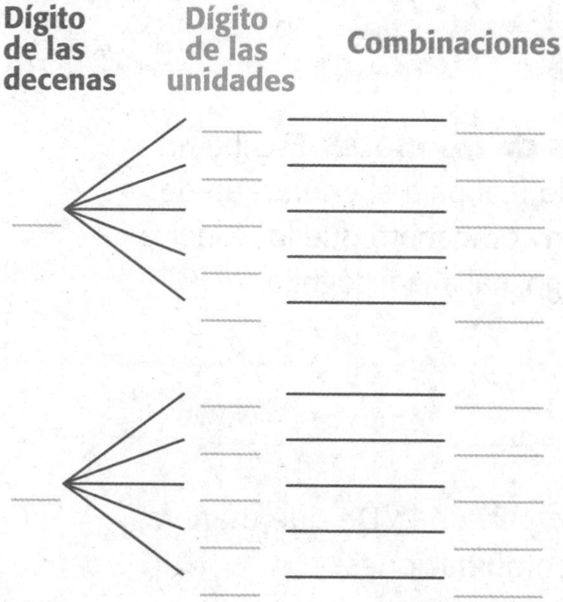

Dígito de las decenas | Dígito de las unidades | Combinaciones

_____ × _____ = _____ números

Resolución de problemas

Escribe un enunciado de multiplicación para resolver el problema.

4. Madison necesita escoger 1 artículo de desayuno y 1 bebida. Halla la cantidad de combinaciones posibles.

_____ × _____ = _____ combinaciones

Menú de desayuno	Menú de bebida
	LECHE LECHE
	Jugo

Supón que se agregó chocolate caliente al menú de bebidas. ¿Cómo cambiaría la cantidad de combinaciones?

____

____

Problemas S.O.S.

5. PRÁCTICA matemática 5 **Usar herramientas de las mates** Escribe un problema de combinación del mundo real para el enunciado de multiplicación 4 × 2 = ■. Pídele a un compañero que lo resuelva mediante un diagrama de árbol. Luego, halla la incógnita.

____

____

6. **Profundización de la pregunta importante** ¿De qué manera la multiplicación te ayuda a hallar combinaciones?

____

____

Mi tarea

Lección 6
Usar la multiplicación para hallar combinaciones

Asistente de tareas

¿Necesitas ayuda? connectED.mcgraw-hill.com

Los tres perros de Lucía tienen collares rojo, violeta, azul, verde y anaranjado que usan por turnos. Halla la cantidad de combinaciones posibles de perros y collares.

Muestra todas las posibles combinaciones.

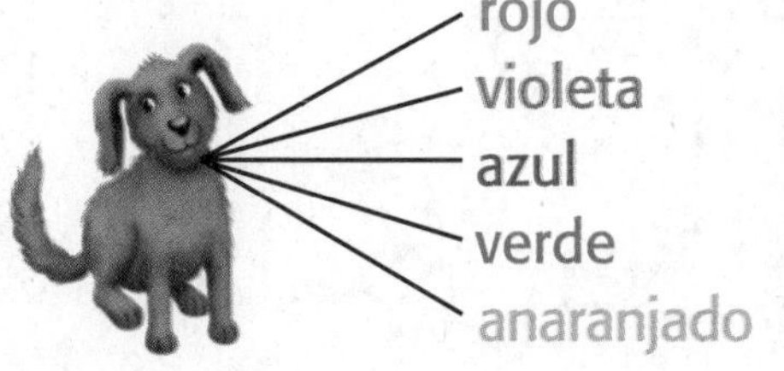

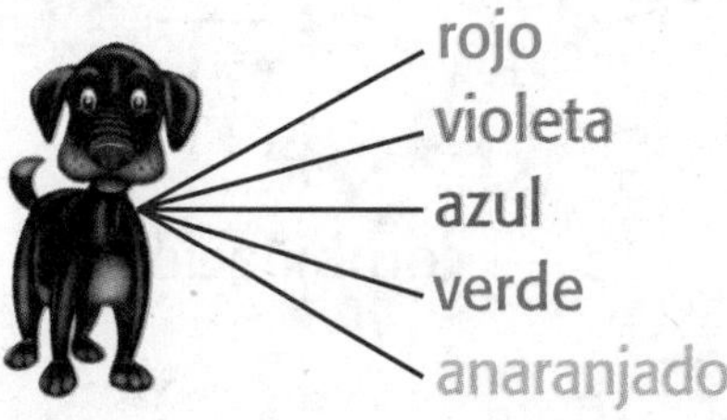

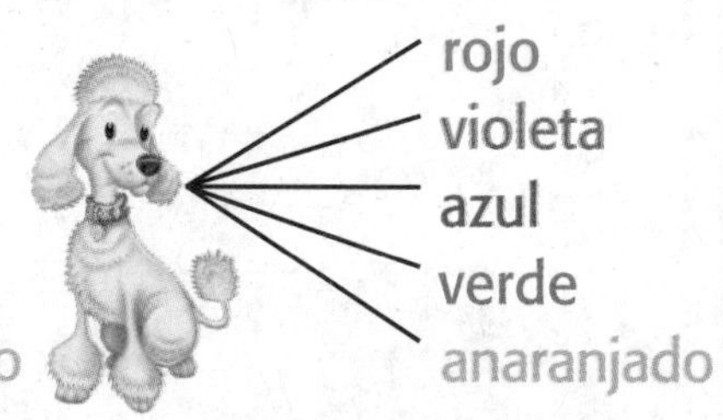

Hay 3 perros y 5 colores de collares.
$3 \times 5 = 15$ combinaciones posibles

Práctica

1. Diana puede llevar a la escuela 1 lápiz y 1 goma de borrar. Se muestran sus opciones. ¿Cuántas combinaciones diferentes de lápiz y goma de borrar hay? Completa el diagrama de árbol. Escribe un enunciado de multiplicación.

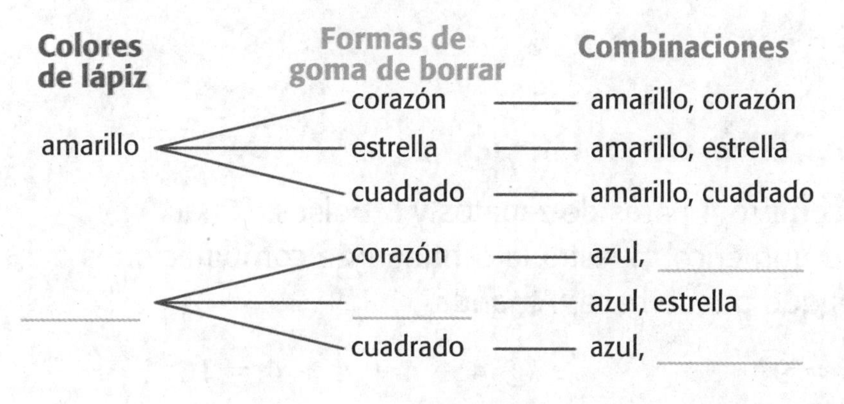

________ × ________ = ________ combinaciones

2. PRÁCTICA matemática 7 **Identificar la estructura** Como merienda, Randy puede escoger entre cacahuates, zanahorias o palomitas de maíz. Para beber, puede tomar agua o jugo. ¿Cuántas combinaciones de meriendas y bebidas hay? Completa el diagrama de árbol. Escribe un enunciado de multiplicación.

Merienda	Bebida	Combinaciones
________	________	________
	________	________
________	________	________
	________	________
________	________	________
	________	________

______ × ______ = ______ combinaciones

Comprobación del vocabulario

Vocabulario

3. Escribe las palabras correctas del vocabulario en los espacios para completar la oración.

combinación diagrama de árbol

Las ramas de un ____________ muestran una ____________ posible de artículos.

Práctica para la prueba

4. Amanda compró 4 pares de zapatos y 5 bolsos. ¿Cuál enunciado numérico muestra la cantidad de combinaciones diferentes que puede hacer Amanda?

Ⓐ $4 + 5 = 9$

Ⓑ $5 \times 8 = 40$

Ⓒ $4 + 4 + 4 + 4 = 16$

Ⓓ $4 \times 5 = 20$

Repaso

Capítulo 4

Comprender la multiplicación

Comprobación del vocabulario

Usa las palabras de la lista para completar las oraciones.

arreglo	**combinación**	**diagrama de arbol**
enunciado de multiplicación	**factor**	**grupos iguales**
multiplicación	**multiplicar**	**producto**
propiedad conmutativa		

1. Una organización de objetos en filas y columnas de igual longitud es un ____________.

2. La respuesta a un problema de multiplicación es el ____________.

3. La ____________ es la operación de dos números que se puede pensar como suma repetida.

4. Un número multiplicado por otro número es un ____________.

5. Puedes agrupar grupos iguales para ____________.

6. La ____________ establece que el orden en el que se multiplican los números no altera el producto.

7. Un ____________ tiene "ramas" para mostrar todas las posibles combinaciones.

8. Cuando haces una ____________ de artículos, formas un nuevo conjunto que tiene un artículo de cada grupo.

9. Cuando tienes ____________, tienes el mismo número de objetos en cada grupo.

Comprobación del concepto 

Escribe un enunciado de suma y uno de multiplicación para mostrar filas iguales.

10. 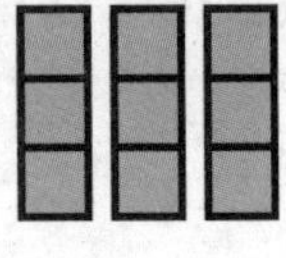

____ + ____ + ____ = ____

____ × ____ = ____

11. 

____ + ____ = ____

____ × ____ = ____

Escribe dos enunciados de multiplicación para los arreglos.

12. 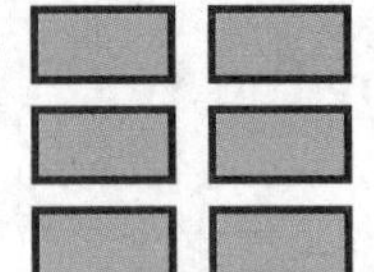

____ × ____ = ____

____ × ____ = ____

13. 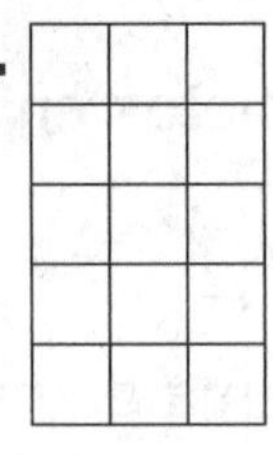

____ × ____ = ____

____ × ____ = ____

14. Halla las combinaciones posibles de un helado y un aderezo. Completa el diagrama de árbol. Escribe un enunciado de multiplicación para comprobar.

Helados	
Helado	**Aderezo**
fresa	granola
melocotón	fresas
vainilla	

____ × ____ = ____ combinaciones

Helado 

fresa — ____ / fresas

____ — granola / ____

____ — ____ / ____

Nombre

Resolución de problemas

15. Hay 3 filas de 4 panecillos. ¿Cuántos panecillos hay en total? Escribe dos enunciados de multiplicación.

_____ × _____ = ______________

_____ × _____ = ______________

¡Mi trabajo!

16. Toya termina de leer un libro cada 3 días. ¿Cuántos días le toma leer 7 libros? Completa la tabla para resolver.

Días	Libros
3	1
6	
12	
	5
18	6
21	

Por lo tanto, le toma _____ días leer 7 libros.

Práctica para la prueba

17. Timy descargó 5 canciones cada día durante cinco días. ¿Cuántas canciones descargó en total durante los 5 días?

Ⓐ 5 canciones

Ⓑ 10 canciones

Ⓒ 25 canciones

Ⓓ 35 canciones

Pienso

Capítulo 4

Respuesta a la PREGUNTA IMPORTANTE

Usa lo que aprendiste sobre la multiplicación para completar el organizador gráfico.

Dibujar grupos iguales

Problema del mundo real

PREGUNTA IMPORTANTE

¿Qué significa multiplicación?

Vocabulario

Dibujar un arreglo

Piensa ahora sobre la PREGUNTA IMPORTANTE  **Escribe tu respuesta.**

Capítulo

5 Comprender la división

PREGUNTA IMPORTANTE

¿Qué significa división?

Las carreras en nuestro mundo

¡Mira el video!

Observa

Mis estándares estatales

Operaciones y razonamiento algebraico

3.OA.2 Interpretar cocientes de números naturales que sean también números naturales (por ejemplo, interpretar $56 \div 8$ como la cantidad de objetos que quedan en cada parte cuando se hace una partición de 56 objetos en 8 partes iguales, o como la cantidad de partes cuando se hace una partición de 56 objetos en partes iguales de 8 objetos cada una).

3.OA.4 Determinar el número natural desconocido en una ecuación de multiplicación o de división en la que se relacionan tres números naturales.

3.OA.6 Comprender la división como un problema de factor desconocido.

3.OA.7 Multiplicar y dividir hasta el 100 de manera fluida, usando estrategias como la relación entre la multiplicación y la división (por ejemplo, saber que $8 \times 5 = 40$ permite saber que $40 \div 5 = 8$) o las propiedades de las operaciones. Hacia el final del Grado 3, los estudiantes deben saber de memoria todos los productos de dos números de un dígito.

¡Oye, ya conozco algunos de estos!

Estándares para las

PRÁCTICAS matemáticas

1. Entender los problemas y perseverar en la búsqueda de una solución.
2. Razonar de manera abstracta y cuantitativa.
3. Construir argumentos viables y hacer un análisis del razonamiento de los demás.
4. Representar con matemáticas.
5. Usar estratégicamente las herramientas apropiadas.
6. Prestar atención a la precisión.
7. Buscar una estructura y usarla.
8. Buscar y expresar regularidad en el razonamiento repetido.

= Se trabaja en este capítulo.

Nombre

Antes de seguir...

← Conéctate para hacer la prueba de preparación.

Escribe dos enunciados de multiplicación para los arreglos.

1.

2. 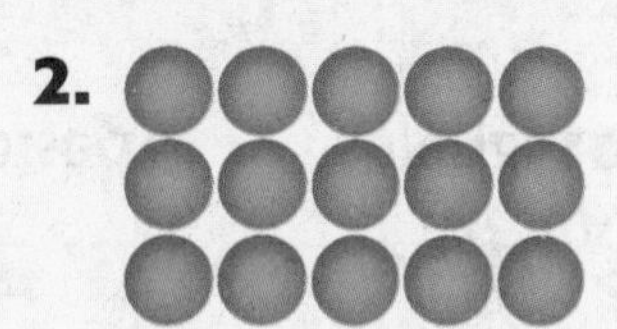

______ ______ ______ ______

Identifica un patrón. Luego, halla los números que faltan.

3. 30, 25, 20, ______, ______, 5 Patrón: ______

4. 12, ______, 8, ______, 4, 2 Patrón: ______

5. 55, 45, 35, ______, 15, ______ Patrón: ______

Dibuja las fichas en los círculos para hacer grupos iguales.

6. 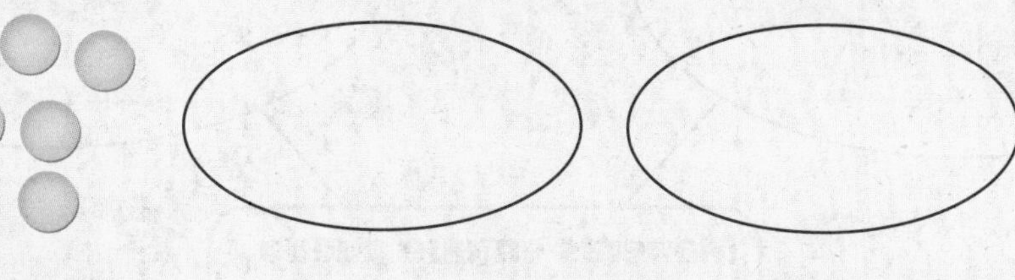

7. 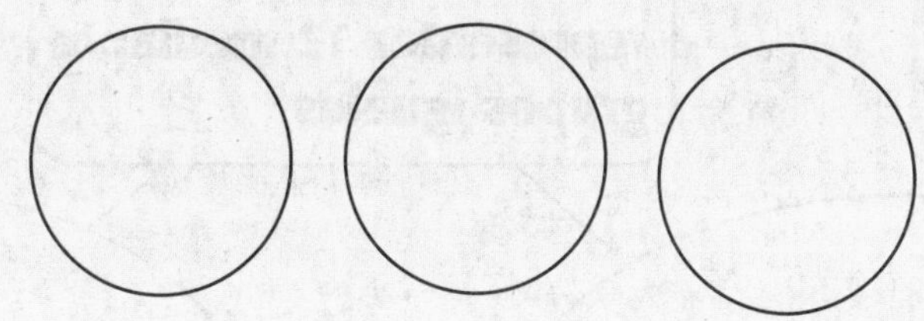

8. Colton hizo 15 invitaciones para una fiesta. Su hermano hizo 9 invitaciones. Escribe una resta para hallar cuántas invitaciones más hizo Colton.

______

9. La Sra. Jones tiene 21 lápices. Le da 2 lápices a Carter y 2 lápices a Mandy. Escribe una resta para hallar cuántos lápices le quedan.

______

¿Cómo me fue?

Sombrea las casillas para mostrar los problemas que respondiste correctamente.

1	2	3	4	5	6	7	8	9

Nombre

Las palabras de mis mates

Vocabulario

Repaso del vocabulario

arreglo | grupos iguales | patrón | suma repetida

Haz conexiones

Usa las palabras del repaso del vocabulario para describir los ejemplos del organizador gráfico.

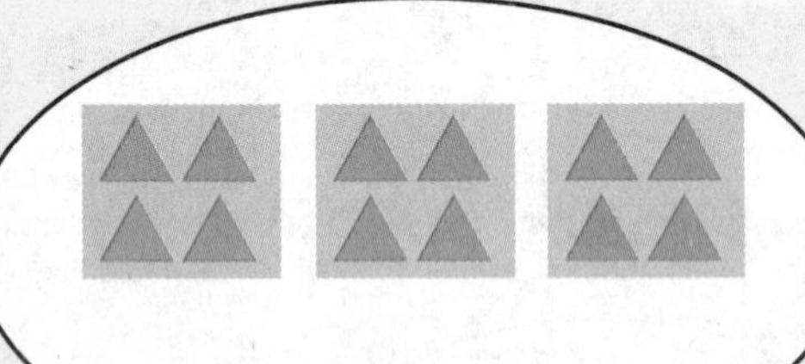

Maneras en que puedo representar 12 mediante grupos iguales

12, 8, 4, 0

4 + 4 + 4

¿En qué se parecen los ejemplos? ¿En qué se diferencian?

Mis tarjetas de vocabulario

Lección 5-4

cociente

$15 \div 3 = 5$

Lección 5-4

dividendo

$15 \div 3 = 5$

Lección 5-1

dividir (división)

$12 \div 3 = 4$

Lección 5-4

divisor

$15 \div 3 = 5$

Lección 5-1

enunciado de división

$15 \div 3 = 5$

Lección 5-5

familia de operaciones

$9 \times 3 = 27$ $\quad 27 \div 9 = 3$

$3 \times 9 = 27$ $\quad 27 \div 3 = 9$

Lección 5-5

operaciones inversas

$2 \times 5 = 10$

$10 \div 2 = 5$

Lección 5-5

operaciones relacionadas

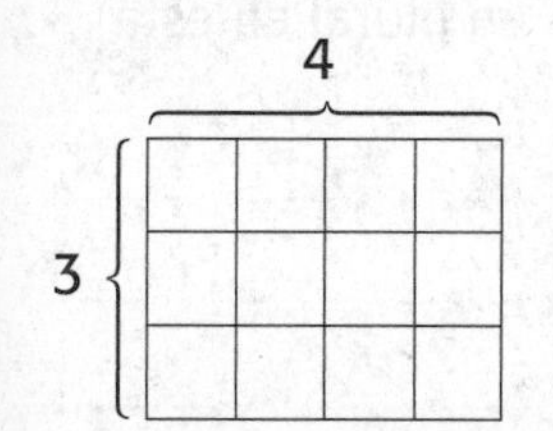

$3 \times 4 = 12$

$12 \div 4 = 3$

Sugerencias

- Agrupa 2 o 3 palabras comunes. Agrega al grupo una palabra que no esté relacionada. Luego, trabaja con un amigo para nombrar la palabra que no está relacionada.
- Diseña un crucigrama. Usa la definición de las palabras como las pistas.

Un número que se divide.

Encierra en un círculo el dividendo en

$12 \div 4 = \blacksquare$.

Luego, escribe el cociente.

La respuesta a un problema de división.

Escribe y resuelve un problema de división. Encierra en un círculo el cociente.

El número entre el cual se divide el dividendo.

Escribe un enunciado de división en el que el divisor sea 5. Encierra el divisor en un círculo.

Separar en grupos iguales para hallar el número de grupos o el número en cada grupo.

¿Cómo puede ayudarte la división a compartir meriendas con tus amigos?

Grupo de operaciones relacionadas que tienen los mismos números.

Escribe los números de la familia de operaciones que se muestran en esta tarjeta.

Enunciado numérico que tiene números y el signo ÷.

Escribe un ejemplo de un enunciado de división. Luego, escribe el enunciado en palabras.

Operaciones básicas que tienen los mismos números.

¿Por qué *operaciones* está en plural en esta palabra del vocabulario?

Operaciones que se anulan entre sí, como la multiplicación y la división.

Usa operaciones inversas para escribir un enunciado de multiplicación y uno de división.

Mis tarjetas de vocabulario

PRÁCTICAS matemáticas

Lección 5-1

partición

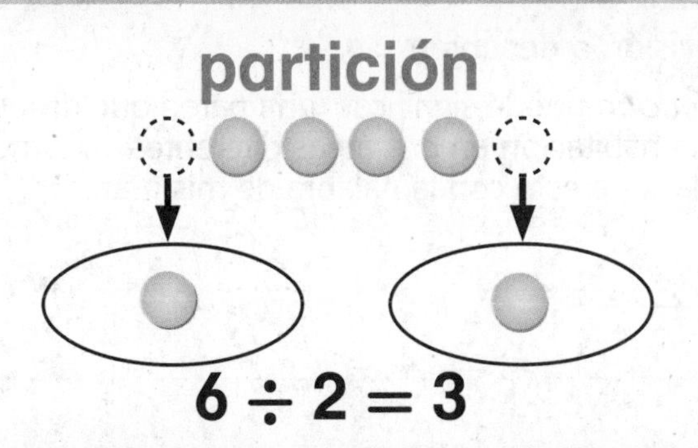

$6 \div 2 = 3$

Lección 5-3

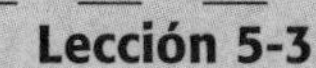

resta repetida

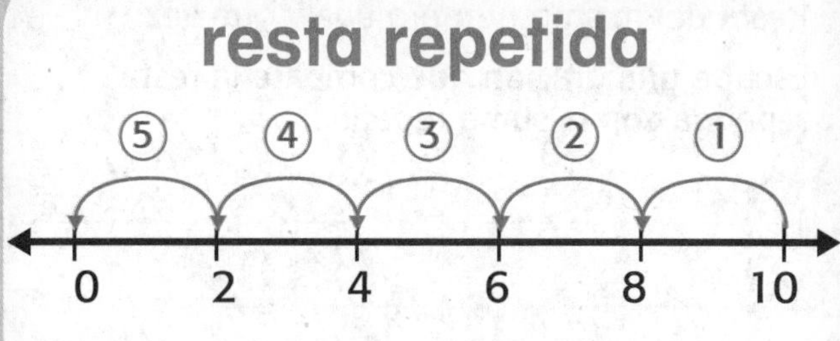

$10 \div 2 = 5$

Sugerencias

- Escribe un ejemplo para cada tarjeta. Asegúrate de que tus ejemplos sean diferentes de los que se muestran en las tarjetas.
- Escribe el nombre de la lección al frente de las tarjetas en blanco. Escribe algunos consejos de estudio al reverso de las tarjetas.

Resta del mismo número una y otra vez.

Escribe una oración que compare la resta repetida con la suma repetida.

División o desunión.

Partición puede significar "una pared que divide una habitación en dos áreas diferentes". ¿Cómo se relaciona esto con la palabra de mis mates?

Mi modelo de papel

FOLDABLES® Sigue los pasos que aparecen en el reverso para hacer tu modelo de papel.

dividendo

Definición:

El número que se divide.

÷

divisor

Definición:

El número entre el cual se ______ el dividendo.

=

cociente

Definición:

La ______ a una operación de división.

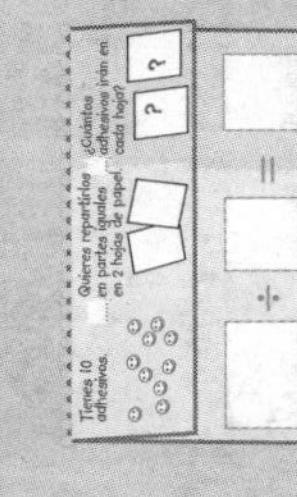

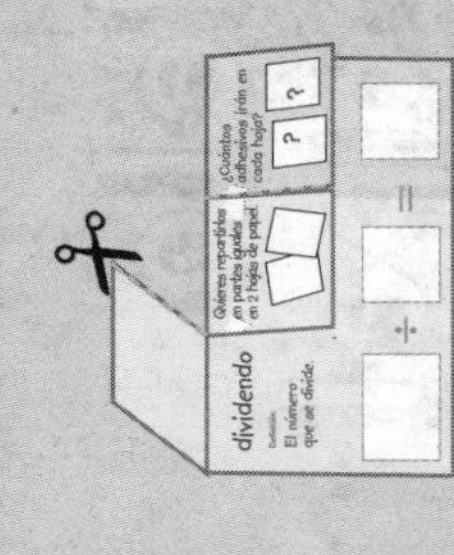

Tienes 10 adhesivos.

Quieres repartirlos en partes iguales en 2 hojas de papel.

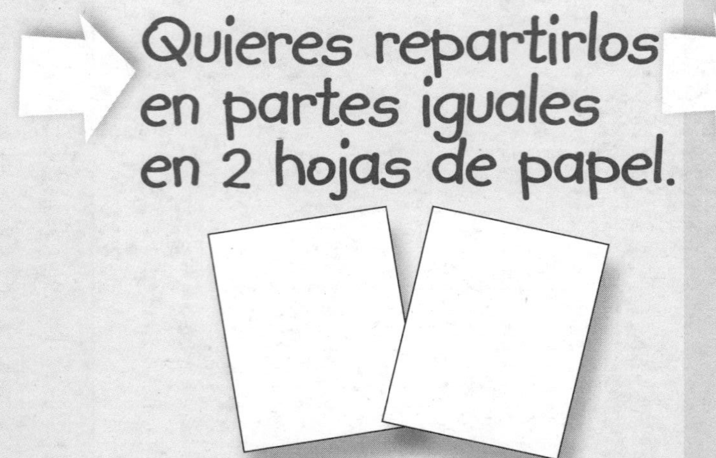

¿Cuántos adhesivos irán en cada hoja?

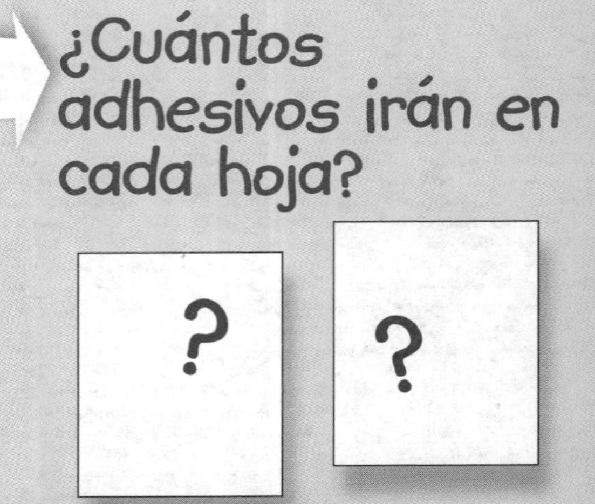

Nombre ....

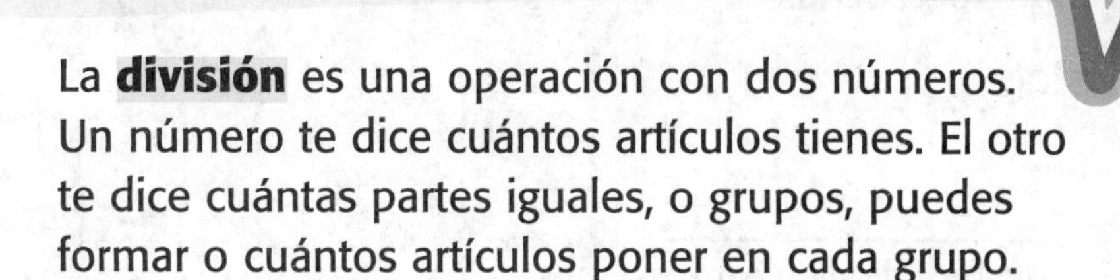

Manos a la obra
Representar la división

Lección 1

PREGUNTA IMPORTANTE
¿Qué significa división?

La **división** es una operación con dos números. Un número te dice cuántos artículos tienes. El otro te dice cuántas partes iguales, o grupos, puedes formar o cuántos artículos poner en cada grupo.

$$10 \div 5 = 2$$

Lee ÷ como *dividido entre.* 10 dividido entre 5 = 2.

Dividir significa hacer una **partición** o separación de un número en grupos iguales para hallar el número de grupos o el número en cada grupo.

Constrúyelo

Halla cuántos hay en cada grupo. Divide 12 fichas en 3 grupos iguales. ¿Cuántas hay en cada grupo?

1. Haz una partición de una ficha a la vez en cada grupo hasta que no queden fichas.
2. Dibuja los grupos de fichas.
3. Escribe un **enunciado de división** o un enunciado numérico que use la división.

¡Mi dibujo!

12 fichas se dividieron en

_______ grupos.

Hay _______ fichas en cada grupo.

Por lo tanto, 12 ÷ 3 = _______ en cada grupo.

DI: Doce dividido entre tres es igual a cuatro.

Inténtalo

Halla cuántos grupos. Pon 12 fichas en grupos de 3. ¿Cuántos grupos hay?

Forma grupos de 3 hasta que no queden más fichas. Dibuja los grupos.

Escribe un enunciado de división. Doce fichas

se dividieron en grupos iguales de ______.

Hay ______ grupos.

$12 \div 3 =$ ______ grupos. ← DI: Doce dividido entre tres es igual a cuatro.

¡Mi dibujo!

Coméntalo

1. Explica cómo dividiste 12 fichas en grupos iguales.

______

______

2. Cuando dividiste las fichas en grupos de 3, ¿cómo hallaste el número de grupos iguales?

______

______

3. PRÁCTICA matemática 3 **Sacar una conclusión** Explica la diferencia entre la manera en que hiciste la partición de las fichas en la primera actividad y la segunda actividad.

______

______

______

Nombre ....

CCSS

Practícalo

4. Haz una partición de 8 fichas, una a la vez, para hallar el número de fichas en cada grupo. Dibuja las fichas.

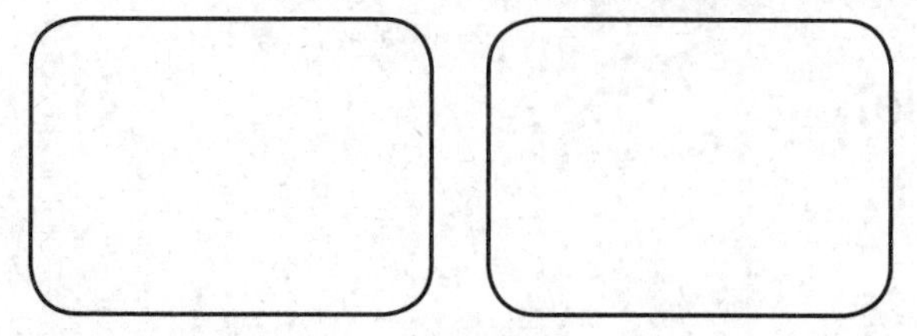

Hay _____ fichas en cada grupo; 8 ÷ 2 = _____.

5. Encierra en un círculo los grupos iguales de 5 para hallar el número de grupos iguales.

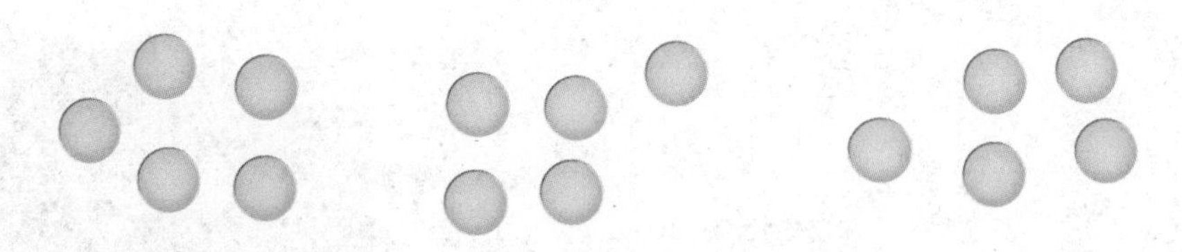

Hay _____ grupos iguales; 15 ÷ _____ = 5.

6. Álgebra Usa fichas para hallar las incógnitas.

Número de fichas	Número de grupos iguales	Número en cada grupo	Enunciado de división
9	■	3	9 ÷ ■ = 3
14	2	?	14 ÷ 2 = ?
15	■	5	15 ÷ ■ = 5
6	?	3	6 ÷ ? = 3

____

7. Escoge un enunciado de división del ejercicio 6. Escribe y resuelve un problema del mundo real para ese enunciado numérico.

____

____

____

Aplícalo

Dibuja un modelo para resolver. Luego, escribe un enunciado numérico.

8. Una florista necesita hacer 5 arreglos de igual tamaño con 25 flores. ¿Cuántas flores habrá en cada arreglo?

¡Mi dibujo!

9. PRÁCTICA matemática 4 **Representar las mates** La Sra. Wilson llamó a la florería para pedir 9 flores. Quiere un número igual de rosas, margaritas y tulipanes. ¿Cuántas flores de cada tipo recibirá la Sra. Wilson?

10. PRÁCTICA matemática 1 **Hacer un plan** El Sr. Cutler compró 2 docenas de rosas para poner en partes iguales en 4 jarrones. ¿Cuántas rosas pondrá en cada jarrón? (*Pista:* 1 docena = 12)

11. PRÁCTICA matemática 2 **Razonar** ¿Se puede hacer una partición de 13 fichas en partes iguales en grupos de 3? Explica tu respuesta.

Escríbelo

12. ¿Cómo puedo usar modelos para comprender la división?

Nombre

Mi tarea

Lección 1
Manos a la obra: Representar la división

Asistente de tareas

¿Necesitas ayuda? connectED.mcgraw-hill.com

Divide 9 fichas en 3 grupos iguales.
Halla cuántas fichas hay en cada grupo.

Haz una partición de 9 fichas, una a la vez, hasta que no queden fichas.

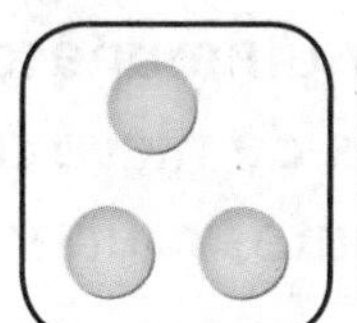
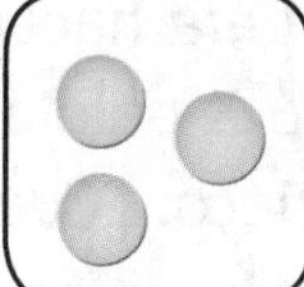
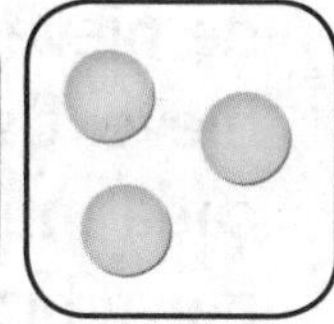

Se dividieron 9 fichas en 3 grupos.
Hay 3 fichas en cada grupo.

El enunciado de división es $9 \div 3 = 3$.

Práctica

1. Haz una partición de 6 fichas, una a la vez, para hallar el número de fichas en cada grupo. Dibuja las fichas.

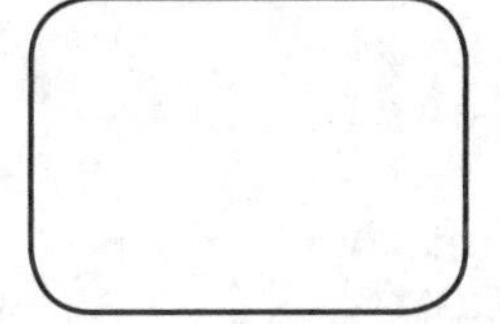
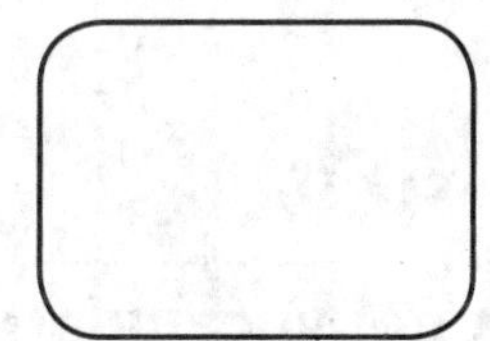

Se dividieron ______ fichas en 2 grupos; $6 \div 2 =$ ______ fichas en cada grupo.

2. Encierra en un rectángulo los grupos de 4 para hallar el número de grupos iguales.

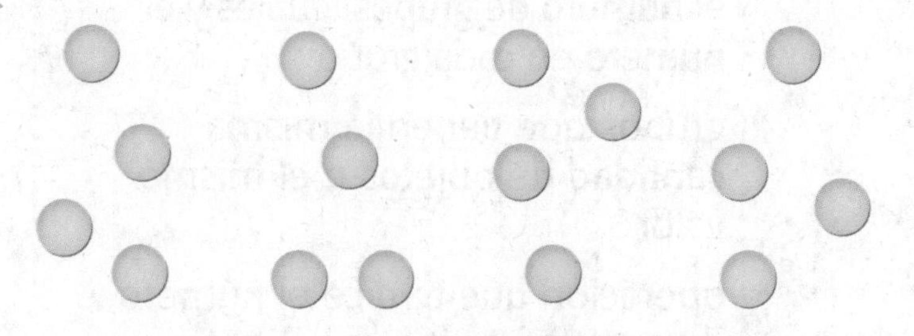

Se dividieron ______ fichas en grupos de 4; $16 \div 4 =$ ______ grupos.

Resolución de problemas

Dibuja un modelo para resolver. Luego, escribe un enunciado numérico.

¡Mi dibujo!

3. Nola tiene 16 pulseras. Cuelga el mismo número de pulseras en 2 ganchos. ¿Cuántas pulseras hay en cada gancho?

____

4. **Representar las mates** Noé hizo 18 pelotas grandes de nieve para hacer un muñeco de nieve. Usó 3 pelotas de nieve para cada muñeco. ¿Cuántos muñecos de nieve hizo?

____

5. Hay 8 mitones secándose sobre el calentador. Cada estudiante tiene 2 mitones. ¿Cuántos estudiantes tienen mitones secándose sobre el calentador?

____

Comprobación del vocabulario

Traza una línea para relacionar la palabra del vocabulario con su definición.

6. enunciado de división	• hacer un reparto de objetos de a uno hasta que no quede ninguno
7. división	• enunciado numérico que muestra el número de grupos iguales y el número en cada grupo
8. partición	• grupos que tienen la misma cantidad de objetos o el mismo valor
9. grupos iguales	• operación que te dice el número de grupos iguales y el número en cada grupo

Nombre ....

La división como repartición en partes iguales

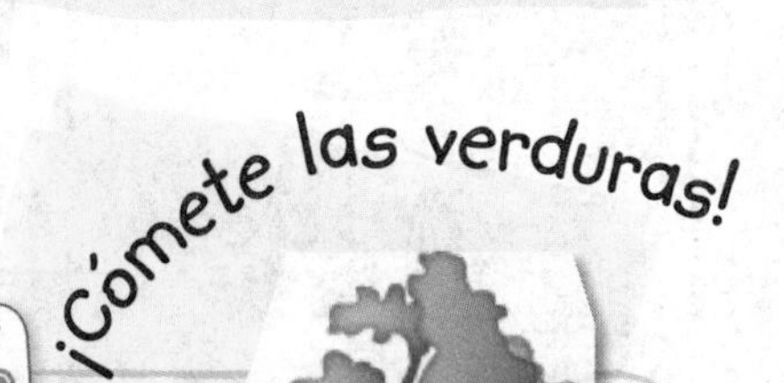

Una forma de **dividir** es hallar el número en cada grupo. Esto se puede hacer repartiendo en partes iguales.

Las mates y mi mundo

¡Cómete las verduras!

Ejemplo 1

Nolan alimenta a 3 conejos con 6 zanahorias en partes iguales. ¿Cuántas zanahorias recibe cada conejo?

Dibuja una zanahoria a la vez al lado de cada conejo hasta que no queden más zanahorias.

Escribe un enunciado de división para representar el problema. Un **enunciado de división** es un enunciado numérico que usa la operación de división.

______ zanahorias repartidas en partes iguales entre ______ conejos da ______ zanahorias para cada uno.

$6 \div 3 =$ ______ Hay ______ zanahorias para cada conejo.

Puedes pensar acerca de los enunciados de división de dos maneras.

6 artículos 3 grupos iguales 2 artículos en cada grupo	→ $\mathbf{6 \div 3 = 2}$ ←	6 artículos 2 grupos iguales 3 artículos en cada grupo

Puedes dibujar un arreglo como ayuda para dividir.

Ejemplo 2

Quince exploradores se repartieron en partes iguales en 3 tiendas. ¿Cuántos exploradores hay en cada tienda? Pon una ficha (explorador) a la vez al lado de cada tienda hasta que no queden más fichas. Dibuja un bosquejo de tus fichas.

Pista

Al dividir, repartes un número igual a todos los grupos.

_____ exploradores ÷ _____ tiendas = _____ exploradores en cada tienda

_____ ÷ _____ = _____

Habrá _____ exploradores en cada tienda.

Explica qué significa repartir en partes iguales al dividir.

Práctica guiada

Usa fichas para hallar cuántos hay en cada grupo.

1. 10 fichas
2 grupos iguales

_____ en cada grupo

$10 \div 2 =$ _____

2. 14 fichas
7 grupos iguales

_____ en cada grupo

$14 \div 7 =$ _____

3. 20 fichas
5 grupos iguales

_____ en cada grupo

$20 \div 5 =$ _____

Nombre ______________________________

Práctica independiente

Usa fichas para hallar cuántos hay en cada grupo.

4. 12 fichas
2 grupos iguales

____ en cada grupo

____ ÷ ____ = ____

5. 16 fichas
4 grupos iguales

____ en cada grupo

____ ÷ ____ = ____

6. 18 fichas
6 grupos iguales

____ en cada grupo

____ ÷ ____ = ____

Usa fichas para hallar el número de grupos iguales.

7. 8 fichas

____ grupos iguales

4 en cada grupo

8 ÷ ____ = 4

8. 21 fichas

____ grupos iguales

7 en cada grupo

21 ÷ ____ = 7

9. 18 fichas

____ grupos iguales

9 en cada grupo

18 ÷ ____ = 9

Usa fichas para dibujar un arreglo. Escribe un enunciado de división.

10. Dibuja 9 fichas en 3 filas iguales.

Hay ____ en cada fila.

____ ÷ ____ = ____

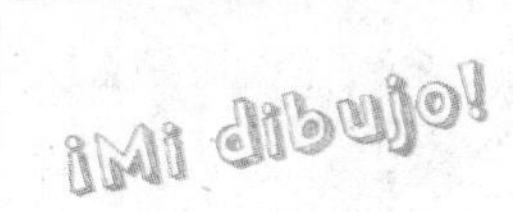

11. Dibuja 14 fichas en 2 filas iguales.

Hay ____ en cada fila.

____ ÷ ____ = ____

Álgebra **Traza líneas para relacionar los enunciados de división con su incógnita correcta.**

12. 24 ÷ ■ = 3   • 5

13. 30 ÷ 6 = ■   • 7

14. 42 ÷ ■ = 6   • 8

Resolución de problemas

Dibuja una imagen para resolver. Luego, escribe un enunciado de división.

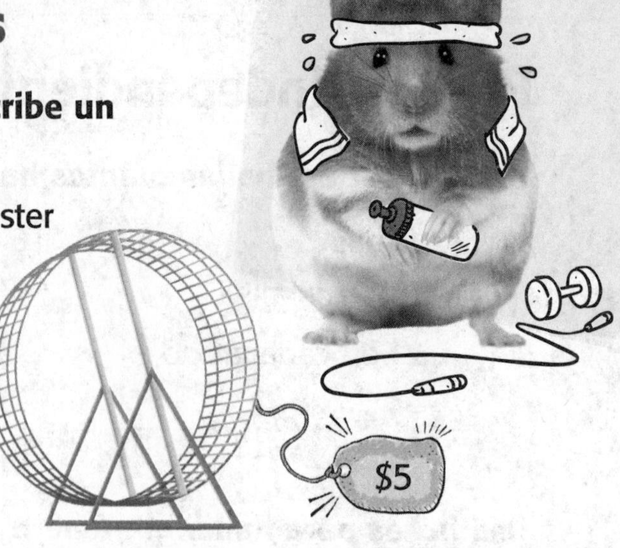

15. Marla tiene $25. ¿Cuántas ruedas para hámster puede comprar?

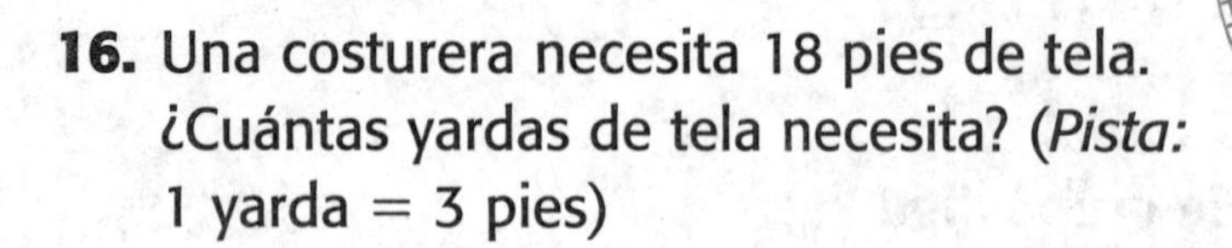

16. Una costurera necesita 18 pies de tela. ¿Cuántas yardas de tela necesita? (*Pista:* 1 yarda = 3 pies)

¡Mi dibujo!

17. PRÁCTICA matemática 1 **Planear la solución** Hay seis cajas de jugo en un paquete. ¿Cuántos paquetes se deben comprar si se necesitan 24 cajas de jugos para un pícnic? Escribe un enunciado de división con un símbolo para la incógnita. Luego, resuelve.

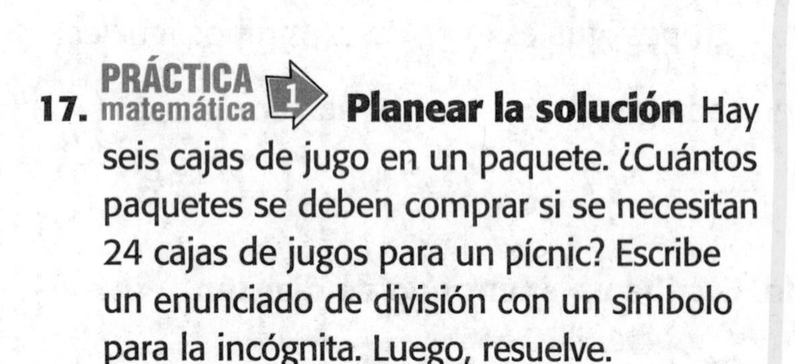

Problemas S.O.S.

18. PRÁCTICA matemática 4 **Representar las mates** Escribe un problema del mundo real que use el enunciado de división $12 \div 6 = \blacksquare$. Luego, halla la incógnita.

19. **Profundización de la pregunta importante** ¿En qué se parece dividir a repartir?

Nombre ....

Mi tarea

Lección 2

La división como repartición en partes iguales

Asistente de tareas

¿Necesitas ayuda? connectED.mcgraw-hill.com

Hay 16 personas en una atracción de la feria. Están divididas en partes iguales en 4 carros. ¿Cuántas personas hay en cada carro?

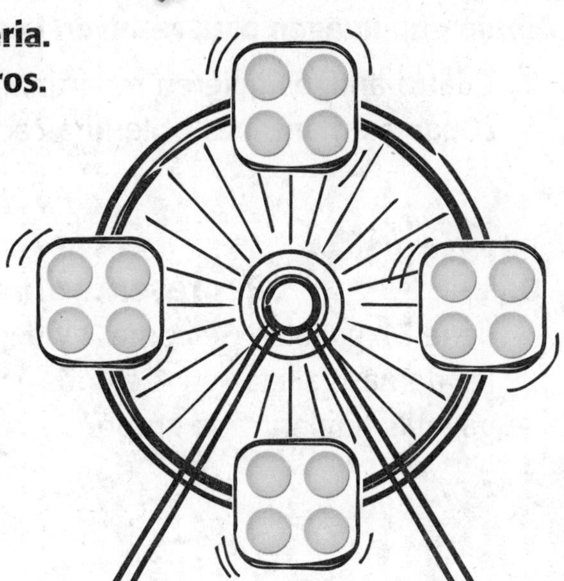

Usa fichas para resolver el problema.

1. Empieza con 16 fichas para representar las 16 personas.
2. Divide las fichas en partes iguales entre los carros.
3. Repartir 16 personas en partes iguales en 4 carros da 4 personas por carro.

Por lo tanto, $16 \div 4 = 4$.

Práctica

Usa fichas para hallar cuántas hay en cada grupo.

1. 21 fichas
7 grupos iguales
______ en cada grupo
$21 \div 7 =$ ______

2. 16 fichas
2 grupos iguales
______ en cada grupo
$16 \div 2 =$ ______

3. 18 fichas
3 grupos iguales
______ en cada grupo
$18 \div 3 =$ ______

4. 30 fichas
6 grupos iguales
______ en cada grupo
$30 \div 6 =$ ______

Usa fichas para hallar el número de grupos iguales.

5. 24 fichas

_______ grupos iguales

3 en cada grupo

24 ÷ _______ = 3

6. 24 fichas

_______ grupos iguales

6 en cada grupo

24 ÷ _______ = 6

Resolución de problemas

Dibuja una imagen para resolver. Luego, escribe un enunciado de división.

7. Cuatro amigos quieren repartir 8 manzanas en partes iguales. ¿Cuántas manzanas obtendrá cada persona?

____

¡Mi dibujo!

8. PRÁCTICA matemática 4 **Representar las mates** Sara tiene 32 galletas. Se come 2 y deja caer 2. Pone las demás galletas en 4 grupos iguales. ¿Cuántas galletas hay en cada grupo?

____

Comprobación del vocabulario

Dibuja un ejemplo o escribe una definición debajo de cada palabra del vocabulario.

9. arreglo

10. dividir

11. enunciado de división

Práctica para la prueba

12. Hay 25 estudiantes en la clase del Sr. Copa. Él divide a los estudiantes en 5 grupos iguales. ¿Cuántos estudiantes hay en cada grupo?

Ⓐ 5 estudiantes
Ⓑ 10 estudiantes
Ⓒ 15 estudiantes
Ⓓ 20 estudiantes

Nombre ....

Relacionar la división y la resta

Lección 3

PREGUNTA IMPORTANTE
¿Qué significa división?

Las mates y mi mundo

Ejemplo 1

Un diseñador elabora 15 vestidos en cantidades iguales de rojo, azul y amarillo. ¿Cuántos vestidos de cada color hay? Escribe un enunciado de división con un símbolo para la incógnita. Luego, resuelve.

15 ÷ 3 = ■ ← incógnita

Una manera **Usa modelos.**

Dibuja una ficha a la vez en cada vestido hasta que no queden más fichas.

Hay ____ vestidos de cada color. La incógnita es ____.

Por lo tanto, ____ ÷ ____ = ____.

Otra manera **Usa una recta numérica.**

También puedes dividir mediante la **resta repetida**. Resta repetidamente grupos iguales de 3 hasta que obtengas cero.

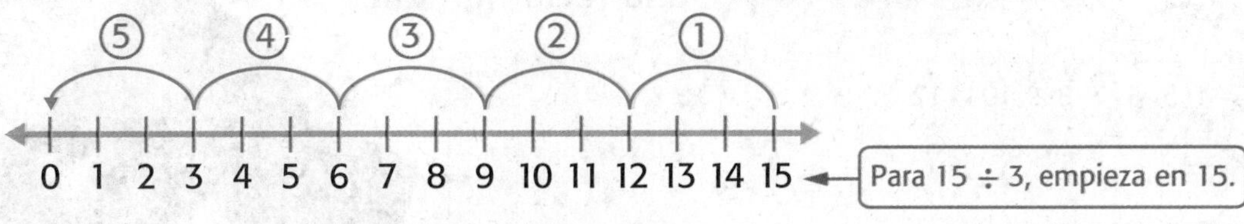

15 ÷ 3 = 5

Restaste grupos de tres ____ veces.

Por lo tanto, 15 ÷ 3 = ____.

Ejemplo 2

Usa la resta repetida para hallar 10 ÷ 2. Escribe un enunciado de división.

Una manera **Usa una recta numérica.**

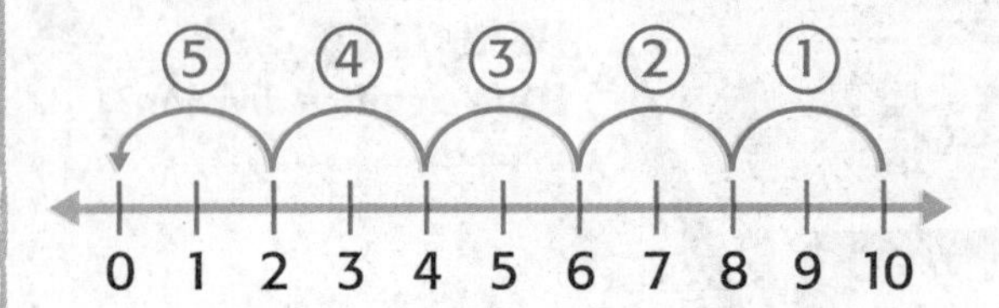

Empieza en 10. Cuenta hacia atrás de 2 en 2 hasta que llegues a 0. ¿Cuántas veces restaste? _____

Por lo tanto, 10 ÷ 2 = _____.

Otra manera **Usa la resta repetida.**

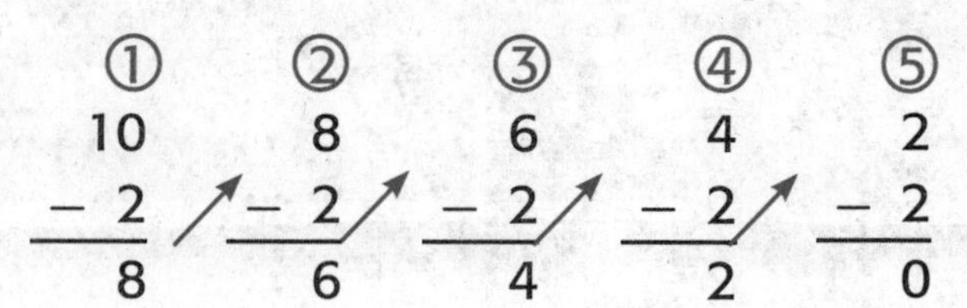

Resta grupos de 2 hasta que llegues a 0. ¿Cuántos grupos restaste? _____

Práctica guiada

Álgebra **Escribe un enunciado de división con un símbolo para la incógnita. Luego, resuelve.**

1. Hay 16 flores. Cada jarrón tiene 4 flores. ¿Cuántos jarrones hay?

_____ ÷ 4 = ■

Hay _____ jarrones.

2. Hay 14 orejas. Cada perro tiene 2 orejas. ¿Cuántos perros hay?

14 ÷ _____ = ■

Hay _____ perros.

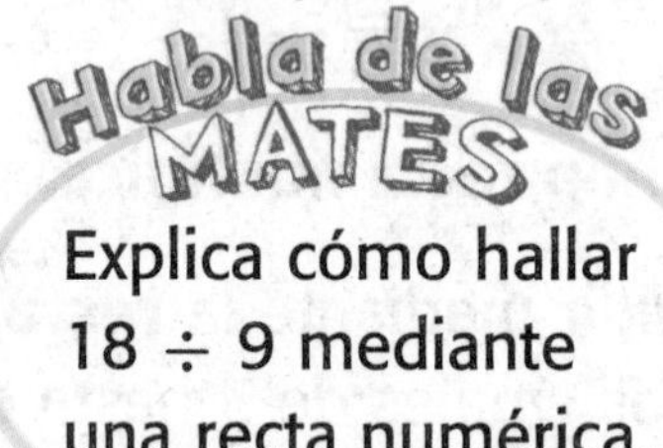

Explica cómo hallar 18 ÷ 9 mediante una recta numérica.

Usa la resta repetida para dividir.

3. ④ ③ ② ①

0 1 2 3 4 5 6 7 8 9 10 11 12

12 ÷ 3 = _____

4. ④ ③ ② ①

0 1 2 3 4 5 6 7 8

8 ÷ 2 = _____

Nombre ....

Práctica independiente

Álgebra Escribe un enunciado de división con un símbolo para la incógnita. Luego, resuelve.

5. Hay 16 rodajas de naranja. Cada naranja tiene 8 rodajas. ¿Cuántas naranjas hay?

____

6. Hay 16 millas. Cada viaje tiene 2 millas. ¿Cuántos viajes hay?

____

7. Hay 25 canicas, con 5 canicas en cada bolsa. ¿Cuántas bolsas hay?

____

8. Cuatro amigos repartirán 12 panecillos en partes iguales. ¿Cuántos panecillos obtendrá cada uno?

____

Usa la resta repetida para dividir.

9.

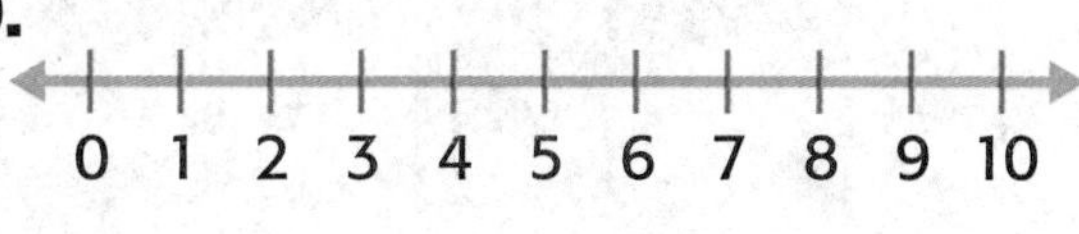

$10 \div 5 =$ ______

10.

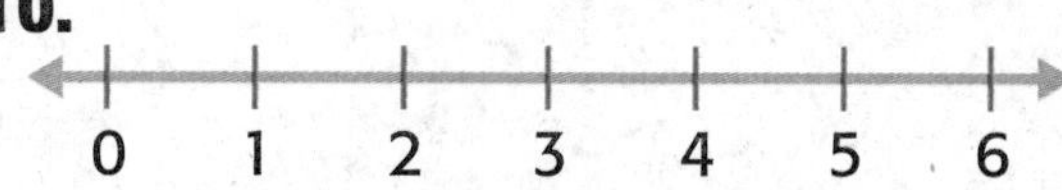

$6 \div 3 =$ ______

11.

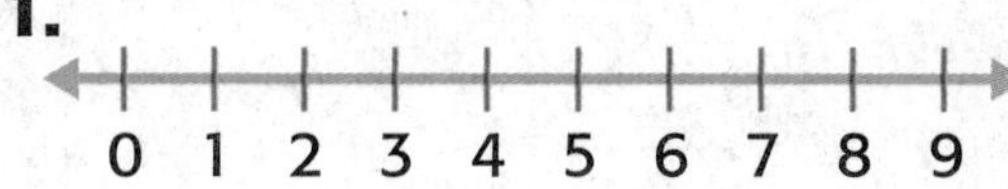

$9 \div 3 =$ ______

12.

0 1 2 3 4 5 6 7 8

$8 \div 4 =$ ______

13. $12 \div 3 =$ ______

12 − 3 ↗ □ − 3 ↗ □ − 3 ↗ □ − 3

14. $20 \div 4 =$ ______

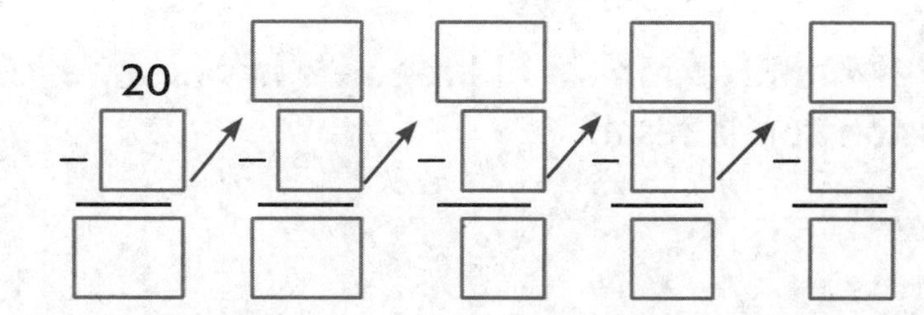

Resolución de problemas

La rueda de Chicago tiene 10 pisos de altura. En cada carro se pueden sentar hasta 6 personas para una vuelta de 7 minutos.

Escribe un enunciado de división con un símbolo para la incógnita. Luego, resuelve.

15. A 4 personas les cuesta $24 montar en la rueda de Chicago. ¿Cuánto cuesta cada boleto?

____

16. PRÁCTICA matemática 2 **Usar símbolos** Si 30 estudiantes de una clase quisieran montar, ¿cuántos carros necesitarían?

____

¡Mi trabajo!

Problemas S.O.S.

17. PRÁCTICA matemática 2 **Razonar** Saber que la multiplicación es una suma repetida y que la división es una resta repetida, ¿cómo puede ayudarte a entender que la multiplicación y la división se relacionan?

____

____

18. **Profundización de la pregunta importante** ¿Cómo se relaciona la división con la resta?

____

____

Nombre ....

Mi tarea

Lección 3
Relacionar la división y la resta

Asistente de tareas

¿Necesitas ayuda? connectED.mcgraw-hill.com

Perry divide 9 moras en partes iguales en 3 tazas de fruta. ¿Cuántas moras pone en cada taza? Escribe un enunciado de división con un símbolo para la incógnita. Resuelve.

9 ÷ 3 = ■ ← incógnita

Una manera **Usa una recta numérica.**

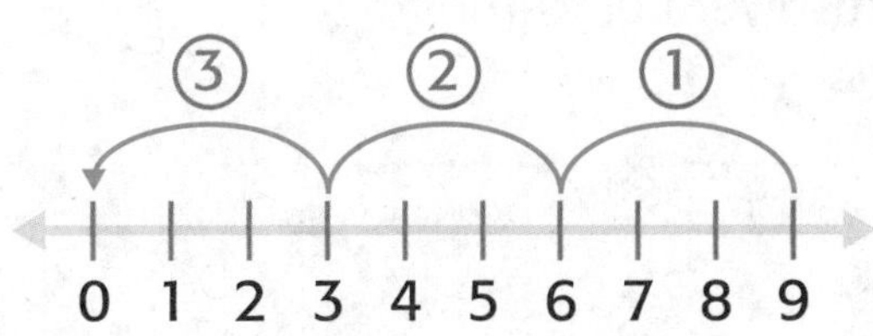

Resta grupos iguales de 3 hasta que llegues a 0. Hay 3 grupos.

Por lo tanto, 9 ÷ 3 = 3.

Otra manera **Usa la resta repetida.**

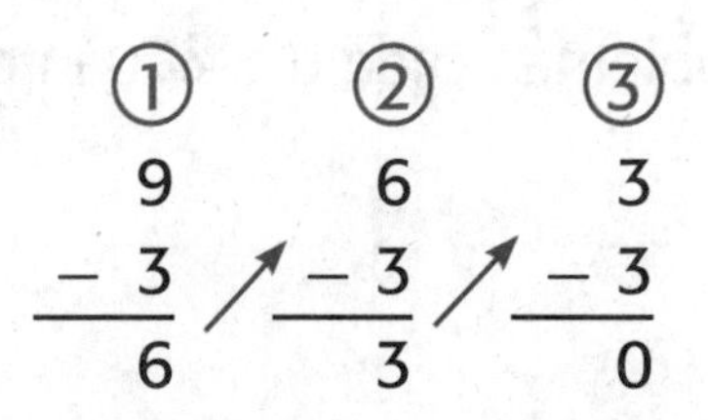

Sigue restando hasta que llegues a 0. Restaste 3 grupos.

Por lo tanto, 9 ÷ 3 = 3.

Práctica

Usa la resta repetida para dividir.

1.

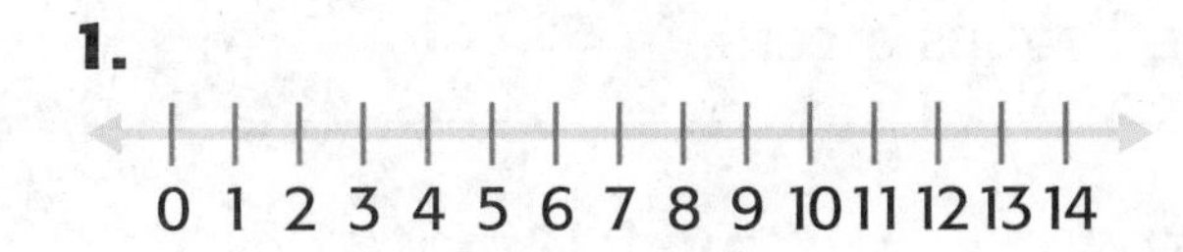

14 ÷ 2 = ______

2.

12 ÷ 6 = ______

3. 28 ÷ 7 = ______

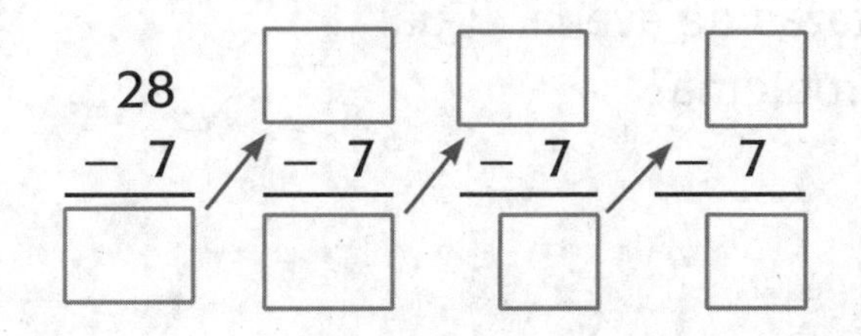

4. 30 ÷ 10 = ______

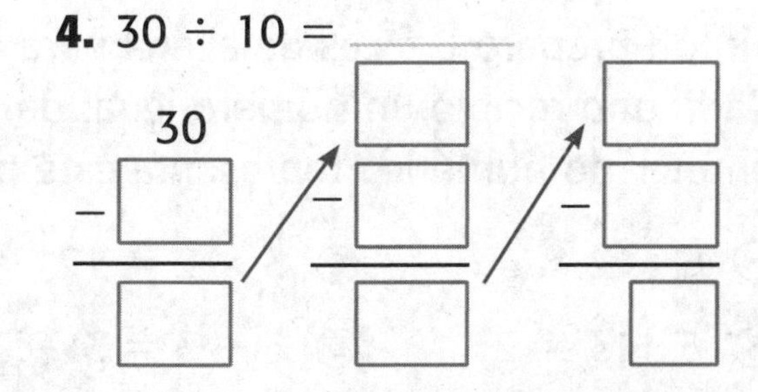

Resolución de problemas

Álgebra Escribe un enunciado de división con un símbolo para la incógnita. Luego, resuelve.

5. Hay 24 botellas de jugo, con 6 botellas en cada paquete. ¿Cuántos paquetes de botellas de jugo hay?

____

6. Un mecánico divide en partes iguales 4 horas de su tiempo para reparar 8 carros. ¿Cuántos carros repara en una hora?

____

7. El lunes, el maestro de matemáticas de Helena le dio 45 problemas para finalizar para el viernes. Helena resolverá el mismo número de problemas cada día. ¿Cuántos problemas resolverá el viernes?

____

Comprobación del vocabulario

Escoge las palabras correctas para completar las oraciones.

recta numérica　　　　resta repetida

8. Cuenta salteado hacia atrás en una ______________ para dividir.

9. Usa la ______________________ para restar repetidamente grupos iguales hasta que llegues a cero.

Práctica para la prueba

10. Simón preparó 6 tazas de avena para él y sus 2 hermanos. Cada uno recibió un número igual de tazas de avena. ¿Cuál enunciado numérico representa este problema?

Ⓐ $6 - 2 = 4$　　Ⓒ $6 \times 2 = 12$

Ⓑ $6 \div 3 = 2$　　Ⓓ $6 - 3 = 3$

Compruebo mi progreso

Comprobación del vocabulario

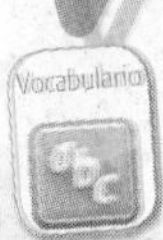

Usa las palabras de la lista para rotular las definiciones.

arreglo **división** **enunciado de división**

grupos iguales **resta repetida**

1.

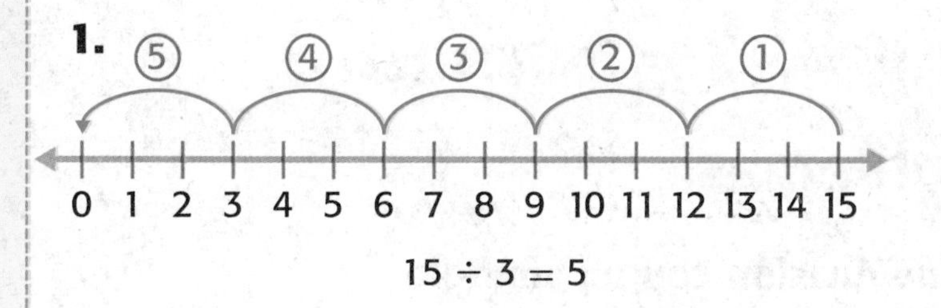

$15 \div 3 = 5$

____

2.

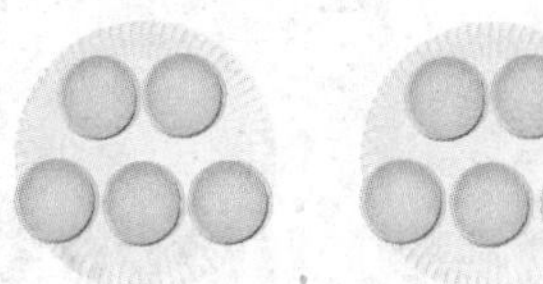

$10 \div 5 = 2$

____

3.

____

4.

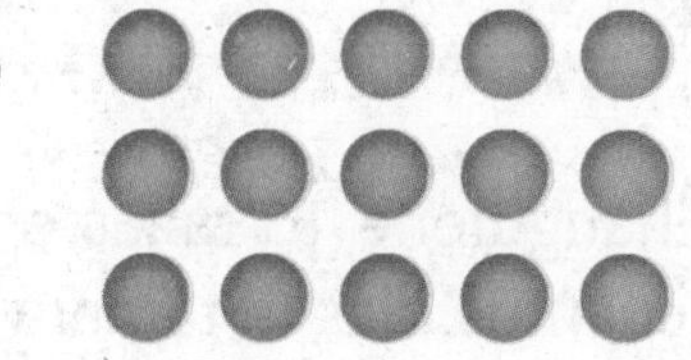

____

5. La ________________ es una operación en la que un número te dice cuántos elementos tienes y el otro cuántos grupos iguales se pueden formar o cuántos poner en cada grupo.

Comprobación del concepto 

Escribe un enunciado de división y divide para hallar cuántas hay en cada grupo.

6. 12 fichas
3 grupos iguales

____ ÷ ____ = ____

Hay ____ en cada grupo.

7. 15 fichas
5 grupos iguales

____ ÷ ____ = ____

Hay ____ en cada grupo.

Usa la resta repetida para dividir.

8.

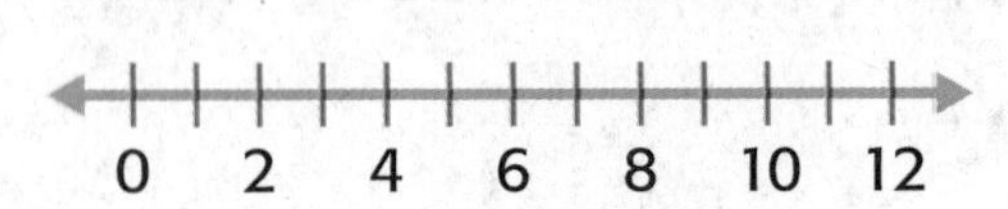

$12 \div 4 =$ ____

9.

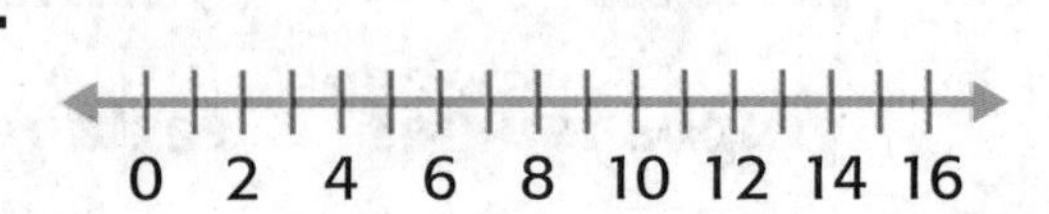

$16 \div 8 =$ ____

Resolución de problemas

Álgebra Escribe un enunciado de división con un símbolo para la incógnita. Luego, resuelve.

10. El entrenador Shelton dividió 18 jugadores en 3 equipos de igual tamaño. ¿Cuántos jugadores hay en cada equipo?

____

11. Chang tiene 15 ranas en su estanque. Si coge 3 al día, ¿cuántos días le tomará coger todas las ranas?

____

Práctica para la prueba

12. Kayla gasta $20 para comprar 4 velas. Cada vela tiene el mismo precio. ¿Cuál es el costo de una vela?

Ⓐ $4 Ⓒ $16

Ⓑ $5 Ⓓ $24

Nombre ....

Manos a la obra

Relacionar la división y la multiplicación

Lección 4

PREGUNTA IMPORTANTE

¿Qué significa división?

La división y la multiplicación son operaciones relacionadas.

Construýelo

Herramientas

Halla 21 ÷ 3.

1 Representa 21 fichas divididas en 3 grupos iguales. Dibuja el modelo. ¿Cuántas fichas hay en cada grupo?

______ fichas

¡Mi dibujo!

2 Escribe un enunciado de división.

número total		número de grupos		número en cada grupo
☐	÷	☐	=	☐

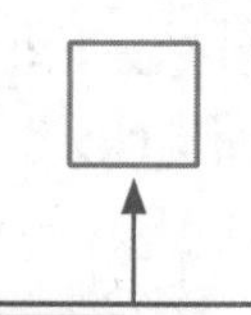

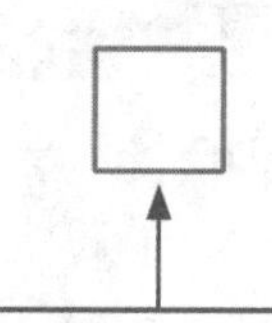

El **dividendo** es el número que se divide.

El **divisor** es el número entre el cual se divide el dividendo.

La respuesta es el **cociente.**

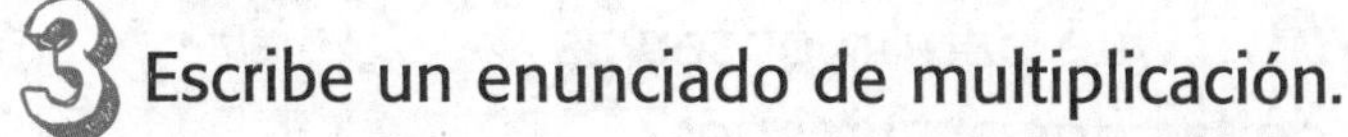

3 Escribe un enunciado de multiplicación.

número de grupos		número en cada grupo		número total
☐	×	☐	=	☐

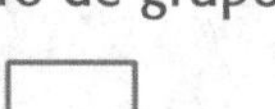

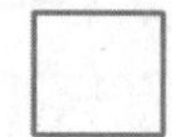

Inténtalo

Halla 20 ÷ 4.

1. Representa 20 cubos conectables divididos en 4 filas iguales. Dibuja el modelo. ¿Cuántos cubos hay en cada fila?

   _______ cubos

¡Mi dibujo!

2. Escribe un enunciado de división.

dividendo		divisor		cociente
☐	÷	☐	=	☐

3. Escribe un enunciado de multiplicación.

factor		factor		producto
☐	×	☐	=	☐

Coméntalo

1. Explica cómo usaste modelos para representar 21 ÷ 3.

____

2. PRÁCTICA matemática 6 **Explicarle a un amigo** Explica cómo el arreglo muestra que 21 ÷ 3 = 7 está relacionado con 3 × 7 = 21.

____

____

3. PRÁCTICA matemática 8 **Buscar un patrón** ¿Qué patrón observas entre los enunciados numéricos de las dos actividades?

____

____

4. ¿Cómo se pueden usar las operaciones de multiplicación para dividir?

____

____

Nombre ....

CCSS

Practícalo

Escribe un enunciado de división y uno de multiplicación relacionados para cada uno.

5. 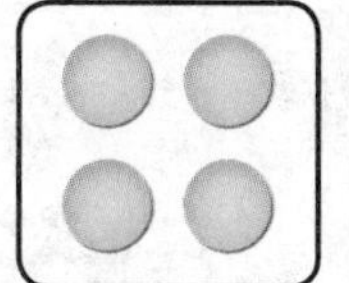 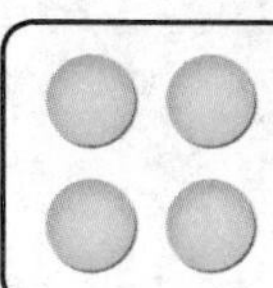 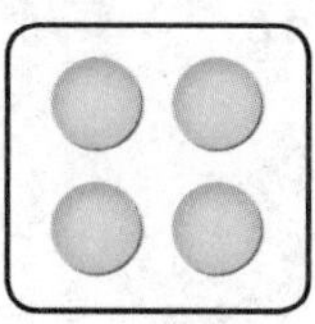

______

______

6. 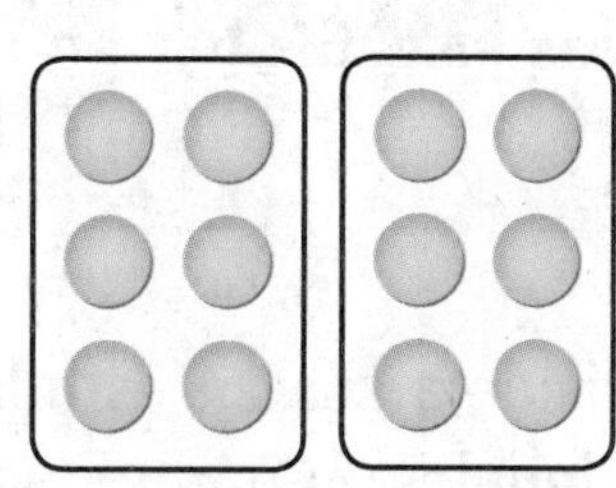

______

______

Usa cubos conectables para resolver. Dibuja tu modelo. Escribe un enunciado de división.

7. Representa 10 cubos conectables divididos en 2 filas iguales. ¿Cuántos cubos hay en cada fila?

______

¡Mi dibujo!

8. Representa 6 cubos conectables divididos en 3 filas iguales. ¿Cuántos cubos hay en cada fila?

______

Álgebra **Usa fichas para representar los problemas. Halla la incógnita. Luego, escribe un enunciado de multiplicación relacionado.**

9. $12 \div 6 = \blacksquare$

La incógnita es ____.

______

10. $21 \div 7 = \blacksquare$

La incógnita es ____.

______

11. $25 \div 5 = \blacksquare$

La incógnita es ____.

______

Aplícalo

Dibuja un modelo para resolver. Luego, escribe un enunciado de división.

¡Mi dibujo!

12. Un científico organiza 14 insectos en 2 filas iguales. ¿Cuántos insectos hay en cada fila?

____

13. Una maestra divide a sus 24 estudiantes en 4 grupos de actividades iguales. ¿Cuántos estudiantes hay en cada grupo?

____

14. Ariana divide 25 estrellas doradas entre ella y cuatro amigas. ¿Cuántas estrellas recibe cada amiga?

____

15. Mark pidió prestados 12 libros de la biblioteca. Lee una cantidad igual de libros cada semana durante 4 semanas. ¿Cuántos libros lee cada semana?

____

16. **PRÁCTICA matemática** 1 **Hacer un plan** Eli tenía 20 limones. Usó un número igual en cada una de 3 jarras de limonada. Le quedan 2 limones. ¿Cuántos limones usó para hacer una jarra de limonada?

____

Escríbelo

17. ¿Cómo se usan los arreglos tanto en la multiplicación como en la división?

____

____

____

____

Nombre ....

Mi tarea

Lección 4

Manos a la obra: Relacionar la división y la multiplicación

Asistente de tareas

¿Necesitas ayuda? connectED.mcgraw-hill.com

Halla 32 ÷ 4.

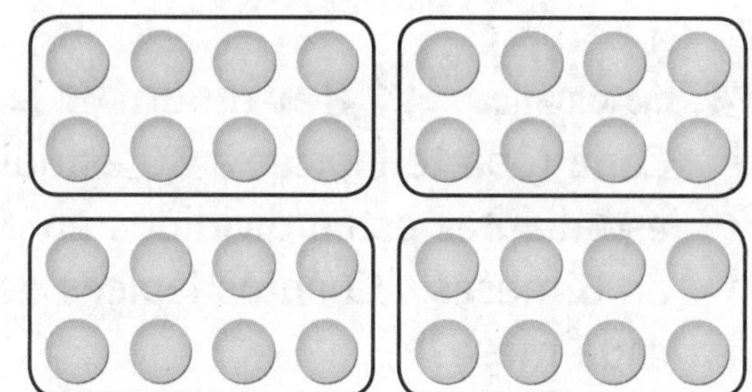

1 Representa 32 fichas divididas en 4 grupos iguales. Hay 8 fichas en cada grupo.

2 Escribe un enunciado de división.

$32 \div 4 = 8$

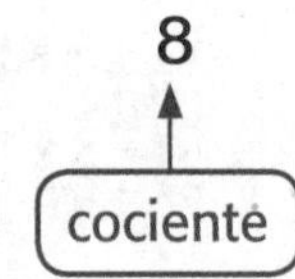

cociente

3 Escribe un enunciado de multiplicación.

$4 \times 8 = 32$

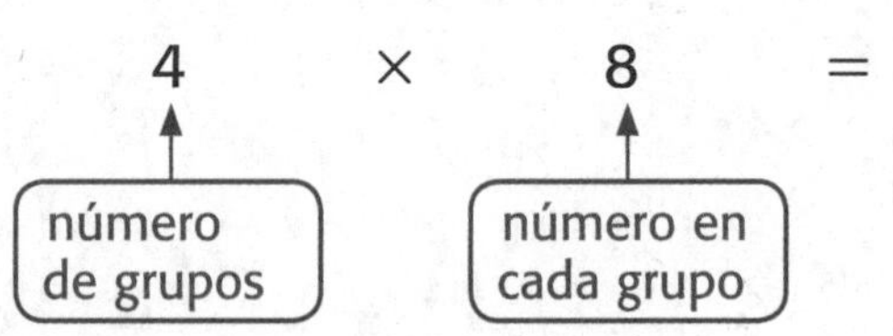

número total

Por lo tanto, $32 \div 4 = 8$.

Práctica

Escribe un enunciado de división y uno de multiplicación relacionados para cada uno.

1.  

2. 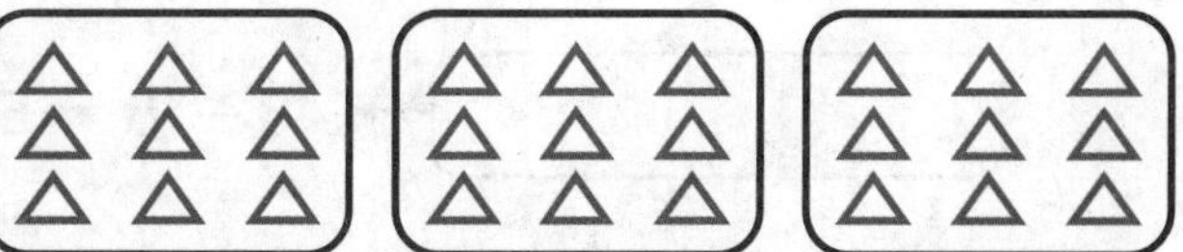 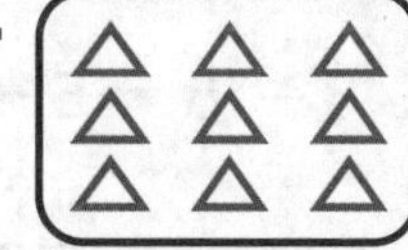 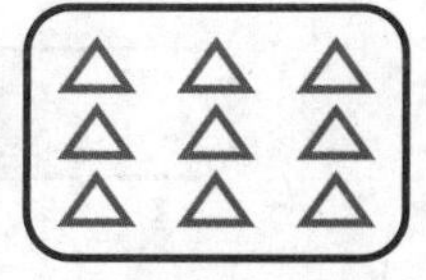

Resolución de problemas

Dibuja un modelo para resolver. Luego, escribe un enunciado de división.

¡Mi dibujo!

3. Es necesario dividir a 42 estudiantes en partes iguales en 7 camionetas para ir al museo. ¿Cuántos estudiantes habrá en cada camioneta?

____

4. PRÁCTICA matemática 4 **Representar las mates**
Carla reparte lápices a 30 estudiantes. Los estudiantes están divididos en partes iguales en 6 mesas. ¿Cuántos lápices dejará Carla en cada mesa?

____

5. El Sr. Rina tiene 7 figuras de cristal. Usará 1 caja para enviar cada figura de cristal a un cliente. ¿Cuántas cajas necesita el Sr. Rina?

____

Comprobación del vocabulario

Usa las palabras del vocabulario para rotular los números en el enunciado de división.

cociente   divisor   dividendo

6. ______ → $48 \div 8 = 6$ ← **8.** ______

↑

7. ______

Nombre ....

Operaciones inversas

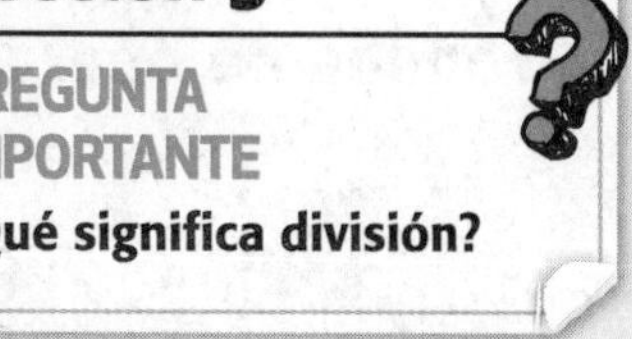

Lección 5

PREGUNTA IMPORTANTE

¿Qué significa división?

Has aprendido cómo se relacionan la división y la multiplicación. Las operaciones relacionadas son **operaciones inversas** porque se anulan entre sí.

Las mates y mi mundo

¡ÑAM! ¡ÑAM! ¡ÑAM!

Ejemplo 1

Un panadero horneó una bandeja de pastelitos frescos. Usa el arreglo para escribir un enunciado de multiplicación y uno de división relacionados para hallar la incógnita. ¿Cuántos pastelitos hay en total?

Multiplicación

número de filas		número en cada fila		número total
3	×	☐	=	■
factor		factor		producto

← incógnita →

División

número total		número de filas		número en cada fila
■	÷	3	=	☐
dividendo		**divisor**		**cociente**

La incógnita es ______.

Por lo tanto, hay ______ pastelitos en total.

El enunciado de multiplicación multiplica 3 por ______ para obtener 12. El enunciado de división anula la multiplicación al dividir 12 entre 3 para obtener ______.

Un grupo de **operaciones relacionadas** que tienen los mismos números son una **familia de operaciones.** Una familia de operaciones sigue un patrón que tiene los mismos números.

Familia de operaciones 3, 4 y 12

$3 \times 4 = 12$
$4 \times 3 = 12$
$12 \div 3 = 4$
$12 \div 4 = 3$

Familia de operaciones 7 y 49

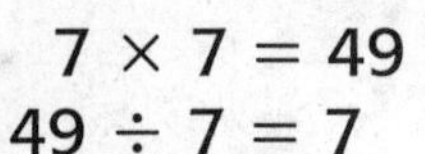

$7 \times 7 = 49$
$49 \div 7 = 7$

Ejemplo 2

Completa la familia de operaciones para los números 3, 6 y 18.

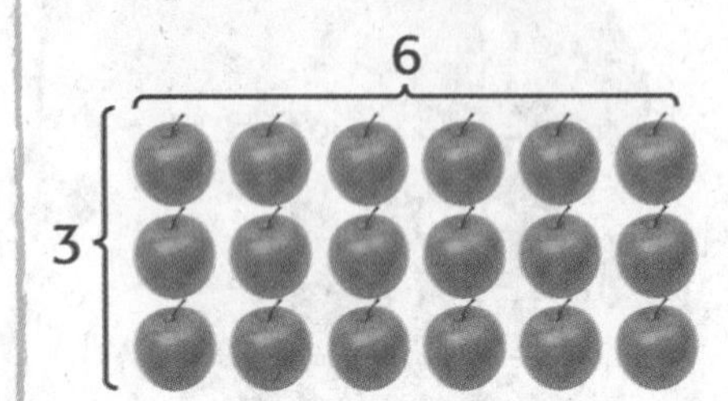

$3 \times 6 = \square$ $\quad$ $18 \div \square = 6$

$\square \times 3 = 18$ $\quad$ $18 \div 6 =$

El patrón muestra que 3, 6 y 18 se usan en los enunciados numéricos.

Práctica guiada

Usa los arreglos para hallar las incógnitas.

1. $\blacksquare \times 5 = 15$

$? \div 3 = 5$

$\blacksquare =$ ______

$? =$ ______

2. $4 \times ? = 24$

$24 \div \blacksquare = 6$

$? =$ ______

$\blacksquare =$ ______

3. Escribe la familia de operaciones para 2, 6 y 12.

$\square \times 6 = \square$ $\quad$ $12 \div \square = \square$

$\square \times \square = 12$ $\quad$ $\square \div \square = 2$

¿Por qué el producto y el dividendo son los mismos en $3 \times 7 = 21$ y $21 \div 3 = 7$?

Nombre ....

Práctica independiente

Álgebra **Usa los arreglos y las operaciones inversas para hallar las incógnitas.**

4. ■ × 2 = 8

? ÷ 4 = 2

■ = ______

? = ______

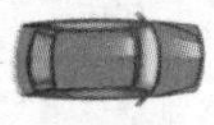
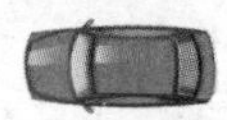

5. 2 × ? = 4

4 ÷ ? = 2

? = ______

6. ? × 2 = 14

■ ÷ 2 = 7

■ = ______

? = ______

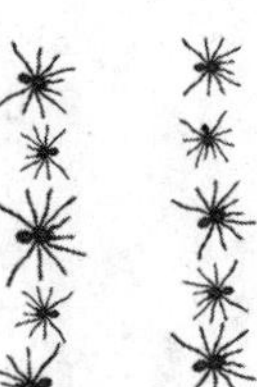

7. 4 × ■ = 20

20 ÷ ■ = 4

■ = ______

Escribe la familia de operaciones para los conjuntos de números.

8. 2, 3, 6

______ ______

______ ______

9. 2, 7, 14

______ ______

______ ______

10. 4, 8, 32

______ ______

______ ______

11. 4, 3, 12

______ ______

______ ______

Escribe el conjunto de números para las familias de operaciones.

12. 5 × 9 = 45
9 × 5 = 45
45 ÷ 9 = 5
45 ÷ 5 = 9

______

13. 7 × 4 = 28
4 × 7 = 28
28 ÷ 7 = 4
28 ÷ 4 = 7

______

14. 3 × 3 = 9
9 ÷ 3 = 3

______

Resolución de problemas

Escribe un enunciado de división para resolver.

15. Los 5 miembros de la familia Malone fueron al cine. Sus boletos costaron un total de $30. ¿Cuánto costó cada boleto?

____

16. El zoológico infantil tiene 21 animales. Hay una cantidad igual de cabras, ponis y vacas. ¿Cuántos hay de cada animal?

____

17. PRÁCTICA matemática 5 **Usar herramientas de las mates** El Sr. Thomas recorre 20 millas a la semana entre la oficina y la casa. Si trabaja 5 días a la semana, ¿cuántas millas recorre el Sr. Thomas cada día para ir a la oficina?

____

Problemas S.O.S.

18. PRÁCTICA matemática 3 **Sacar una conclusión** Observa el ejercicio 14 de la página anterior. ¿Por qué hay solo 2 números en cada familia de operaciones en vez de 3 números?

____

____

19. **Profundización de la pregunta importante** ¿Cómo puedo usar operaciones de multiplicación para recordar operaciones de división? Da un ejemplo.

____

____

____

Nombre ....

Mi tarea

Lección 5

Operaciones inversas

Asistente de tareas

¿Necesitas ayuda? connectED.mcgraw-hill.com

El arreglo representa 27 niños alineados en 3 filas. Usa el arreglo para hallar las incógnitas.

$9 \times ■ = 27$
$? \div 3 = 9$
$■ = 3$
$? = 27$

Sabes que 3 filas de 9 = 27.
Por lo tanto, 9 filas de 3 = 27 y 27 ÷ 3 = 9.

Práctica

Álgebra **Usa el arreglo para hallar las incógnitas.**

1. $■ \times 4 = 20$

$? \div 5 = 4$

$■ =$ ______

$? =$ ______

2. $4 \times ■ = 16$

$? \div 4 = 4$

$■ =$ ______

$? =$ ______

3. $7 \times ■ = 21$

$? \div 7 = 3$

$■ =$ ______

$? =$ ______

4. $2 \times ■ = 12$

$? \div 2 = 6$

$■ =$ ______

$? =$ ______

Escribe la familia de operaciones para los conjuntos de números.

5. 5, 8, 40

______ ______

______ ______

6. 6, 7, 42

______ ______

______ ______

Escribe el conjunto de números para las familias de operaciones.

7. $4 \times 9 = 36$ $36 \div 4 = 9$

$9 \times 4 = 36$ $36 \div 9 = 4$

______

8. $2 \times 8 = 16$ $16 \div 2 = 8$

$8 \times 2 = 16$ $16 \div 8 = 2$

______

Resolución de problemas

9. PRÁCTICA matemática 4 **Representar las mates** Tina tiene $35 para comprar medias para la familia. Si un par de medias cuesta $5, ¿cuántos pares puede comprar? Escribe un enunciado de división para resolver.

______

Comprobación del vocabulario

Traza una línea para relacionar las palabras del vocabulario con su definición.

10. dividendo	• el número que se divide
11. divisor	• grupo de operaciones relacionadas que tiene los mismos números
12. familia de operaciones	• respuesta a un problema de división
13. operaciones inversas	• número entre el cual se divide el dividendo
14. cociente	• operaciones que se anulan entre sí

Práctica para la prueba

15. ¿Cuál pareja muestra operaciones inversas?

Ⓐ $2 \times 2 = 4; 4 \div 2 = 2$

Ⓑ $2 \times 2 = 4; 4 - 2 = 2$

Ⓒ $2 \times 2 = 4; 8 \div 4 = 2$

Ⓓ $2 \times 2 = 4; 4 \div 4 = 1$

Nombre ....

El mundo real

Investigación para la resolución de problemas

ESTRATEGIA: Usar modelos

Lección 6

PREGUNTA IMPORTANTE

¿Qué significa división?

Aprende la estrategia

Mia tiene 18 artículos que debe repartir en partes iguales en 3 canastos de bienvenida. ¿Cuántos artículos pondrá Mia en cada canasto?

1 Comprende

¿Qué sabes?

Hay _______ artículos que se tienen que repartir en partes iguales en _______ canastos.

¿Qué debes hallar?

el número de ______________________________

2 Planea

Haré un modelo para hallar ______________________________.

3 Resuelve

Usaré fichas para representar el problema poniendo _______ ficha a la vez en cada grupo.

El modelo muestra que $18 \div 3 =$ _______.

Por lo tanto, Mia llenará cada canasto con _______ artículos.

4 Comprueba

¿Tiene sentido tu respuesta? ¿Por qué?

____

Practica la estrategia

Una veterinaria atendió 20 mascotas de lunes a viernes. Atendió igual número de mascotas todos los días. ¿Cuántas mascotas atendió cada día?

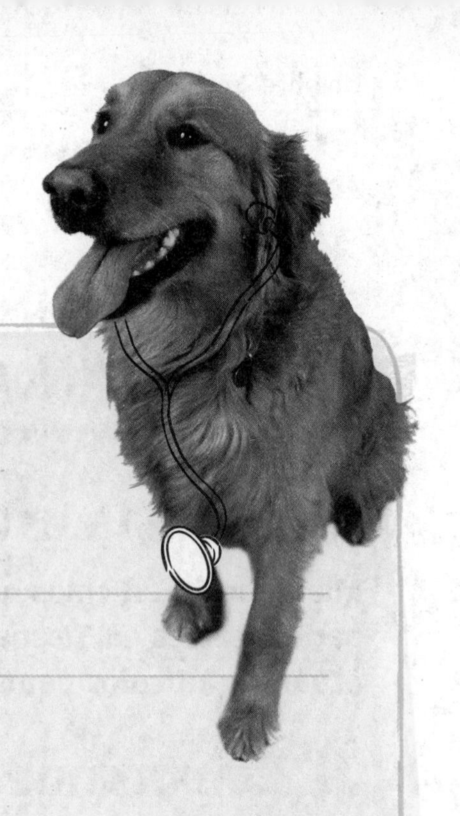

1 Comprende

¿Qué sabes?

¿Qué debes hallar?

2 Planea

3 Resuelve

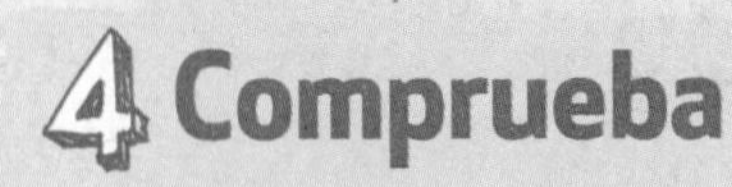

4 Comprueba

¿Tiene sentido tu respuesta? ¿Por qué?

Nombre

Aplica la estrategia

Resuelve los problemas mediante un modelo.

1. PRÁCTICA matemática 5 **Usar herramientas de las mates** Jill tiene 27 bloques. Quiere dividirlos en partes iguales en los tazones que se muestran a continuación. ¿Cuántos bloques habrá en cada tazón?

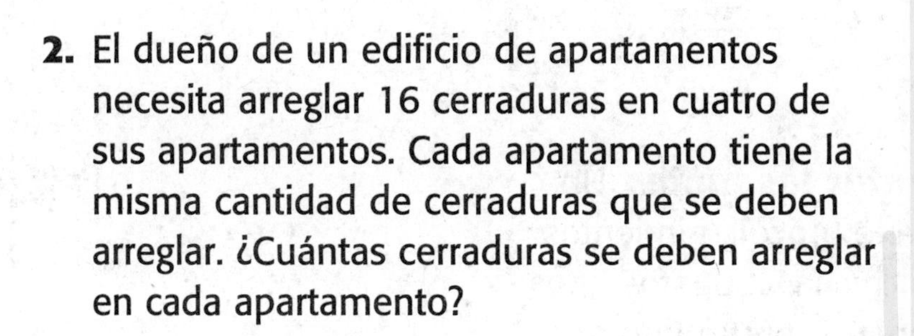

2. El dueño de un edificio de apartamentos necesita arreglar 16 cerraduras en cuatro de sus apartamentos. Cada apartamento tiene la misma cantidad de cerraduras que se deben arreglar. ¿Cuántas cerraduras se deben arreglar en cada apartamento?

3. Un panadero usó una docena de huevos para hacer 3 pasteles. La receta indicaba que cada pastel debía tener el mismo número de huevos. ¿Cuántos huevos se usaron en cada pastel? (*Pista:* 1 docena = 12)

4. Hay 13 niñas y 11 niños que quieren jugar un partido. Ellos deben formar 4 equipos. ¿Cuántos jugadores habrá en cada equipo si cada uno necesita un número igual de jugadores?

CCSS

Repasa las estrategias

Usa cualquier estrategia para resolver los problemas.

- Determinar respuestas razonables.
- Usar una respuesta estimada o exacta.
- Usar modelos.

5. PRÁCTICA matemática 2 **Usar el sentido numérico** Sara necesita 15 tizas para un proyecto. Cada caja contiene 3 tizas. ¿Cuántas cajas de tizas necesitará comprar?

6. Brooke es voluntaria para leer con niños 5 noches al mes. En cada visita pasa 2 horas. Este mes, hizo de voluntaria una noche adicional. ¿Cuántas horas leyó con los niños este mes?

7. PRÁCTICA matemática 4 **Representar las mates** Un chef preparará pizzas. Tiene brócoli, pimientos, cebollas, salchichón y salchicha. ¿Cuántos tipos de pizzas se pueden preparar con un tipo de verdura y un tipo de carne? Nombra las combinaciones.

8. Un científico estima que un oso pardo pesa 700 libras. En realidad pesa 634 libras. ¿Cuánto más es la estimación que el peso real?

¡Mi trabajo!

Nombre

Mi tarea

Lección 6
Resolución de problemas: Usar modelos

Asistente de tareas

¿Necesitas ayuda? connectED.mcgraw-hill.com

Lucy necesita 7 palillos de artesanías para hacer un rompecabezas. Tiene 28 palillos. ¿Cuántos rompecabezas puede hacer? Usa un modelo para resolver.

1 Comprende

Lucy tiene 28 palillos de artesanías. Necesita 7 palillos para hacer un rompecabezas. Halla cuántos rompecabezas puede hacer Lucy.

2 Planea

Divide 28 palillos en grupos iguales de 7.

3 Resuelve

Hay 4 grupos iguales de 7 palillos de artesanías.
El modelo muestra que $28 \div 7 = 4$.
Por lo tanto, Lucy puede hacer 4 rompecabezas.

4 Comprueba

Usa la multiplicación para comprobar. $4 \times 7 = 28$
Por lo tanto, la respuesta es correcta.

Resolución de problemas

1. Brandon gastó $20 en implementos escolares. Compró cinco artículos distintos y cada uno costó la misma cantidad. ¿Cuánto costó cada artículo? Usa un modelo para resolver.

Cada artículo costó ______.

Resuelve los problemas mediante un modelo.

2. PRÁCTICA matemática 5 **Usar herramientas de las mates** Alicia sembró 6 plantas de tomate, 4 plantas de frijoles y 2 plantas de pimientos. Cada fila tenía 6 plantas. ¿Cuántas filas plantó Alicia?

____

3. En el circo hay 18 payasos. Los payasos dan vueltas en carros pequeños. Si hay 3 payasos en cada carro, ¿cuántos carros hay?

____

4. El Sr. y la Sra. Carson llevaron a Sara, Brent y Joanie al cine. Pagaron $50 en total. Los Carson gastaron $15 en refrigerios. ¿Cuánto costó cada boleto?

____

5. La Sra. Glover tenía 25 monedas raras. Las dividió en partes iguales entre sus 5 nietos. ¿Cuántas monedas recibió cada nieto?

____

6. Una cantante cantó 9 canciones en un recital. Ensayó durante 3 semanas. ¿Cuántas canciones ensayó cada semana si practicaba un número igual de canciones cada semana?

____

Repaso

Capítulo 5

Comprender la división

Comprobación del vocabulario

Usa las palabras de la lista para completar las oraciones.

arreglo **dividir** **familia de operaciones**
operaciones inversas **operaciones relacionadas** **partición**
resta repetida

1. Las ______________________ son un conjunto de operaciones básicas que tienen los mismos tres números.

2. Una organización de objetos en filas y columnas iguales es un

______________________ .

3. La ______________________ es una forma de dividir repartiendo un objeto a la vez hasta que no queden objetos.

4. ______________________ significa separar un número en grupos iguales para hallar el número de grupos o el número en cada grupo.

5. La ______________________ es una manera de restar el mismo número una y otra vez hasta llegar a 0.

6. Las operaciones relacionadas son ______________________ porque se anulan entre sí.

7. $3 \times 5 = 15$, $5 \times 3 = 15$, $15 \div 5 = 3$, y $15 \div 3 = 5$ son las

operaciones en la ______________________ 3, 5, 15.

8. Escribe un **enunciado de división** en el siguiente espacio. Rotula el **dividendo,** el **divisor** y el **cociente.**

Comprobación del concepto 

Usa fichas para hallar cuántas hay en cada grupo.

9. 14 fichas

2 grupos iguales

_____ ÷ _____ = _____

_____ en cada grupo

10. 25 fichas

5 grupos iguales

_____ ÷ _____ = _____

_____ en cada grupo

Usa la resta repetida para dividir.

11. 0 2 4 6 8 10 12

$12 \div 6 =$ _____

12. 0 2 4 6 8 10 12 14 16 18 20

$20 \div 4 =$ _____

Escribe un enunciado de división y uno de multiplicación relacionados para cada uno.

13. 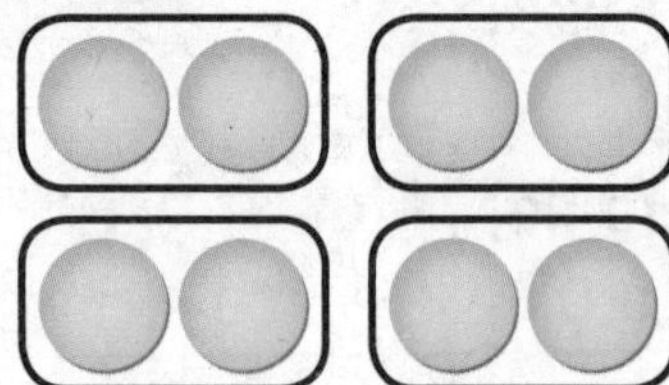

____

14. 

____

Escribe la familia de operaciones para los conjuntos de números.

15. 4, 7, 28

__________ __________

__________ __________

16. 3, 9, 27

__________ __________

__________ __________

Nombre

Resolución de problemas

17. El odontólogo de Brandon le dio 12 cepillos de dientes. Brandon quiere repartirlos en partes iguales entre él y sus 2 amigos. ¿Cuántos cepillos de dientes obtendrá cada persona? Escribe un enunciado de división.

18. Una maestra tiene 24 lápices. Guarda 4 y reparte los otros en partes iguales entre 5 estudiantes. ¿Cuántos lápices obtuvo cada estudiante?

19. Encierra en un círculo el enunciado numérico que no pertenece. Explica tu respuesta. Luego, escribe el enunciado numérico que falta.

$3 \times 6 = 18$	$18 \div 2 = 9$
$18 \div 6 = 3$	$6 \times 3 = 18$

¡Mi trabajo!

Práctica para la prueba

20. Harper tiene ahorrado $30 por cortar el césped de abril a septiembre. Ella ahorró una cantidad igual cada mes. ¿Cuánto dinero ahorró Harper cada mes?

Ⓐ $5 Ⓒ $8

Ⓑ $6 Ⓓ $10

Pienso

Capítulo 5

Respuesta a la PREGUNTA IMPORTANTE

Usa lo que aprendiste sobre la división para completar el organizador gráfico.

Problema del mundo real

Vocabulario

Dibujar un modelo

PREGUNTA IMPORTANTE

¿Qué significa división?

Escribir un enunciado numérico

Piensa sobre la PREGUNTA IMPORTANTE  **Escribe tu respuesta.**

Capítulo

Patrones de la multiplicación y la división

PREGUNTA IMPORTANTE

¿Cuál es la importancia de los patrones en el aprendizaje de la multiplicación y la división?

¡Coleccionemos!

¡Mira el video!

Observa

Mis estándares estatales

Operaciones y razonamiento algebraico

3.OA.1 Interpretar productos de números naturales (por ejemplo, interpretar 5×7 como la cantidad total de objetos en 5 grupos de 7 objetos cada uno).

3.OA.2 Interpretar cocientes de números naturales que sean también números naturales (por ejemplo, interpretar $56 \div 8$ como la cantidad de objetos que quedan en cada parte cuando se hace una partición de 56 objetos en 8 partes iguales, o como la cantidad de partes cuando se hace una partición de 56 objetos en partes iguales de 8 objetos cada una).

3.OA.3 Realizar operaciones de multiplicación y de división hasta el 100 para resolver problemas contextualizados en situaciones que involucren grupos iguales, arreglos y medidas (por ejemplo, usando dibujos y ecuaciones con un símbolo en el lugar del número desconocido para representar el problema).

3.OA.4 Determinar el número natural desconocido en una ecuación de multiplicación o de división en la que se relacionan tres números naturales.

3.OA.5 Aplicar las propiedades de las operaciones como estrategias para multiplicar y dividir.

3.OA.6 Comprender la división como un problema de factor desconocido.

3.OA.7 Multiplicar y dividir hasta el 100 de manera fluida, usando estrategias como la relación entre la multiplicación y la división (por ejemplo, saber que $8 \times 5 = 40$ permite saber que $40 \div 5 = 8$) o las propiedades de las operaciones. Hacia el final del Grado 3, los estudiantes deben saber de memoria todos los productos de dos números de un dígito.

3.OA.9 Identificar patrones aritméticos (incluidos los patrones de la tabla de sumar o de la tabla de multiplicar) y explicarlos recurriendo a las propiedades de las operaciones.

Números y operaciones del sistema decimal *Este capítulo también trata este estándar:*

3.NBT.3 Multiplicar números naturales de un dígito por múltiplos de 10 entre el 10 y el 90 (por ejemplo, 9×80, 5×60) aplicando estrategias basadas en el valor posicional y las propiedades de las operaciones.

Estándares para las PRÁCTICAS matemáticas

1. Entender los problemas y perseverar en la búsqueda de una solución.
2. Razonar de manera abstracta y cuantitativa.
3. Construir argumentos viables y hacer un análisis del razonamiento de los demás.
4. Representar con matemáticas.
5. Usar estratégicamente las herramientas apropiadas.
6. Prestar atención a la precisión.
7. Buscar una estructura y usarla.
8. Buscar y expresar regularidad en el razonamiento repetido.

= Se trabaja en este capítulo.

Nombre ....

Antes de seguir...

← Conéctate para hacer la prueba de preparación.

Multiplica.

1. $6 \times 4 =$ _______

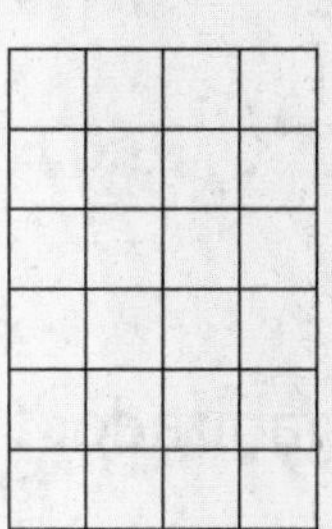

2. $1 \times 5 =$ _______

3. $7 \times 2 =$ _______

Dibuja los arreglos. Multiplica.

4. $4 \times 5 =$ _______

5. $1 \times 6 =$ _______

6. $2 \times 9 =$ _______

Identifica el patrón. Luego, halla los números que faltan.

7. _______, _______, 30, 25, 20, 15

El patrón es _______________.

8. _______, _______, 16, 14, 12, 10

El patrón es _______________.

9. Luis tiene 2 monedas de 25¢. Los silbatos amarillos cuestan 5¢ cada uno. Luis quiere comprar 8 silbatos. ¿Tiene suficiente dinero? Explica tu respuesta.

____

____

10. Había nueve árboles a cada lado de la calle. Se cortaron algunos y quedó un total de 7 árboles. ¿Cuántos árboles se cortaron?

____

Sombrea las casillas para mostrar los problemas que respondiste correctamente.

¿Cómo me fue?

1	2	3	4	5	6	7	8	9	10

Nombre ....

Las palabras de mis mates

Repaso del vocabulario

diagrama de barra   factor   partición   producto

Haz conexiones

Escoge una palabra del repaso del vocabulario. Usa el siguiente organizador gráfico para escribir sobre la palabra y dibujar ejemplos de ella.

Mi descripción

Cuándo la uso en las mates

Mi ejemplo

Mi contraejemplo

Mis tarjetas de vocabulario

Lección 6-8

múltiplo

múltiplos de 10:

0, 10, 20, 30, 40

Sugerencias

- Haz una marca de conteo cada vez que leas la palabra en este capítulo o la uses al escribir. Ponte como meta hacer al menos diez marcas de conteo para la palabra.
- Usa las tarjetas en blanco para escribir las tarjetas del repaso del vocabulario. Escoge palabras del repaso de este capítulo, como *factor, producto o partición.*

Un múltiplo de un número es el producto de ese número y cualquier otro número.

¿Cómo puede ayudarte el término *multiplicación* a recordar qué es un múltiplo?

Mi modelo de papel

FOLDABLES® Sigue los pasos que aparecen en el reverso para hacer tu modelo de papel.

FOLDABLES
Ayudas de estudio

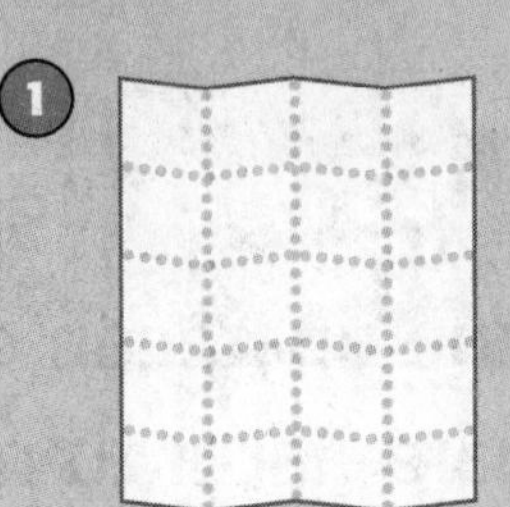

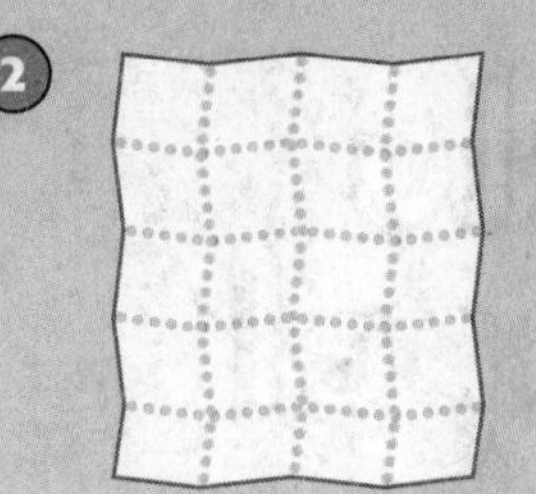

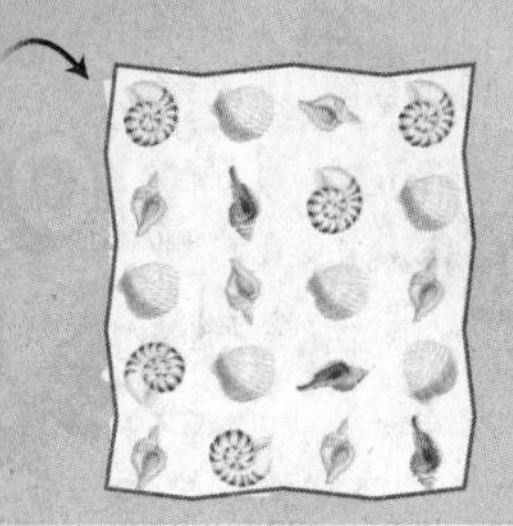

Patrones de la tabla de multiplicar

Lección 1

PREGUNTA IMPORTANTE
¿Cuál es la importancia de los patrones en el aprendizaje de la multiplicación y la división?

Los patrones de la tabla de multiplicar pueden ayudarte a recordar productos y hallar factores desconocidos.

Las mates y mi mundo

Ejemplo 1

Enrique se dio cuenta de que podía hallar el producto de dos factores en la tabla de multiplicar. ¿Cuál es el producto de 2 × 3?

Los **números en negro** de la tabla son los productos. La columna y la fila de **números azules** son los factores.

×	0	1	2	3	4	5	6	7	8	9	10
0	0	0	0	0	0	0	0	0	0	0	0
1	0	1	2	3	4	5	6	7	8	9	10
2	0	2	4	6	8	10	12	14	16	18	20
3	0	3	6	9	12	15	18	21	24	27	30
4	0	4	8	12	16	20	24	28	32	36	40
5	0	5	10	15	20	25	30	35	40	45	50
6	0	6	12	18	24	30	36	42	48	54	60
7	0	7	14	21	28	35	42	49	56	63	70
8	0	8	16	24	32	40	48	56	64	72	80
9	0	9	18	27	36	45	54	63	72	81	90
10	0	10	20	30	40	50	60	70	80	90	100

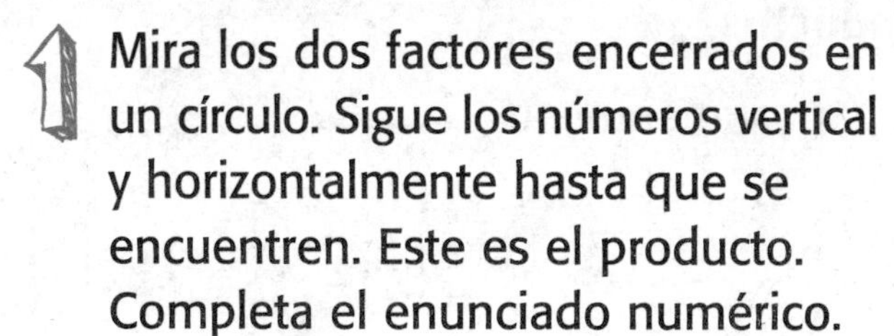

1 Mira los dos factores encerrados en un círculo. Sigue los números vertical y horizontalmente hasta que se encuentren. Este es el producto. Completa el enunciado numérico.

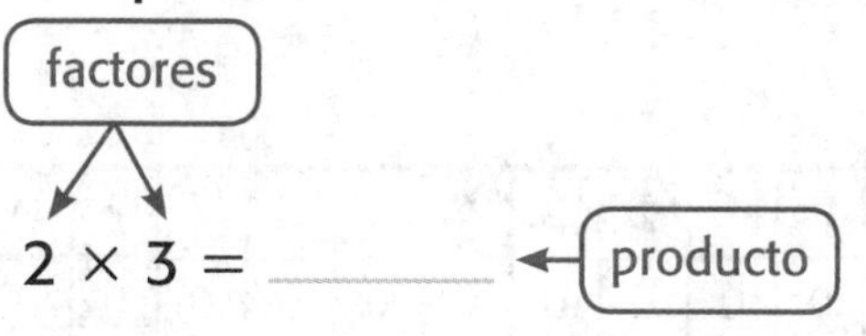

2 × 3 = ______

2 Dibuja un triángulo alrededor del producto en la tabla de multiplicar que tenga los mismos factores. Sigue hacia la izquierda y hacia arriba hasta encontrar sus factores. Dibuja un triángulo alrededor de cada factor. Completa el enunciado numérico.

______ × ______ = 6

Los dos enunciados numéricos son ejemplos de la propiedad

______ de la multiplicación.

Ejemplo 2

Enrique halló un patrón cuando multiplicó 4 por cualquier factor.

Con un crayón amarillo, termina el patrón de Enrique. Escribe los números.

0, 4, 8, 12, ______, ______, ______,

______, ______, ______, ______

Encierra en un círculo si el producto de 4 y cualquier número es par o impar.

par   impar

El producto de 4 y 5 es 20. Escribe este producto como la suma de dos números iguales.

______ + ______ = 20

×	0	1	2	3	4	5	6	7	8	9	10
0	0	0	0	0	0	0	0	0	0	0	0
1	0	1	2	3	4	5	6	7	8	9	10
2	0	2	4	6	8	10	12	14	16	18	20
3	0	3	6	9	12	15	18	21	24	27	30
4	0	4	8	12	16	20	24	28	32	36	40
5	0	5	10	15	20	25	30	35	40	45	50
6	0	6	12	18	24	30	36	42	48	54	60
7	0	7	14	21	28	35	42	49	56	63	70
8	0	8	16	24	32	40	48	56	64	72	80
9	0	9	18	27	36	45	54	63	72	81	90
10	0	10	20	30	40	50	60	70	80	90	100

Ejemplo 3

Con un crayón azul, colorea los productos con un factor de 3. ¿Qué observas con relación a estos productos?

La lista de productos con un factor de ______ aumenta en ______.
Es como si estuvieras contando de 3 en 3.

Práctica guiada

1. Colorea con un crayón anaranjado los productos con un factor de 5. ¿Qué observas con relación a los productos en esta fila y columna?

Los productos con un factor de

______ terminan en ______ o ______.

2. Colorea con un crayón violeta los productos con un factor de 10. ¿Qué observas con relación a los productos en esta fila y columna?

Los productos con un factor de

______ terminan en ______.

×	0	1	2	3	4	5	6	7	8	9	10
0	0	0	0	0	0	0	0	0	0	0	0
1	0	1	2	3	4	5	6	7	8	9	10
2	0	2	4	6	8	10	12	14	16	18	20
3	0	3	6	9	12	15	18	21	24	27	30
4	0	4	8	12	16	20	24	28	32	36	40
5	0	5	10	15	20	25	30	35	40	45	50
6	0	6	12	18	24	30	36	42	48	54	60
7	0	7	14	21	28	35	42	49	56	63	70
8	0	8	16	24	32	40	48	56	64	72	80
9	0	9	18	27	36	45	54	63	72	81	90
10	0	10	20	30	40	50	60	70	80	90	100

Nombre ....

Práctica independiente

3. Sombrea con **azul** una fila de números que muestre los productos con un factor de 2. ¿Qué observas con relación a los productos de esta fila?

Los productos de 2 terminan en

_______, _______, _______,

_______ o _______.

¿Son todos los productos de esta fila pares o impares?

____

×	0	1	2	3	4	5	6	7	8	9	10
0	0	0	0	0	0	0	0	0	0	0	0
1	0	1	2	3	4	5	6	7	8	9	10
2	0	2	4	6	8	10	12	14	16	18	20
3	0	3	6	9	12	15	18	21	24	27	30
4	0	4	8	12	16	20	24	28	32	36	40
5	0	5	10	15	20	25	30	35	40	45	50
6	0	6	12	18	24	30	36	42	48	54	60
7	0	7	14	21	28	35	42	49	56	63	70
8	0	8	16	24	32	40	48	56	64	72	80
9	0	9	18	27	36	45	54	63	72	81	90
10	0	10	20	30	40	50	60	70	80	90	100

4. Sombrea con **verde** una columna de números que muestre los productos con un factor de 3. Describe el patrón de productos pares e impares.

____

5. Sombrea con **amarillo** una fila de números que muestre los productos con un factor de 1. ¿Qué observas con relación a esta fila?

____

6. Mira el producto sombreado en **gris**. Encierra en un círculo los dos factores que forman este producto. Completa el enunciado numérico.

4 × _______ = 36

Dibuja un triángulo alrededor del producto que tenga los mismos factores. Dibuja un triángulo alrededor de cada factor. Completa el enunciado numérico.

9 × _______ = 36

Los dos enunciados numéricos muestran la propiedad _______ de la multiplicación.

Resolución de problemas

7. Layne empacó 3 carros de juguete en cada uno de cuatro estuches. Encierra en un círculo los factores y sombrea el producto para hallar cuántos carros de juguete empacó Layne.

×	0	1	2	3	4	5	6	7	8	9	10
0	0	0	0	0	0	0	0	0	0	0	0
1	0	1	2	3	4	5	6	7	8	9	10
2	0	2	4	6	8	10	12	14	16	18	20
3	0	3	6	9	12	15	18	21	24	27	30
4	0	4	8	12	16	20	24	28	32	36	40
5	0	5	10	15	20	25	30	35	40	45	50

______

Juan empacó 4 carros de juguete en cada uno de 3 estuches. Encierra en un círculo los otros dos factores y sombrea el producto para hallar cuántos carros de juguete empacó Juan.

______

8. Escribe los dos enunciados numéricos que muestren las maneras en que cada uno de los niños empacó los carros de juguete en el ejercicio 7.

______

¿De cuál propiedad es esto un ejemplo?

propiedad ______ de la ______

Problemas S.O.S.

9. PRÁCTICA matemática 7 **Identificar la estructura** Escribe un problema del mundo real que puedas resolver usando la tabla de multiplicar y la propiedad conmutativa de la multiplicación. Luego, resuelve.

______

______

______

10. **Profundización de la pregunta importante** ¿Cómo puede ayudarte a multiplicar una tabla de multiplicar?

______

______

Nombre ....

Mi tarea

Lección 1

Patrones de la tabla de multiplicar

Asistente de tareas

¿Necesitas ayuda? **connectED.mcgraw-hill.com**

Halla el producto de 3 × 4.

1. Encuentra 3 en la columna de la izquierda.
2. Encuentra 4 en la fila de arriba.
3. Sigue los números horizontal y verticalmente hasta que se encuentren. Este es el producto.

×	0	1	2	3	4	5	6	7	8	9	10
0	0	0	0	0	0	0	0	0	0	0	0
1	0	1	2	3	4	5	6	7	8	9	10
2	0	2	4	6	8	10	12	14	16	18	20
3	0	3	6	9	12	15	18	21	24	27	30
4	0	4	8	12	16	20	24	28	32	36	40
5	0	5	10	15	20	25	30	35	40	45	50
6	0	6	12	18	24	30	36	42	48	54	60
7	0	7	14	21	28	35	42	49	56	63	70
8	0	8	16	24	32	40	48	56	64	72	80
9	0	9	18	27	36	45	54	63	72	81	90
10	0	10	20	30	40	50	60	70	80	90	100

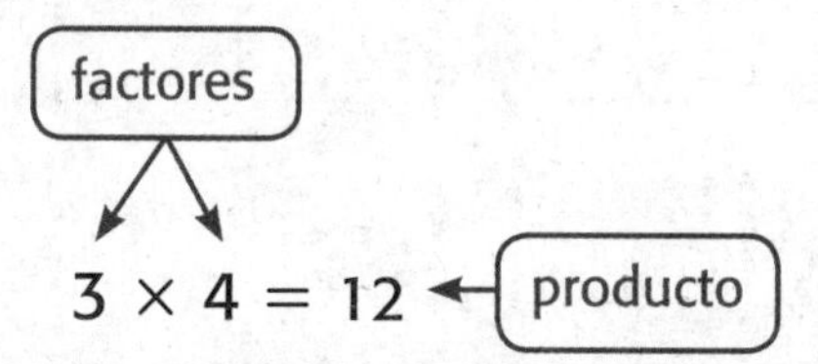

La propiedad conmutativa te dice que puedes cambiar el orden de los factores sin alterar el producto.

factores

4 × 3 = 12 ← producto

Práctica

1. Mira los productos con un factor de 5. ¿Qué patrón observas?

Los productos con un factor de 5 terminan en ______ o ______.

2. Mira los productos con un factor de 0. ¿Qué observas? Los productos con un factor de 0 terminan en ______.

3. Halla 10 × 5. Encierra en un círculo los factores y el producto. Escribe el producto.

____

×	0	1	2	3	4	5	6	7	8	9	10
0	0	0	0	0	0	0	0	0	0	0	0
1	0	1	2	3	4	5	6	7	8	9	10
2	0	2	4	6	8	10	12	14	16	18	20
3	0	3	6	9	12	15	18	21	24	27	30
4	0	4	8	12	16	20	24	28	32	36	40
5	0	5	10	15	20	25	30	35	40	45	50
6	0	6	12	18	24	30	36	42	48	54	60
7	0	7	14	21	28	35	42	49	56	63	70
8	0	8	16	24	32	40	48	56	64	72	80
9	0	9	18	27	36	45	54	63	72	81	90
10	0	10	20	30	40	50	60	70	80	90	100

4. Sombrea con amarillo una fila de números para mostrar los productos con un factor de 10. ¿Qué observas con relación a esta fila?

Los productos con un factor de 10 terminan en ______.

Resolución de problemas

5. PRÁCTICA matemática 4 **Representar las mates** Marlon tiene 1 cuaderno para ciencias y 1 cuaderno para lectura. Puso 9 adhesivos en cada cuaderno. ¿Cuántos adhesivos usó Marlon en total? Escribe dos enunciados de multiplicación.

____

Comprobación del vocabulario

6. Rotula cada uno con la palabra correcta.

factores

producto

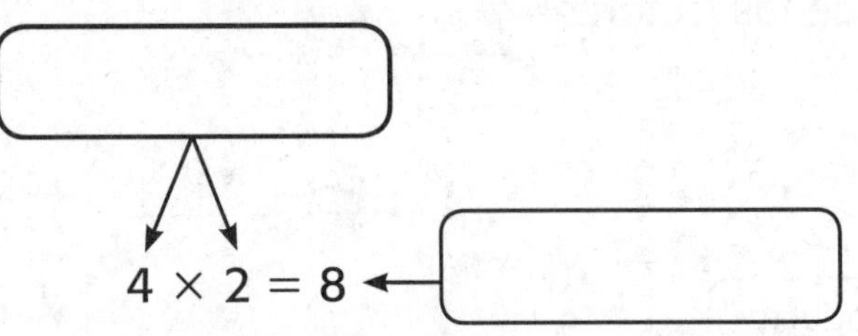

Práctica para la prueba

7. ¿Cuál propiedad establece que el orden en que se multiplican dos números no altera el producto?

Ⓐ Propiedad asociativa de la suma

Ⓑ Propiedad conmutativa de la multiplicación

Ⓒ Operaciones inversas

Ⓓ Propiedad de identidad de la suma

Nombre ....

Multiplicar por 2

Lección 2

PREGUNTA IMPORTANTE
¿Cuál es la importancia de los patrones en el aprendizaje de la multiplicación y la división?

Las mates y mi mundo

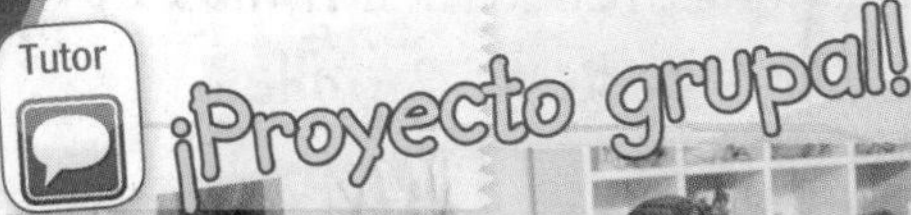

Ejemplo 1

Los estudiantes de una clase de arte están trabajando en un proyecto. ¿Cuántos estudiantes hay en la clase de arte si hay 8 grupos de 2?

Halla 8 grupos de 2.

Escribe 8 grupos de 2 como 8×2.

Una manera Usa un arreglo.
Dibuja un arreglo con 8 filas y 2 columnas.

Otra manera Haz un dibujo.
Dibuja 8 grupos iguales de 2.

Escribe un enunciado de suma y un enunciado de multiplicación.

___ + ___ + ___ + ___ + ___ + ___ + ___ + ___ = ___ ___ × ___ = ___

Por lo tanto, $8 \times 2 =$ ______. Hay ______ estudiantes en la clase de arte.

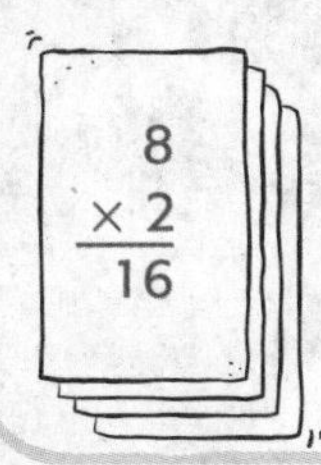

También puedes escribirlo de forma vertical.

Así escribas una multiplicación de distinta manera, la forma de leerla es la misma.

Ejemplo 2

Raúl monta en bicicleta en el parque los lunes, miércoles y viernes. El recorrido de ida y vuelta es de 2 millas. ¿Cuántas millas recorre en los tres días? Escribe un enunciado de multiplicación con un símbolo para la incógnita. Luego, usa un diagrama de barra para resolver.

$3 \times 2 = ■$ ← incógnita

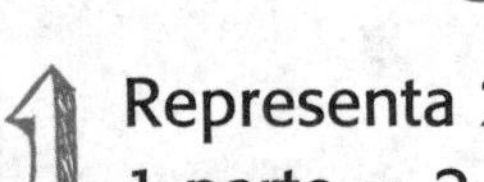

1. Representa 2 millas al día como una parte.
   1 parte = 2 millas

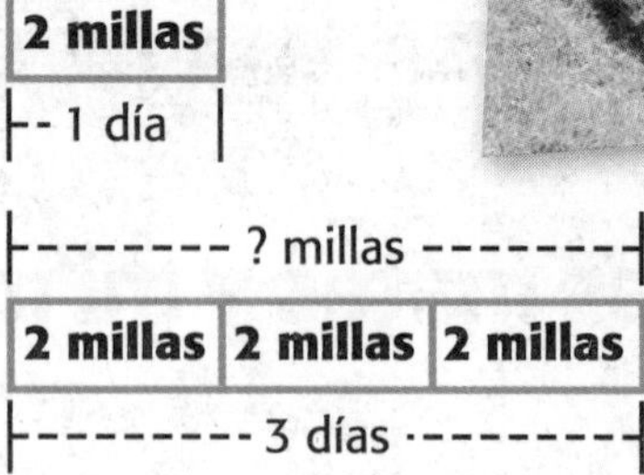

2. Como montó la misma cantidad por 3 días, representa un total de 3 partes.

3. Escribe un enunciado de multiplicación. ____ días × ____ millas al día = ____ millas

Por lo tanto, $3 \times 2 =$ ______.

Raúl montó ______ millas en 3 días. La incógnita es ______.

Práctica guiada

Escribe un enunciado de suma y uno de multiplicación para cada uno.

1.

4 grupos de 2 son ______.

2 + 2 + ______ + ______ = ______

4 × ______ = ______

2.

3 grupos de 2 son ______.

2 + 2 + ______ = ______

3 × ______ = ______

Describe dos estrategias que puedas usar para recordar las operaciones de multiplicación por 2.

Nombre ....

CCSS

Práctica independiente

Escribe un enunciado de suma y uno de multiplicación para cada uno.

3. 

2 grupos de 2 son ______.

2 + ______ = ______

2 × ______ = ______

$$\begin{array}{r} 2 \\ \times\ 2 \\ \hline \square \end{array}$$

4. 6 grupos de 2 son ______.

2 + 2 + 2 + ____ + ____ + ____ = ______

6 × ______ = ______

$$\begin{array}{r} 6 \\ \times\ 2 \\ \hline \square \end{array}$$

Dibuja los arreglos. Luego, escribe un enunciado de multiplicación.

5. 3 filas de 2

______ × ______ = ______

6. 2 filas de 3

______ × ______ = ______

7. Los arreglos de los ejercicios 5 y 6 muestran la propiedad ______________.

Álgebra Escribe un enunciado de multiplicación con un símbolo para la incógnita. Luego, resuelve.

8. ¿Cuántas orejas tienen 4 perros?

______ × ______ = ■

Tienen ______ orejas.

9. Hay un total de 16 patas en 2 arañas. ¿Cuántas patas tiene cada una?

______ × ■ = ______

Cada araña tiene ______ patas.

Escribe un enunciado de multiplicación.

10.

? ruedas

2 ruedas	2 ruedas	2 ruedas	2 ruedas

bicicletas

____

11.

? botones

5 botones	5 botones

abrigos

____

Resolución de problemas

PRÁCTICA matemática 2 **Usar el álgebra Escribe un enunciado de multiplicación con un símbolo para la incógnita. Luego, resuelve.**

12. ¿Cuántos lados en total hay en dos cuadrados?

_____ $\times 2 =$ ■

Hay _____ lados.

13. ¿Cuántos guantes hay en total si Jaime tiene 6 pares de guantes?

_____ $\times 2 =$ ■

Jaime tiene _____ guantes en total.

14. Paula tiene 24 revistas en su colección de revistas. Cada mes, añade 2 revistas más a su colección. ¿Cuántas revistas tendrá en 3 meses? Escribe dos enunciados numéricos para mostrar cómo resolver.

____

Tendrá _____ revistas.

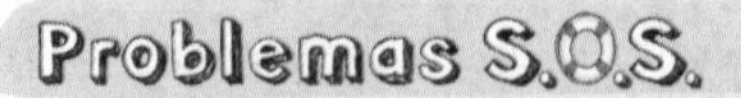

15. PRÁCTICA matemática 4 **Representar las mates** Escribe un problema acerca de una situación del mundo real en el que un número se multiplique por 2.

____

____

16. **Profundización de la pregunta importante** ¿Qué observas con relación a todos los productos de 2? Usa la tabla de multiplicar.

____

Nombre ....

Mi tarea

Lección 2
Multiplicar por 2

Asistente de tareas

¿Necesitas ayuda? connectED.mcgraw-hill.com

Helen compra 2 racimos de plátanos. Hay 10 plátanos en cada racimo. ¿Cuántos plátanos compra Helen en total?

Halla 2×10.

Esto se puede escribir también de forma vertical.

Usa un arreglo para representar 2 grupos de 10.

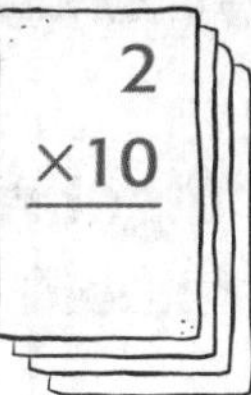

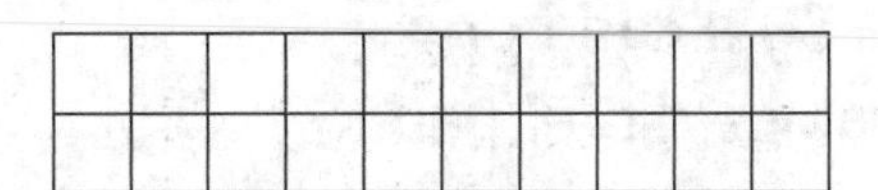

Puedes escribir un enunciado de suma para representar los modelos.

$10 + 10 = 20$

o

Puedes escribir un enunciado de multiplicación para representar los modelos.

$2 \times 10 = 20$

Por lo tanto, Helen compró 20 plátanos en total.

Práctica

Escribe un enunciado de suma y uno de multiplicación.

1.   

3 grupos de 2 son ______.

2 + ______ + ______ = ______

______ × 2 = ______

2. 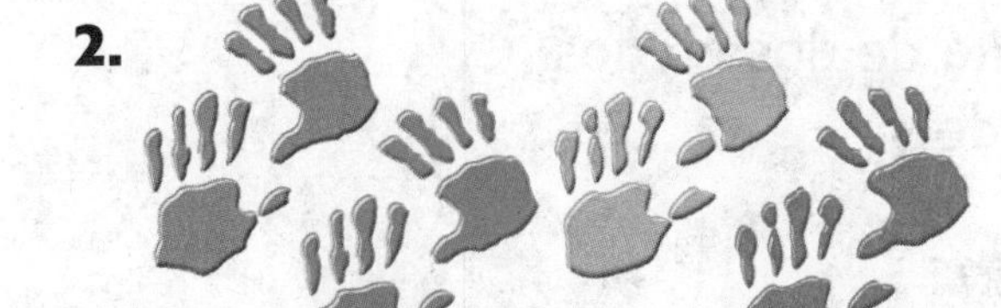

4 grupos de 2 son ______.

2 + ______ + ______ + ______ = ______

______ × 2 = ______

Dibuja los arreglos. Luego, escribe un enunciado de multiplicación.

3. 7 filas de 2

_____ × _____ = _____

4. 2 filas de 5

_____ × _____ = _____

Resolución de problemas

PRÁCTICA matemática 2 **Usar el álgebra** **Escribe un enunciado de multiplicación con un símbolo para la incógnita. Luego, resuelve.**

5. El papá de Franklin les dio a él y su hermana $8 a cada uno para gastar en el cine. ¿Cuánto dinero en total les dio el papá de Franklin a sus hijos?

____

6. Hay 7 personas en la familia Watson. Todos guardan sus guantes en una caja en el armario. Si cada persona tiene un par de guantes, ¿cuántos guantes hay en la caja?

____

Comprobación del vocabulario

7. Escribe o dibuja el significado de un diagrama de barra.

____

____

Práctica para la prueba

8. James está saltando en un saltador. Cuenta de dos en dos. Si cuenta hasta 12, ¿cuántos saltos ha dado?

Ⓐ 2 saltos

Ⓑ 4 saltos

Ⓒ 6 saltos

Ⓓ 10 saltos

Nombre

Dividir entre 2

Lección 3

PREGUNTA IMPORTANTE
¿Cuál es la importancia de los patrones en el aprendizaje de la multiplicación y la división?

Aprendiste el signo de división ÷.

Otro signo de división es $\overline{)\ }$.

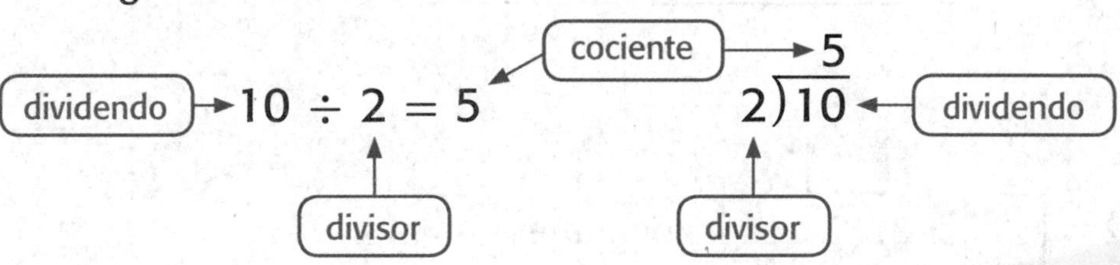

Las mates y mi mundo

Ejemplo 1

Javier y Alexis comparten una manzana por partes iguales. Si hay 8 tajadas, ¿cuántas tajadas recibirá cada uno?

Compartir en partes iguales entre ______ personas significa dividir entre 2. Por lo tanto, halla $8 \div 2$ o $2\overline{)8}$.

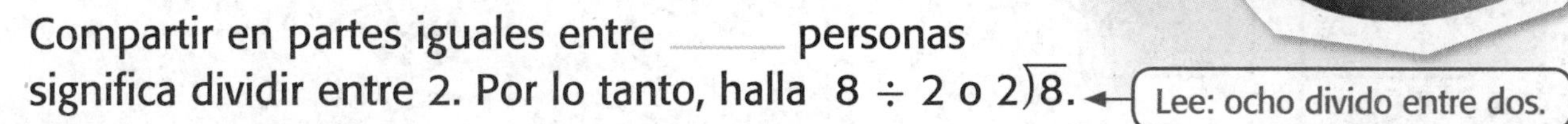

Haz una partición de a una ficha entre cada grupo hasta acabar las fichas. Dibuja los grupos iguales a la derecha.

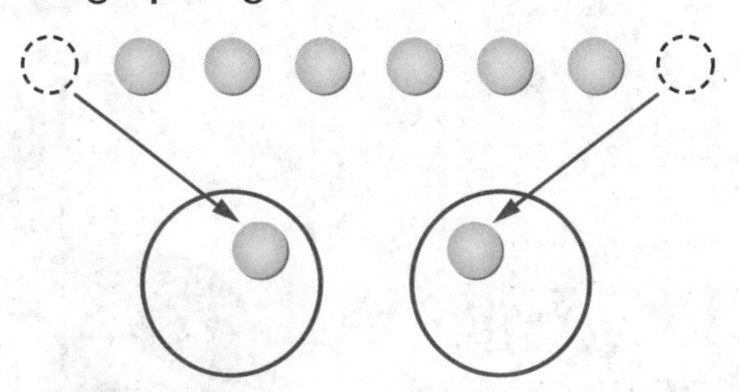

El modelo muestra $8 \div 2 = \square$ o $2\overline{)\ 8}$ (cociente: $\square$). Cada persona recibirá ______ tajadas de manzana.

Una operación de multiplicación relacionada puede ayudarte a hallar una incógnita en un enunciado de división.

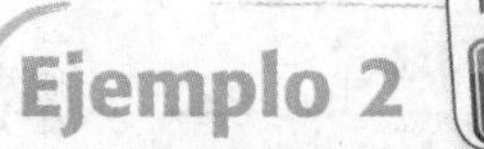

Ejemplo 2 Tutor

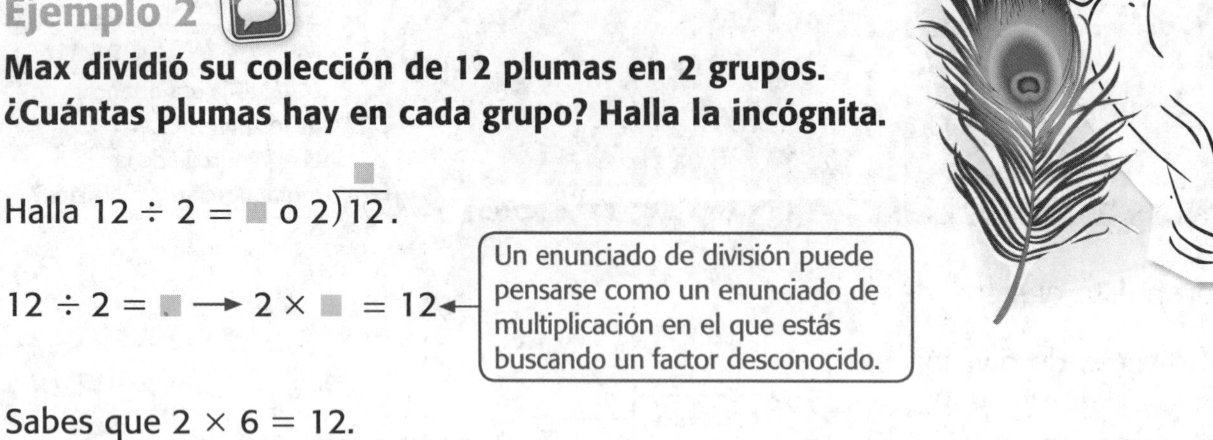

Max dividió su colección de 12 plumas en 2 grupos. ¿Cuántas plumas hay en cada grupo? Halla la incógnita.

Halla $12 \div 2 = \blacksquare$ o $2\overline{)12}$.

$12 \div 2 = \blacksquare \longrightarrow 2 \times \blacksquare = 12$ ← Un enunciado de división puede pensarse como un enunciado de multiplicación en el que estás buscando un factor desconocido.

Sabes que $2 \times 6 = 12$.

Por lo tanto, $12 \div 2 = \square$ o $2\overline{)12}$. La incógnita es $\square$.

Hay ______ plumas en cada grupo.

Práctica guiada

Divide. Escribe una operación de multiplicación relacionada.

1. 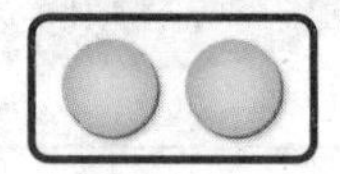 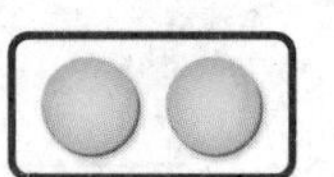

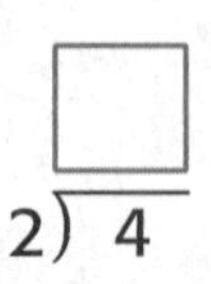

$2\overline{)\;4}$

______ × ______ = ______

2. 

$10 \div 2 =$ ______

______ × ______ = ______

3.  

$6 \div 2 =$ ______

______ × ______ = ______

Habla de las MATES

¿Cuáles son dos maneras diferentes de hallar $16 \div 2$?

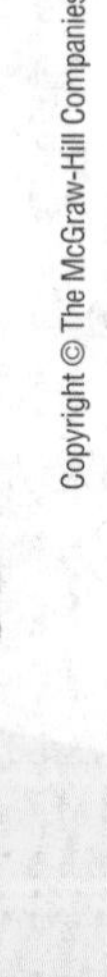

Nombre ____________________

CCSS

Práctica independiente

Divide. Escribe una operación de multiplicación relacionada.

4. 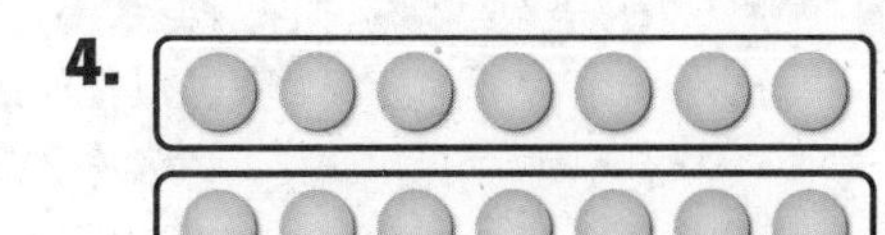

14 ÷ 2 = ______

______ × ______ = ______

5. 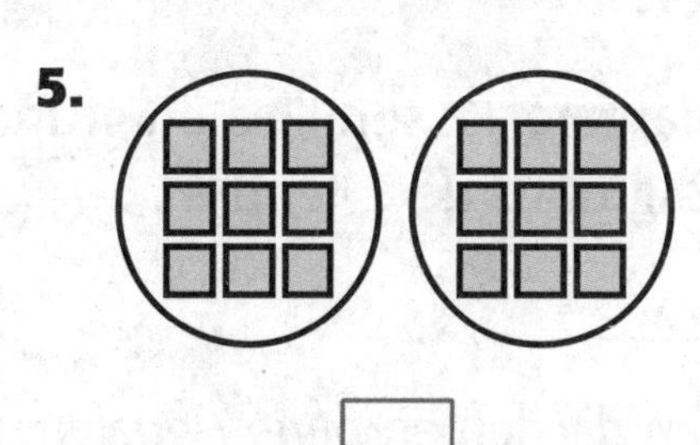

$2\overline{)18}$ = □

______ × ______ = ______

6. 4 ÷ 2 = ______

____

7. 16 ÷ 2 = ______

____

8. 18 ÷ 2 = ______

____

9. $2\overline{)2}$ □

____

10. $2\overline{)20}$ □

____

11. $2\overline{)6}$ □

____

Une el enunciado de división con el enunciado de multiplicación relacionado.

12. 16 ÷ 8 = 2	• 6 × 2 = 12
13. 12 ÷ 2 = 6	• 2 × 5 = 10
14. 10 ÷ 5 = 2	• 4 × 2 = 8
15. 8 ÷ 2 = 4	• 2 × 8 = 16

Álgebra Halla la incógnita. Luego, escribe un enunciado de multiplicación relacionado.

16. 12 ÷ 6 = ■

La incógnita es ______.

____

17. 14 ÷ ■ = 2

La incógnita es ______.

____

18. ■ ÷ 2 = 3

La incógnita es ______.

____

Resolución de problemas

Álgebra Escribe un enunciado de división con un símbolo para la incógnita para los ejercicios 19 y 20. Luego, resuelve.

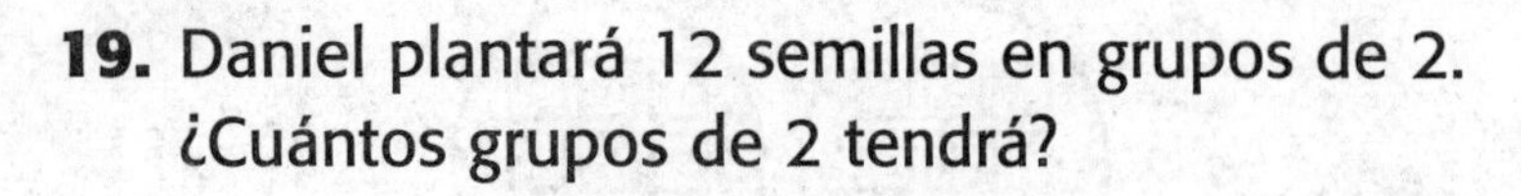

19. Daniel plantará 12 semillas en grupos de 2. ¿Cuántos grupos de 2 tendrá?

____

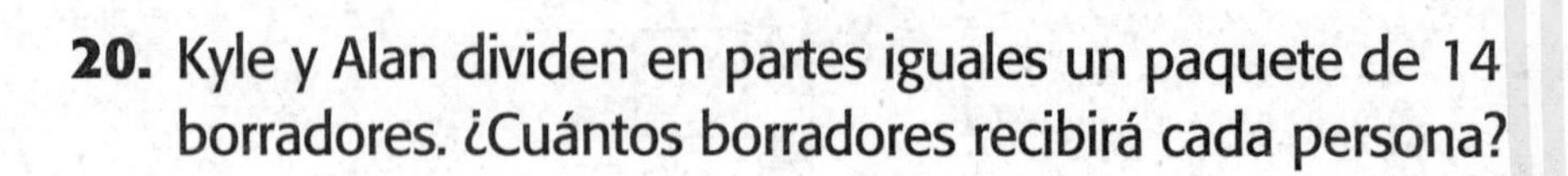

20. Kyle y Alan dividen en partes iguales un paquete de 14 borradores. ¿Cuántos borradores recibirá cada persona?

____

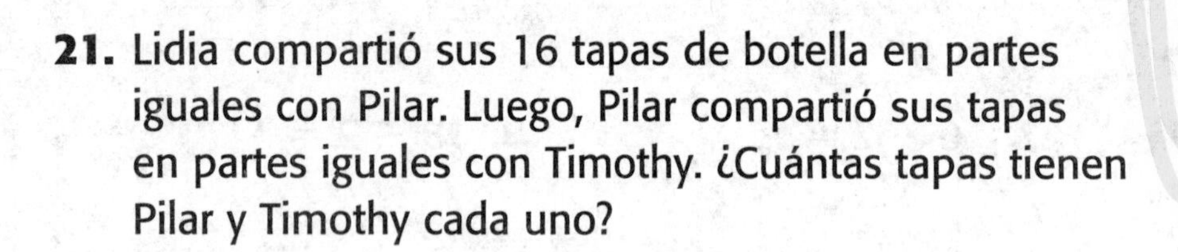

21. Lidia compartió sus 16 tapas de botella en partes iguales con Pilar. Luego, Pilar compartió sus tapas en partes iguales con Timothy. ¿Cuántas tapas tienen Pilar y Timothy cada uno?

____

22. PRÁCTICA matemática 6 **Responder con precisión** Has aprendido que cuando se multiplica cualquier número por 2 el producto es par. ¿Es cierto lo mismo para la división de un número par dividido entre 2? Explica tu respuesta.

____

____

Problemas S.O.S.

23. PRÁCTICA matemática 3 **Hallar el error** Blake dice que $8 \div 2 = 16$ porque $2 \times 8 = 16$. ¿Tiene razón Blake? Explica tu respuesta.

____

____

24. **Profundización de la pregunta importante** ¿Cómo te ayuda la relación entre la división y la multiplicación a hallar la incógnita?

____

____

Nombre ....

Mi tarea

Lección 3
Dividir entre 2

Asistente de tareas

¿Necesitas ayuda? connectED.mcgraw-hill.com

La camioneta escolar puede transportar 12 pasajeros. Hay 2 pasajeros por asiento. ¿Cuántos asientos hay en la camioneta?

Halla $12 \div 2$, o $2\overline{)12}$.

Haz una partición de 12 fichas entre 2 grupos hasta que no quede ninguna.

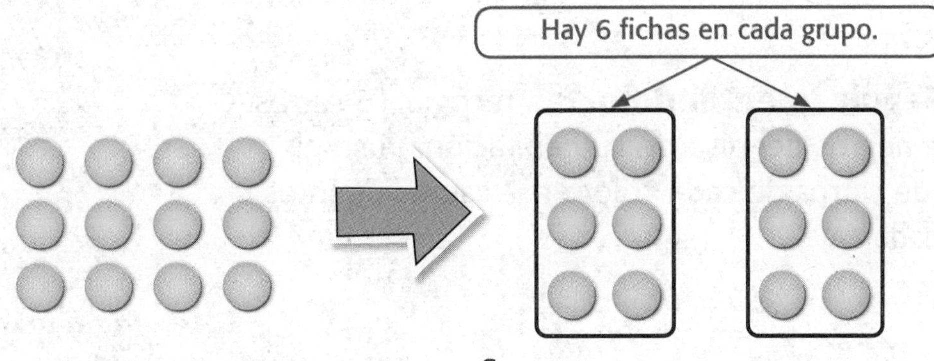

Por lo tanto, $12 \div 2 = 6$ o $2\overline{)12}$ con cociente 6. Hay 6 asientos en la camioneta.

Práctica

Divide. Escribe una operación de multiplicación relacionada.

1.  

$8 \div 2 =$ ______

______ × ______ = ______

2. 

$18 \div 2 =$ ______

______ × ______ = ______

Divide. Escribe una operación de multiplicación relacionada.

3. $20 \div 2 =$ ______ **4.** $6 \div 2 =$ ______ **5.** $12 \div 2 =$ ______

______ ______ ______

6. $2\overline{)\ 8}$ **7.** $2\overline{)14}$ **8.** $2\overline{)\ 4}$

______ ______ ______

Resolución de problemas

9. **Álgebra** Betty gastó $12 en partes iguales en 2 tiendas. ¿Cuánto gastó en cada tienda? Escribe un enunciado numérico con un símbolo para la incógnita. Luego, resuelve.

______

10. PRÁCTICA matemática 1 **Seguir intentándolo** Yan recogió 16 carros rojos y 12 carros negros del piso de su habitación. Puso el mismo número de carros de cada color en 2 cajas. ¿Cuántos carros puso en cada caja?

______

Comprobación del vocabulario

11. Escribe o dibuja una definición de la palabra partición.

______

______

Práctica para la prueba

12. Casey compró una caja de 18 barras de granola. Se quedó con algunas y le dio el resto a su hermano. Si Casey y su hermano tienen el mismo número de barras de granola, ¿cuántas le dio Casey a su hermano?

Ⓐ 1 barra de granola Ⓒ 9 barras de granola

Ⓑ 8 barras de granola Ⓓ 7 barras de granola

Nombre ....

Multiplicar por 5

Lección 4

PREGUNTA IMPORTANTE
¿Cuál es la importancia de los patrones en el aprendizaje de la multiplicación y la división?

Puedes usar patrones para multiplicar por 5. Multiplicar por un número es lo mismo que contar salteado por ese número.

¡Estoy multiplicando!

Las mates y mi mundo

Tutor

Ejemplo 1

Leandro tiene 7 monedas de 5¢. ¿Cuánto dinero tiene?

Una moneda de 5¢ es igual a 5 centavos. Cuenta de cinco en cinco para hallar 7 × 5¢.

enunciado de suma

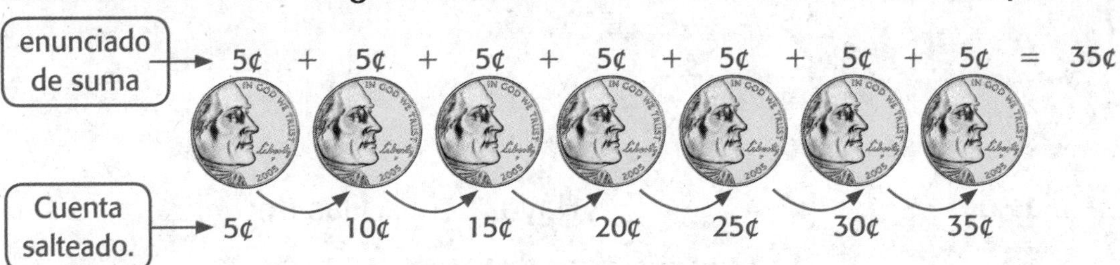

Cuenta salteado.

7 monedas de 5¢ son ______ ¢. 7 × 5¢ = ______ ¢

Por lo tanto, Leandro tiene ______ ¢.

Observa el patrón en los productos.

0 × 5 = **0**
1 × 5 = **5**
2 × 5 = 1**0**
3 × 5 = 1**5**

Todos los productos terminan en 0 o 5.

Pista
Cuando multiplicas por 5, el producto terminará siempre en 0 o 5.

Amplía el patrón.

4 × 5 = ______

5 × ______ = ______

6 × ______ = ______

7 × ______ = ______

Ejemplo 2

Un huerto de sandías tiene 6 filas de sandías. Cada fila tiene 5 sandías. ¿Cuántas sandías hay en el huerto del granjero? Escribe un enunciado de multiplicación con un símbolo para la incógnita.

6 × 5 = ■ ← incógnita

1 Dibuja un arreglo de 6 filas.

2 Usa la propiedad conmutativa para dibujar otro arreglo de 5 filas.

¡Mi dibujo!

Hay ______ filas de ______.

Por lo tanto, 6 × 5 = ______.

La incógnita es ______.

Hay ______ filas de ______.

Por lo tanto, 5 × 6 = ______.

La incógnita es ______.

Hay ______ sandías en el huerto del granjero.

Habla de las MATES

Explica por qué las operaciones con 5 pueden ser más fáciles de recordar que otras operaciones.

Práctica guiada

Cuenta de 5 en 5 para hallar los productos. Traza líneas para relacionar.

1. 4 × 5 = ☐ • 5 + 5 + 5 + 5 + 5 + 5 + 5 + 5

2. 3 × 5 = ☐ • 5 + 5 + 5 + 5

3. 8 × 5 = ☐ • 5 + 5 + 5 + 5 + 5 + 5 + 5

4. 7 × 5 = ☐ • 5 + 5 + 5

Nombre ____________________

CCSS

Práctica independiente

Escribe un enunciado de suma como ayuda para hallar los productos.

5. $2 \times 5 =$ ____

$5 +$ ____ $=$ ____

6. $3 \times 5 =$ ____

$5 +$ ____ $+$ ____ $=$ ____

7. $7 \times 5 =$ ____

____________________ $=$ ____

8. $8 \times 5 =$ ____

____________________ $=$ ____

9. $5 \times 5 =$ ____

____________________ $=$ ____

10. $9 \times 5 =$ ____

____________________ $=$ ____

Dibuja los arreglos. Luego, escribe un enunciado de multiplicación.

11. 7 filas de 5

$7 \times$ ____ $=$ ____

12. 3 filas de 5

____ $\times$ ____ $=$ ____

13. 4 filas de 5

____ $\times$ ____ $=$ ____

Álgebra **Halla las incógnitas. Usa la propiedad conmutativa.**

14. $■ \times 6 = 30$
$6 \times ■ = 30$

La incógnita es ____.

15. $5 \times ■ = 10$
$■ \times 5 = 10$

La incógnita es ____.

16. $9 \times 5 = ■$
$5 \times 9 = ■$

La incógnita es ____.

Resolución de problemas

17. Ada, Nancy y David recogen bellotas. Si cada uno encuentra 5 bellotas, ¿cuántas bellotas recogieron en total? Explica tu respuesta.

18. PRÁCTICA matemática 6 **Explicarle a un amigo** Un girasol cuesta $6. Evelyn quiere comprar 2. ¿Tiene suficiente dinero si tiene tres billetes de $5? Explica tu respuesta.

19. Hay 82 miembros en una banda. Parte de la banda se divide en 9 grupos iguales de 5. ¿Cuántos miembros están en un grupo que no es de 5?

20. PRÁCTICA matemática 2 **Razonar** Encierra en un círculo la estrategia que no te ayudará a hallar 6×5. Explica tu respuesta.

contar salteado	redondear
hacer un arreglo	hacer un dibujo

21. **Profundización de la pregunta importante** ¿Qué observas con relación a todos los productos de 5? Si es necesario, usa la tabla de multiplicar.

Nombre ....

Operaciones y razonamiento algebraico

3.OA.1, 3.OA.3, 3.OA.4, 3.OA.5, 3.OA.7, 3.OA.9

CCSS

Mi tarea

Lección 4

Multiplicar por 5

Asistente de tareas

¿Necesitas ayuda? connectED.mcgraw-hill.com

Hay 6 estudiantes. Cada estudiante dona \$5 a una fundación escolar. ¿Cuánto dinero donaron los estudiantes en total?

Halla 6 × \$5.

Una manera **Cuenta de 5 en 5.**

\$5 + \$5 + \$5 + \$5 + \$5 + \$5 = \$30

\$5 → \$10 → \$15 → \$20 → \$25 → \$30

Otra manera **Dibuja un arreglo.**

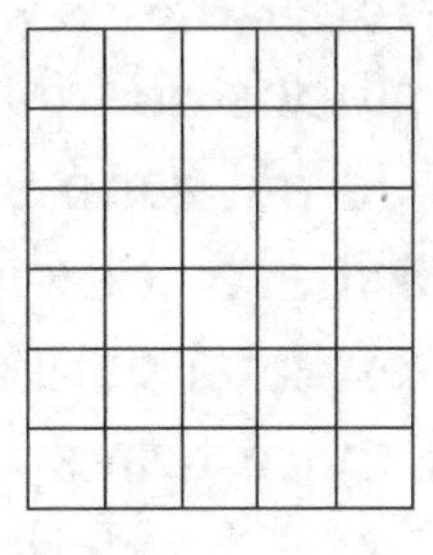

6 filas de 5 = 30

Por lo tanto, los 6 estudiantes donaron

un total de \$30.

Práctica

Escribe un enunciado de suma como ayuda para hallar los productos.

1. 3 × 5 = ______

____

2. 8 × 5 = ______

____

3. 5 × 5 = ______

____

Escribe un enunciado de multiplicación para los arreglos.

4. 1 fila de 5

5. 5 filas de 4

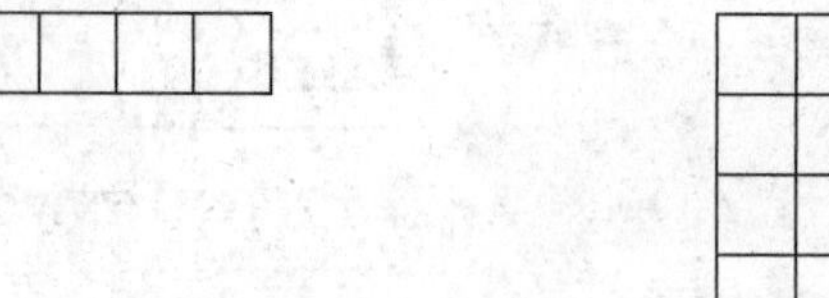

6. 5 filas de 9

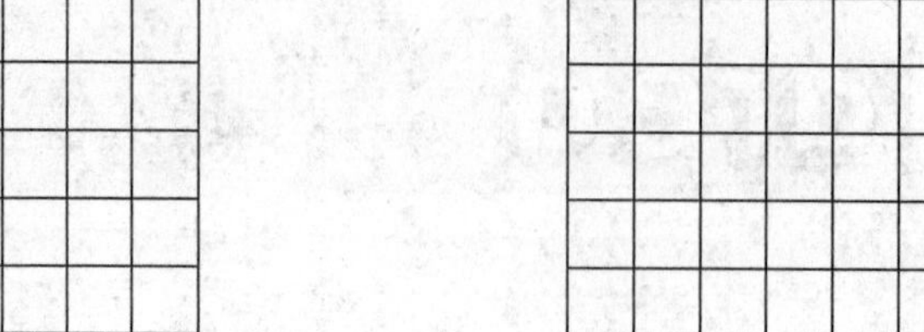

Resolución de problemas

7. Cada par de zapatos deportivos cuesta $25. Si Andrea tiene cuatro billetes de $5, ¿tiene suficiente dinero para comprar un par? Escribe un enunciado numérico. Luego, resuelve.

8. Por cada juego de globos que ganas en la feria, obtienes 5 boletos. Jamal ganó 9 juegos de globos. Gary ganó 6 juegos de globos. ¿Tienen suficientes boletos en total para un premio que vale 100 boletos? Explica tu respuesta.

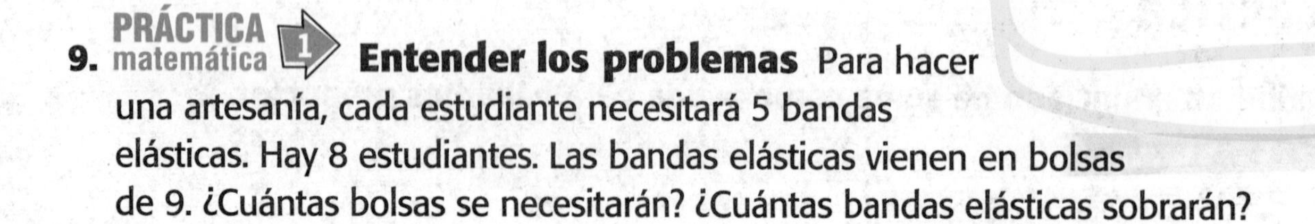

9. PRÁCTICA matemática 1 **Entender los problemas** Para hacer una artesanía, cada estudiante necesitará 5 bandas elásticas. Hay 8 estudiantes. Las bandas elásticas vienen en bolsas de 9. ¿Cuántas bolsas se necesitarán? ¿Cuántas bandas elásticas sobrarán?

Práctica para la prueba

10. Carlos tiene 4 monedas de 5¢. ¿Cuántas nueces puede comprar si gasta las 4 monedas de 5¢?

Ⓐ 1 nuez
Ⓑ 4 nueces
Ⓒ 5 nueces
Ⓓ 20 nueces

Oferta de nueces
Cacahuates 3¢ c/u
Nueces de nogal 5¢ c/u
Castañas 10¢ c/u

Nombre ....

Dividir entre 5

Lección 5

PREGUNTA IMPORTANTE
¿Cuál es la importancia de los patrones en el aprendizaje de la multiplicación y la división?

Usa lo que sabes sobre patrones y multiplicar por 5 para dividir entre 5.

Las mates y mi mundo

Ejemplo 1

Un grupo de 5 amigos vendió un total de 20 vasos de limonada. Cada uno vendió el mismo número de vasos. ¿Cuántos vasos de limonada vendió cada uno?

Halla $20 \div 5$.

Una manera Usa fichas y partición.

Haz una partición de 20 fichas en 5 grupos iguales. Dibuja los grupos iguales.

¡Mi dibujo!

Hay ____ fichas en cada grupo.

$20 \div 5 =$ ____

Por lo tanto, cada uno vendió ____ vasos de limonada.

Otra manera Usa la resta repetida.

Resta grupos de 5 hasta que llegues a 0.

Cuenta el número de grupos que restaste.

①	②	③	④
$20 - 5 = 15$	$15 - 5 = 10$	$10 - 5 = 5$	$5 - 5 = 0$

Los grupos de ____ se restaron ____ veces.

Hay ____ grupos. Por lo tanto, $20 \div 5 =$ ____.

Piensa en la división como un problema con factor desconocido. Usa operaciones de multiplicación relacionadas.

Pista
Se pueden usar monedas de 5¢ para representar el número 5.

Ejemplo 2

La tienda escolar está vendiendo lápices. Cada uno cuesta 5¢. Si Camilo tiene 45¢, ¿cuántos lápices puede comprar con su dinero?

Halla la incógnita en 45¢ ÷ 5¢ = ■ o $5¢\overline{)45¢}$ (■).

¡Mi dibujo!

Dibuja un arreglo. Luego, usa la operación inversa para hallar la incógnita.

factor desconocido

Piensa: ■ × 5 = 45

Sabes que _______ × 5 = 45.

Por lo tanto, 45¢ ÷ 5¢ = ☐ o $5¢\overline{)45¢}$ (☐).

La incógnita es _______. Camilo puede comprar _______ lápices.

Habla de las MATES
¿Cómo puedes saber si un número es divisible entre 5?

Práctica guiada

Usa fichas para hallar el número de grupos iguales o cuántas hay en cada grupo.

1. 35 fichas
5 grupos iguales

_______ en cada grupo

35 ÷ 5 = _______

2. 10 fichas
5 grupos iguales

_______ en cada grupo

10 ÷ 5 = _______

3. Usa la resta repetida para hallar 30 ÷ 5.

30 − 5 = ☐ ↗ ☐ − 5 = ☐ ↗ ☐ − 5 = ☐ ↗ ☐ − 5 = ☐ ↗ ☐ − 5 = ☐ ↗ ☐ − 5 = ☐

30 ÷ 5 = _______

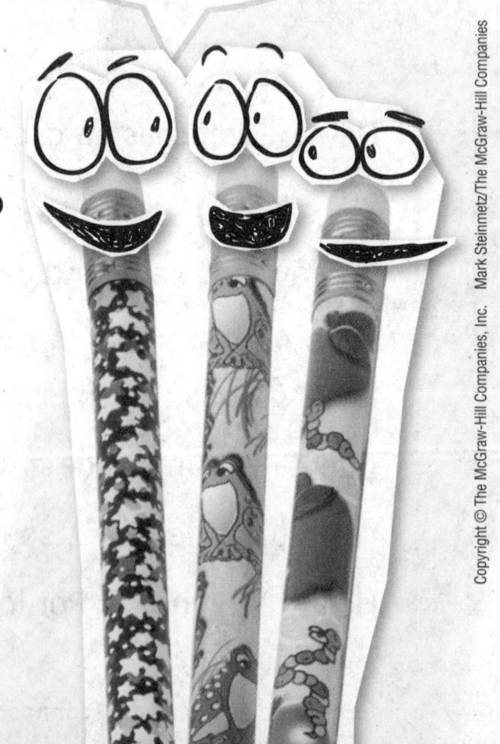

Nombre ....

CCSS

Práctica independiente

Usa fichas para hallar el número de grupos iguales o cuántas hay en cada grupo.

4. 15 fichas
5 grupos iguales
_____ en cada grupo
15 ÷ 5 = _____

5. 10 fichas
_____ grupos iguales
5 en cada grupo
10 ÷ _____ = 5

6. 25 fichas
5 grupos iguales
_____ en cada grupo
25 ÷ 5 = _____

Usa la resta repetida para dividir.

7. 10 ÷ 5 = _____

8. 5 ÷ 1 = _____

Álgebra **Dibuja un arreglo y usa la operación inversa para hallar las incógnitas.**

9. ■ × 5 = 20
? ÷ 4 = 5
■ = _____
? = _____

10. 5 × ■ = 40
40 ÷ ? = 8
■ = _____
? = _____

Usa la receta de pan de maíz con suero. Halla cuánto se necesita de cada ingrediente para hacer 1 barra de pan.

11. harina de maíz _____

12. harina de trigo _____

13. huevos _____

14. extracto de vainilla _____

Pan de maíz con suero	
10 tazas de harina de maíz	3 tazas de mantequilla
5 tazas de harina de trigo	8 tazas de suero
1 taza de azúcar	5 cucharaditas de extracto de vainilla
5 cucharadas de polvo para hornear	15 huevos
4 cucharaditas de sal	2 cucharaditas de bicarbonato
Receta para 5 barras de pan	

Resolución de problemas

PRÁCTICA matemática 2 **Usar el álgebra** **Escribe un enunciado de división con un símbolo para la incógnita. Luego, resuelve.**

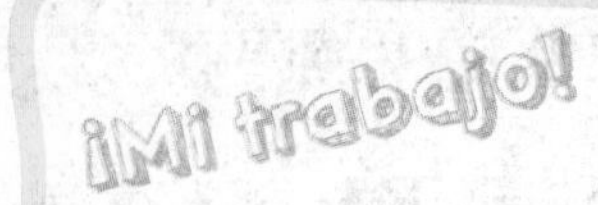

15. Rosa tiene un pedazo de cinta de 30 pulgadas. Dividió la cinta en 5 pedazos iguales. ¿Cuántas pulgadas de largo mide cada pedazo?

____

16. Guillermo coleccionó 45 banderas. Las exhibe en su habitación en 5 filas iguales. ¿Cuántas banderas tiene Guillermo en cada fila?

____

Problemas S.O.S.

17. **PRÁCTICA matemática 1** **Seguir intentándolo** Alicia obtuvo 40 puntos en la prueba de las mates de 10 preguntas. Cada pregunta vale 5 puntos y no hay créditos parciales. ¿En cuántas preguntas falló?

____

18. **PRÁCTICA matemática 2** **Hacer un alto y pensar** Encierra en un círculo el enunciado de división que no pertenece. Explica tu razonamiento.

$20 \div 2 = 10$	$30 \div 5 = 6$
$30 \div 6 = 5$	$35 \div 5 = 7$

____

19. **Profundización de la pregunta importante** ¿Cómo puede ayudarte un arreglo a resolver un problema de multiplicación y de división relacionado?

____

____

____

Nombre ....

Mi tarea

Lección 5
Dividir entre 5

Asistente de tareas

¿Necesitas ayuda? connectED.mcgraw-hill.com

Rudy gastó $30 en 5 modelos de carros. Cada modelo cuesta la misma cantidad. ¿Cuánto costó cada modelo de carro?

Halla $30 ÷ 5, o $5\overline{)\$30}$.

Una manera Usa fichas y partición.

Haz una partición de 30 fichas en partes iguales en 5 grupos hasta que no quede ninguna.

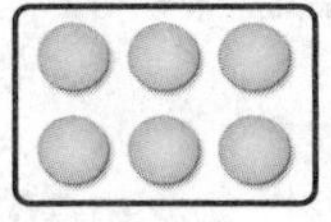 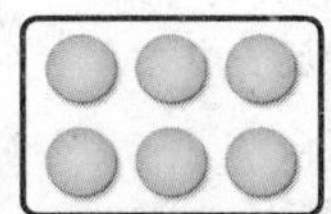 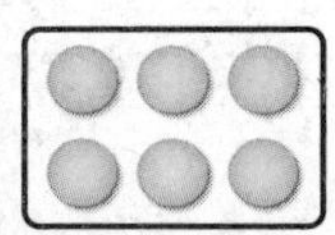 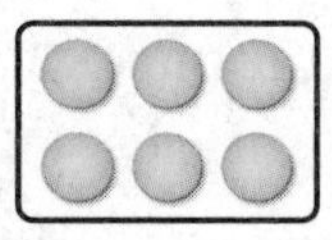 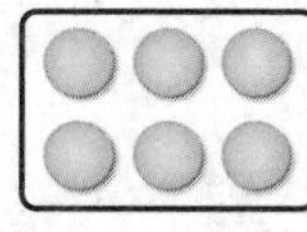

Hay 5 grupos iguales de 6.

Otra manera Usa la resta repetida.

Resta 5 hasta que obtengas 0. Cuenta el número de veces que restaste.

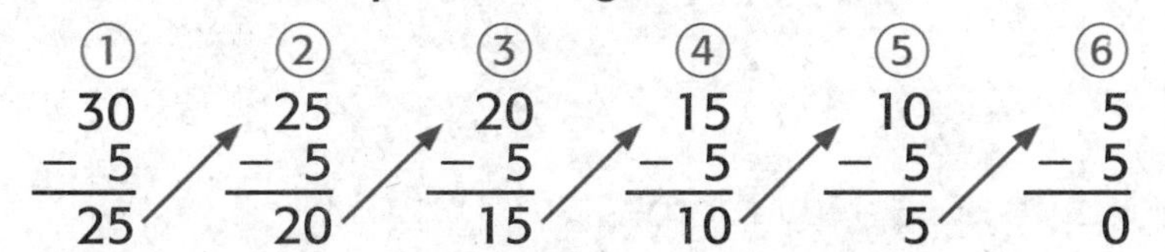

Los grupos de cinco se restaron 6 veces.

Como $30 ÷ 5 = $6, cada modelo costó $6.

Práctica

Haz una partición para hallar el número de grupos iguales o cuántas hay en cada grupo.

1. 45 fichas

5 grupos iguales

_______ en cada grupo

2. 5 fichas

_______ grupos iguales

1 en cada grupo

3. 20 fichas

5 grupos iguales

_______ en cada grupo

4. 50 fichas

_______ grupos iguales

5 en cada grupo

5. Álgebra Dibuja un arreglo y usa la operación inversa para hallar la incógnita.

■ × 5 = 15

? ÷ 3 = 5

■ = ______

? = ______

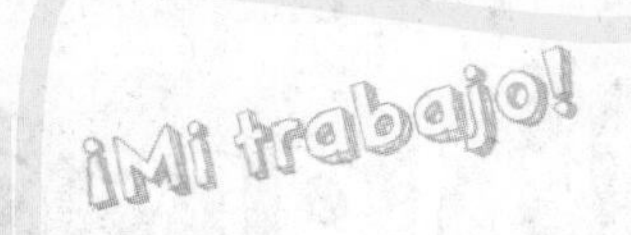

Resolución de problemas

Escribe un enunciado de división con un símbolo para la incógnita para los ejercicios 6 y 7. Luego, resuelve.

6. Antonio obtuvo un puntaje de 40 puntos en su prueba de las mates. Había 5 preguntas en la prueba y cada una valía el mismo número de puntos. ¿Cuántos puntos obtuvo Antonio por cada pregunta?

______

7. El almuerzo cuesta $5. Marcus tiene $35. ¿Durante cuántos días puede comprar el almuerzo?

______

8. PRÁCTICA matemática 4 **Representar las mates** Hoy fueron a la escuela en bicicleta 25 niñas y 20 niños. Cada rejilla para bicicletas de la escuela tiene espacio para 5 bicicletas. ¿Cuántas rejillas para bicicletas se llenaron?

______

Práctica para la prueba

9. ¿Cuál enunciado numérico representa este ejercicio de resta repetida?

$$\begin{array}{r}20\\-\ 5\\\hline 15\end{array} \nearrow \begin{array}{r}15\\-\ 5\\\hline 10\end{array} \nearrow \begin{array}{r}10\\-\ 5\\\hline 5\end{array} \nearrow \begin{array}{r}5\\-\ 5\\\hline 0\end{array}$$

Ⓐ 20 ÷ 5 = 4

Ⓑ 20 ÷ 2 = 10

Ⓒ 20 − 20 = 0

Ⓓ 20 − 10 = 10

Compruebo mi progreso

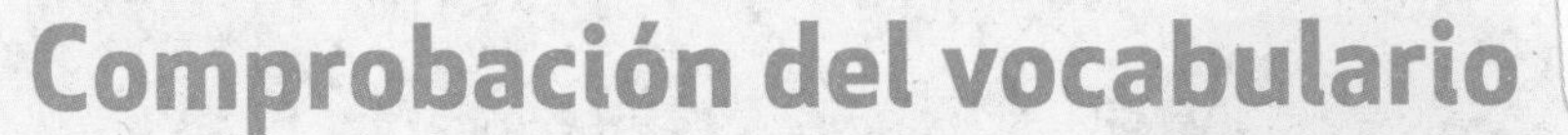

Comprobación del vocabulario

Rotula cada uno con las palabras correctas.

diagrama de barra **factores** **partición** **producto**

1.

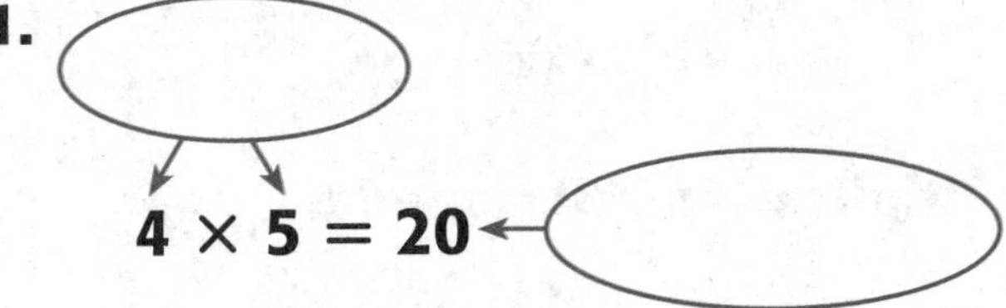

2.

? millas

2 millas	**2 millas**	**2 millas**

3 días

____

3.

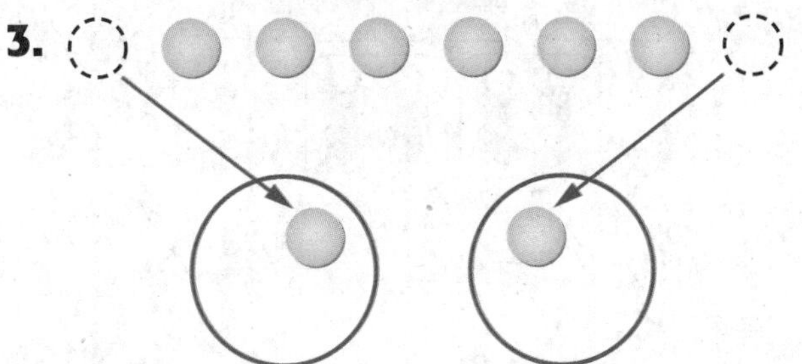

Haz una ____________ de una ficha a la vez entre cada grupo hasta que no queden más fichas.

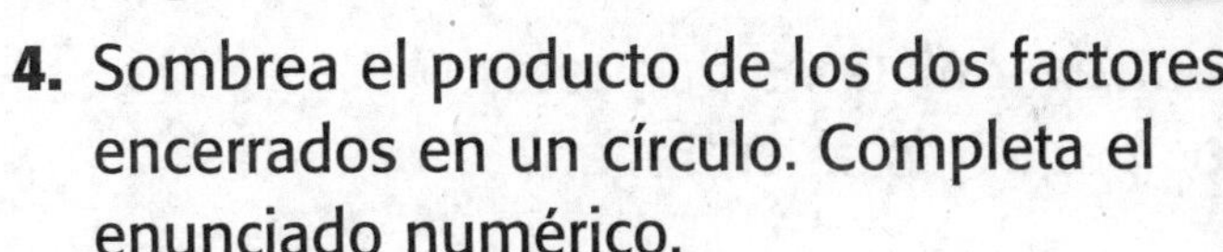

Comprobación del concepto

Comprueba

4. Sombrea el producto de los dos factores encerrados en un círculo. Completa el enunciado numérico.

$6 \times 4 =$ ____________

5. Dibuja un triángulo alrededor del producto que tiene los mismos factores. Escribe el enunciado numérico que muestra la propiedad conmutativa de la multiplicación.

____

×	0	1	2	3	4	5	6	7	8	9	10
0	0	0	0	0	0	0	0	0	0	0	0
1	0	1	2	3	4	5	6	7	8	9	10
2	0	2	4	6	8	10	12	14	16	18	20
3	0	3	6	9	12	15	18	21	24	27	30
4	0	4	8	12	16	20	24	28	32	36	40
5	0	5	10	15	20	25	30	35	40	45	50
6	0	6	12	18	24	30	36	42	48	54	60
7	0	7	14	21	28	35	42	49	56	63	70
8	0	8	16	24	32	40	48	56	64	72	80
9	0	9	18	27	36	45	54	63	72	81	90
10	0	10	20	30	40	50	60	70	80	90	100

Escribe un enunciado de suma y uno de multiplicación para cada uno.

6. 5 grupos de 2 son ____

____ + ____ + ____ + ____ + ____ = ____

____ × ____ = ____

7.

? lápices		
2 lápices	**2 lápices**	**2 lápices**

3 grupos de 2 son ____

____ + ____ + ____ = ____

____ × ____ = ____

Divide. Escribe una operación de multiplicación relacionada.

8.

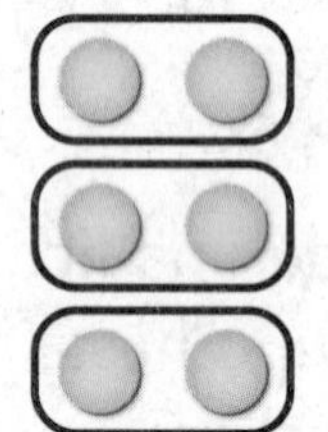

$6 \div 3 =$ ____

____

9.

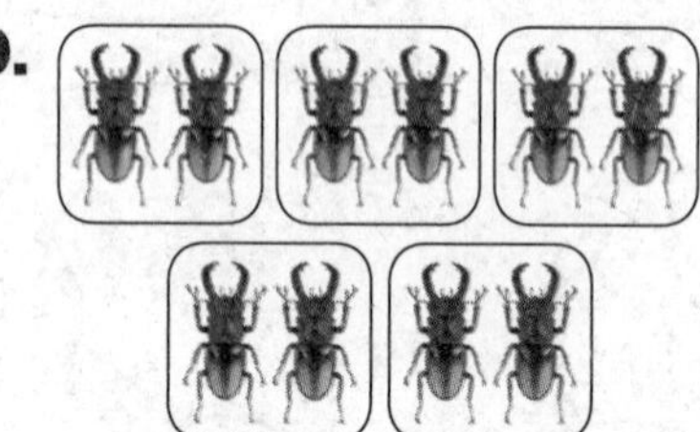

$10 \div 5 =$ ____

____

Resolución de problemas

10. Un mensajero hace 8 viajes para entregar algunos paquetes. Lleva 2 paquetes a la vez. ¿Cuántos paquetes se entregan?

____

Práctica para la prueba

11. Cinco veces más un número de estudiantes compraron el almuerzo en vez de llevarlo. Tres estudiantes llevaron el almuerzo. ¿Cuál de los siguientes se podría usar para hallar cuántos estudiantes compraron el almuerzo?

Ⓐ $5 - 3$ Ⓑ 5×3 Ⓒ $5 + 3$ Ⓓ $5 \div 3$

Nombre ....

El mundo real

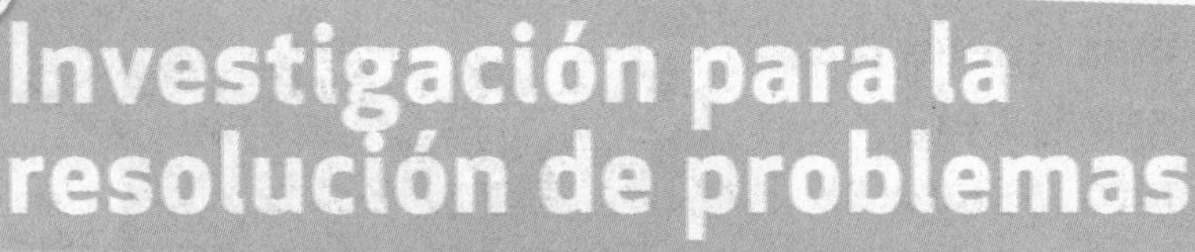

Investigación para la resolución de problemas

ESTRATEGIA: Buscar un patrón

Lección 6

PREGUNTA IMPORTANTE
¿Cuál es la importancia de los patrones en el aprendizaje de la multiplicación y la división?

Aprende la estrategia

Herramientas Observa Tutor

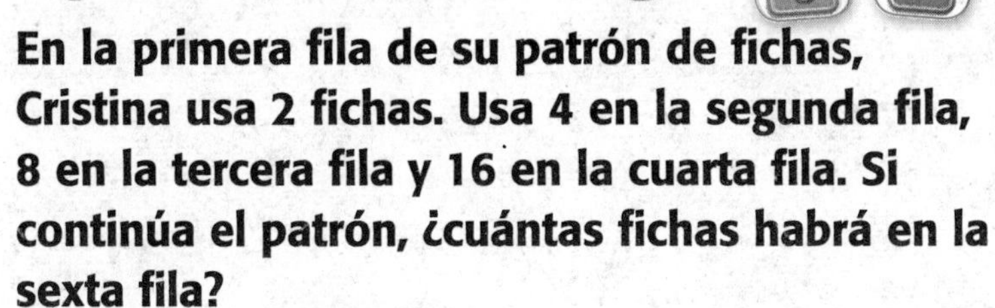

En la primera fila de su patrón de fichas, Cristina usa 2 fichas. Usa 4 en la segunda fila, 8 en la tercera fila y 16 en la cuarta fila. Si continúa el patrón, ¿cuántas fichas habrá en la sexta fila?

1 Comprende

¿Qué sabes?

Habrá ______ fichas en la primera fila, ______ en la segunda fila, ______ en la tercera fila y ______ en la cuarta fila.

¿Qué debes hallar?

El número de fichas que habrá en la fila ______.

2 Planea

Haré una tabla con la información. Luego, buscaré un patrón.

3 Resuelve

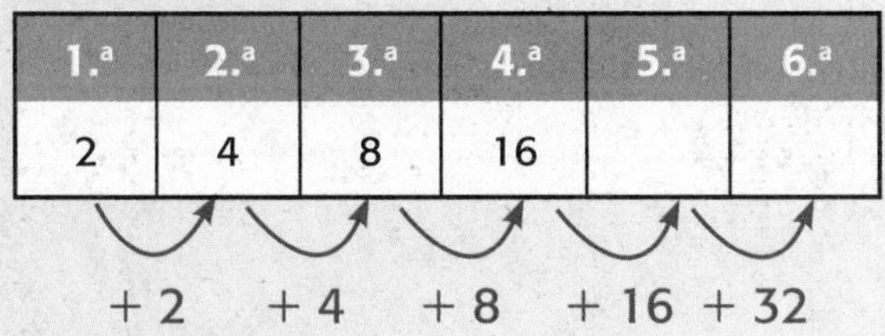

1.ª	2.ª	3.ª	4.ª	5.ª	6.ª
2	4	8	16		

+ 2   + 4   + 8   + 16   + 32

Escribe la información en una tabla. Busca un patrón. Los números se duplican. Ahora puedo continuar el el patrón. Habrá ____ fichas en la sexta fila.

4 Comprueba

¿Tiene sentido tu respuesta? ¿Por qué?

____

Practica la estrategia

Juan corta céspedes cada dos días. El primer día gana $5. Después, gana $1 más que el día anterior. Si empieza a cortar céspedes el primer día del mes, ¿cuánto dinero ganará el noveno día del mes?

Comprende

¿Qué sabes?

____

____

¿Qué debes hallar?

____

2 Planea

____

____

3 Resuelve

4 Comprueba

¿Tiene sentido tu respuesta? ¿Por qué?

____

Nombre

Aplica la estrategia

Resuelve los problemas buscando un patrón.

1. Se muestra una colección de osos. Si hubiera 3 filas más, ¿cuántos osos habría en total? Identifica el patrón.

Fila	1	2	3	4	5	6	7
Osos							

¡Mi trabajo!

2. PRÁCTICA matemática 8 **Buscar un patrón** Yutaka planta 15 flores. Usa un patrón de 1 margarita y 2 tulipanes. Si el patrón continúa, ¿cuántos tulipanes plantará? Explica tu respuesta.

Margaritas	Tulipanes	Total
1	2	
2	4	
3		

Repasa las estrategias

Usa cualquier estrategia para resolver los problemas.

- Usar la estimación o respuesta exacta.
- Hacer una tabla.
- Buscar un patrón.
- Usar modelos.

Para los ejercicios 3 a 5, usa el siguiente aviso.

MERIENDAS SALUDABLES

Semillas de girasol................10¢ por paquete
Fruta deshidratada......10 porciones por 50¢
Jugo......................................20¢ por unidad
Yogur..2 por 80¢

¡Mi trabajo!

3. Julio gastó 70¢ en semillas de girasol. ¿Cuántos paquetes compró?

____

4. ¿Cuánto pagó Nelly por un yogur?

____

5. ¿Cuánto costaría comprar 1 de cada cosa, incluyendo 1 porción de fruta deshidratada?

____

6. Ricardo coleccionó 40 cómics. Se queda con 10 cómics y divide el resto en partes iguales entre sus 5 amigos. ¿Cuántos cómics recibe cada amigo?

____

7. PRÁCTICA matemática 5 **Usar las herramientas de las mates** La cantidad de luz que emite una bombilla se mide en lúmenes. Cada una de 2 bombillas del cuarto de Hudson emite 1,585 lúmenes de luz. ¿Cuántos lúmenes emiten las dos bombillas en total?

____

Mi tarea

Lección 6
Resolución de problemas: Buscar un patrón

Asistente de tareas

¿Necesitas ayuda? **connectED.mcgraw-hill.com**

En la sala de juegos, Kelly empezó con 28 fichas. Le dio 24 a Curtis. Luego, le dio 12 a Sonia. Si este patrón continúa, ¿cuántas fichas regalará Kelly a continuación?

1 Comprende

¿Qué sabes?
Kelly empezó con 48 fichas.
Primero regaló 24 fichas y luego 12.

¿Qué debes hallar?
Cuántas fichas regalará Kelly a continuación.

2 Planea

Buscaré un patrón.

3 Resuelve

El patrón es 48, 24, 12 . . .

Cada número es la mitad del anterior.

El patrón es dividir entre 2.

$12 \div 2 = 6$

Por lo tanto, Kelly regalará 6 fichas a continuación.

4 Comprueba

¿Tiene sentido tu respuesta?
La mitad de 12 es 6. La respuesta es razonable.

El mundo real

Resolución de problemas

Resuelve los problemas buscando un patrón.

1. Adam está alineando los vagones de su tren de juguete. Si continúa con este patrón de color, ¿qué color tendrá el vagón número18?

___

2. Marisa reparte periódicos en la calle Cedro. El número de la primera casa es 950, el siguiente es 940 y el tercero es 930. Si el patrón continúa, ¿cuál será el número de la siguiente casa?

___

3. Kyle se entrena para una competencia de ciclismo. Recorre 5 millas un día, 10 millas el siguiente día y 15 millas el tercer día. Si Kyle repite este programa, ¿cuál es la distancia total que habrá recorrido después de 5 días?

___

4. El equipo de básquetbol ganó su primer juego por 18 puntos, el segundo juego por 15 puntos y el tercer juego por 12 puntos. Si el patrón continúa, ¿por cuántos puntos ganará el quinto juego?

___

5. Darcy usa un día pantalones café para trabajar, al día siguiente usa pantalones azules y al tercer día usa falda. Si este patrón continúa cada tres días, ¿qué usará para trabajar el séptimo día?

___

¡Mi trabajo!

Multiplicar por 10

Lección 7

PREGUNTA IMPORTANTE
¿Cuál es la importancia de los patrones en el aprendizaje de la multiplicación y la división?

Las mates y mi mundo

Ejemplo 1

Orlando encontró 8 monedas de 10¢. ¿Cuánto dinero encontró Orlando? Una moneda de 10¢ es igual a 10 centavos. Cuenta de diez en diez para hallar 8 × 10¢.

enunciado de suma → 10¢ + 10¢ + 10¢ + 10¢ + 10¢ + 10¢ + 10¢ + 10¢ = 80¢

Cuenta salteado. → 10¢ 20¢ 30¢ 40¢ 50¢ 60¢ 70¢ 80¢

8 monedas de 10¢ son ____¢. 8 × 10¢ = ____¢

Por lo tanto, Orlando encontró ____¢.

Observa el patrón en los productos.

1 × 10 = 10 ← El dígito de las unidades del producto es cero.

2 × 10 = 20

el mismo

Amplía el patrón.

3 × 10 = ____

4 × 10 = ____

5 × ____ = ____

6 × ____ = ____

7 × ____ = ____

8 × ____ = ____

Pista
Cuando multiplicas por 10, el producto siempre terminará en 0.

Ejemplo 2 

Andrew vio huellas de pies en la playa. Contó 10 dedos en cada uno de 3 conjuntos de huellas. ¿Cuántos dedos contó Andrew en total? Escribe un enunciado de multiplicación con un símbolo para la incógnita.

$3 \times 10 = \blacksquare$ ← incógnita

Cuenta salteado en una recta numérica. Cuenta tres saltos iguales de 10.

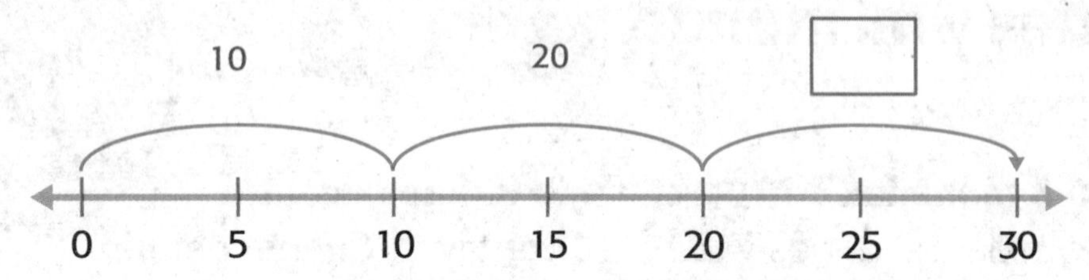

La recta numérica muestra que $3 \times 10 =$ ______. La incógnita es ______.

Por lo tanto, Andrew contó ______ dedos en la arena.

¿Cómo puede ayudarte conocer las operaciones de 5 a aprender las operaciones de 10?

Práctica guiada 

Cuenta de 10 en 10 para hallar los productos. Traza líneas para relacionar.

1. $5 \times 10 =$ ☐ • $10 + 10$

2. $2 \times 10 =$ ☐ • 10

3. $7 \times 10 =$ ☐ • $10 + 10 + 10 + 10 + 10 + 10 + 10$

4. $1 \times 10 =$ ☐ • $10 + 10 + 10 + 10 + 10$

5. Completa el patrón.

10, 20, ______, ______, 50, 60, 70, ______, ______, 100

Nombre ....

CCSS

Práctica independiente

Cuenta salteado para hallar los productos. Escribe el enunciado de suma.

6. 4 × 10 = ____   10 + ____ + ____ + ____ = ____

7. 6 × 10 = ____   10 + ____ + ____ + ____ + ____ + ____ = ____

8. 3 × 10 = ____   ____ + ____ + ____ = ____

9. 5 × 10 = ____   ____ + ____ + ____ + ____ + ____ = ____

Álgebra Usa la recta numérica para hallar las incógnitas.

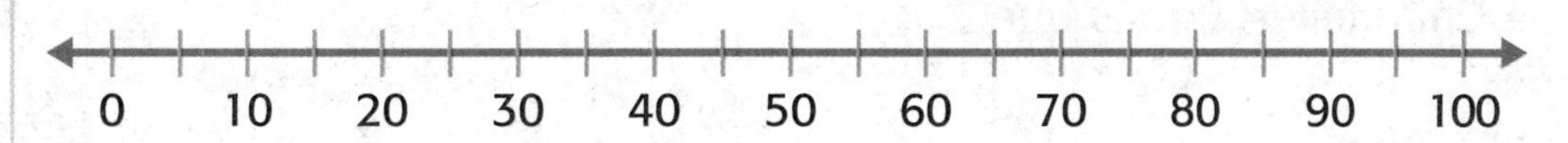

10. ■ × 6 = 60
6 × ■ = 60

La incógnita es ____.

11. 10 × ■ = 10
■ × 10 = 10

La incógnita es ____.

12. 9 × 10 = ■
10 × 9 = ■

La incógnita es ____.

Multiplica.

13. 10 × 2 = ____

14. 10 × 6 = ____

15. 10 × 5 = ____

16. 10 × 3 = ☐

17. 9 × 10 = ☐

18. 10 × 1 = ☐

Usa la propiedad conmutativa para hallar los productos. Traza una línea para relacionar.

19. 8 × 10 = ☐   • 10 × 6 = 60

20. 10 × 5 = ☐   • 10 × 8 = 80

21. 6 × 10 = ☐   • 5 × 10 = 50

Resolución de problemas

Algunas de las esculturas de vidrio más grandes del mundo se encuentran en Estados Unidos. Usa las pistas de los ejercicios 22 a 25 para hallar la longitud de cada escultura.

Esculturas de vidrio más grandes del mundo	
Nombre de la escultura	**Longitud (pies)**
Fiori di Como, NV	?
Chihuly Tower, OK	?
Cobalt Blue Chandelier, WA	?
River Blue, CT	?

22. Fiori di Como: 5 menos que 7×10

______

23. Chihuly Tower: 5 más que 10×5

______

24. Cobalt Blue Chandelier: 9 más que 2×10

______

25. River Blue: 4 más que 10×1

______

26. PRÁCTICA matemática 2 **Usar el sentido numérico** Hay 5 jirafas y 10 aves. ¿Cuántas patas hay en total?

______

Problemas S.O.S.

27. PRÁCTICA matemática 2 **Razonar** Explica cómo sabes que un enunciado de multiplicación con un producto de 25 no puede ser una operación de 10.

______

28. **Profundización de la pregunta importante** ¿Cómo puedo usar patrones para multiplicar números por 10?

______

Nombre ....

Mi tarea

Lección 7
Multiplicar por 10

Asistente de tareas

¿Necesitas ayuda? connectED.mcgraw-hill.com

Hay 8 jugadores en el equipo de tenis. Cada familia aporta $10 para comprarle un regalo al entrenador. ¿Qué cantidad de dinero se recolectó en total para comprarle el regalo al entrenador?

Halla 8 × $10.

Cuenta de 10 en 10.

$10 + $10 + $10 + $10 + $10 + $10 + $10 + $10 = $80

$10 $20 $30 $40 $50 $60 $70 $80

Por lo tanto, la cantidad total recolectada entre las 8 familias fue de $80.

Práctica

Cuenta de 10 en 10 para hallar los productos. Escribe el enunciado de suma.

1. 5 × 10 = ______

____

2. 2 × 10 = ______

____

3. 7 × 10 = ______

____

4. 3 × 10 = ______

____

Álgebra **Usa la recta numérica para hallar las incógnitas.**

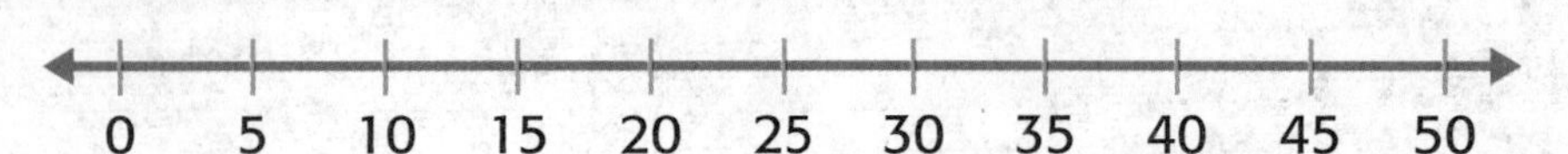

5. ■ × 4 = 40

4 × ■ = 40

La incógnita es ____.

6. 10 × ■ = 20

■ × 10 = 20

La incógnita es ____.

7. 10 × ■ = 50

■ × 10 = 50

La incógnita es ____.

Resolución de problemas

Para los ejercicios 8 y 9, escribe un enunciado de multiplicación para resolver.

8. La clase de Fiona fue de excursión al museo de arte. Los estudiantes se transportaron en camionetas con capacidad para 10 personas cada una. ¿Cuántas personas fueron a la excursión si viajaron 4 camionetas llenas?

____

9. PRÁCTICA matemática 5 **Usar las herramientas de las mates** Durante el partido de fútbol americano, Carlos corrió 3 veces con el balón. Cada vez, corrió 10 yardas. ¿Cuántas yardas corrió Carlos en total?

____

10. Cada vez que Allison va al centro de reciclaje, lleva 10 bolsas de latas. Va a ir dos veces este mes, 3 veces el próximo mes y una vez el siguiente mes. ¿Cuántas bolsas de latas llevará Allison al centro de reciclaje en estos tres meses?

____

Práctica para la prueba

11. Byron tiene 70 monedas de 1¢. Las apila en grupos de 10. ¿Cuántas pilas de monedas de 1¢ puede hacer Byron?

Ⓐ 7 pilas

Ⓑ 8 pilas

Ⓒ 9 pilas

Ⓓ 10 pilas

Nombre ....

Múltiplos de 10

Lección 8

PREGUNTA IMPORTANTE
¿Cuál es la importancia de los patrones en el aprendizaje de la multiplicación y la división?

El producto de un número dado, como 10, y cualquier otro número, es un **múltiplo.** Puedes usar una operación básica y patrones de cero para hallar mentalmente múltiplos de 10.

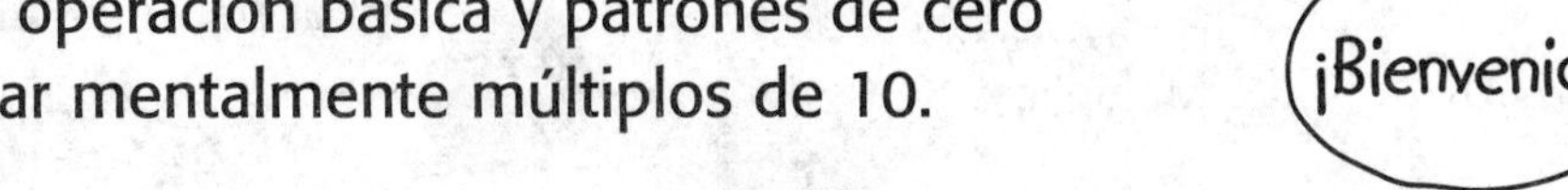

Las mates y mi mundo

Ejemplo 1

Un hotel nuevo tiene 3 pisos. Hay 20 habitaciones en cada piso. ¿Cuál es el número total de habitaciones del hotel?

Halla 3×20. ← 20 es un múltiplo de 10, porque $2 \times 10 = 20$.

Una manera **Usa una operación básica y patrones.**

$3 \times 2 = 6$ ← operación básica

$3 \times 20 =$ ______ ← $3 \times 2 = 6$, por lo tanto $3 \times 20 = 60$

Otra manera **Usa el valor posicional.**

Piensa en 3×20 como 3×2 decenas.

Usa bloques de base diez para representar 3 grupos iguales de 2 decenas. Dibuja tu modelo a la derecha.

¡Mi dibujo!

3×2 decenas = ______ decenas

Por lo tanto, $3 \times 20 =$ ______.

6 decenas = 60

Comprueba que sea razonable

Usa la suma repetida.

20 + ______ + ______ = ______

Se pueden usar las propiedades para multiplicar un número por un múltiplo de 10.

Ejemplo 2

Eliana compra 2 bolsas de cuentas para agregar a su colección de cuentas. Cada bolsa tiene 40 cuentas. ¿Cuántas cuentas compra Eliana?

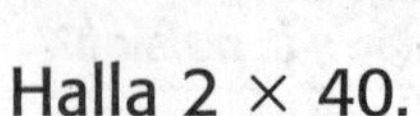

Halla 2×40.

$2 \times 40 = 2 \times (4 \times 10)$ Escribe 40 como 4×10.

$= (2 \times 4) \times 10$ Halla 2×4 primero.

$=$ ____ $\times 10$ Multiplica.

$=$ ____

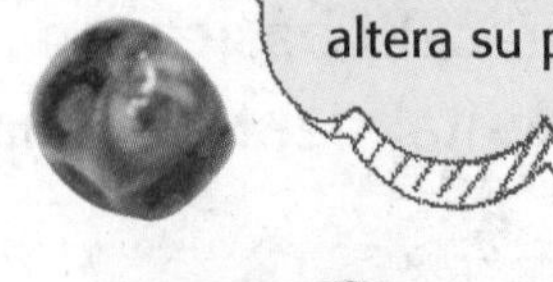

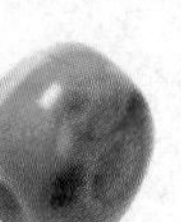

Pista

La manera en que se agrupan los números no altera su producto.

Por lo tanto, Eliana compra ____ cuentas.

Ejemplo 3

Halla la incógnita en $4 \times 50 = \blacksquare$.

$4 \times 50 = 200$ 4×5 decenas $= 20$ decenas

La operación básica tiene a veces un cero. Mantén ese cero y agrega luego el otro cero.

Por lo tanto, $4 \times 50 =$ ____. La incógnita es ____.

Halla los productos de 3×20 y 2×30. ¿Qué observas con relación a los productos? ¿Es esto un ejemplo de la propiedad conmutativa de la multiplicación? Explica tu respuesta.

Práctica guiada

Multiplica. Usa el valor posicional.

1. $2 \times 20 = 2 \times$ ____ decenas

$=$ ____ decenas

Por lo tanto,
$2 \times 20 =$ ____.

2. $5 \times 60 = 5 \times$ ____ decenas

$=$ ____ decenas

Por lo tanto,
$5 \times 60 =$ ____.

Nombre ....

CCSS

Práctica independiente

Multiplica. Usa una operación básica.

3. $5 \times 5 =$ ____

Por lo tanto,
$5 \times 50 =$ ____.

4. $6 \times 2 =$ ____

Por lo tanto,
$6 \times 20 =$ ____.

5. $5 \times 7 =$ ____

Por lo tanto,
$5 \times 70 =$ ____.

Multiplica. Usa el valor posicional.

6. $5 \times 20 =$

____ × ____ decenas = ____ decenas

Por lo tanto, $5 \times 20 =$ ____.

7. $2 \times 70 =$

____ × ____ decenas = ____ decenas

Por lo tanto, $2 \times 70 =$ ____.

8. $8 \times 50 =$

____ × ____ decenas = ____ decenas

Por lo tanto, $8 \times 50 =$ ____.

9. $2 \times 80 =$

____ × ____ decenas = ____ decenas

Por lo tanto, $2 \times 80 =$ ____.

Multiplica para hallar los productos. Traza líneas para relacionar.

10. $2 \times 90 =$ ____

11. $5 \times 40 =$ ____

12. $5 \times 90 =$ ____

• $5 \times (4 \times 10) = (5 \times 4) \times 10$
$= 20 \times 10$
$=$ ____

• $5 \times (9 \times 10) = (5 \times 9) \times 10$
$= 45 \times 10$
$=$ ____

• $2 \times (9 \times 10) = (2 \times 9) \times 10$
$= 18 \times 10$
$=$ ____

Álgebra **Halla las incógnitas.**

13. $2 \times$ ■ $= 100$

La incógnita es ____.

14. $2 \times$ ■ $= 60$

La incógnita es ____.

15. $6 \times 50 =$ ■

La incógnita es ____.

Resolución de problemas

Escribe un enunciado de multiplicación con un símbolo para la incógnita para los ejercicios 16 y 17. Luego, resuelve.

¡Mi trabajo!

16. PRÁCTICA matemática 2 **Usar el álgebra** El álbum de tarjetas de Daniel tiene 20 páginas. En cada una hay 6 tarjetas para intercambiar. ¿Cuántas tarjetas hay en total?

17. Hay 90 casas con 10 ventanas cada una. ¿Cuántas ventanas hay en total?

18. Carlota coleccionó 2 cajas de osos de peluche. Cada caja contiene 20 osos. Si vendió cada oso a $2, ¿cuánto dinero ganó?

Problemas S.O.S.

19. PRÁCTICA matemática 4 **Representar las mates** Escribe un enunciado de multiplicación que use un múltiplo de 10 y tenga un producto de 120.

20. PRÁCTICA matemática 8 **Buscar un patrón** Describe el patrón que veas al multiplicar 5×30.

¿Cuál es el producto de 5×300?

21. **Profundización de la pregunta importante** ¿Cómo me ayudan a multiplicar por un múltiplo de 10 las operaciones básicas y los patrones?

Mi tarea

Lección 8

Múltiplos de 10

Asistente de tareas

¿Necesitas ayuda? connectED.mcgraw-hill.com

Hay 3 repisas en la vitrina. Cada repisa tiene 40 latas. ¿Cuántas latas cabrán en la vitrina?

Debes hallar 3×40.

Una manera **Usa una operación básica y patrones.**

$3 \times 4 = 12$ ← operación básica

$3 \times 40 = 120$ ← patrón

Otra manera **Usa el valor posicional.**

Usa bloques de base diez para representar 3 grupos de 4 decenas.

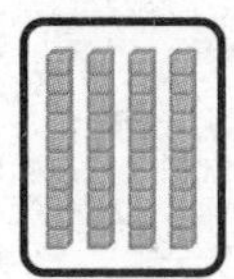
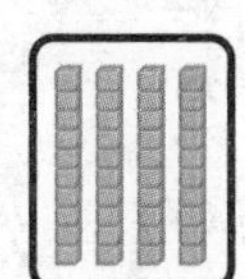
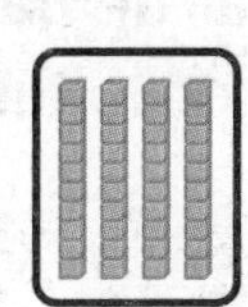

3×4 decenas = 12 decenas; 12 decenas = 120 ← Usa la suma repetida para comprobar: $40 + 40 + 40 = 120$.

Por lo tanto, $3 \times 40 = 120$.

Por lo tanto, cabrán 120 latas en la vitrina.

Práctica

Multiplica. Usa el valor posicional.

1. $2 \times 40 =$

$2 \times$ ____ decenas = ____ decenas

Por lo tanto, $2 \times 40 =$ ____.

2. $5 \times 60 =$

$5 \times$ ____ decenas = ____ decenas

Por lo tanto, $5 \times 60 =$ ____.

3. $5 \times 30 =$

$5 \times$ ____ decenas = ____ decenas

Por lo tanto, $5 \times 30 =$ ____.

4. $10 \times 20 =$

$10 \times$ ____ decenas = ____ decenas

Por lo tanto, $10 \times 20 =$ ____.

Multiplica. Usa una operación básica.

5. $10 \times 3 =$ ______

Por lo tanto, $10 \times 30 =$ ______.

6. $2 \times 9 =$ ______

Por lo tanto, $2 \times 90 =$ ______.

7. $2 \times 8 =$ ______

Por lo tanto, $2 \times 80 =$ ______.

8. $5 \times 5 =$ ______

Por lo tanto, $5 \times 50 =$ ______.

Resolución de problemas

Escribe un enunciado de multiplicación para resolver.

9. Henry tiene 5 relojes antiguos. Cada reloj tiene un valor de $90. ¿Cuánto valen los relojes de Henry en total?

______

10. PRÁCTICA matemática 1 **Seguir intentándolo** Tom usa 40 clavos para poner el marco alrededor de cada ventana. Hay 5 ventanas en el dormitorio. ¿Cuántos clavos usará Tom en el dormitorio?

______

11. Chloe usa 80 envolturas de dulces para hacer un collar de papel. Está haciendo collares para ella y 9 amigas. ¿Cuántas envolturas de dulces necesitará Chloe?

______

Comprobación del vocabulario

12. Encierra en un círculo el enunciado numérico que muestra que 20 es un múltiplo de 2.

$2 \times 10 = 20$ $\quad$ $2 + 10 = 12$

$2 \times 5 = 10$ $\quad$ $10 \div 2 = 5$

Práctica para la prueba

13. ¿Cuál es igual a 52 decenas?

Ⓐ 52,010
Ⓑ 5,210
Ⓒ 5,200
Ⓓ 520

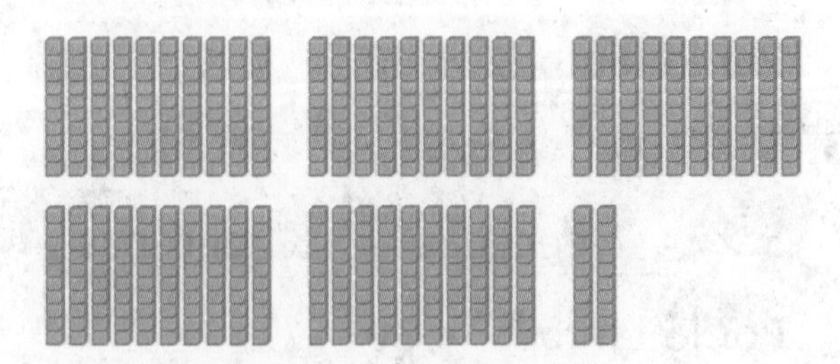

Nombre ....

Dividir entre 10

Lección 9

PREGUNTA IMPORTANTE
¿Cuál es la importancia de los patrones en el aprendizaje de la multiplicación y la división?

Las mates y mi mundo

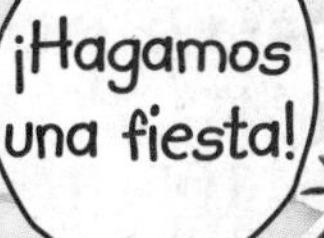

Ejemplo 1

La clase de tercer grado necesita 50 paletas. ¿Cuántas cajas necesitará si hay 10 paletas en cada caja?

Halla 50 ÷ 10.

Una manera Usa una recta numérica.

Empieza en 50 y cuenta hacia atrás de 10 en 10.

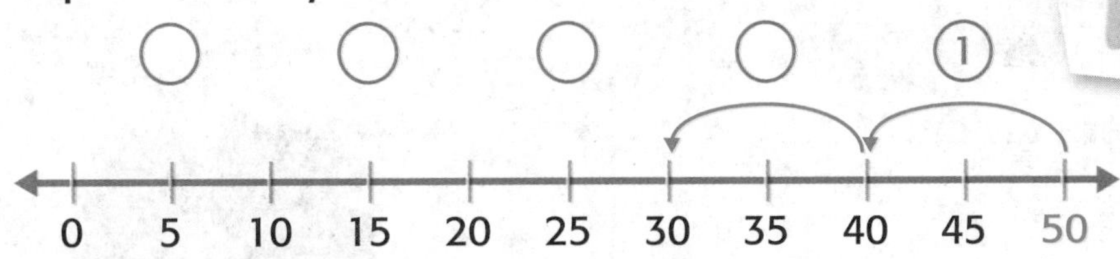

Los grupos de 10 se cuentan hacia atrás ______ veces.

Otra manera Usa la resta repetida.

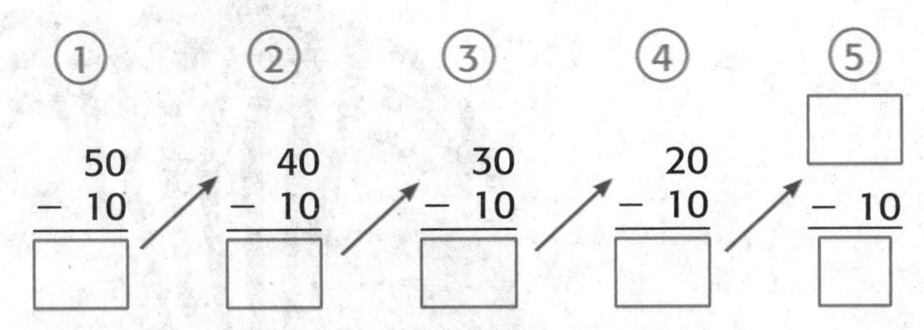

Resta grupos de ______ hasta que llegues a ______.

Los grupos de ______ se restaron ______ veces.

De cualquier manera, 50 ÷ 10 = ______.

La clase de tercer grado necesitará ______ cajas de paletas.

Piensa en la división como un problema de factor desconocido. Usa la operación de multiplicación relacionada.

Ejemplo 2

Un mariscal de campo lanzó el balón por un total de 70 yardas. Cada vez que lanzaba el balón, el equipo acumulaba 10 yardas. ¿Cuántos lanzamientos hizo el mariscal? Escribe un enunciado de división con un símbolo para la incógnita.

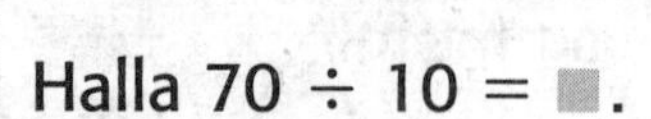

Halla $70 \div 10 = ■$.

Sabes que $10 \times$ ______ $= 70$. El factor desconocido es ______.

Como la división y la multiplicación son operaciones inversas,

$70 \div 10 =$ ______.

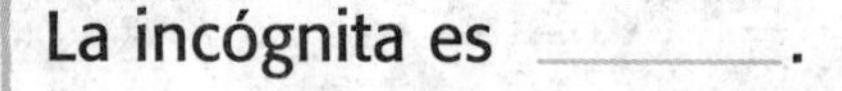

La incógnita es ______.

El mariscal de campo hizo ______ lanzamientos.

Al dividir entre 10, ¿qué observas con relación al cociente y el dividendo?

Práctica guiada

Usa la resta repetida para dividir.

1. $90 \div 10 =$ ______

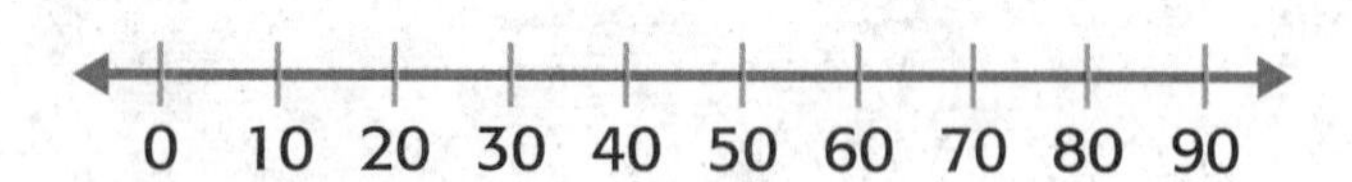

2. $40 \div 10 =$ ______

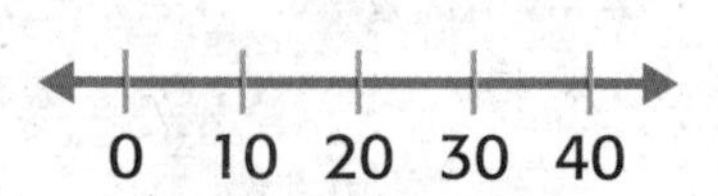

3. $60 \div 10 =$ ______

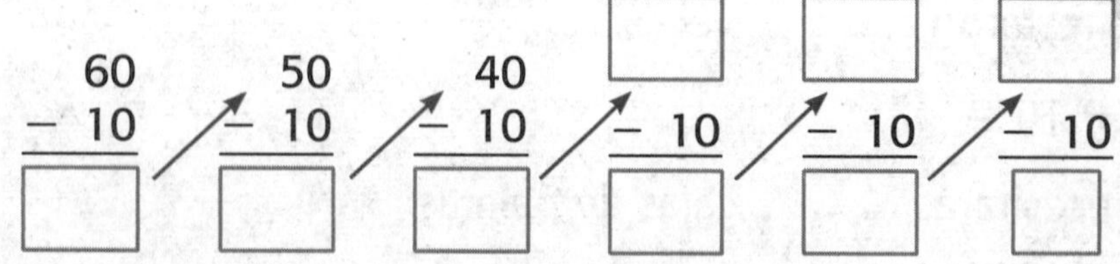

Nombre ....

CCSS

Práctica independiente

Usa la resta repetida para dividir.

4. $20 \div 10 =$ ______

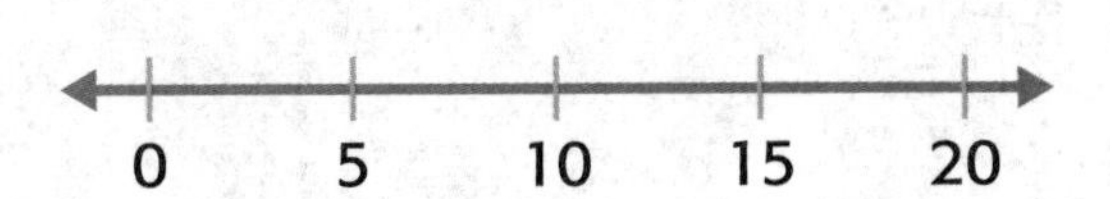

5. $10 \div 10 =$ ______

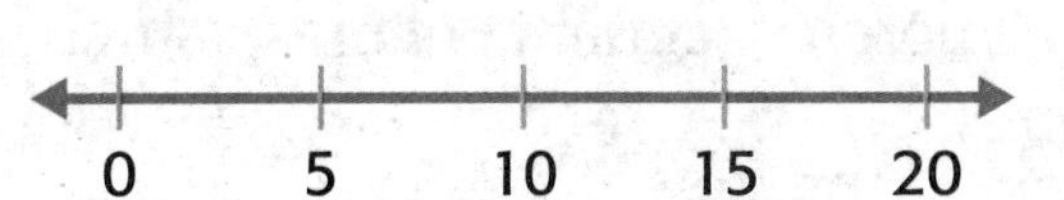

6. $30 \div 10 =$ ______

$$\begin{array}{r} 30 \\ -\ 10 \\ \hline \end{array}$$

7. $80 \div 10 =$ ______

$$\begin{array}{r} 80 \\ -\ 10 \\ \hline \end{array}$$

Álgebra Usa una operación de multiplicación relacionada para hallar las incógnitas.

8. $50 \div 10 = ■$

$10 \times$ ______ $= 50$

La incógnita es ______.

9. $70 \div ■ = 7$

______ $\times 7 = 70$

La incógnita es ______.

10. $90 \div 10 = ■$

$10 \times$ ______ $= 90$

La incógnita es ______.

11. $60 \div ■ = 6$

______ $\times 6 = 60$

La incógnita es ______.

12. $100 \div 10 = ■$

$10 \times$ ______ $= 100$

La incógnita es ______.

13. $■ \div 10 = 4$

$10 \times 4 =$ ______

La incógnita es ______.

Resolución de problemas

Álgebra Escribe un enunciado de división con un símbolo para la incógnita para los ejercicios 14 y 15. Luego, resuelve.

14. Ken quiere dividir 40 flores en partes iguales en 10 floreros. ¿Cuántas flores van en cada florero?

15. Ronald vio 60 carros en una exhibición de carros. Si vio 10 de cada clase de carros, ¿cuántas clases diferentes de carros había?

16. PRÁCTICA matemática 5 **Usar las herramientas de las mates**

La tabla muestra la cantidad de dinero que cada niño ha ahorrado en billetes de $10.

¿Cuál es la diferencia entre la menor cantidad de dinero ahorrado y la mayor cantidad de dinero ahorrado?

Cuentas de ahorro	
Nombre	**Ahorro**
Rebeca	$70
Bret	$30
Susana	$80
Jame	$90

¿A cuántos billetes de $10 equivale la diferencia?

¿Cuántos billetes de $10 han ahorrado los niños en total?

Problemas S.O.S.

17. PRÁCTICA matemática 2 **Usar el sentido numérico** Usa los números 0, 7 y 8 para escribir dos números de 2 dígitos que puedan dividirse entre 10. Los números se pueden usar más de una vez.

18. **Profundización de la pregunta importante** ¿Cómo contar de 10 en 10 puede ayudarte a hallar el cociente de las operaciones de 10?

Nombre

Mi tarea

Lección 9
Dividir entre 10

Asistente de tareas

¿Necesitas ayuda? connectED.mcgraw-hill.com

La clase de la señora Torres tiene 30 pupitres. Si hay 10 pupitres en cada fila, ¿cuántas filas de pupitres hay?

Halla $30 \div 10$.

Resta grupos de 10 hasta que llegues a 0.

Una manera **Usa una recta numérica.**

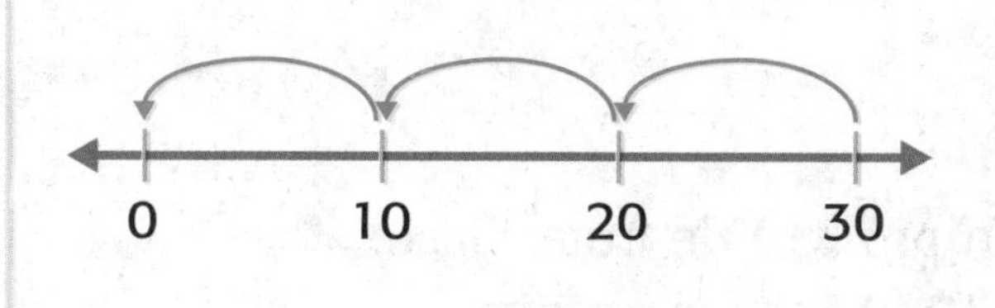

Otra manera **Usa la resta repetida.**

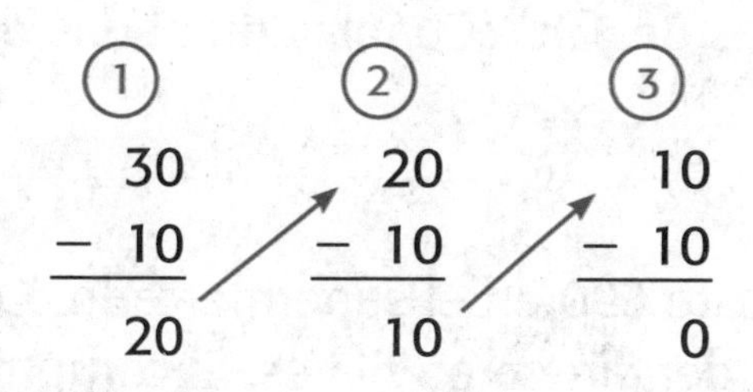

Se restaron 3 grupos de 10 y sabes que $10 \times 3 = 30$.

Por lo tanto, $30 \div 10 = 3$. Hay 3 filas de pupitres.

Práctica

Usa la resta repetida para dividir.

1. $70 \div 10 =$ ______

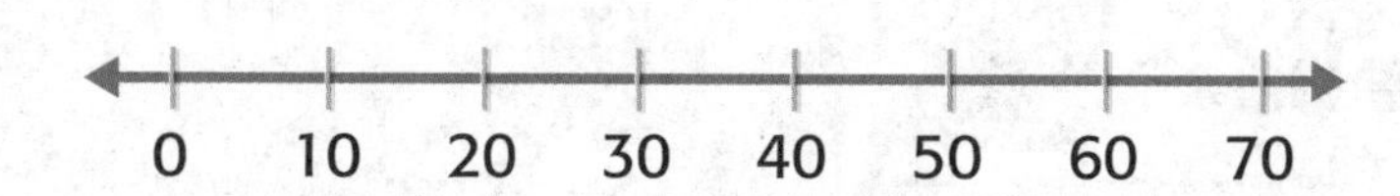

2. $60 \div 10 =$ ______

60
− 10 ↗ − 10 ↗ − 10 ↗ − 10 ↗ − 10 ↗ − 10

Álgebra Usa una operación de multiplicación relacionada para hallar las incógnitas.

3. $80 \div 10 = ■$

$10 \times$ _______ $= 80$

La incógnita es _______.

4. $■ \div 10 = 3$

$10 \times 3 =$ _______

La incógnita es _______.

5. $■ \div 10 = 10$

$10 \times 10 =$ _______

La incógnita es _______.

6. $20 \div 10 = ■$

$10 \times$ _______ $= 20$

La incógnita es _______.

Resolución de problemas

7. Morgan tiene 90 centavos en el bolsillo. Todo el dinero está en monedas de 10¢. ¿Cuántas monedas de 10¢ tiene Morgan en total?

____

8. Ricky gastó $90 en el supermercado. Compró $30 de fruta. Gastó el resto del dinero en filetes. Si compró 10 filetes y cada uno costó la misma cantidad, ¿cuál fue el precio de cada filete?

____

9. PRÁCTICA matemática 1 **Entender los problemas** Annie compró una bolsa de 80 minizanahorias. Cada día come 5 zanahorias al almuerzo y en la noche come otras 5 como refrigerio. ¿En cuántos días habrá terminado la bolsa de zanahorias?

____

Práctica para la prueba

10. Bill tiene una colección de 60 libros que quiere donar a la biblioteca. ¿Cuál enunciado numérico muestra cómo puede dividir Bill los libros en partes iguales a medida que los empaca en las cajas?

Ⓐ $60 \div 6 = 10$

Ⓑ $60 - 10 = 50$

Ⓒ $60 + 60 + 60 = 180$

Ⓓ $60 \times 1 = 60$

Nombre

Práctica de fluidez

Multiplica.

1. $2 \times 9 =$ ____ **2.** $5 \times 3 =$ ____ **3.** $2 \times 4 =$ ____ **4.** $10 \times 6 =$ ____

5. $2 \times 3 =$ ____ **6.** $2 \times 5 =$ ____ **7.** $2 \times 2 =$ ____ **8.** $5 \times 1 =$ ____

9. $5 \times 4 =$ ____ **10.** $2 \times 6 =$ ____ **11.** $2 \times 7 =$ ____ **12.** $10 \times 2 =$ ____

13. 10×3 **14.** 5×6 **15.** 2×8 **16.** 10×4

17. 5×7 **18.** 5×5 **19.** 10×6 **20.** 5×8

21. 2×1 **22.** 5×2 **23.** 5×9 **24.** 10×5

Nombre ....

Práctica de fluidez

Divide.

1. $10 \div 5 =$ ____ **2.** $20 \div 5 =$ ____ **3.** $30 \div 10 =$ ____ **4.** $8 \div 2 =$ ____

5. $16 \div 2 =$ ____ **6.** $50 \div 10 =$ ____ **7.** $35 \div 5 =$ ____ **8.** $25 \div 5 =$ ____

9. $45 \div 5 =$ ____ **10.** $60 \div 10 =$ ____ **11.** $40 \div 5 =$ ____ **12.** $10 \div 2 =$ ____

13. $2\overline{)12}$ **14.** $5\overline{)30}$ **15.** $10\overline{)20}$ **16.** $5\overline{)15}$

17. $10\overline{)70}$ **18.** $2\overline{)14}$ **19.** $2\overline{)18}$ **20.** $5\overline{)5}$

21. $10\overline{)40}$ **22.** $2\overline{)20}$ **23.** $2\overline{)6}$ **24.** $2\overline{)4}$

Repaso

Comprobación del vocabulario

Usa las claves y las palabras de la lista para completar el crucigrama.

diagrama de barra **factor** **múltiplo**
partición **producto**

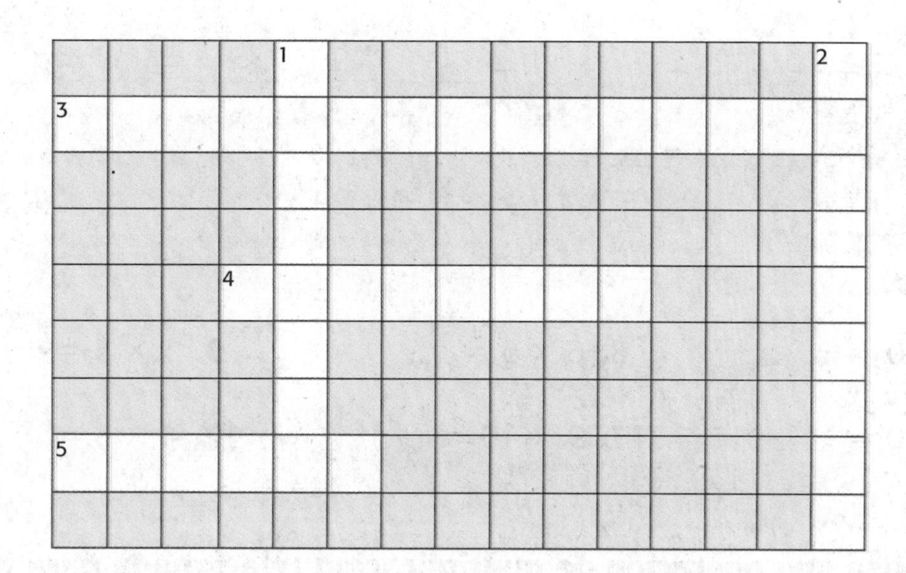

Horizontales

3. Dibujo que te ayuda a organizar la información.

4. Producto de un número dado y cualquier otro número natural.

5. Número que se multiplica por otro número.

Verticales

1. Respuesta a un problema de multiplicación.

2. División de un número de objetos en grupos iguales.

Comprobación del concepto 

Escribe un enunciado de suma y uno de multiplicación. Luego, dibuja un arreglo.

5. 2 filas de 3 son ______.

______ + ______ = ______

______ × ______ = ______

6. 5 filas de 2 son ______.

______ + ______ + ______ + ______ + ______ = ______

______ × ______ = ______

Multiplica.

7. 7 × 10 = ____ **8.** 6 × 5 = ____ **9.** 1 × 5 = ____

10. 2 × 10 = ____ **11.** 9 × 10 = ____ **12.** 4 × 5 = ____

Álgebra Usa una operación de multiplicación relacionada para hallar las incógnitas.

13. 30 ÷ 10 = ■

____ × 10 = 30

La incógnita es ____.

14. 60 ÷ ■ = 6

____ × 6 = 60

La incógnita es ____.

15. 40 ÷ 5 = ■

____ × 5 = 40

La incógnita es ____.

Halla los productos o cocientes.

16. 5 ÷ 1 = ____ **17.** 50 ÷ 10 = ____ **18.** 9 × 5 = ____

19. 30 × 2 = ____ **20.** 2 × 80 = ____ **21.** 5 × 70 = ____

Nombre

Resolución de problemas

Álgebra **Escribe un enunciado numérico con un símbolo para la incógnita para los ejercicios 22 y 23. Luego, resuelve.**

22. El salón de clases de Lucía tiene mesas que miden en total 25 pies de largo. Si hay 5 mesas, ¿cuál es el largo de cada una?

23. Este año, Julián compró 8 libros. Cada vez que compra 1, recibe un libro gratis. ¿Cuántos libros recibió este año en total?

24. Robert escribió este enunciado de división.

$$20 \div 2 = 10$$

Escribe un enunciado numérico que podría usar para comprobar su trabajo.

25. La tabla muestra el costo de los boletos de cine.

	Boletos de cine				
Cantidad	1	2	3	4	5
Costo	$8	$16	$24	?	?

¿Cuál es el costo de 5 boletos de cine?

Práctica para la prueba

26. Cuando Javier compra el almuerzo, ahorra la moneda de 5¢ que recibe de cambio. ¿Cuánto dinero tendrá Javier si compra el almuerzo 6 veces?

Ⓐ 5¢ Ⓒ 25¢

Ⓑ 6¢ Ⓓ 30¢

¡Mi trabajo!

Pienso

Capítulo 6

Respuesta a la PREGUNTA IMPORTANTE

Usa lo que aprendiste sobre los patrones de la multiplicación y la división para completar el organizador gráfico.

PREGUNTA IMPORTANTE

¿Cuál es la importancia de los patrones en el aprendizaje de la multiplicación y la división?

Patrones de multiplicación	Patrones de división

Piensa sobre la PREGUNTA IMPORTANTE  **Escribe tu respuesta.**

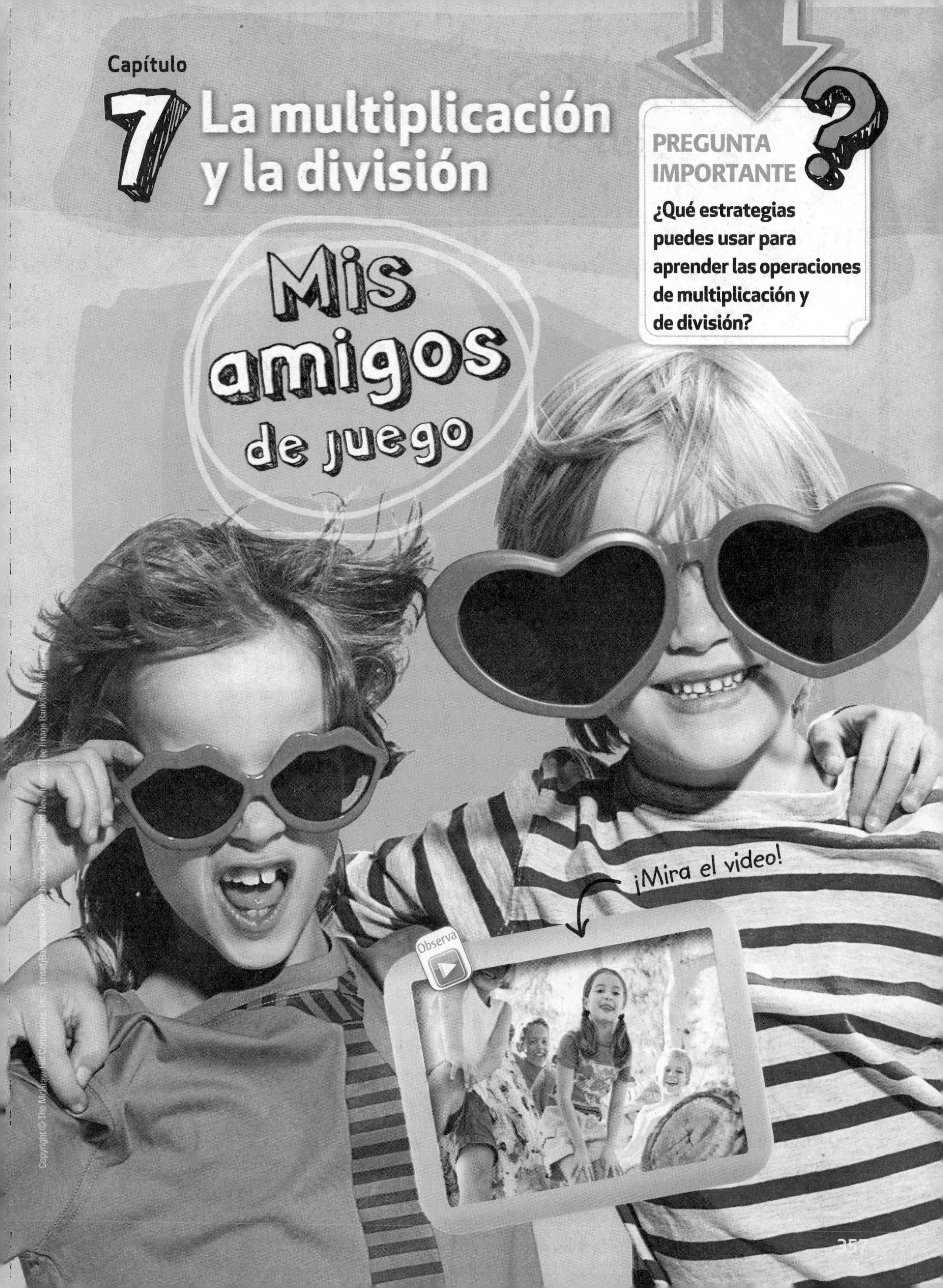
Capítulo
7 La multiplicación y la división
PREGUNTA IMPORTANTE
¿Qué estrategias puedes usar para aprender las operaciones de multiplicación y de división?
Mis amigos de juego
¡Mira el video!
Observa
357

Mis estándares estatales

Operaciones y razonamiento algebraico

3.OA.1 Interpretar productos de números naturales (por ejemplo, interpretar 5×7 como la cantidad total de objetos en 5 grupos de 7 objetos cada uno).

3.OA.2 Interpretar cocientes de números naturales que sean también números naturales (por ejemplo, interpretar $56 \div 8$ como la cantidad de objetos que quedan en cada parte cuando se hace una partición de 56 objetos en 8 partes iguales, o como la cantidad de partes cuando se hace una partición de 56 objetos en partes iguales de 8 objetos cada una).

3.OA.3 Realizar operaciones de multiplicación y de división hasta el 100 para resolver problemas contextualizados en situaciones que involucren grupos iguales, arreglos y medidas (por ejemplo, usando dibujos y ecuaciones con un símbolo en el lugar del número desconocido para representar el problema).

3.OA.4 Determinar el número natural desconocido en una ecuación de multiplicación o de división en la que se relacionan tres números naturales.

3.OA.5 Aplicar las propiedades de las operaciones como estrategias para multiplicar y dividir

3.OA.6 Comprender la división como un problema de factor desconocido.

3.OA.7 Multiplicar y dividir hasta el 100 de manera fluida, usando estrategias como la relación entre la multiplicación y la división (por ejemplo, saber que $8 \times 5 = 40$, permite saber que $40 \div 5 = 8$) o las propiedades de las operaciones. Hacia el final del Grado 3, los estudiantes deben saber de memoria todos los productos de dos números de un dígito.

3.OA.9 Identificar patrones aritméticos (incluidos los patrones de la tabla de sumar o de la tabla de multiplicar) y explicarlos recurriendo a las propiedades de las operaciones.

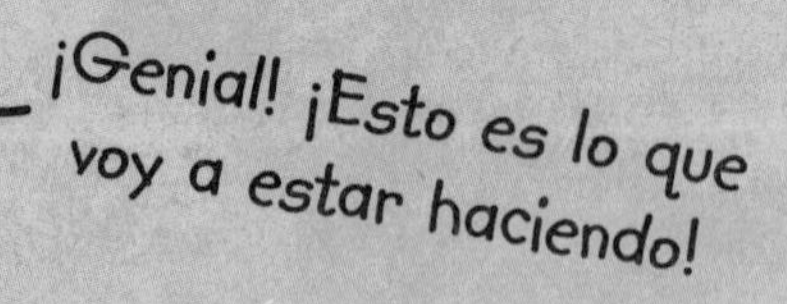

Estándares para las PRÁCTICAS matemáticas

1. Entender los problemas y perseverar en la búsqueda de una solución.
2. Razonar de manera abstracta y cuantitativa.
3. Construir argumentos viables y hacer un análisis del razonamiento de los demás.
4. Representar con matemáticas.
5. Usar estratégicamente las herramientas apropiadas.
6. Prestar atención a la precisión.
7. Buscar una estructura y usarla.
8. Buscar y expresar regularidad en el razonamiento repetido.

= Se trabaja en este capítulo.

Nombre

Antes de seguir...

Conéctate para hacer la prueba de preparación.

Di si los grupos en cada pareja son iguales.

1. 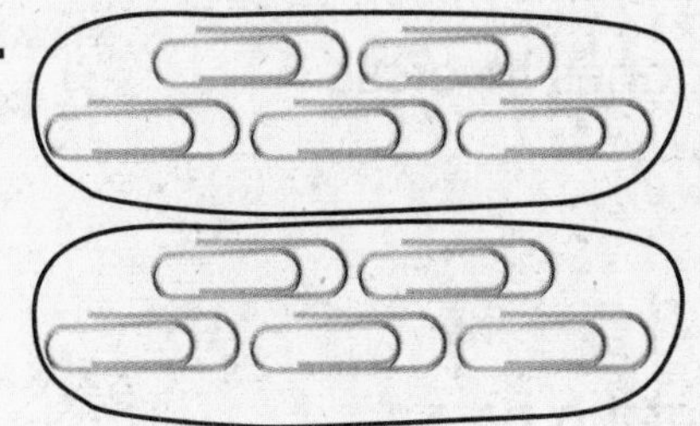 ________

2. 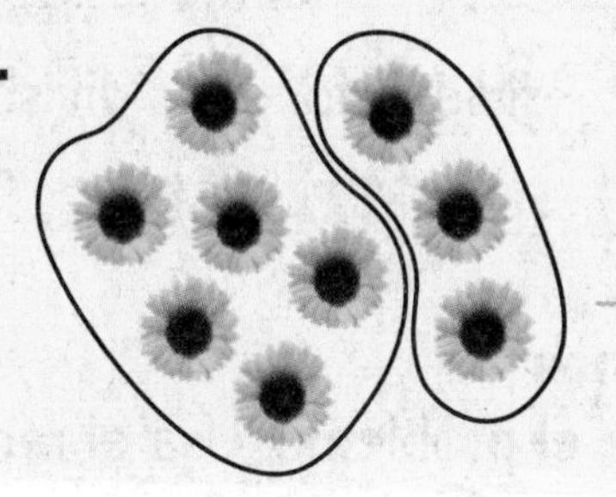 ________

Usa el arreglo para completar cada pareja de enunciados numéricos.

3. $2 \times$ ______ $= 8$

$8 \div$ ______ $= 4$

4. $1 \times 3 =$ ______

$3 \div$ ______ $= 3$

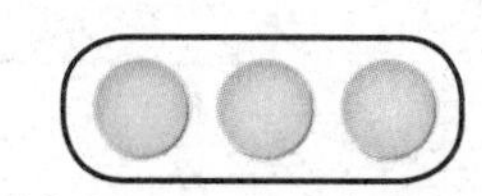

Traza líneas para relacionar el enunciado de división con el enunciado de multiplicación relacionado.

5. $6 \div 2 = 3$ • $5 \times 3 = 15$

6. $15 \div 3 = 5$ • $8 \times 2 = 16$

7. $20 \div 4 = 5$ • $4 \times 5 = 20$

8. $16 \div 2 = 8$ • $3 \times 2 = 6$

9. Álgebra La Sra. June quiere dividir 30 carpetas en partes iguales entre 10 estudiantes. ¿Cuántas carpetas le corresponderán a cada estudiante? Escribe un enunciado de división con un símbolo para la incógnita. Luego, resuelve.

____

Sombrea las casillas para mostrar los problemas que respondiste correctamente.

¿Cómo me fue?

1	2	3	4	5	6	7	8	9

Nombre ....

Las palabras de mis mates

Repaso del vocabulario

cociente   dividendo   divisor   operaciones inversas

Haz conexiones

Lee y resuelve el problema. Usa el repaso del vocabulario para completar el organizador gráfico.

Nuestra clase de 20 estudiantes irá de excursión al zoológico. Debemos dividirnos en partes iguales en 5 carros. ¿Cuántos estudiantes irán en cada carro?

$20 \div 5 =$ ______

20 estudiantes

______

5 carros

______

4 estudiantes en cada carro

______

$20 \div 5 = 4$
$4 \times 5 = 20$

______

______

Mis tarjetas de vocabulario

Lección 7-3

descomponer

$4 \times 6 \rightarrow$

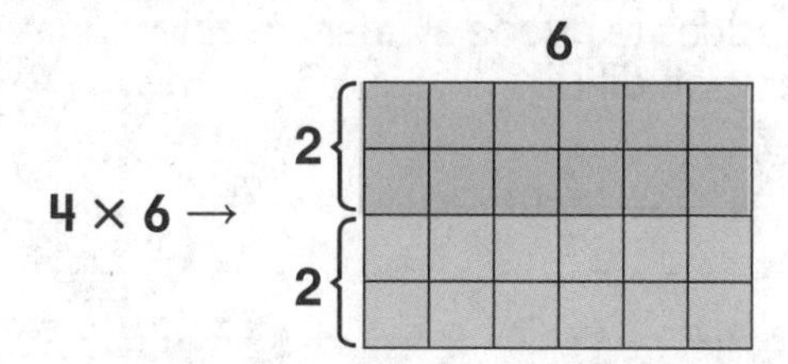

Lección 7-3

operación conocida

$5 \times 4 = \blacksquare$

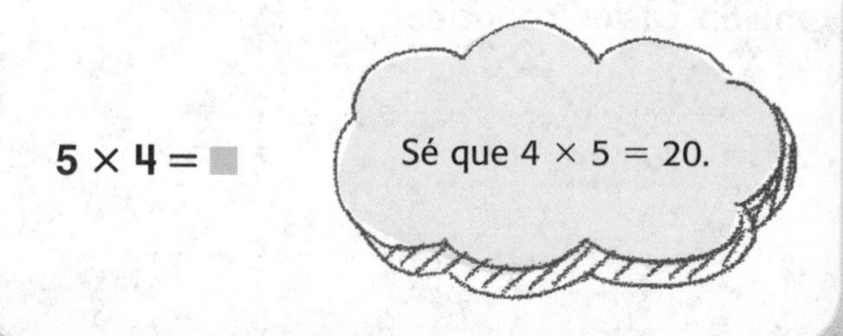

Lección 7-7

propiedad de identidad de la multiplicación

$5 \times 1 = 5$

Lección 7-7

propiedad del cero de la multiplicación

$7 \times 0 = 0$

$70 \times 0 = 0$

$700 \times 0 = 0$

Sugerencias

- Usa las tarjetas en blanco para crear tus propias tarjetas de vocabulario.
- Escribe la pregunta importante del capítulo en el frente de una tarjeta en blanco. Escribe palabras o frases de las lecciones que te ayuden a responder la pregunta importante.

Operación que sabes de memoria.

¿Cuándo podrías usar una operación de multiplicación conocida?

Separar en partes.

Explica cómo descomponer en operaciones conocidas te puede ayudar a resolver una operación difícil.

Al multiplicar cualquier número por 0, el producto es cero.

¿Cómo puede esta propiedad ayudarte a resolver problemas de multiplicación con un factor de 0?

Al multiplicar un número por 1, el producto es ese número.

¿Cómo puede esta propiedad ayudarte a resolver problemas de multiplicación con un factor de 1?

Mi modelo de papel

FOLDABLES® Sigue los pasos que aparecen en el reverso para hacer tu modelo de papel.

Dividir 24 entre 3

Halla $3\overline{)24}$ ☐

■ × 3 = 24

La incógnita es ____.

①	②	③	○	○	○	○	○
24	21	18	15	12			
− 3	− 3	−	− 3				
21	18						

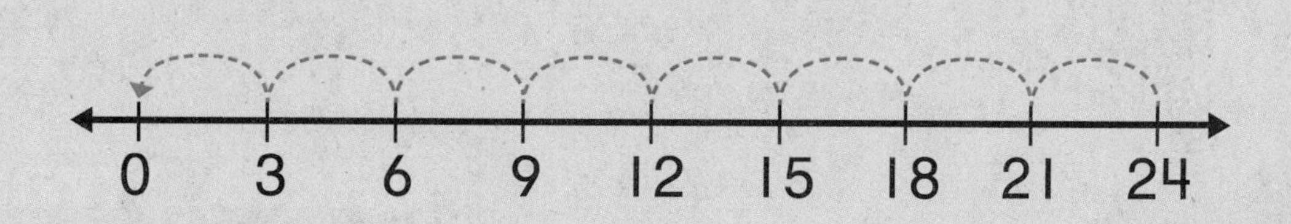

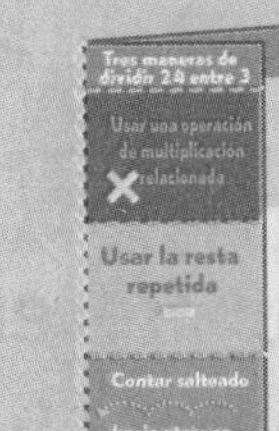
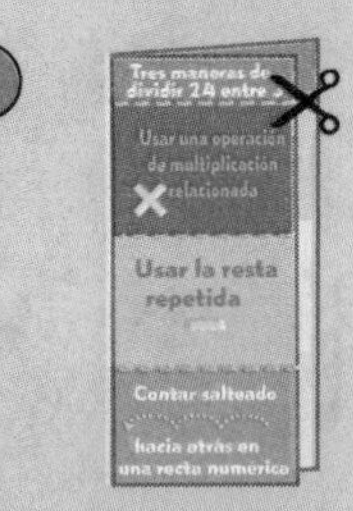
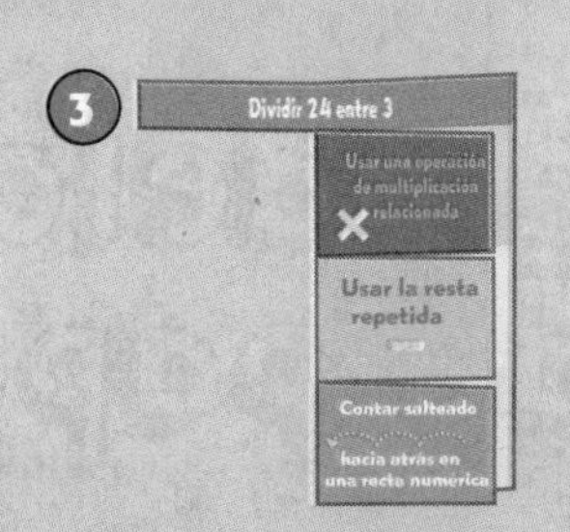

Tres maneras de dividir 24 entre 3

Usar una operación de multiplicación relacionada

×

Usar la resta repetida

Contar salteado

hacia atrás en una recta numérica

Nombre ....

Multiplicar por 3

Lección 1

PREGUNTA IMPORTANTE
¿Qué estrategias puedes usar para aprender las operaciones de multiplicación y de división?

Las mates y mi mundo

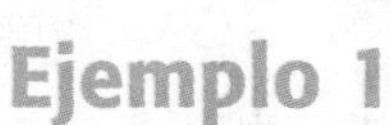

Ejemplo 1

Hay 3 perros. Cada uno enterró 4 huesos en un patio. ¿Cuántos huesos hay enterrados en el patio?

Halla 3×4.

Escríbelo también así.

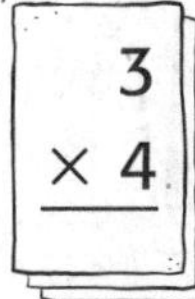

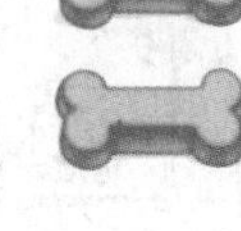

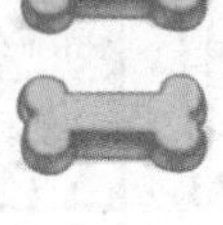

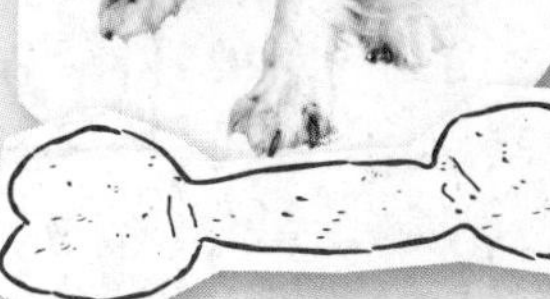

Una manera **Usa un arreglo.**
Halla 3 filas de 4 huesos.
El arreglo muestra que $3 \times 4 =$ _____.

Hay _____ huesos enterrados en el patio.

Usa la propiedad conmutativa para escribir otro enunciado de multiplicación para este arreglo.

_____ $\times$ _____ $=$ _____

Otra manera **Usa una recta numérica.**
Cuenta salteado para hallar 3 grupos de 4.

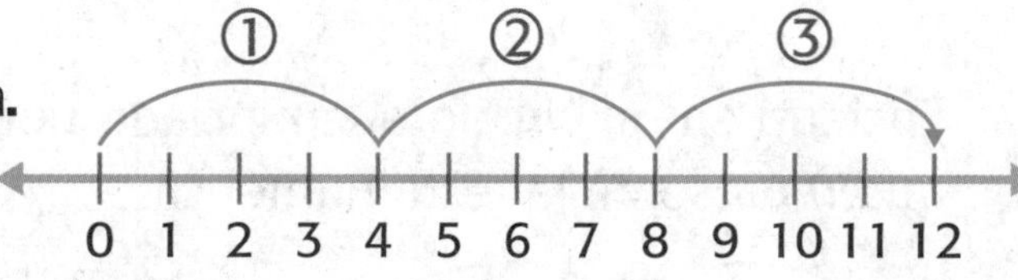

La recta numérica muestra que _____ saltos de 4 son _____.

Por lo tanto, $3 \times 4 =$ _____. Hay _____ huesos enterrados en el patio.

Ejemplo 2 Tutor

Lucía compró 15 paquetes de semillas. ¿Cuántas clases diferentes de semillas tiene si hay 3 paquetes de cada clase? Halla el factor desconocido. Usa una operación de multiplicación relacionada.

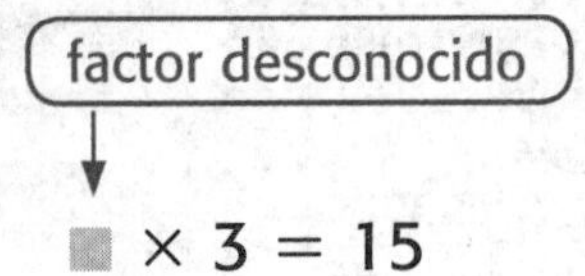

■ $\times$ 3 = 15

Pista
¿Cuántos grupos de 3 son iguales a 15?

Sabes que 3 $\times$ 5 = 15.

Por lo tanto, la propiedad ____________

también te dice que ______ $\times$ 3 = 15.

El factor desconocido es ______.

Comprueba

3 + 3 + 3 + 3 + 3 = 15

Habla de las MATES
Explica dos estrategias que puedes usar para hallar el producto de 7 $\times$ 3.

Práctica guiada

1. Dibuja un arreglo. Luego, escribe dos enunciados de multiplicación.

   3 filas de 2

   ____

   ____

2. Encierra en un círculo el enunciado numérico que representa la recta numérica.

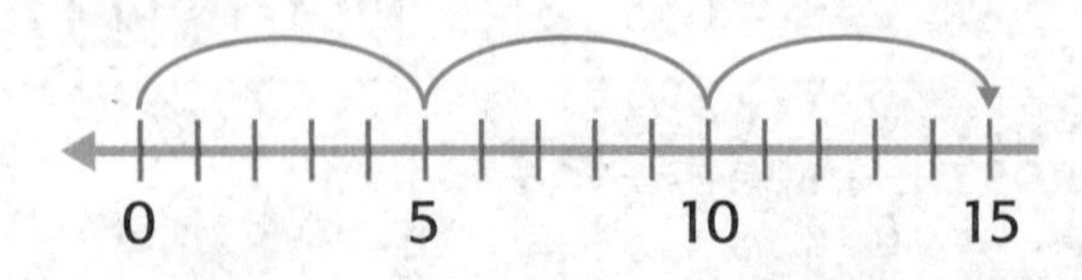

15 $\times$ 1 = 15 3 $\times$ 5 = 15 5 + 10 = 15

Nombre ....

CCSS

Práctica independiente

Dibuja un arreglo para cada uno. Luego, escribe dos enunciados de multiplicación.

3. 3 filas de 4

____

____

4. 7 filas de 3

____

____

5. 3 filas de 8

____

____

6. 5 filas de 3

____

____

Dibuja saltos en la recta numérica para hallar los productos.

7.

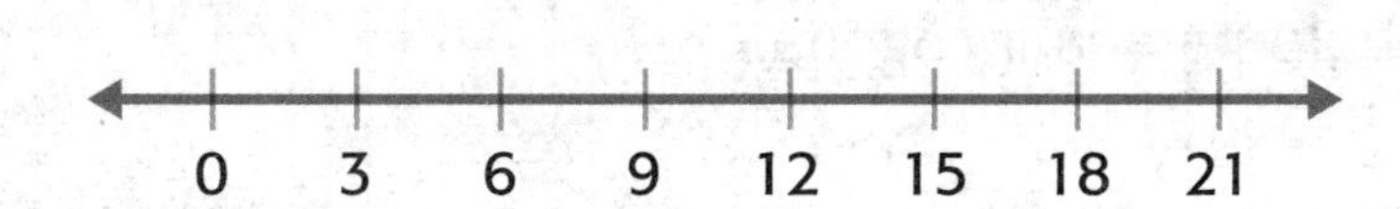

$3 \times 6 =$ _______

8.

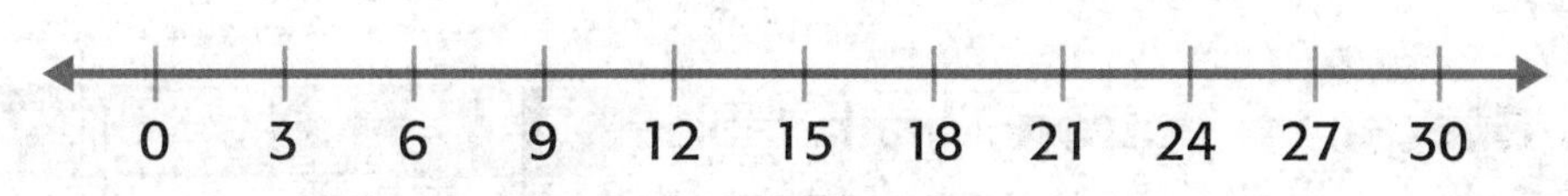

$3 \times 9 =$ _______

Álgebra Halla el factor desconocido. Usa la propiedad conmutativa.

9. $\blacksquare \times 3 = 24$

$3 \times \blacksquare = 24$

La incógnita es ____.

10. $3 \times \blacksquare = 15$

$\blacksquare \times 3 = 15$

La incógnita es ____.

11. $3 \times \blacksquare = 6$

$\blacksquare \times 3 = 6$

La incógnita es ____.

Resolución de problemas

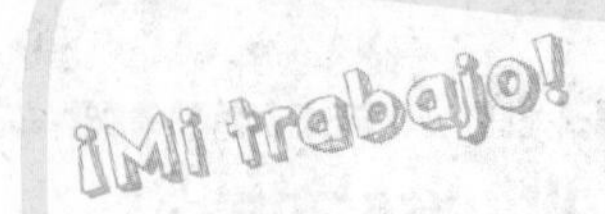

12. Hay 9 cantantes. Cada uno canta 3 canciones en el recital. ¿Cuántas canciones cantaron?

____

13. Hay 7 margaritas y 7 tulipanes. Cada flor tiene 3 pétalos. ¿Cuántos pétalos hay en total?

____

14. Henry, Jaime y Kayla tienen cada uno 3 meriendas en sus loncheras. Cada uno comió una merienda en la mañana. ¿Cuántas meriendas quedan en total?

____

15. PRÁCTICA matemática 2 **Usar el álgebra** Lina compró algunas sorpresas para fiesta. El precio de cada sorpresa fue de $3. El total sumó $12. ¿Cuántas sorpresas compró Lina? Escribe un enunciado de multiplicación con un símbolo para la incógnita. Resuelve la incógnita.

____

Problemas S.O.S.

16. PRÁCTICA matemática 8 **Buscar un patrón** Mira la tabla de multiplicar. Colorea la fila de los productos de las operaciones de 3. Di qué patrón ves.

____

____

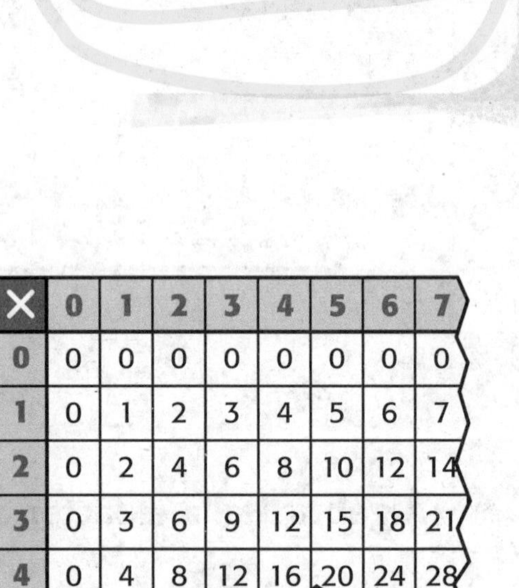

×	0	1	2	3	4	5	6	7
0	0	0	0	0	0	0	0	0
1	0	1	2	3	4	5	6	7
2	0	2	4	6	8	10	12	14
3	0	3	6	9	12	15	18	21
4	0	4	8	12	16	20	24	28

17. **Profundización de la pregunta importante** ¿Cómo puede ayudarte una recta numérica a multiplicar por 3?

____

____

Nombre ....

Mi tarea

Lección 1
Multiplicar por 3

Asistente de tareas

¿Necesitas ayuda? connectED.mcgraw-hill.com

Luisa tiene 3 carteles en cada una de las 3 paredes de su dormitorio. ¿Cuántos carteles tiene Luisa en su dormitorio? Halla 3×3.

Una manera **Usa un arreglo para representar 3 filas de 3.**

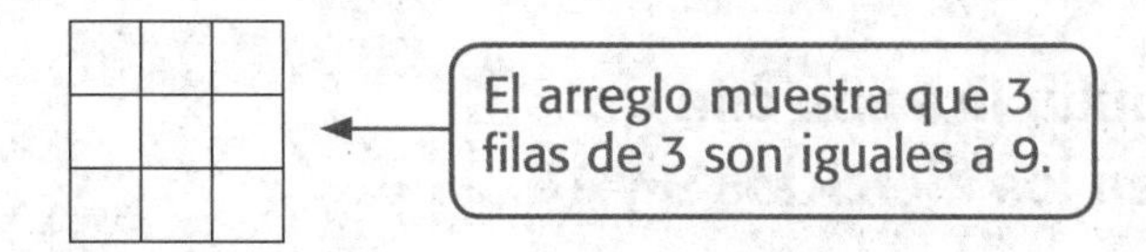

Otra manera **Usa una recta numérica.**

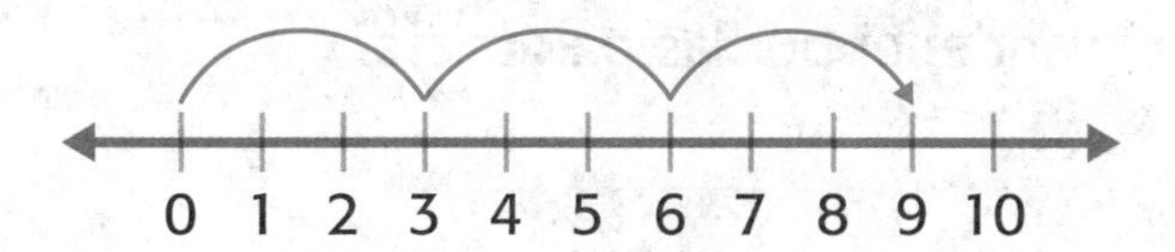

La recta numérica muestra que 3 saltos de $3 = 9$.

Por lo tanto, $3 \times 3 = 9$. También puedes escribirlo así.

$$\begin{array}{r} 3 \\ \times\ 3 \\ \hline 9 \end{array}$$

Luisa tiene 9 carteles en su dormitorio.

Práctica

Dibuja un arreglo para cada uno. Luego, escribe dos enunciados de multiplicación.

1. 3 filas de 8

______

______

2. 6 filas de 3

______

______

Multiplica. Si es necesario, usa la recta numérica para contar salteado.

3. $5 \times 3 =$ _______

4. $8 \times 3 =$ _______

5. $7 \times 3 =$ _______

6. $4 \times 3 =$ _______

Álgebra **Halla el factor desconocido. Usa la propiedad conmutativa.**

7. $\blacksquare \times 3 = 30$

$3 \times \blacksquare = 30$

La incógnita es _______.

8. $3 \times \blacksquare = 18$

$\blacksquare \times 3 = 18$

La incógnita es _______.

Resolución de problemas

Escribe un enunciado de multiplicación con un símbolo para la incógnita en los ejercicios 9 y 10. Luego, resuelve.

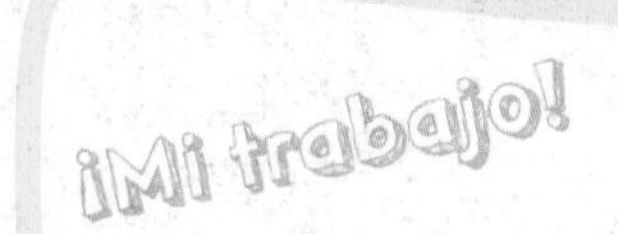

9. Una caja de palomitas de maíz cuesta $3 en el juego de béisbol. El vendedor vende 5 cajas en la fila 22. ¿Cuánto dinero obtuvo el vendedor por las palomitas?

____

10. Gloria tiene una guía de estudio para sus clases de matemáticas, estudios sociales y ciencias. Cada guía de estudio tiene 7 páginas. ¿Cuántas páginas de guías de estudio tiene Gloria en total?

____

11. 

Entender los problemas María alimenta a sus 3 perros dos veces al día. ¿Cuántas veces alimenta a los perros en 3 días?

____

Práctica para la prueba

12. Hay 3 filas de carros en el estacionamiento. Cada fila tiene 5 carros. ¿Cuántos carros hay en el estacionamiento?

Ⓐ 18 carros

Ⓑ 15 carros

Ⓒ 12 carros

Ⓓ 9 carros

Nombre ....

Dividir entre 3

Lección 2

PREGUNTA IMPORTANTE
¿Qué estrategias puedes usar para aprender las operaciones de multiplicación y de división?

Las mates y mi mundo

Ejemplo 1

Max, María y Tani tienen 24 marcadores en total. Cada uno tiene el mismo número de marcadores. ¿Cuántos marcadores tiene cada uno?

Halla el cociente desconocido. $3\overline{)24}$ ■ ← cociente desconocido

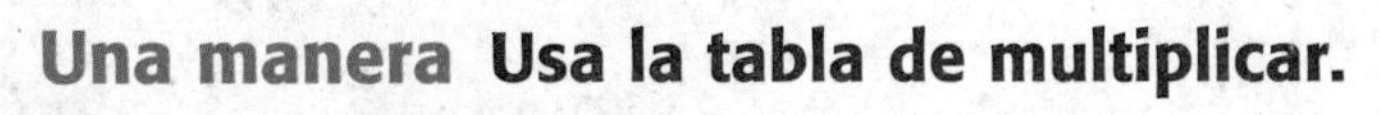

Una manera **Usa la tabla de multiplicar.**

1. Ubica la fila 3. Encierra en un círculo el divisor.
2. Sigue la fila 3 hasta el 24. Encierra en un círculo el dividendo.
3. Sube por la columna hasta el 8. Encierra en un círculo el cociente.

×	1	2	3	4	5	6	7	8
1	1	2	3	4	5	6	7	8
2	2	4	6	8	10	12	14	16
3	3	6	9	12	15	18	21	24
4	4	8	12	16	20	24	28	32
5	5	10	15	20	25	30	35	40
6	6	12	18	24	30	36	42	48
7	7	14	21	28	35	42	49	56
8	8	16	24	32	40	48	56	64

El cociente desconocido es ______.

Otra manera **Usa una operación relacionada.**

Halla $24 \div 3$ pensando en una operación de multiplicación relacionada.

Halla el factor desconocido. ⟶ $■ \times 3 = 24$

PIENSA ¿Cuántas veces 3 es igual a 24? ⟶ ______ $\times 3 = 24$

El factor desconocido es ______.

Por lo tanto, $3\overline{)24}$ (□) o $24 \div 3 =$ ______. La incógnita es ______.

Cada persona tiene ______ marcadores.

Ejemplo 2

Para viajar a la playa, Ángela y sus 5 amigas se dividirán en partes iguales en 3 carros. ¿Cuántas amigas irán en cada carro?

Halla 6 ÷ 3.

Cuenta salteado hacia atrás para hallar el cociente.

Empieza en 6 y cuenta hacia atrás de 3 en 3 hasta 0.

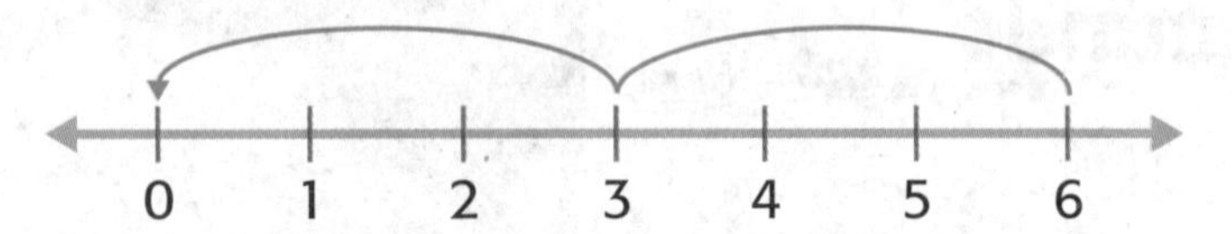

Cuenta el número de saltos. Hubo ______ saltos.

Por lo tanto, 6 ÷ 3 = ______.

En cada carro habrá ______ amigas.

Práctica guiada

Halla 21 ÷ 3 usando la tabla de multiplicar.

×	0	1	2	3	4	5	6	7	8
0	0	0	0	0	0	0	0	0	0
1	0	1	2	3	4	5	6	7	8
2	0	2	4	6	8	10	12	14	16
3	0	3	6	9	12	15	18	21	24
4	0	4	8	12	16	20	24	28	32
5	0	5	10	15	20	25	30	35	40

1. Ubica la fila 3. Encierra en un círculo el divisor.
2. Sigue la fila 3 hasta el 21. Encierra en un círculo el dividendo.
3. Encierra el cociente para resolver.

   21 ÷ 3 = ______

4. Cuenta salteado para hallar el cociente.

   12 ÷ 3 = ______

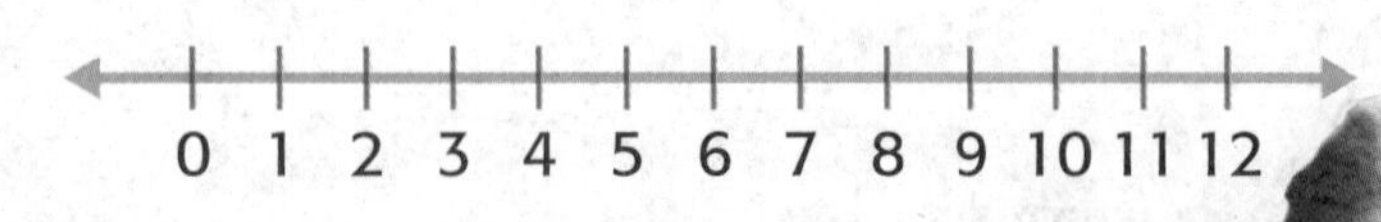

Observa los números encerrados en el círculo en la tabla de multiplicar. Escribe las cuatro operaciones relacionadas para los 3 números.

Nombre ....

Práctica independiente

Cuenta salteado hacia atrás para hallar el cociente.

5.

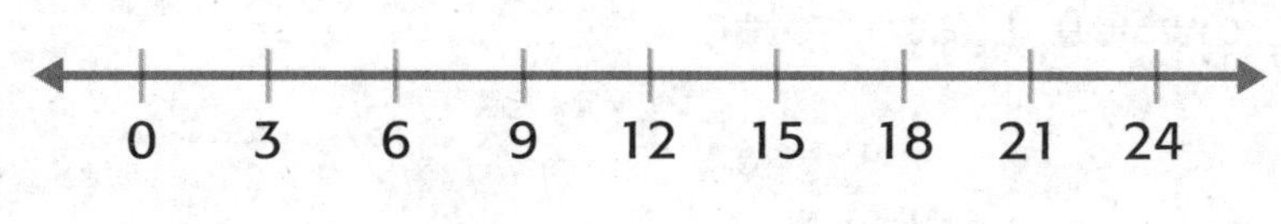

$24 \div 3 =$ ______

Álgebra Usa una operación de multiplicación relacionada para hallar la incógnita.

6. $15 \div 3 = ■$

$3 \times$ ______ $= 15$

La incógnita es ______.

7. $3\overline{)27}$ = ■

$3 \times$ ______ $= 27$

La incógnita es ______.

8. $3\overline{)21}$ = ■

$3 \times$ ______ $= 21$

La incógnita es ______.

Álgebra Halla las incógnitas para resolver el acertijo. Escribe la letra correspondiente para cada cociente en la línea de arriba de los números del ejercicio.

9. $3 \div 3 = ■$ ______

10. $9 \div ■ = 3$ ______

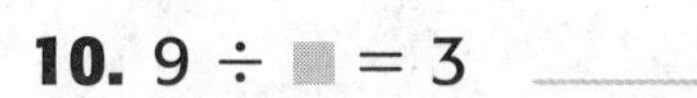

11. $15 \div ■ = 3$ ______

12. $27 \div 9 = ■$ ______

13. $■ \div 3 = 8$ ______

14. $6 \div 2 = ■$ ______

15. $■ \div 3 = 4$ ______

16. $18 \div 3 = ■$ ______

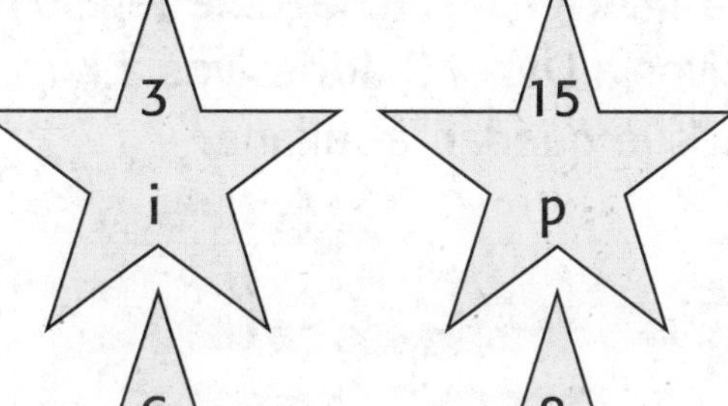
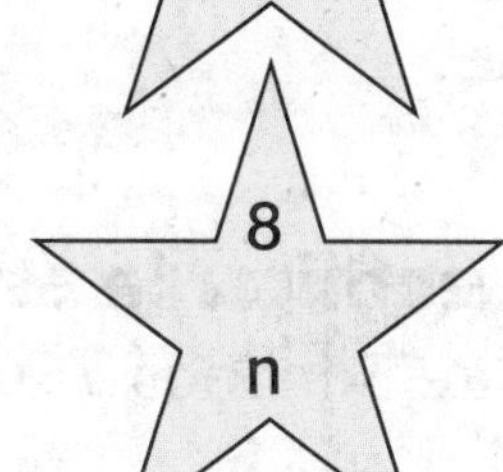
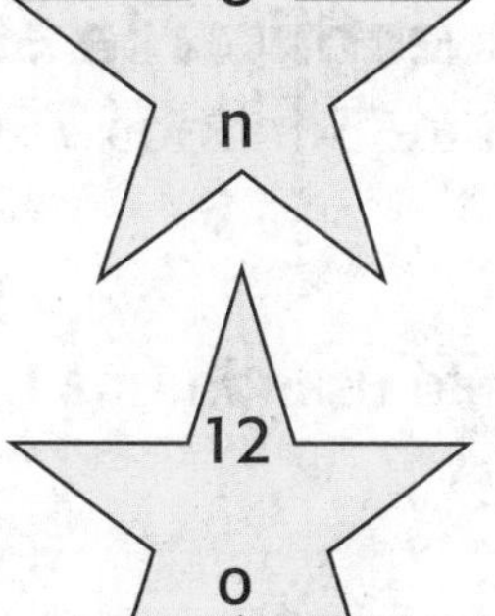
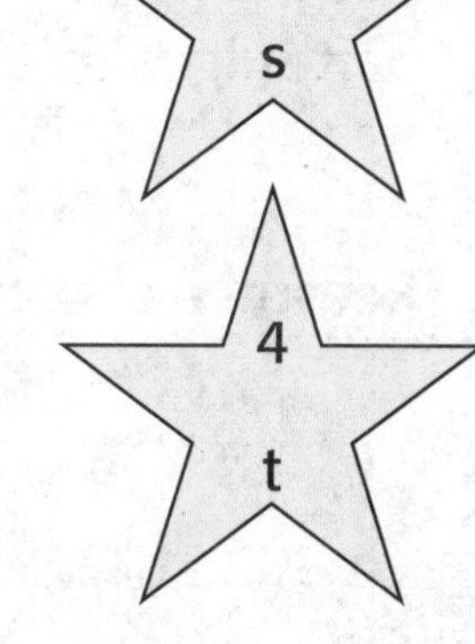

Ejercicio: ___ **9** ___ **10** ___ **11** ___ **12** ___ **13** ___ **14** ___ **15** ___ **16**

Resolución de problemas

17. PRÁCTICA matemática 4 **Representar las mates** Un entrenador de fútbol compra 3 balones de igual precio por $21. ¿Cuál es el precio de cada balón? Escribe un enunciado de división. Luego, rotula cada etiqueta de precio.

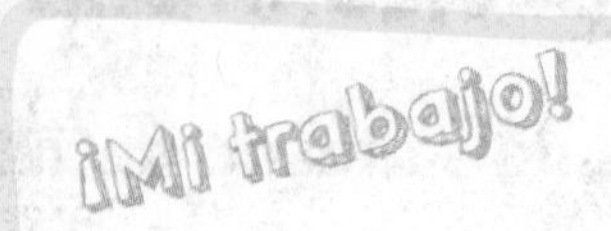

18. Santiago participa en una caminata de 3 días. Caminará un total de 18 millas. Si camina el mismo número de millas cada día, ¿cuántas millas caminará el primer día?

19. PRÁCTICA matemática 1 **Hacer un plan** Juliana organizó 27 adhesivos en 3 filas iguales. Luego, le regaló una fila de adhesivos a Dan y 3 adhesivos a Kim. ¿Cuántos adhesivos le quedan a Juliana?

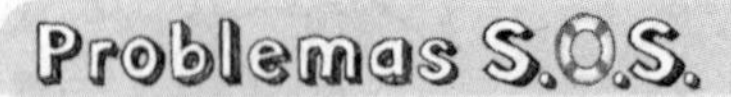

20. PRÁCTICA matemática 7 **Identificar la estructura** Hay 24 plátanos para dividir en partes iguales entre 3 monos. ¿Cuántos plátanos recibirá cada mono?

Reescribe el cuento usando una operación de multiplicación relacionada. Resuelve.

21. **Profundización de la pregunta importante** Además de usar modelos, ¿cómo puedo hallar $18 \div 3$?

Nombre ....

Mi tarea

Lección 2
Dividir entre 3

Asistente de tareas

¿Necesitas ayuda? connectED.mcgraw-hill.com

Pedro y sus dos hermanos leyeron 12 libros acerca del sistema solar. Cada uno leyó el mismo número de libros. ¿Cuántos libros leyó cada niño? Halla el cociente desconocido.

Debes hallar $12 \div 3$ o $3\overline{)12}$.

Usa la tabla de multiplicar.

1. Halla la fila 3. Encierra en un círculo el divisor.

2. Avanza por la fila 3 hasta el 12. Encierra en un círculo el dividendo.

3. Sube por la columna hasta el 4. Encierra en un círculo el cociente.

×	0	1	2	3	4	5	6
0	0	0	0	0	0	0	0
1	0	1	2	3	4	5	6
2	0	2	4	6	8	10	12
3	0	3	6	9	12	15	18
4	0	4	8	12	16	20	24
5	0	5	10	15	20	25	30

Por lo tanto, $12 \div 3 = 4$. Cada niño leyó 4 libros.

Práctica

Álgebra Usa una operación de multiplicación relacionada para hallar la incógnita.

1. $30 \div 3 =$ ■

$3 \times$ ______ $= 30$

La incógnita es ______.

2. $18 \div 3 =$ ■

$3 \times$ ______ $= 18$

La incógnita es ______.

3. $15 \div 3 =$ ■

$3 \times$ ______ $= 15$

La incógnita es ______.

4. $21 \div 3 =$ ■

$3 \times$ ______ $= 21$

La incógnita es ______.

Usa la tabla de multiplicar para dividir.

5. $24 \div 3 =$ ______

6. $9 \div 3 =$ ______

7. $27 \div 3 =$ ______

8. $3 \div 3 =$ ______

9. $18 \div 3 =$ ______

×	0	1	2	3	4	5	6	7	8	9	10
0	0	0	0	0	0	0	0	0	0	0	0
1	0	1	2	3	4	5	6	7	8	9	10
2	0	2	4	6	8	10	12	14	16	18	20
3	0	3	6	9	12	15	18	21	24	27	30
4	0	4	8	12	16	20	24	28	32	36	40
5	0	5	10	15	20	25	30	35	40	45	50
6	0	6	12	18	24	30	36	42	48	54	60
7	0	7	14	21	28	35	42	49	56	63	70
8	0	8	16	24	32	40	48	56	64	72	80
9	0	9	18	27	36	45	54	63	72	81	90
10	0	10	20	30	40	50	60	70	80	90	100

Resolución de problemas

10. Alana envió 6 cartas en 3 buzones diferentes. Puso el mismo número de cartas en cada buzón. ¿Cuántas cartas puso Alana en cada buzón?

______

11. PRÁCTICA matemática 2 **Usar el sentido numérico** La Sra. Banks divide 18 pelotas de básquetbol en partes iguales en 3 bolsas. Para la clase, saca 2 pelotas de cada bolsa. ¿Cuántas pelotas de básquetbol quedan en una de las bolsas?

______

Práctica para la prueba

12. Elisa sirvió 24 onzas de jugo para ella y 2 amigos. Sirvió la misma cantidad de jugo en cada vaso. ¿Cuántas onzas de jugo había en cada vaso?

Ⓐ 22 onzas
Ⓑ 12 onzas
Ⓒ 8 onzas
Ⓓ 6 onzas

Nombre

Manos a la obra
Duplicar una operación conocida

Lección 3

PREGUNTA IMPORTANTE
¿Qué estrategias puedes usar para aprender las operaciones de multiplicación y de división?

Una **operación conocida** es una operación que has memorizado. Puedes usar una operación de multiplicación conocida para resolver una operación de multiplicación que no sabes.

Construyelo

Halla 4 × 6.
Descompón, o separa, el número 4 en sumandos iguales de 2 + 2.

1 Representa la operación conocida 2 × 6.
Usa fichas para hacer un arreglo.
Muestra 2 filas de 6. Dibuja el arreglo.

¡Mi dibujo!

Escribe el enunciado numérico.

_____ × _____ = _____

Duplica la operación conocida.
Haz otro arreglo de 2 × 6. Dibuja el arreglo.
Escribe el enunciado numérico para este arreglo.

_____ × _____ = _____

Suma los dos productos.

12 + _____ = _____

Halla 4 × 6.
Une los dos arreglos. Escribe el nuevo enunciado numérico.

_____ × _____ = _____

2 × 6 más 2 × 6 = _____. Por lo tanto, 4 × 6 = _____.

Inténtalo

Halla 6 × 5.

Descompón 6 en dos sumandos iguales. 6 = 3 + ______

Representa la operación conocida 3 × 5 dos veces.

Dibuja dos arreglos de 3 × 5.
Escribe el producto en cada arreglo.

Duplica la operación conocida 3 × 5.

Dibuja los dos arreglos juntos.

Suma los productos.

15 + ______ = ______

Halla 6 × 5.

Escribe el enunciado de multiplicación.

______ × ______ = ______

3 × 5 más 3 × 5 = ______. Por lo tanto, 6 × 5 = ______.

Coméntalo

1. ¿Por qué puedes duplicar el producto de 2 × 6 para hallar 4 × 6?

______

______

2. ¿Qué operación de dobles te ayudaría a hallar 3 × 6? ______

3. Da un ejemplo de duplicar una operación conocida. Explica tu respuesta.

______

______

4. Dibuja dos arreglos que puedas unir para hallar 4 × 5.
Rotula los arreglos con un enunciado numérico.

Nombre ....

CCSS

Practícalo

Usa fichas para representar una operación conocida que te ayudará a hallar el primer producto. Dibuja el modelo dos veces.

5. $4 \times 3 =$ _____

Operación conocida: $2 \times 3 =$ _____

Duplica el producto: $6 + 6 =$ _____

6. $4 \times 4 =$ _____

Operación conocida: $2 \times 4 =$ _____

Duplica el producto: $8 + 8 =$ _____

7. $7 \times 4 =$ _____

Operación conocida: _____

Duplica el producto: _____

8. $6 \times 7 =$ _____

Operación conocida: _____

Duplica el producto: _____

Usa fichas para duplicar la operación conocida. Escribe el producto que te ayuda a hallar.

9. $3 \times 8 =$ _____

$3 \times 8 =$ _____

___ × ___ = ___

10. $3 \times 6 =$ _____

$3 \times 6 =$ _____

___ × ___ = ___

Aplícalo

11. Megan y Paul tienen cada uno una bandeja de galletas. Cada bandeja tiene 2 filas de 6 galletas. ¿Cuántas galletas tienen si unen sus bandejas?

____

¿Qué operación conocida duplicaste? ________

¿Qué operación se halla duplicando la operación conocida?

____

¡Mi trabajo!

12. PRÁCTICA matemática 4 **Representar las mates** Dos botones en forma de corazón tienen 8 agujeros. Jeffrey duplica el número de botones en forma de corazón que se muestran. ¿Cuántos agujeros habrá ahora?

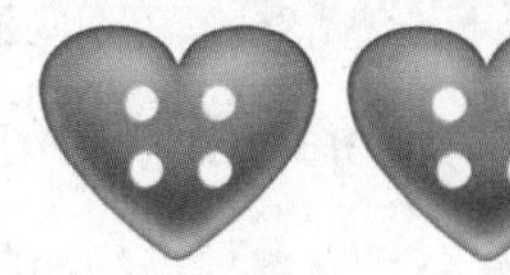

____

¿Qué operación conocida duplicaste? ________

¿Qué operación se halla duplicando la operación conocida?

____

13. PRÁCTICA matemática 3 **Justificar las conclusiones** ¿Puedes duplicar una operación conocida para hallar 7×6? Explica tu respuesta.

____

____

Escríbelo

14. ¿Cuándo es útil duplicar una operación conocida?

____

____

Nombre ....

Mi tarea

Lección 3

Manos a la obra: Duplicar una operación conocida

Asistente de tareas

¿Necesitas ayuda? connectED.mcgraw-hill.com

Halla 6 × 5.

Descompón, o separa, el factor 6 en dos sumandos iguales de 3 + 3. Luego, puedes duplicar la operación conocida 3 × 5.

1 Representa la operación conocida 3 × 5.

Usa fichas para formar un arreglo que muestre 3 filas de 5.

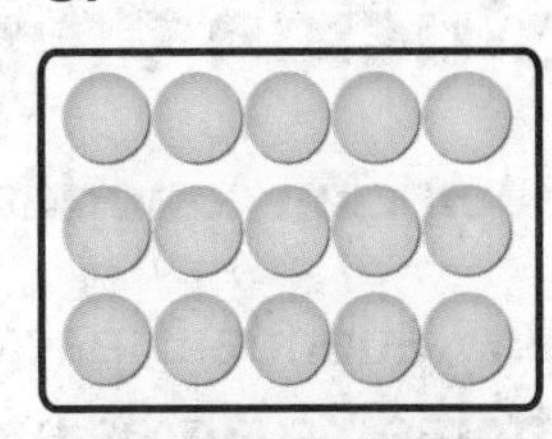

3 × 5 = **15**

2 Duplica la operación conocida.

Haz otro arreglo que muestre 3 filas de 5.

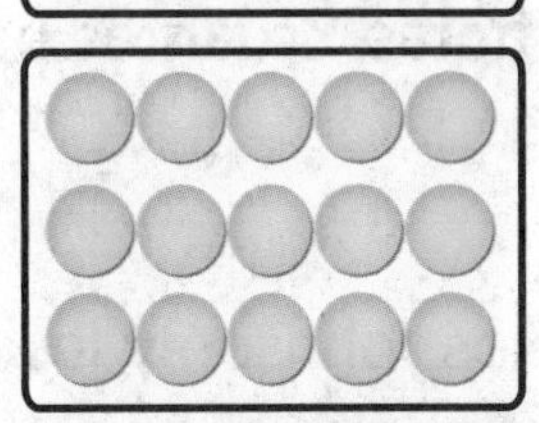

3 × 5 = **15**

3 Halla 6 × 5.

Une los dos arreglos en 6 filas de 5.
Suma los productos de los dos arreglos:

15 + 15 = 30

Los arreglos combinados muestran 6 × 5 = 30.

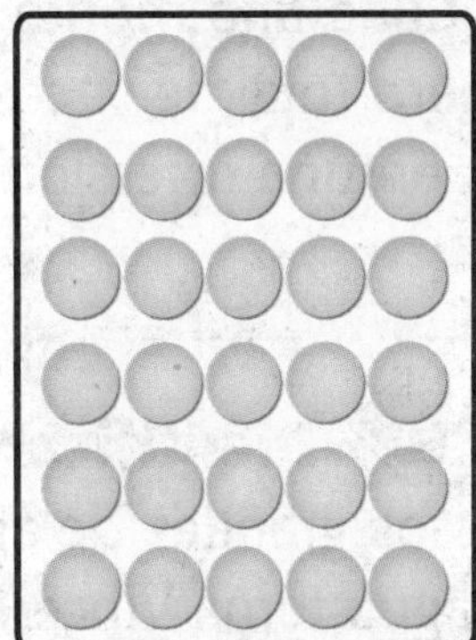

6 × 5 = **30**

Práctica

1. Dibuja fichas para representar una operación conocida que te ayudará a hallar 4 × 5. Dibuja el modelo dos veces.

4 × 5 = ______

Operación conocida: 2 × 5 = ______

Duplica el producto: 10 + 10 = ______

Duplica la operación conocida. Escribe el producto que te ayuda a hallar.

2. $3 \times 7 =$ ______

$3 \times 7 =$ ______

______ $\times$ ______ $=$ ______

3. $3 \times 3 =$ ______

$3 \times 3 =$ ______

______ $\times$ ______ $=$ ______

4. $2 \times 6 =$ ______

$2 \times 6 =$ ______

______ $\times$ ______ $=$ ______

5. $2 \times 9 =$ ______

$2 \times 9 =$ ______

______ $\times$ ______ $=$ ______

Resolución de problemas

Duplica una operación conocida para resolver.

6. La Dra. Berry atiende 3 pacientes cada hora. Si trabaja 8 horas, ¿cuántos pacientes atiende?

______

7. Los gemelos Johnson y los gemelos Clayton fueron a la feria. Cada uno montó en 5 diversiones. ¿Cuál es el número total de veces que los cuatro niños montaron en una diversión?

______

8. PRÁCTICA matemática 7 **Identificar la estructura** Vince toma 4 vasos grandes de agua al día. ¿Cuántos vasos de agua toma Vince en 7 días?

______

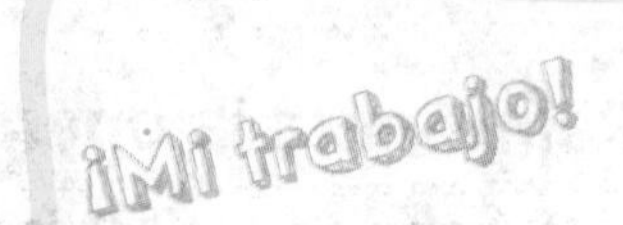

Comprobación del vocabulario

Vocabulario

Escoge las palabras correctas para completar las oraciones.

descomponer   operación conocida

9. Una forma de ______ el número 8 es escribirlo como 4 + 4.

10. Una operación que has memorizado es una ______.

Nombre ....

Multiplicar por 4

Lección 4

PREGUNTA IMPORTANTE
¿Qué estrategias puedes usar para aprender las operaciones de multiplicación y de división?

Las mates y mi mundo

Ejemplo 1

Hay 4 filas de naranjas empacadas en una caja. Cada fila tiene 9 naranjas. ¿Cuántas naranjas hay en la caja?

¡Asoleándome un poco!

Halla 4×9.

Descompón 4 en sumandos iguales de $2 + 2$.

Usa la **operación conocida** de 2×9 y duplícala.

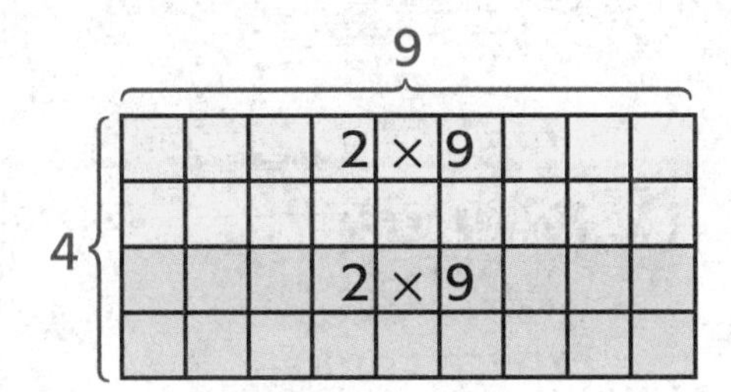

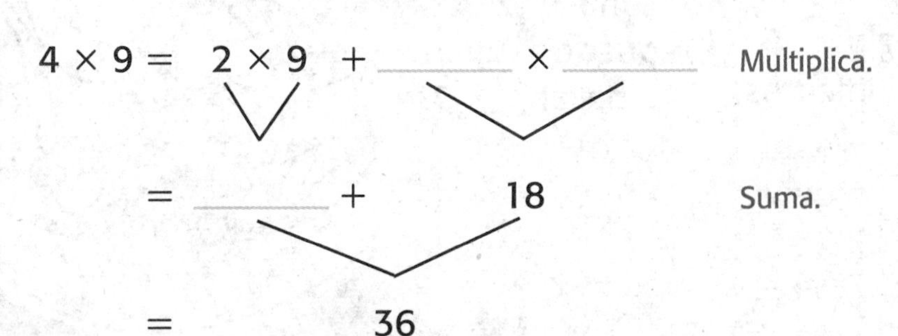

El arreglo muestra que 2×9 más _______ $\times 9$ es igual a _______ $\times 9$.

Por lo tanto, $4 \times 9 =$ _______. Hay _______ naranjas en la caja.

Ejemplo 2

Hay 3 racimos de plátanos. Cada racimo tiene 4 plátanos. ¿Cuántos plátanos hay en total? Escribe un enunciado de multiplicación con un símbolo para la incógnita. Luego, resuelve.

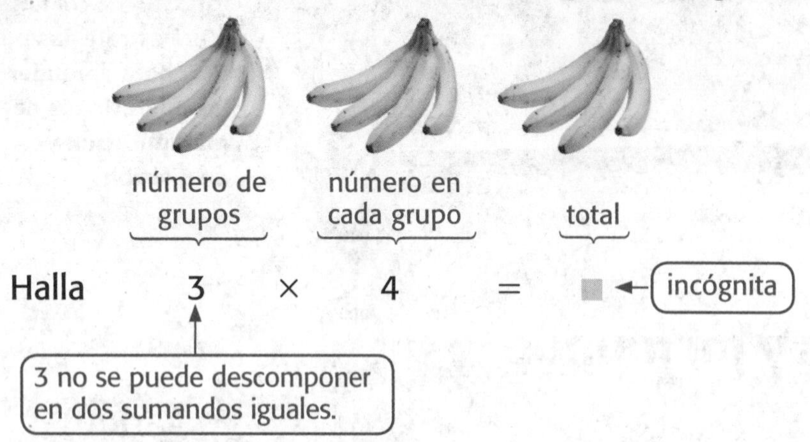

Resuelve descomponiendo el factor 4 en dos sumandos iguales de 2. Usa la operación conocida 3 × 2 más 3 × 2 para hallar la incógnita.

3 × 2 más ______ × ______ = ■

6 + ______ = ______

Por lo tanto, 3 × 4 = ______. La incógnita es ______.

Hay ______ plátanos en total.

Práctica guiada

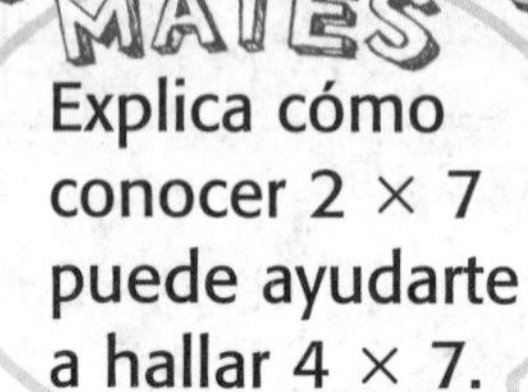

Explica cómo conocer 2 × 7 puede ayudarte a hallar 4 × 7.

1. Duplica la operación conocida para hallar 6 × 4. Rotula el arreglo y completa los enunciados numéricos.

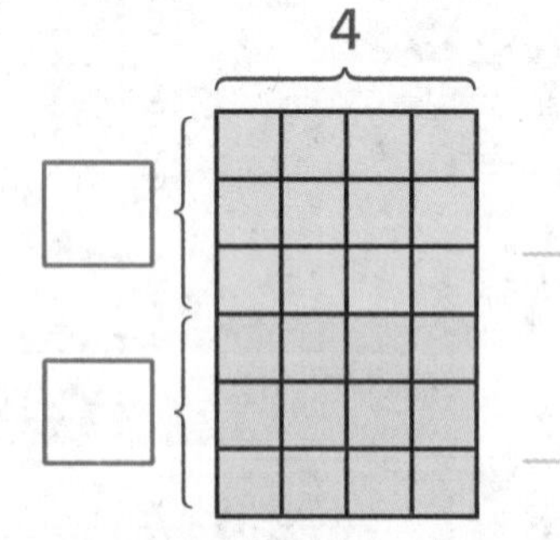

______ × 4 = ______

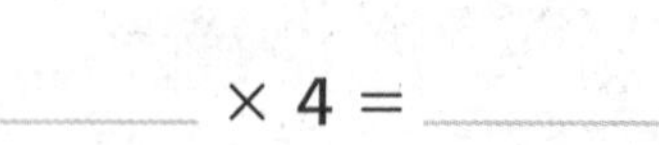

______ × 4 = ______

12 + 12 = ______

Por lo tanto, 6 × 4 = ______.

Nombre

Práctica independiente

Duplica una operación conocida para hallar los productos. Dibuja y rotula un arreglo.

2. $8 \times 4 =$ ______

3. $5 \times 4 =$ ______

4. $4 \times 6 =$ ______

5. $7 \times 4 =$ ______

Álgebra **Halla las incógnitas. Duplica una operación conocida.**

6. $7 \times 4 = \blacksquare$

La incógnita es ______.

7. $9 \times 4 = \blacksquare$

La incógnita es ______.

8. $\begin{array}{r} 4 \\ \times\ 4 \\ \hline \blacksquare \end{array}$

La incógnita es ______.

9. $\begin{array}{r} 4 \\ \times\ 10 \\ \hline \blacksquare \end{array}$

La incógnita es ______.

Resolución de problemas

10. La biblioteca ofrece 4 actividades el sábado. Cada mesa de actividad tiene espacio para 10 niños. ¿Cuántos niños pueden tomar parte en las actividades? Escribe un enunciado de multiplicación para resolver.

____

11. PRÁCTICA matemática 2 **Razonar** Miguel compró 4 bronceadores a $6 cada uno. Luego los pusieron en oferta a $4 cada uno. ¿Cuántos bronceadores más podría haber comprado por la misma cantidad de dinero si hubiera esperado la oferta?

____

Problemas S.O.S.

12. PRÁCTICA matemática 2 **Usar el sentido numérico** Mira la tabla de multiplicar. Encierra en un círculo los dos números que representan el producto de 4 y 10. Escribe este producto como una suma de dos sumandos iguales.

×	0	1	2	3	4	5	6	7	8	9	10
0	0	0	0	0	0	0	0	0	0	0	0
1	0	1	2	3	4	5	6	7	8	9	10
2	0	2	4	6	8	10	12	14	16	18	20
3	0	3	6	9	12	15	18	21	24	27	30
4	0	4	8	12	16	20	24	28	32	36	40
5	0	5	10	15	20	25	30	35	40	45	50
6	0	6	12	18	24	30	36	42	48	54	60
7	0	7	14	21	28	35	42	49	56	63	70
8	0	8	16	24	32	40	48	56	64	72	80
9	0	9	18	27	36	45	54	63	72	81	90
10	0	10	20	30	40	50	60	70	80	90	100

____

¿Se puede escribir siempre el producto de 4 y cualquier número como una suma de dos sumandos iguales? Explica tu respuesta.

____

____

____

13. **Profundización de la pregunta importante** ¿Cuál es una estrategia que puedo usar para multiplicar por 4?

____

Nombre ....

Mi tarea

Lección 4

Multiplicar por 4

Asistente de tareas

¿Necesitas ayuda? connectED.mcgraw-hill.com

Halla 4 × 7.

Descompón 4 en sumandos iguales de 2 + 2.

7

4

2 × 7

2 × 7

$4 \times 7 = 2 \times 7 + 2 \times 7$

$= 14 + 14$

$= 28$

El arreglo muestra que 4 grupos de 7 son iguales a 2 grupos de 7 más 2 grupos de 7.

Por lo tanto, 4 × 7 = 28.

Práctica

Duplica la operación conocida para hallar el producto. Rotula el arreglo y completa los enunciados numéricos.

1. 4 × 5

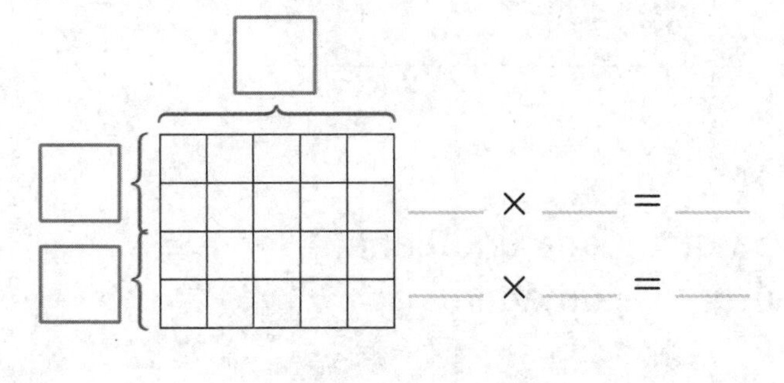

____ × ____ = ____

____ × ____ = ____

____ + ____ = ____

Por lo tanto, 4 × 5 = ____.

2. 3 × 4

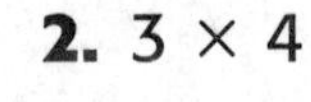

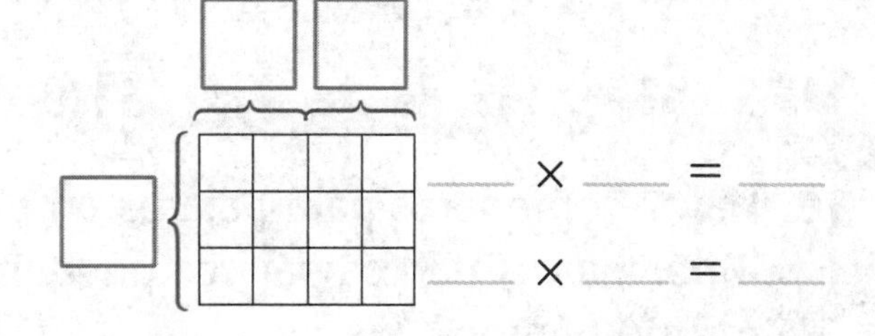

____ × ____ = ____

____ × ____ = ____

____ + ____ = ____

Por lo tanto, 3 × 4 = ____.

Duplica una operación conocida para hallar los productos. Dibuja y rotula un arreglo.

3. $6 \times 4 =$ ______

4. $4 \times 8 =$ ______

Álgebra **Halla las incógnitas. Duplica una operación conocida.**

5. $9 \times 4 = \blacksquare$

La incógnita es ______.

6. $4 \times 4 = \blacksquare$

La incógnita es ______.

Resolución de problemas

7. PRÁCTICA matemática 4 **Representar las mates** Melisa tiene 4 juegos de joyas. Cada juego contiene 2 aretes, 1 collar, 1 pulsera y 1 anillo. ¿Cuántas piezas de joyería tiene Melisa en total? Escribe un enunciado de multiplicación.

______

Comprobación del vocabulario

Escribe una definición para las palabras del vocabulario.

8. operación conocida ______

9. descomponer ______

Práctica para la prueba

10. Hay 7 comederos para pájaros en el parque. Cada uno tiene 4 perchas. ¿Cuántos pájaros pueden usar los comederos al mismo tiempo?

Ⓐ 32 pájaros

Ⓑ 28 pájaros

Ⓒ 11 pájaros

Ⓓ 3 pájaros

Nombre ....

Dividir entre 4

Lección 5

PREGUNTA IMPORTANTE
¿Qué estrategias puedes usar para aprender las operaciones de multiplicación y de división?

Las mates y mi mundo

Ejemplo 1

La medida alrededor de una ventana cuadrada en la casa de Pedro es de 12 pies. ¿Cuál es la longitud de cada lado?

Halla $12 \div 4$.

Una manera Usa modelos.

Empieza con 12 fichas. Encierra en un círculo 4 grupos iguales.

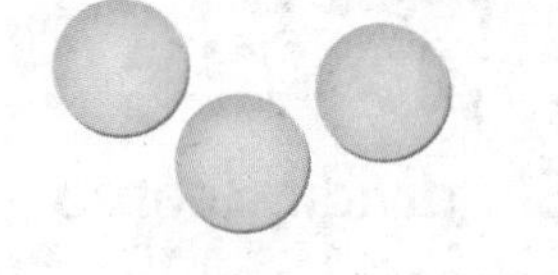 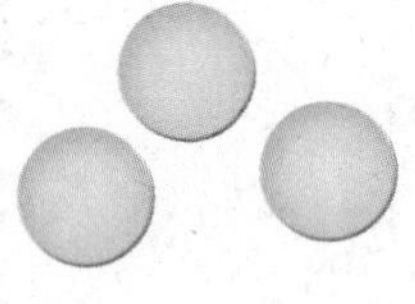 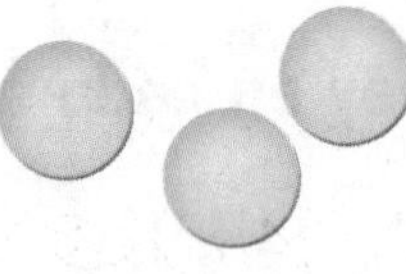 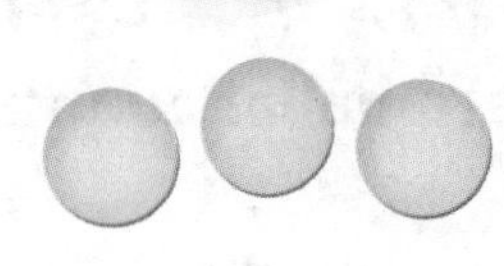

Hay ______ fichas en cada grupo. $12 \div 4 =$ ______

Por lo tanto, la longitud de cada lado de la ventana es de ______ pies.

Otra manera Usa la resta repetida.

Resta grupos de 4 hasta que llegues a 0.

Cuenta el número de veces que restaste.

Se restaron ______ veces grupos de ______.

Por lo tanto, $12 \div 4 =$ ______.

①	②	③
12	□	□
− 4	− 4	− 4
8	□	0

Ejemplo 2

Un huevo de avestruz pesa 4 libras. El peso total de los huevos en un nido es 28 libras. ¿Cuántos huevos de avestruz hay?

Pista
La multiplicación es la operación inversa de la división.

Halla la incógnita en $28 \div 4 = \blacksquare$ o $4\overline{)28}$ con $\blacksquare$ como cociente.

Dibuja un arreglo. Luego, usa la operación inversa, la multiplicación, para hallar la incógnita.

factor desconocido

Piensa: $\blacksquare \times 4 = 28$.

Sabes que ______ $\times 4 = 28$.

Por lo tanto, $28 \div 4 =$ ______ o $4\overline{)28}$ $\square$.

La incógnita es ______. Hay ______ huevos de avestruz.

Práctica guiada

Usa fichas para hallar cuántas hay en cada grupo.

1. 8 fichas
   4 grupos iguales

   ______ en cada grupo

   Por lo tanto,
   $8 \div 4 =$ ______.

2. 24 fichas
   4 grupos iguales

   ______ en cada grupo

   Por lo tanto,
   $24 \div 4 =$ ______.

Sin dividir, ¿cómo sabes que el cociente de $12 \div 3$ es mayor que el cociente de $12 \div 4$?

3. Usa la resta repetida para hallar $20 \div 4$.

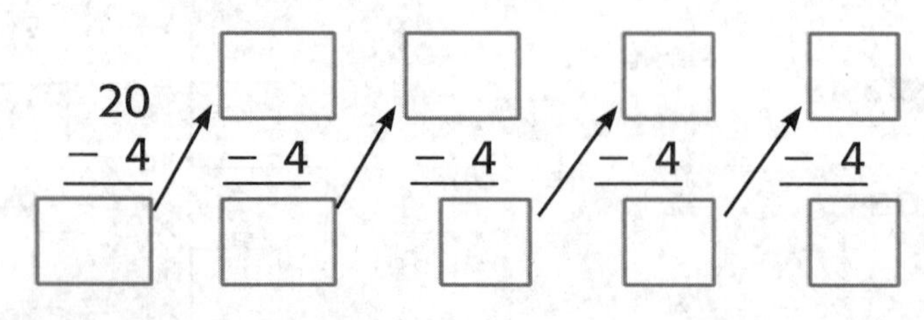

Por lo tanto, $20 \div 4 =$ ______.

Nombre

CCSS

Práctica independiente

Usa fichas para hallar el número de grupos iguales o cuántas hay en cada grupo.

4. 28 fichas
4 grupos iguales

_____ en cada grupo

Por lo tanto, $28 \div 4 =$ _____

o $4\overline{)28}$.

5. 4 fichas
4 grupos iguales

_____ en cada grupo

Por lo tanto, _____ $\div$ _____ $=$ _____

o $4\overline{)4}$.

Usa la resta repetida para dividir.

6. $8 \div 4 =$ _____

7. $16 \div 4 =$ _____

Álgebra **Dibuja un arreglo y usa la operación inversa para hallar las incógnitas.**

8. $? \times 6 = 24$

■ $\div 4 = 6$

$? =$ _____

■ $=$ _____

9. $8 \times ? = 32$

$32 \div 4 =$ ■

$? =$ _____

■ $=$ _____

¡Mi dibujo!

Resolución de problemas

Álgebra Escribe un enunciado de división con un símbolo para la incógnita en los ejercicios 10 y 11. Resuelve.

10. Gabriel, Juan, Elvio y Tomás estarán de vacaciones durante 20 días. Dividieron la planeación de las vacaciones en partes iguales. ¿Cuántos días tendrá que planear Juan?

____

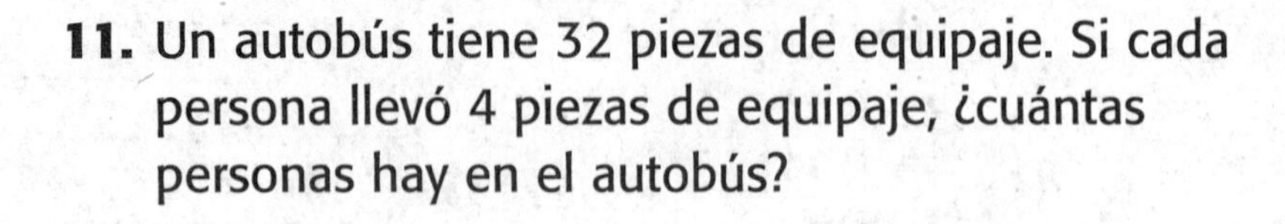

11. Un autobús tiene 32 piezas de equipaje. Si cada persona llevó 4 piezas de equipaje, ¿cuántas personas hay en el autobús?

____

12. PRÁCTICA matemática 2 **Razonar** A 4 amigos les cuesta $40 montar en los carros chocones durante 1 hora. ¿Cuánto le cuesta a 1 persona montar durante 2 horas?

____

____

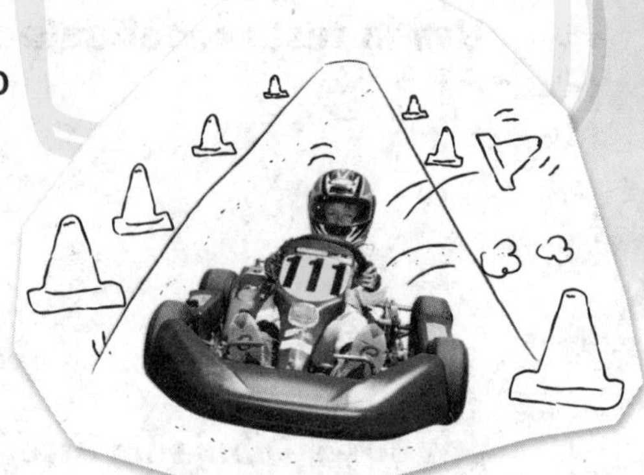

Problemas S.O.S.

13. PRÁCTICA matemática 3 **Hallar el error** Kendra escribió los siguientes dos enunciados numéricos como ayuda para hallar $12 \div 4$. Explica y corrige su error.

$4 + 8 = 12$
Por lo tanto, $12 \div 4 = 8$.

____

____

14. **Profundización de la pregunta importante** ¿Cómo puede un arreglo ayudarme a dividir?

____

____

Nombre ______

Mi tarea

Lección 5
Dividir entre 4

Asistente de tareas

¿Necesitas ayuda? connectED.mcgraw-hill.com

La familia Díaz compró un paquete de 20 cajas de jugo. Hay 4 personas en la familia Díaz. Si dividen las cajas de jugo en partes iguales, ¿cuántas recibirá cada miembro de la familia?

Halla la incógnita en $20 \div 4 = \blacksquare$ o $4\overline{)20}$ con ■ encima.

Usa la multiplicación para hallar la incógnita.

Piensa: $\blacksquare \times 4 = 20$

Sabes que $5 \times 4 = 20$.

Por lo tanto, $20 \div 4 = 5$ o $4\overline{)20}$ con 5 encima.

La incógnita es 5. Cada miembro de la familia recibirá 5 cajas de jugo.

Práctica

Usa fichas para hallar cuántas hay en cada grupo.

1. 8 fichas
4 grupos iguales

______ en cada grupo

Por lo tanto, $8 \div 4 =$ ______.

2. 40 fichas
4 grupos iguales

______ en cada grupo

Por lo tanto, $40 \div 4 =$ ______.

3. 28 fichas
4 grupos iguales

______ en cada grupo

Por lo tanto, $28 \div 4 =$ ______.

4. 12 fichas
4 grupos iguales

______ en cada grupo

Por lo tanto, $12 \div 4 =$ ______.

Usa la resta repetida para dividir.

5. $24 \div 4 =$ ______

$$\begin{array}{r} 24 \\ -\ 4 \\ \hline 20 \end{array}$$

6. $16 \div 4 =$ ______

Álgebra **Usa la operación inversa para hallar las incógnitas.**

7. ______ $\times 2 = 8$

______ $\div 4 = 2$

8. $9 \times$ ______ $= 36$

$36 \div 4 =$ ______

Resolución de problemas

Escribe un enunciado de división para resolver.

9. Una tienda que alquila botes tiene suficientes botes para que monten 28 personas. En cada bote caben 4 personas. ¿Cuántos botes tiene la tienda?

10. PRÁCTICA matemática 6 **Explicarle a un amigo** Óscar y 3 amigos compartieron 24 canicas en partes iguales. Katy y 2 amigos compartieron 18 canicas en partes iguales. ¿Recibieron más canicas los amigos de Óscar o los de Katy? Explica tu respuesta.

Práctica para la prueba

11. Cada minuto fluyen 4 galones de agua en una bañera. ¿En cuántos minutos tendrá la bañera 32 galones de agua?

Ⓐ 6 minutos
Ⓑ 7 minutos
Ⓒ 8 minutos
Ⓓ 9 minutos

Compruebo mi progreso

Comprobación del vocabulario

Rotula cada uno con las palabras correctas.

cociente	**descomponer**	**dividendo**
divisor	**operación conocida**	**operaciones inversas**

1. ______________

$7 \times 4 = 28$ $28 \div 7 = 4$

4. ______________

2. ______________

3. ______________

5. Una ______________ es una operación que has memorizado.

6. Puedes ______________ 6 en dos sumandos iguales; 3 + 3.

Comprobación del concepto

Dibuja un arreglo para cada uno. Luego, escribe dos enunciados de multiplicación.

7. 3 filas de 6

____

____

8. 4 filas de 6

____

____

9. Dibuja saltos en la recta numérica para hallar 27 ÷ 3.

27 ÷ 3 = ______

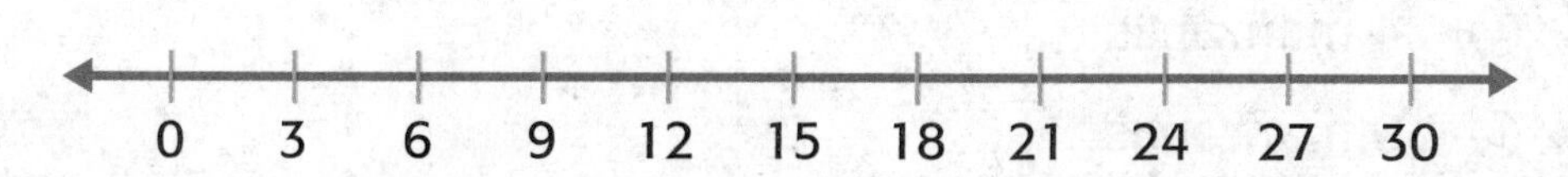

Álgebra Usa una operación de multiplicación relacionada para hallar la incógnita.

10. $21 \div 3 = ■$

$■ \times 3 = 21$

La incógnita es ______.

11. $32 \div 4 = ■$

$4 \times ■ = 32$

La incógnita es ______.

Duplica una operación conocida para hallar los productos. Dibuja un arreglo.

12. $6 \times 5 =$ ______

13. $6 \times 7 =$ ______

El mundo real Resolución de problemas

14. Hay 4 cuartos en un galón de leche. ¿Cuántos cuartos de leche hay en los galones que se muestran a continuación?

______

Práctica para la prueba

15. Aisha recogió 27 manzanas. Puso igual número de manzanas en 3 bolsas. ¿Cuántas manzanas puso en cada bolsa?

Ⓐ 8 manzanas
Ⓑ 9 manzanas
Ⓒ 24 manzanas
Ⓓ 30 manzanas

Nombre ....

El mundo real

Investigación para la resolución de problemas

ESTRATEGIA: Información que sobra o que falta

Lección 6

PREGUNTA IMPORTANTE
¿Qué estrategias puedes usar para aprender las operaciones de multiplicación y de división?

Aprende la estrategia

El paseo en el tren de heno empieza a las 6:00 p. m. Hay 4 vagones y cada uno puede llevar 9 niños. La mitad de los niños son niñas. ¿Cuál es el número total de niños y niñas que pueden ir en los vagones?

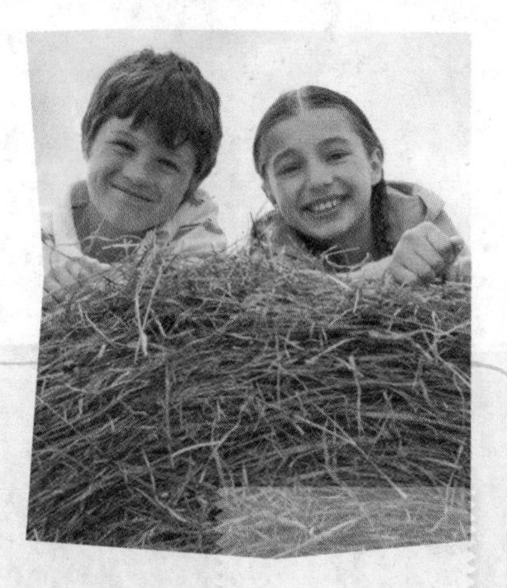

1 Comprende

¿Qué sabes?

El paseo en el tren empieza a las ________ p. m.

Hay ________ vagones que llevan ________ niños cada uno.

La mitad de los niños son niñas.

¿Qué debes hallar?

el número de ______________ que pueden pasear en los 4 vagones

2 Planea

Decide qué datos son importantes.

el número de ________________

el número de ______________ que lleva cada vagón

Información que sobra
- El paseo en el tren de heno empieza a las 6:00 p. m.
- La mitad de los niños son niñas.

3 Resuelve

4 × 9 = ________
vagones, niños, total de niños

4 Comprueba

¿Tiene sentido tu respuesta? ¿Por qué?

____

Practica la estrategia

En un refugio para animales hay 23 gatos y 14 perros. ¿Cuánto costaría adoptar 1 gato y 1 perro? Di qué datos sobran o faltan.

1 Comprende

¿Qué sabes?

¿Qué debes hallar?

2 Planea

3 Resuelve

4 Comprueba

¿Tiene sentido tu respuesta? ¿Por qué?

Nombre

Aplica la estrategia

Determina si hay información que sobra o que falta para resolver los problemas. Luego, resuelve si es posible.

1. PRÁCTICA matemática 3 **Sacar una conclusión** La Sra. Gómez tiene 2 cajas de tizas. Compró 4 cajas más de 10 piezas cada una. Pagó $2 por caja. ¿Cuánto gastó en las 4 cajas de tiza?

2. Bernardo compró 4 de cada uno de los siguientes artículos. ¿Cuánto cambio recibió?

Artículo	Costo
Lápices	$2
Papel	$1
Carpeta	$3

3. PRÁCTICA matemática 5 **Usar herramientas de las mates** Alejandra mide 58 pulgadas de estatura. Su hermana está en primer grado y mide 10 pulgadas menos que Alejandra. ¿Qué operación conocida, al duplicarla, es igual a la estatura de la hermana de Alejandra?

Repasa las estrategias

Usa cualquier estrategia para resolver los problemas.

- Determinar la información que sobra o que falta.
- Hacer una tabla.
- Buscar un patrón.
- Usar modelos.

4. Diez de las tarjetas de béisbol de Eduardo son tarjetas *All Star.* Su amigo tiene cuatro veces más tarjetas *All Star.* ¿Cuántas tarjetas de béisbol *All Star* tiene su amigo?

5. En la clase del tercer grado nacieron 4 polluelos al día durante 5 días. Nueve de los polluelos fueron amarillos y el resto cafés. ¿Cuántos polluelos nacieron en total?

6. Cuatro amigos compraron un total de 24 juegos de computadora. Cada amigo compró el mismo número de juegos. ¿Cuántos juegos compró cada uno?

7. PRÁCTICA matemática 1 **Entender los problemas** Hay 4 hojas de adhesivos. Cada hoja tiene 7 adhesivos. Karen le da 1 hoja de adhesivos a su amiga. ¿Cuántos adhesivos le quedan a Karen?

8. ¿Cuántos puntos habría en total si hubiera 2 fichas de dominó como la siguiente?

Nombre ....

Mi tarea

Lección 6
Resolución de problemas: Información que sobra o que falta

Asistente de tareas

¿Necesitas ayuda? connectED.mcgraw-hill.com

Arturo cortará una tabla de 12 pies de largo en 4 partes iguales. Si le toma 10 minutos cortar la tabla, ¿cuánto medirá cada parte?

1 Comprende

¿Qué sabes?
Arturo tiene una tabla de 12 pies de largo.
Va a cortar la tabla en 4 partes iguales.
Le tomará 10 minutos cortar la tabla.
¿Qué debes hallar?
la longitud de las 4 partes

Información que sobra
Le tomará 10 minutos cortar la tabla.

2 Planea

Decide qué datos son importantes.
- la longitud de la tabla que se va a cortar
- el número de partes que se van a cortar

3 Resuelve

Divide la longitud de la tabla entre el número de partes que se van a cortar.
$12 \div 4 = 3$.
Por lo tanto, cada parte medirá 3 pies de largo.

4 Comprueba

¿Tiene sentido tu respuesta?
Usa la operación inversa, la multiplicación, para comprobar.
$3 \times 4 = 12$
Por lo tanto, la respuesta es razonable.

Resolución de problemas

Determina si hay información que sobra o que falta para resolver los problemas. Luego, resuelve si es posible.

1. Brenda comió 9 tortillas de maíz de merienda. Comió el doble de pasas. También bebió una caja de jugo. ¿Cuántas pasas comió?

2. Miguel compró un boleto para el cine que costó $5. También compró palomitas de maíz y una botella de agua. ¿Cuánto gastó Miguel en total?

3. Annie tiene práctica de básquetbol de 2:30 p. m. a 4:00 p. m. En cada práctica realiza 10 lanzamientos libres. ¿Cuántos lanzamientos libres realiza en 4 prácticas?

4. Naya tiene 12 flores. Les regala 6 a Jane y 3 a Camila. Diana no tiene flores. ¿Cuántas flores le quedan a Naya?

5. PRÁCTICA matemática 3 **Sacar una conclusión** Juan compró dos llantas nuevas para su bicicleta. También llevó a sincronizar la bicicleta. El costo total fue $65. ¿Cuánto gastó Juan en las dos llantas?

Nombre

Multiplicar por 0 y 1

Lección 7

PREGUNTA IMPORTANTE
¿Qué estrategias puedes usar para aprender las operaciones de multiplicación y de división?

Las mates y mi mundo

Herramientas Observa Tutor

¡Necesito un lugar donde echar raíces!

Ejemplo 1

Hay 4 macetas de flores. Cada una tiene 1 margarita. ¿Cuántas margaritas hay en total? Halla la incógnita.

$4 \times 1 = \blacksquare$ ← incógnita

Encierra en un círculo 4 grupos iguales de 1.

$1 + 1 + 1 + 1 =$ ______

Por lo tanto, 4 grupos de ______ son ______. La incógnita es ______.

Hay ______ margaritas en total.

La **propiedad de identidad de la multiplicación** dice que cuando se multiplica un número por ______, el producto es ese mismo número.

Ejemplo 2

1 Describe el patrón de los productos sombreados de verde.

Los productos son el número ______.

2 Observa el producto encerrado en el círculo. Avanza hacia la izquierda y hacia arriba hasta los factores encerrados en un círculo. Completa el enunciado numérico.

factores → producto

3 × ______ = ______

×	0	1	2	3	4	5	6	7	8	9	10
0	0	0	0	0	0	0	0	0	0	0	0
1	0	1	2	3	4	5	6	7	8	9	10
2	0	2	4	6	8	10	12	14	16	18	20
3	0	3	6	9	12	15	18	21	24	27	30
4	0	4	8	12	16	20	24	28	32	36	40
5	0	5	10	15	20	25	30	35	40	45	50
6	0	6	12	18	24	30	36	42	48	54	60
7	0	7	14	21	28	35	42	49	56	63	70
8	0	8	16	24	32	40	48	56	64	72	80
9	0	9	18	27	36	45	54	63	72	81	90
10	0	10	20	30	40	50	60	70	80	90	100

3 Observa el producto encerrado en un cuadrado. Completa el enunciado numérico.

7 × ______ = ______ ← Si hay 7 grupos iguales y 0 objetos en cada grupo, entonces hay 0 objetos en total.

Los dos enunciados numéricos son ejemplos de la **propiedad del cero de la multiplicación** que establece que el producto de cualquier número y cero es cero.

Práctica guiada

Observa la fila y la columna de los productos sombreados de amarillo. Describe el patrón.

1. Cuando se multiplica un número por ______, el producto es ese número.
2. Este es un ejemplo de la propiedad de ______ de la multiplicación.

×	0	1	2	3	4	5
0	0	0	0	0	0	0
1	0	1	2	3	4	5
2	0	2	4	6	8	10
3	0	3	6	9	12	15
4	0	4	8	12	16	20
5	0	5	10	15	20	25

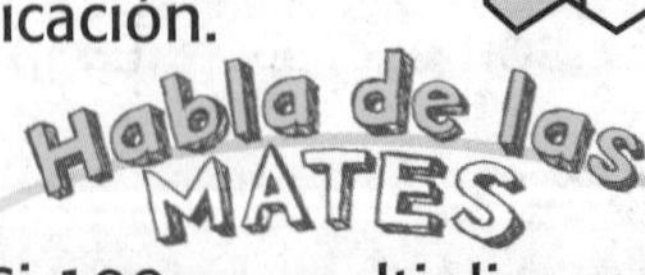

Si 100 se multiplica por 0, ¿cuál será el producto? Explica tu razonamiento.

Nombre ....

Práctica independiente

Álgebra Encierra en un círculo grupos iguales para hallar la incógnita. Escribe la incógnita.

3. 2 × 1 = ■ o $\begin{array}{r} 2 \\ \times\ 1 \\ \hline ■ \end{array}$

La incógnita es ______.

4. 5 × 1 = ■ o $\begin{array}{r} 5 \\ \times\ 1 \\ \hline ■ \end{array}$

La incógnita es ______.

Escribe un enunciado de suma como ayuda para hallar los productos. Comprueba con la propiedad de identidad de la multiplicación.

5. 8 × 1 = ____

6. 7 × 1 = ____

Usa la propiedad del cero de la multiplicación para hallar los productos.

7. 10 × 0 = ______ **8.** 6 × 0 = ______ **9.** 3 × 0 = ______

10. Álgebra Traza una línea para relacionar los enunciados numéricos con sus incógnitas.

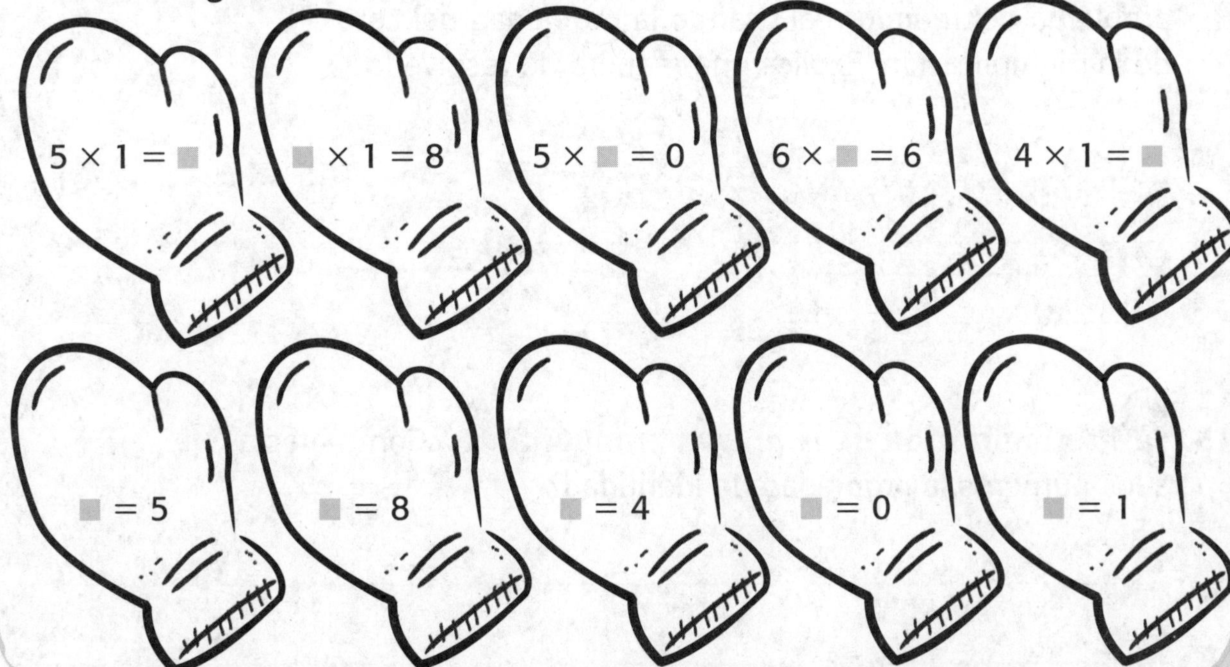

Resolución de problemas

Álgebra Escribe un enunciado de multiplicación con un símbolo para la incógnita. Luego, resuelve.

11. En cada una de las 9 mesas de la biblioteca hay 1 estudiante sentado. ¿Cuántos estudiantes hay en total?

____

12. PRÁCTICA matemática 4 **Representar las mates**
¿Cuántas patas tienen 8 serpientes?

____

13. ¿Cuántos cachorros hay en total si hay 1 vagón y 2 cachorros en el vagón?

____

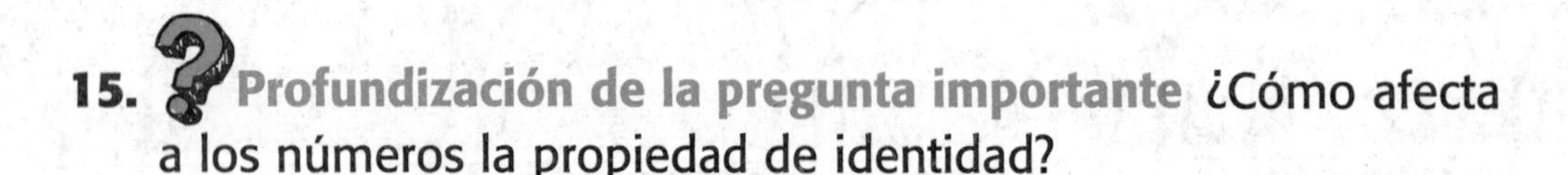

14. PRÁCTICA matemática 7 **Identificar la estructura** Escribe un problema del mundo real usando la propiedad del cero de la multiplicación. Explica una manera de resolverlo.

____

____

____

15. **Profundización de la pregunta importante** ¿Cómo afecta a los números la propiedad de identidad?

____

____

Nombre ....

Mi tarea

Lección 7
Multiplicar por 0 y 1

Asistente de tareas

¿Necesitas ayuda? connectED.mcgraw-hill.com

Tres clientes compraron cada uno 1 cono con una porción de helado. ¿Cuántas porciones compraron los clientes en total?

Halla 3×1.

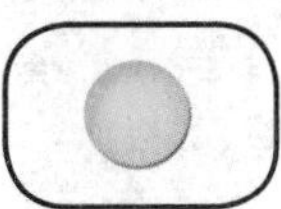 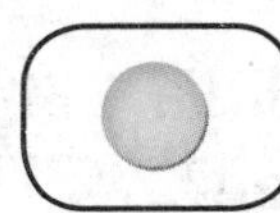 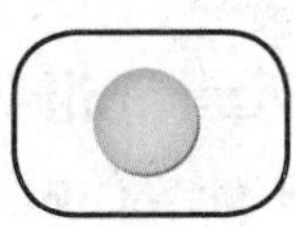

La propiedad de identidad de la multiplicación establece que cuando se multiplica cualquier número por 1, el producto es ese mismo número. Por lo tanto, $3 \times 1 = 3$.

Los tres clientes se han comido las porciones de helado. Ahora, ¿cuántas porciones tienen en total los clientes?

Halla 3×0.

 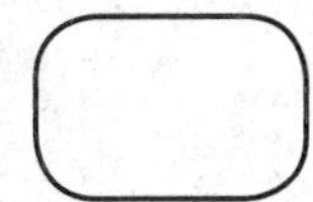 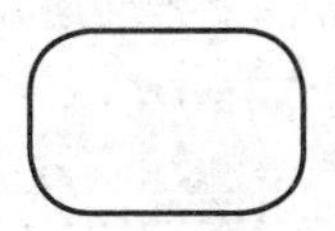

La propiedad del cero de la multiplicación establece que cuando cualquier número se multiplica por 0, el producto es 0.
Por lo tanto, $3 \times 0 = 0$.

Práctica

Álgebra Encierra en un círculo grupos iguales para hallar la incógnita. Escribe la incógnita.

1. $8 \times 1 = \blacksquare$

La incógnita es ______.

2. $5 \times 1 = \blacksquare$

La incógnita es ______.

Usa la propiedad de identidad de la multiplicación o la propiedad del cero de la multiplicación para hallar los productos.

3. $4 \times 0 =$ ____ **4.** $7 \times 1 =$ ____ **5.** $7 \times 0 =$ ____

6. $6 \times 1 =$ ____ **7.** $1 \times 0 =$ ____ **8.** $9 \times 1 =$ ____

9. $2 \times 1 =$ ____ **10.** $8 \times 1 =$ ____ **11.** $5 \times 0 =$ ____

Resolución de problemas

Álgebra Escribe un enunciado de multiplicación con un símbolo para la incógnita en los ejercicios 12 y 13. Luego, resuelve.

12. Jorge colecciona estampillas. Si consigue una estampilla al día durante 12 días, ¿cuántas estampillas sumará a su colección?

____

13. PRÁCTICA matemática 6 **Responder con precisión** Ninguna de las camisas de Henry tiene bolsillos. ¿Cuántos bolsillos tienen 6 camisas de Henry?

____

Comprobación del vocabulario

Escribe la palabra correcta para completar la oración.

cero identidad

14. La propiedad del ________ de la multiplicación establece que cualquier número multiplicado por 0 es igual a 0.

15. La propiedad de ________ de la multiplicación establece que cualquier número multiplicado por 1 es ese mismo número.

Práctica para la prueba

16. ¿Cuál enunciado de multiplicación muestra cómo hallar el número de alas que tienen en total dos lagartos?

Ⓐ $1 + 1 = 2$ Ⓒ $1 \times 1 = 1$

Ⓑ $2 \times 2 = 4$ Ⓓ $2 \times 0 = 0$

Nombre ....

Dividir con 0 y 1

Lección 8

PREGUNTA IMPORTANTE
¿Qué estrategias puedes usar para aprender las operaciones de multiplicación y de división?

Hay reglas que puedes usar cuando divides con 0 o 1.

Las mates y mi mundo

Ejemplo 1

Hay 3 amigos y solo 1 sillón puf. ¿Cuántos amigos se sentarán en el sillón?

Halla $3 \div 1$. Usa X para dibujar los amigos en el sillón.

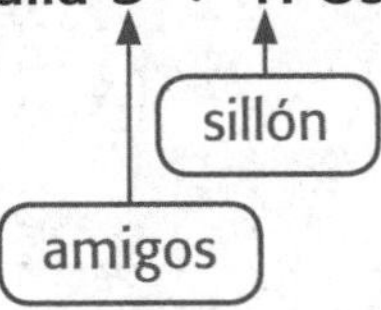

Por lo tanto, $3 \div 1 =$ ______.

Se sentarán ______ amigos en el sillón.

Pista
Cuando un número se divide entre 1, el cociente es ese número.

Ejemplo 2

Hay 3 amigos y 3 sillones puf. ¿Cuántos amigos se sentarán en cada uno?

Halla $3 \div 3$.
Usa X para separar los amigos en partes iguales en los sillones.

Por lo tanto, $3 \div 3 =$ ______.

Se sentará ______ amigo en cada sillón.

Pista
Cuando un número se divide entre sí mismo, el cociente es 1.

Ejemplo 3

Hay 0 amigos y 3 sillones puf. ¿Cuántos amigos se sentarán en cada uno?

Halla 0 ÷ 3. ¿Hay amigos para dibujar? ______

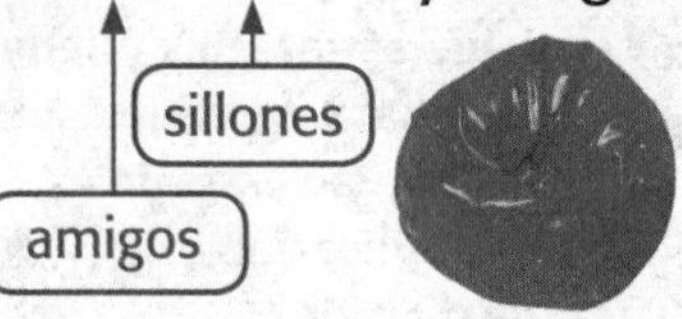

Pista

Cuando cero se divide entre un número diferente de cero, el cociente es cero.

Por lo tanto, 0 ÷ 3 = ______. Se sentarán ______ amigos en cada sillón.

Ejemplo 4

Hay 3 amigos y 0 sillones puf. ¿Cuántos amigos se sentarán en cada sillón?

Halla 3 ÷ 0.

Pista

Es imposible dividir un número entre 0.

Por lo tanto, el cociente de 3 ÷ ______ no se puede hallar.

Práctica guiada

Comprueba

Habla de las MATES

¿Cómo sabes que puedes dividir cualquier número entre 1 o entre sí mismo?

Dibuja modelos para hallar los cocientes.

1. 6 ÷ 1 = ______ o $1\overline{)6}$

2. 4 ÷ 4 = ______ o $4\overline{)4}$

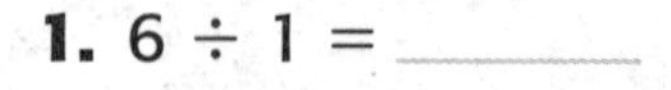

¡Mi dibujo!

Nombre ....

CCSS

Práctica independiente

Halla los cocientes. Traza líneas para relacionar los enunciados de división con su modelo.

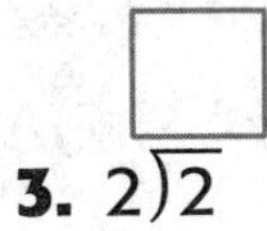

3. $2\overline{)2}$

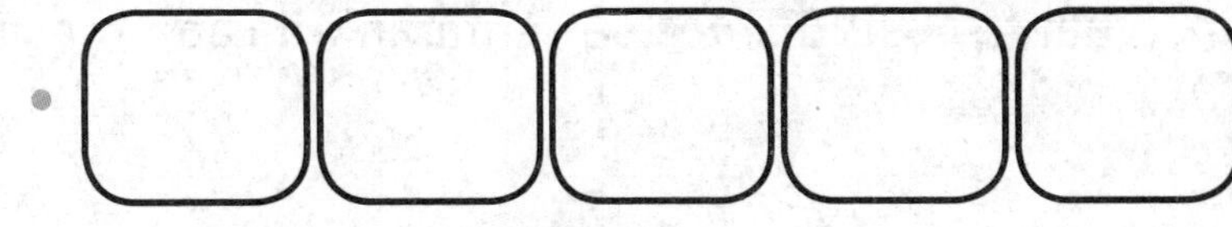

4. $1 \div 1 =$ ______

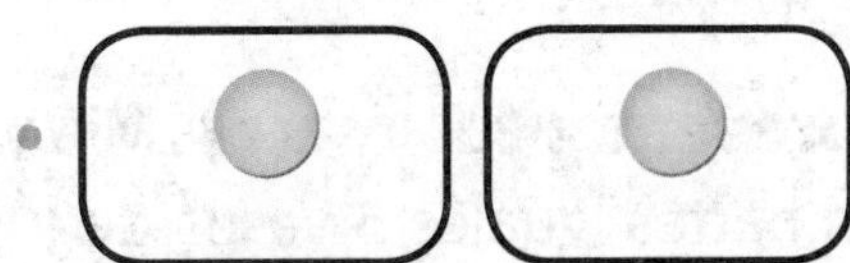

5. $5\overline{)0}$

6. $5 \div 1 =$ ______

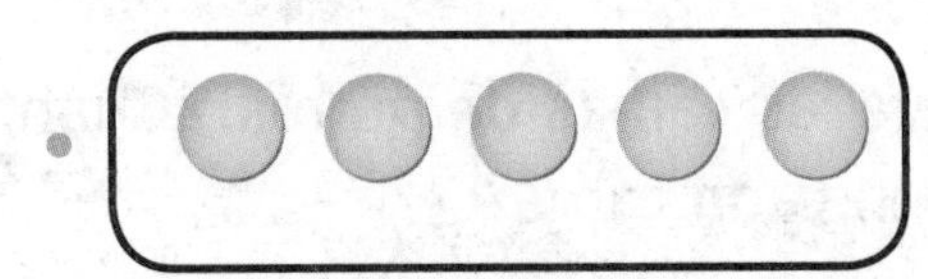

7. $1\overline{)4}$

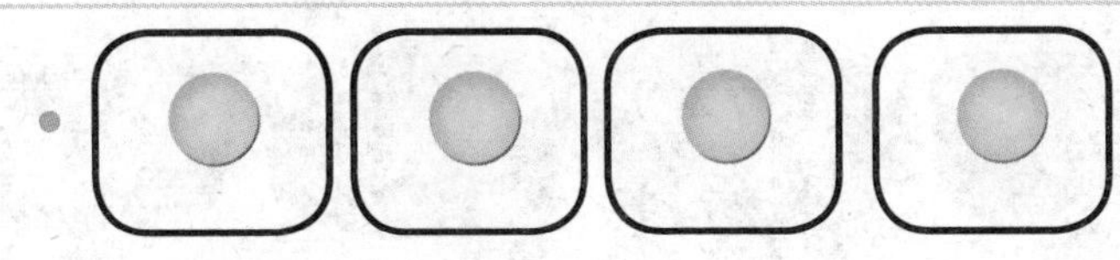

8. $0 \div 2 =$ ______

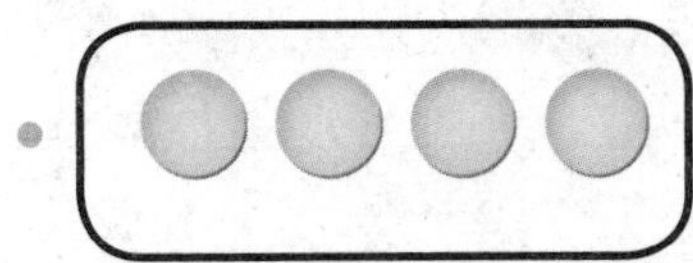

9. $4\overline{)4}$

10. $0 \div 1 =$ ______

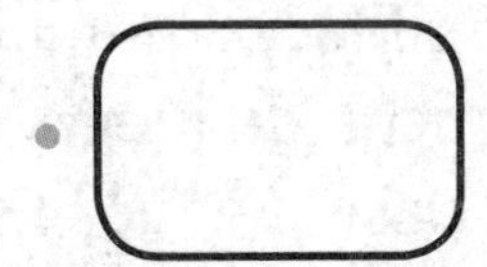

Escribe un enunciado de división como ejemplo de las reglas de la división.

11. Cuando un número se divide entre sí mismo, el cociente es 1. ______

12. Cuando 0 se divide entre un número diferente de 0, el cociente es 0. ______

13. Cuando un número se divide entre 1, el cociente es ese mismo número. ______

Resolución de problemas

Escribe un enunciado de división para resolver.

14. Hay 7 estudiantes y una mesa. Si el mismo número de estudiantes debe sentarse en cada mesa, ¿cuántos estudiantes se sentarán en cada mesa?

15. PRÁCTICA matemática 4 **Representar las mates** Mia y sus 4 amigas dividen en partes iguales 5 vasos de jugo. ¿Cuántos vasos de jugo recibirá cada amiga?

16. No hay perros para las camas de perros. ¿Cuántos perros dormirán en cada cama?

Problemas S.O.S.

17. PRÁCTICA matemática 1 **Entender los problemas** Hay 35 estudiantes en la clase del Sr. Macy. Para jugar a un juego, cada persona necesita 1 ficha de juego. ¿Cuántas fichas se necesitan para que la clase juegue? Escribe un enunciado de división para resolver.

18. **Profundización de la pregunta importante** ¿Cómo me ayudan las reglas de la división a aprender las operaciones de división más rápidamente?

Nombre ....

Mi tarea

Lección 8
Dividir con 0 y 1

Asistente de tareas

¿Necesitas ayuda? connectED.mcgraw-hill.com

Larry tiene 3 llaves. Las divide en partes iguales en un llavero. ¿Cuántas llaves hay en cada llavero?

Halla $3 \div 1$.

Usa fichas para representar.

Divide 3 fichas en partes iguales en 1 grupo.

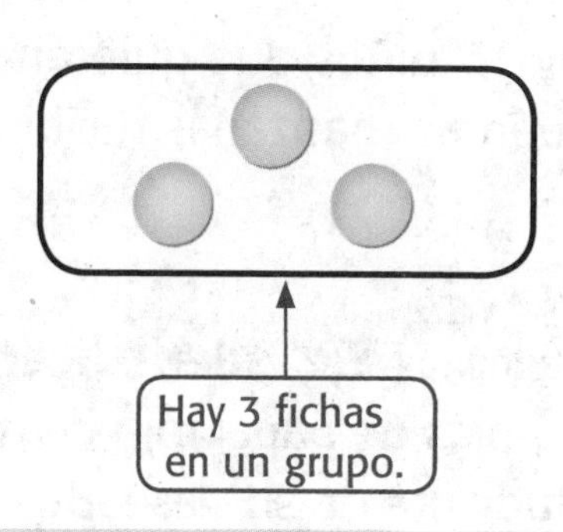

Por lo tanto, $3 \div 1 = 3$.

Hay 3 llaves en el llavero.

Práctica

Completa el enunciado de división para cada modelo.

1. 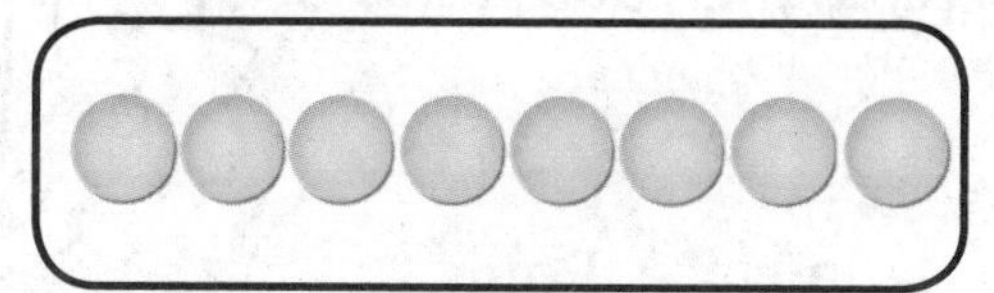

$8 \div 1 =$ ______

2. 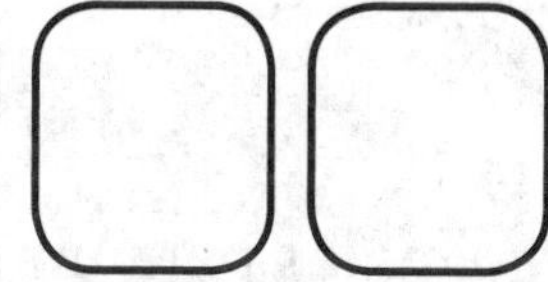

$0 \div 2 =$ ______

3. 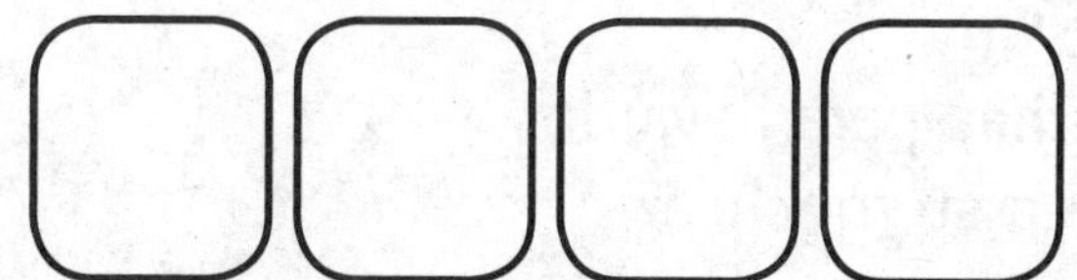

$0 \div 4 =$ ______

4. 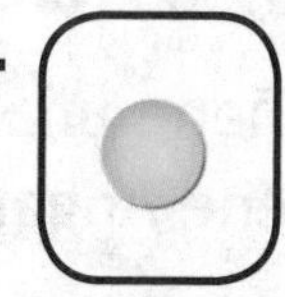

$1 \div 1 =$ ______

Álgebra Usa una operación de multiplicación relacionada para hallar la incógnita.

5. $9 \div 9 = \blacksquare$

$9 \times$ ______ $= 9$

La incógnita es ______.

6. $0 \div 6 = \blacksquare$

$6 \times$ ______ $= 0$

La incógnita es ______.

7. $0 \div 8 = \blacksquare$

$8 \times$ ______ $= 0$

La incógnita es ______.

8. $2 \div 2 = \blacksquare$

$2 \times$ ______ $= 2$

La incógnita es ______.

Resolución de problemas

Escribe un enunciado de división para resolver.

9. Hay 15 niños que quieren compartir 15 manzanas. ¿Cuántas manzanas recibirá cada niño?

____

10. PRÁCTICA matemática 7 **Identificar la estructura** La Sra. Perkins necesita 24 hojas de papel rojo de manera que pueda darle una a cada estudiante de su clase. Buscó en la repisa y no quedaban hojas de papel rojo. ¿Cuántas hojas de papel rojo puede repartir la Sra. Perkins?

____

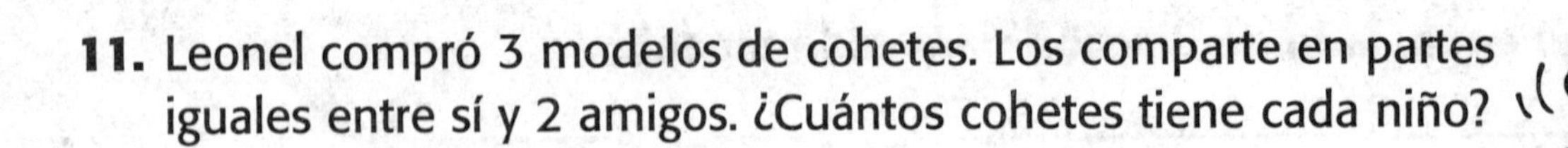

11. Leonel compró 3 modelos de cohetes. Los comparte en partes iguales entre sí y 2 amigos. ¿Cuántos cohetes tiene cada niño?

____

12. María dibuja 5 animales para un proyecto de la clase. Pone cada dibujo en una carpeta aparte. ¿Cuántas carpetas usa María?

____

Práctica para la prueba

13. Angelina tiene 6 libros. Tiene una mochila para llevar los libros. ¿Cuántos libros tiene Angelina en su mochila?

(A) 7 libros

(B) 6 libros

(C) 1 libro

(D) 0 libros

Nombre

Práctica de fluidez

Multiplica.

1. $4 \times 9 =$ _____ **2.** $5 \times 3 =$ _____ **3.** $4 \times 6 =$ _____

4. $3 \times 6 =$ _____ **5.** $3 \times 2 =$ _____ **6.** $4 \times 4 =$ _____

7. $2 \times 2 =$ _____ **8.** $0 \times 7 =$ _____ **9.** $4 \times 5 =$ _____

10. $2 \times 5 =$ _____ **11.** $3 \times 7 =$ _____ **12.** $1 \times 2 =$ _____

13. $\begin{array}{r} 1 \\ \times\ 3 \\ \hline \end{array}$ **14.** $\begin{array}{r} 4 \\ \times\ 3 \\ \hline \end{array}$ **15.** $\begin{array}{r} 3 \\ \times\ 8 \\ \hline \end{array}$ **16.** $\begin{array}{r} 0 \\ \times\ 4 \\ \hline \end{array}$

17. $\begin{array}{r} 4 \\ \times\ 7 \\ \hline \end{array}$ **18.** $\begin{array}{r} 3 \\ \times\ 9 \\ \hline \end{array}$ **19.** $\begin{array}{r} 4 \\ \times\ 8 \\ \hline \end{array}$ **20.** $\begin{array}{r} 1 \\ \times\ 8 \\ \hline \end{array}$

21. $\begin{array}{r} 4 \\ \times\ 2 \\ \hline \end{array}$ **22.** $\begin{array}{r} 3 \\ \times\ 1 \\ \hline \end{array}$ **23.** $\begin{array}{r} 0 \\ \times\ 9 \\ \hline \end{array}$ **24.** $\begin{array}{r} 1 \\ \times\ 5 \\ \hline \end{array}$

Nombre ....

Práctica de fluidez

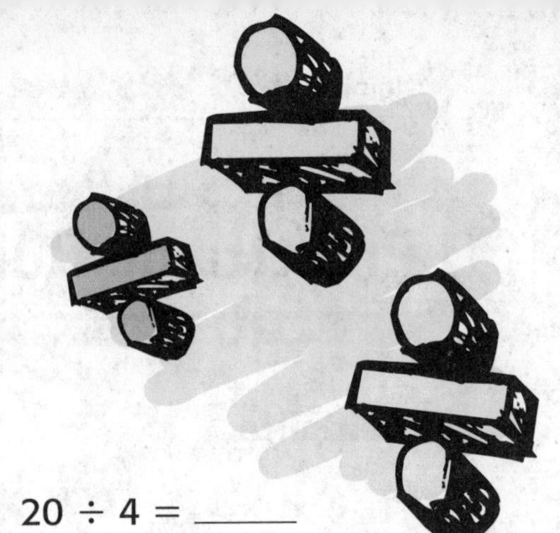

Divide.

1. $27 \div 3 =$ ______

2. $21 \div 3 =$ ______

3. $20 \div 4 =$ ______

4. $8 \div 4 =$ ______

5. $16 \div 4 =$ ______

6. $24 \div 3 =$ ______

7. $32 \div 4 =$ ______

8. $9 \div 3 =$ ______

9. $7 \div 1 =$ ______

10. $0 \div 9 =$ ______

11. $18 \div 3 =$ ______

12. $6 \div 1 =$ ______

13. $3\overline{)12}$

14. $4\overline{)28}$

15. $2\overline{)0}$

16. $3\overline{)15}$

17. $2\overline{)2}$

18. $3\overline{)6}$

19. $1\overline{)9}$

20. $4\overline{)24}$

21. $1\overline{)4}$

22. $3\overline{)30}$

23. $4\overline{)36}$

24. $8\overline{)0}$

Repaso

Capítulo 7
La multiplicación y la división

Comprobación del vocabulario

Usa las palabras de la lista para completar las pistas.

descomponer **operación conocida** **operaciones inversas**
propiedad de identidad de la multiplicación **propiedad del cero de la multiplicación**

1. La ______________________ dice que al multiplicar cualquier número por 1, el producto es ese mismo número.

2. Una ______________ es una operación que has memorizado.

3. La multiplicación y la división son ______________ porque se anulan entre sí.

4. ______________ significa separar un número en partes.

5. La ______________________ dice que al multiplicar un número por 0, el producto es cero.

Comprobación del concepto

Álgebra **Usa una operación de multiplicación relacionada para hallar la incógnita.**

6. $16 \div 4 = \blacksquare$

$4 \times \blacksquare = 16$

La incógnita es ____.

7. $24 \div 3 = \blacksquare$

$3 \times \blacksquare = 24$

La incógnita es ____.

8. $20 \div 4 = \blacksquare$

$4 \times \blacksquare = 20$

La incógnita es ____.

Usa fichas para representar una operación conocida que te ayudará a hallar el primer producto. Dibuja el modelo dos veces.

9. $6 \times 6 =$ ____

Operación conocida:

____ $\times$ ____ $=$ ____

Duplica el producto:

____ $+$ ____ $=$ ____

10. $7 \times 4 =$ ____

Operación conocida:

____ $\times$ ____ $=$ ____

Duplica el producto:

____ $+$ ____ $=$ ____

Álgebra **Halla las incógnitas. Duplica una operación conocida.**

11. $7 \times 6 =$ ■

La incógnita es ________.

12. $9 \times 4 =$ ■

La incógnita es ________.

Escribe un enunciado de suma que te ayude a hallar los productos.

13. $6 \times 1 =$ ____

$1 + 1 +$ ____ $+$ ____ $+$ ____ $+$ ____ $=$ ____

14. $7 \times 1 =$ ____

$1 + 1 + 1 +$ ____ $+$ ____ $+$ ____ $+$ ____ $=$ ____

Usa la propiedad del cero de la multiplicación para hallar los productos.

15. $7 \times 0 =$ ________

16. $9 \times 0 =$ ________

17. $6 \times 0 =$ ________

Escribe un enunciado de división como ejemplo de las reglas de la división.

18. Al dividir un número entre 1, el cociente es ese mismo número. ____________________

19. Al dividir un número entre sí mismo, el cociente es 1. ____________________

20. Al dividir 0 entre un número diferente de 0, el cociente es 0. ____________________

Nombre

Resolución de problemas

21. Hay un total de 12 porciones de pizza. Cada pizza se corta en 4 porciones. ¿Cuántas pizzas hay? Escribe un enunciado numérico para resolver.

____

22. Una camioneta tiene 3 filas de asientos y en cada fila caben 3 personas. ¿Cuántas personas caben en la camioneta? Escribe un enunciado numérico para responder.

____

23. Manuel recorre en bicicleta 3 millas en cada sentido hasta la casa de su amigo. Sale de su casa a las 4 p. m. ¿Cuántas millas recorre en la bicicleta de ida y vuelta? ¿Qué información sobra?

____

____

24. Cuatro excursionistas dividen 24 malvaviscos. Cada sándwich de galleta usa 2 malvaviscos. ¿Cuántos sándwiches puede recibir cada excursionista?

____

¡Mi trabajo!

Práctica para la prueba

25. El Sr. Thompson compró 3 del mismo artículo. Pagó un total de $21. ¿Qué artículo compró?

Ⓐ 

Ⓒ 

Ⓑ 

Ⓓ 

Pienso

Capítulo 7

Respuesta a la PREGUNTA IMPORTANTE

Usa lo que aprendiste acerca de la multiplicación y la división para completar el organizador gráfico.

Dibujar un arreglo

Resta repetida

PREGUNTA IMPORTANTE

¿Qué estrategias puedes usar para aprender las operaciones de multiplicación y de división?

Duplicar una operación conocida

Operaciones inversas

Piensa sobre la PREGUNTA IMPORTANTE  **Escribe tu respuesta.**

____

____

Capítulo

Aplicar la multiplicación y la división

PREGUNTA IMPORTANTE

¿Cómo puedo aplicar operaciones de multiplicación y división de números pequeños a números grandes?

¡Mira el video!

Observa

Criaturas pequeñas de nuestro mundo

Mis estándares estatales

CCSS

Operaciones y razonamiento algebraico

CCSS

3.OA.1 Interpretar productos de números naturales (por ejemplo, interpretar 5×7 como la cantidad total de objetos en 5 grupos de 7 objetos cada uno).

3.OA.2 Interpretar cocientes de números naturales que sean también números naturales (por ejemplo, interpretar $56 \div 8$ como la cantidad de objetos que quedan en cada parte cuando se hacen particiones de 56 objetos en 8 partes iguales, o como la cantidad de partes cuando se hacen particiones de 56 objetos en partes iguales de 8 objetos cada una).

3.OA.3 Realizar operaciones de multiplicación y de división hasta el 100 para resolver problemas contextualizados en situaciones que involucren grupos iguales, arreglos y medidas (por ejemplo, usando dibujos y ecuaciones con un símbolo en el lugar del número desconocido para representar el problema).

3.OA.4 Determinar el número natural desconocido en una ecuación de multiplicación o de división en la que se relacionan tres números naturales.

3.OA.5 Aplicar las propiedades de las operaciones como estrategias para multiplicar y dividir.

3.OA.6 Comprender la división como un problema de factor desconocido.

3.OA.7 Multiplicar y dividir hasta el 100 de manera fluida, usando estrategias como la relación entre la multiplicación y la división (por ejemplo, saber que $8 \times 5 = 40$ permite saber que $40 \div 5 = 8$) o las propiedades de las operaciones. Hacia el final del Grado 3, los estudiantes deben saber de memoria todos los productos de dos números de un dígito.

3.OA.9 Identificar patrones aritméticos (incluidos los patrones de la tabla de sumar o de la tabla de multiplicar) y explicarlos recurriendo a las propiedades de las operaciones.

¡Parece que voy a trabajar bastante en este capítulo!

Estándares para las PRÁCTICAS matemáticas

1. Entender los problemas y perseverar en la búsqueda de una solución.
2. Razonar de manera abstracta y cuantitativa.
3. Construir argumentos viables y hacer un análisis del razonamiento de los demás.
4. Representar con matemáticas.
5. Usar estratégicamente las herramientas apropiadas.
6. Prestar atención a la precisión.
7. Buscar una estructura y usarla.
8. Buscar y expresar regularidad en el razonamiento repetitivo.

= Se trabaja en este capítulo.

Nombre ....

Antes de seguir...

← Conéctate para hacer la prueba de preparación.

Usa fichas para hallar el número de grupos iguales o cuántos hay en los grupos.

1. 9 fichas

3 grupos iguales

_______ en cada grupo

Por lo tanto, $9 \div 3 =$ _______.

2. 15 fichas

5 grupos iguales

_______ en cada grupo

Por lo tanto, $15 \div 5 =$ _______.

Álgebra **Usa un arreglo para completar cada pareja de enunciados numéricos.**

3. $4 \times$ ____ $=$ ____

$24 \div$ ____ $=$ ____

4. ____ $\times$ ____ $=$ ____

____ $\div$ ____ $=$ ____

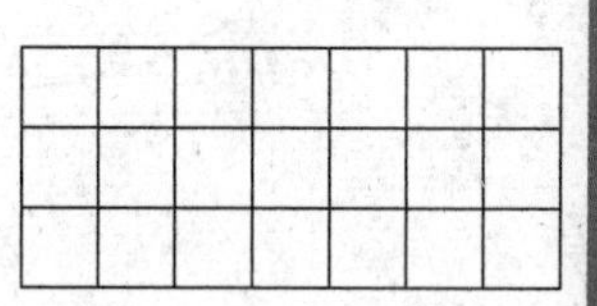

Multiplica.

5. $5 \times 6 =$ _______

6. $\begin{array}{r} 10 \\ \times\ 2 \\ \hline \end{array}$

7. $\begin{array}{r} 2 \\ \times\ 8 \\ \hline \end{array}$

Divide.

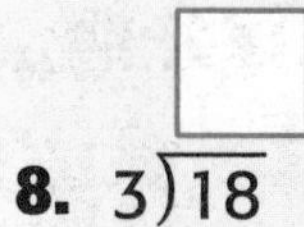

8. $3\overline{)18}$

9. $24 \div 3 =$ _______

10. $10\overline{)50}$

11. Hay un total de 15 premios. Cada niño obtiene 3 premios. ¿Cuántos niños obtendrán premios?

____

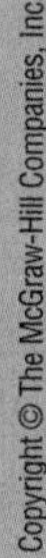

Sombrea las casillas para mostrar los problemas que respondiste correctamente.

¿Cómo me fue?

1	2	3	4	5	6	7	8	9	10	11

Nombre ....

Las palabras de mis mates

Repaso del vocabulario

factores   operación conocida   patrón   producto

Haz conexiones

Observa la siguiente tabla de multiplicar parcial. Rotula cada sección con la palabra del repaso del vocabulario correcta.

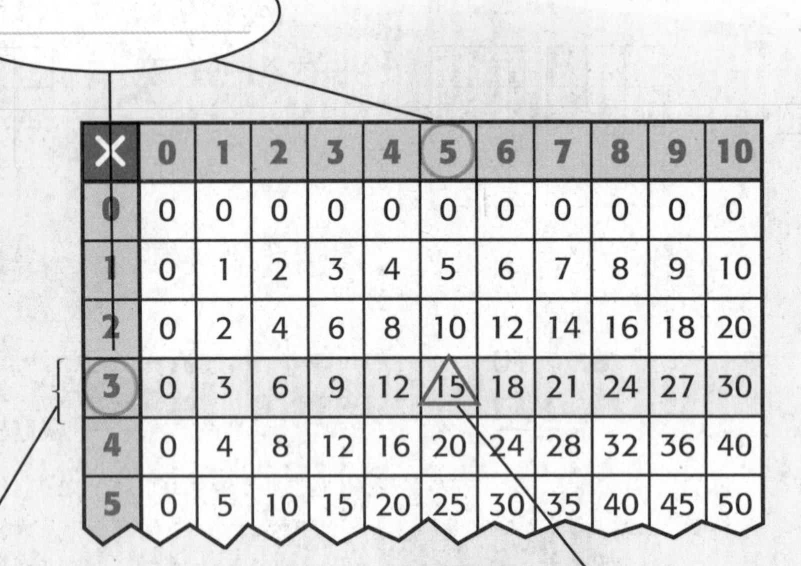

×	0	1	2	3	4	5	6	7	8	9	10
0	0	0	0	0	0	0	0	0	0	0	0
1	0	1	2	3	4	5	6	7	8	9	10
2	0	2	4	6	8	10	12	14	16	18	20
3	0	3	6	9	12	15	18	21	24	27	30
4	0	4	8	12	16	20	24	28	32	36	40
5	0	5	10	15	20	25	30	35	40	45	50

El ____________________ muestra una fila de productos que tienen como factor 3 que se alterna entre números pares e impares.

Completa el enunciado con la palabra del vocabulario que no se usó en la actividad.

Una ____________________ es una operación que has memorizado.

Mis tarjetas de vocabulario

PRÁCTICAS matemáticas

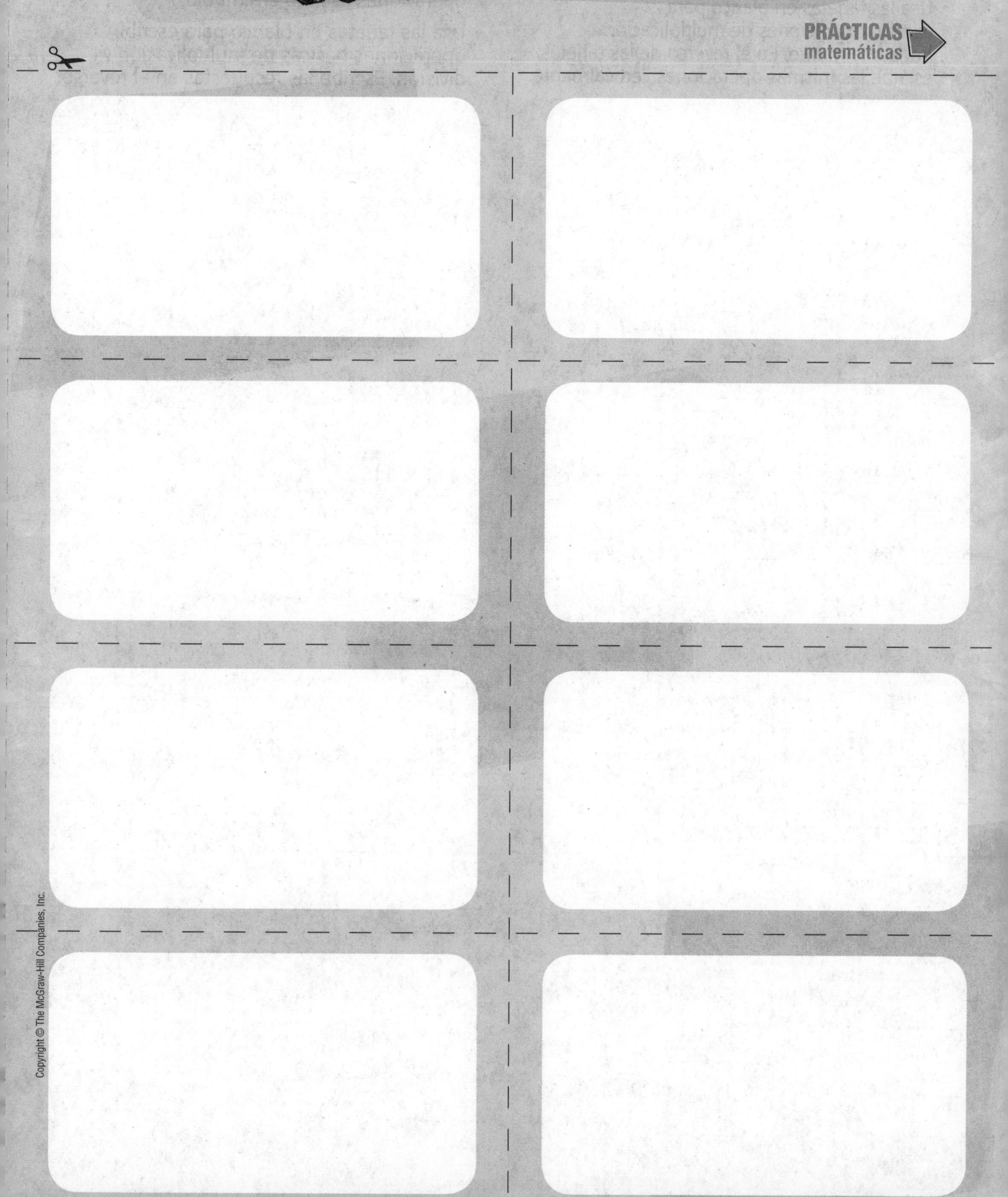

Sugerencias

- Usa las tarjetas en blanco para escribir palabras de los capítulos anteriores que quieras repasar. Al reverso de la tarjeta, dibuja o escribe una definición para la palabra.
- Usa las tarjetas en blanco para escribir operaciones de multiplicación horizontalmente. En el reverso de las tarjetas, escribe las mismas operaciones verticalmente.
- Usa las tarjetas en blanco para escribir las operaciones de división que has aprendido hasta ahora usando el símbolo ÷. En el reverso de las tarjetas, escribe las mismas operaciones usando el símbolo $\overline{)\quad}$.
- Usa las tarjetas en blanco para escribir operaciones básicas de multiplicación y división. Escribe las respuestas en el reverso.

Mi modelo de papel

FOLDABLES® Sigue los pasos que aparecen en el reverso para hacer tu modelo de papel.

$10 \times 9 = 90$

___ + ___ = 9

La suma de los dígitos en el producto es igual a 9.

$9 \times 9 =$ ___

___ + ___ = 9

$8 \times 9 = 72$

___ + ___ = 9

$7 \times 9 =$ ___

___ + ___ = 9

$6 \times 9 =$ ___

___ + ___ = 9

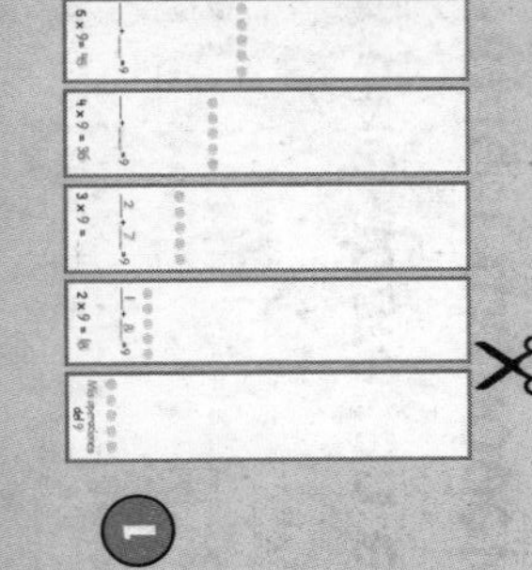

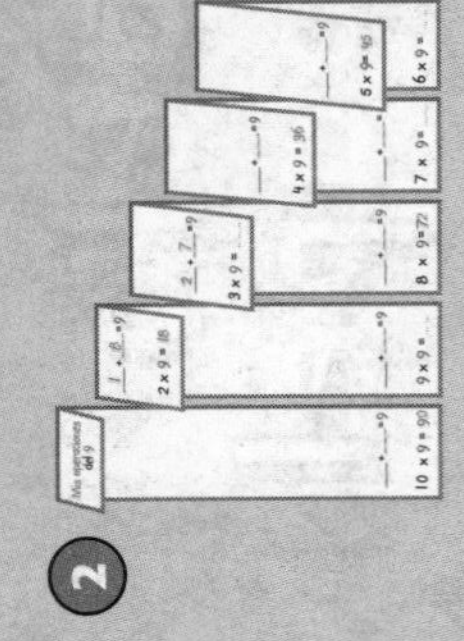

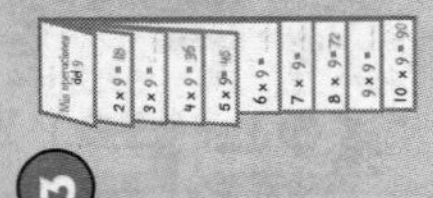

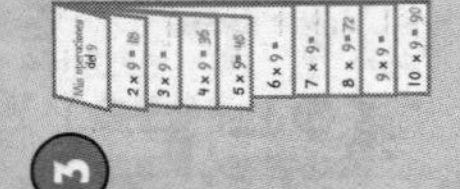

Mis operaciones del 9

1 + 8 = 9	2 + 7 = 9	___ + ___ = 9	___ + ___ = 9
2 × 9 = 18	3 × 9 = ___	4 × 9 = 36	5 × 9 = 45

Nombre ....

Multiplicar por 6

Lección 1

PREGUNTA IMPORTANTE
¿Cómo puedo aplicar operaciones de multiplicación y división de números pequeños a números grandes?

Las mates y mi mundo

Ejemplo 1

Adelante, marchen.

Una banda marcha en 7 filas con 6 miembros en cada fila. ¿Cuántos miembros de la banda hay en total?

Escribe 7 filas de 6 como 7×6.

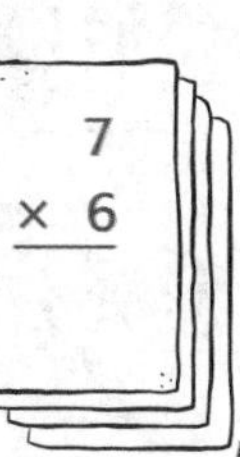

También puedes escribir 7×6 verticalmente.

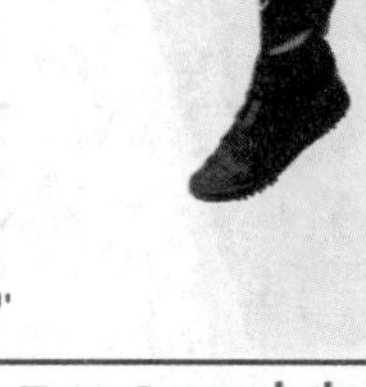

Descompón 6 en sumandos iguales de $3 + 3$.

7×6 es el doble de 7×3.

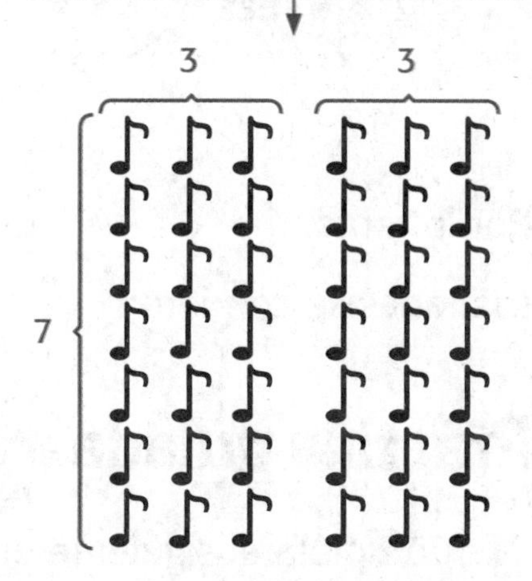

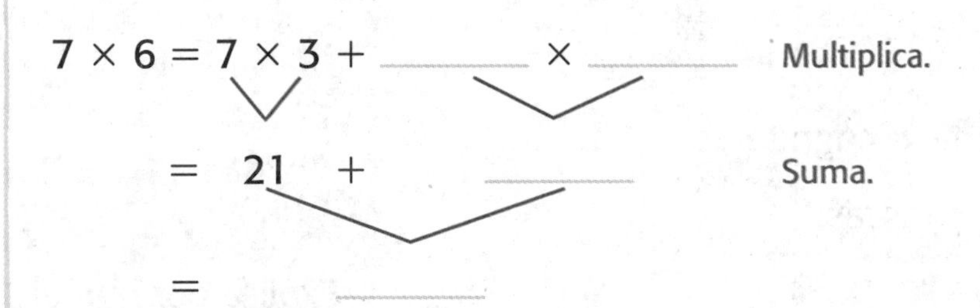

$7 \times 6 = 7 \times 3 +$ ______ $\times$ ______ Multiplica.

$= \quad 21 \quad +$ ______ Suma.

$=$ ______

Por lo tanto, $7 \times 6 =$ ______.

Hay ______ miembros de la banda.

Comprueba Sombrea parte del arreglo de amarillo para mostrar 7×3. Sombrea el resto de verde para mostrar 7×3. El arreglo sombreado muestra la operación conocida duplicada.

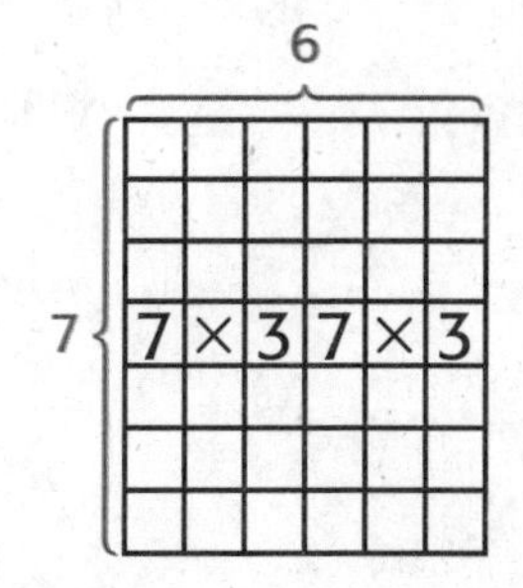

Ejemplo 2

Cuatro ranas sentadas en un tronco se comen 6 moscas cada una. ¿Cuántas moscas se comieron en total? Escribe un enunciado de multiplicación con un símbolo para la incógnita. Luego, resuelve.

Halla 4 (número de grupos) × 6 (número en cada grupo) = ■ (total)

Cualquiera de los factores se puede descomponer en sumandos iguales.

Una manera **Descompón 4 en 2 + 2.**

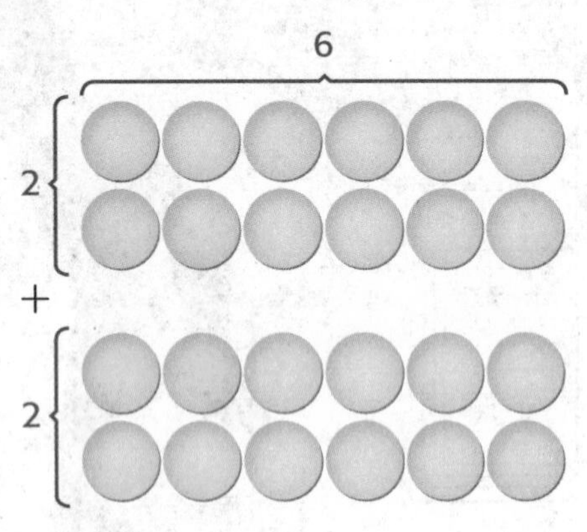

2 × 6 más ____ × ____ = ■

12 + ____ = ____

Otra manera **Descompón 6 en 3 + 3.**

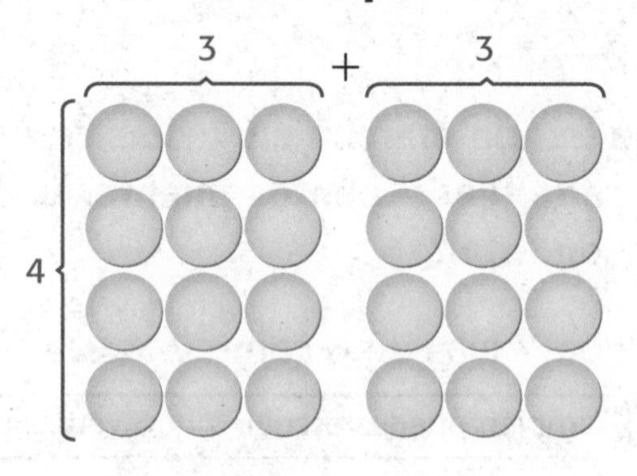

4 × 3 más ____ × ____ = ■

12 + 12 = ____

Por lo tanto, 4 × 6 = ______. La incógnita es ______.

Las ranas se comieron ______ moscas.

Habla de las MATES

Explica por qué el producto de 6 y 3 es el doble del producto de 3 y 3.

Práctica guiada

1. Completa el siguiente enunciado. Para hallar 8 × 6, puedes descomponer

6 en ____ + ____ o descomponer

8 en ____ + ____.

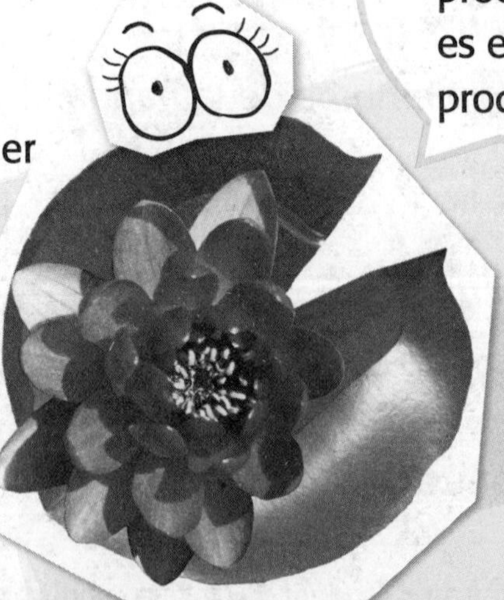

Nombre

CCSS

Práctica independiente

Duplica una operación conocida para hallar los productos. Dibuja un arreglo.

2. $5 \times 6 =$ ____

$5 \times 3 = 15$

____ $\times 3 =$ ____

$15 +$ ____ $=$ ____

3. $9 \times 6 =$ ____

4. $\begin{array}{r} 3 \\ \times\ 6 \\ \hline \end{array}$

5. $\begin{array}{r} 8 \\ \times\ 6 \\ \hline \end{array}$

Álgebra **Halla las incógnitas. Duplica una operación conocida.**

6. $4 \times ■ = 24$

La incógnita es ____.

7. $10 \times ■ = 60$

La incógnita es ____.

8. $6 \times 6 = ■$

La incógnita es ____.

9. $■ \times 6 = 42$

La incógnita es ____.

Multiplica. Usa la tabla de multiplicar.

10. $1 \times 6 =$ ____

11. $7 \times 6 =$ ____

12. $6 \times 4 =$ ____

13. $6 \times 3 =$ ____

14. $2 \times 6 =$ ____

15. $6 \times 0 =$ ____

Resolución de problemas

Álgebra Escribe un enunciado de multiplicación con un símbolo para la incógnita. Resuelve.

16. En la mañana, habían nacido 6 polluelos. En la noche, habían nacido nueve veces esa cantidad. ¿Cuántos polluelos nacieron en total?

¡Mi trabajo!

17. PRÁCTICA matemática 6 **Responder con precisión** Si Elsa tiene 6 billetes de diez dólares, ¿tiene dinero suficiente para comprar 8 bolsas de alimento para conejos que cuestan $6 cada una? Explica tu respuesta.

Problemas S.O.S.

18. PRÁCTICA matemática 2 **Razonar** Ana olvidó las operaciones del 6. Usó la operación del 5, $5 \times 6 = 30$, para hallar el producto de 6×5. ¿Qué propiedad de la multiplicación le permitió hacer esto?

19. PRÁCTICA matemática 8 **Buscar un patrón** Se muestra parte de la tabla de multiplicar. Estudia el patrón de los productos del 6. ¿Serán los productos de 6 siempre pares o siempre impares? Explica tu respuesta.

×	0	1	2	3	4	5	6	7
0	0	0	0	0	0	0	0	0
1	0	1	2	3	4	5	6	7
2	0	2	4	6	8	10	12	14
3	0	3	6	9	12	15	18	21
4	0	4	8	12	16	20	24	28
5	0	5	10	15	20	25	30	35
6	0	6	12	18	24	30	36	42
7	0	7	14	21	28	35	42	49

20. **Profundización de la pregunta importante** ¿Cómo duplicar operaciones conocidas puede ayudarme a hallar productos mentalmente?

Nombre ....

Mi tarea

Lección 1
Multiplicar por 6

Asistente de tareas

¿Necesitas ayuda? connectED.mcgraw-hill.com

A Tomás le tomó 8 minutos jugar a cada nivel de un videojuego. El videojuego tiene 6 niveles. ¿Cuántos minutos le tomó en total jugar al videojuego?

Halla 8×6.

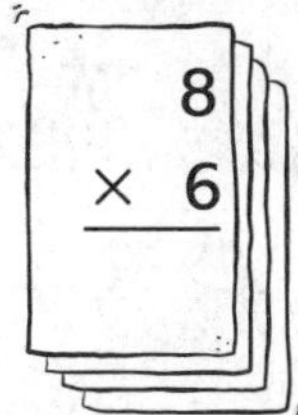

Descompón 6 en dos sumandos iguales de $3 + 3$.

6 es el doble de 3. Por lo tanto, 8×6 es el doble de 8×3.

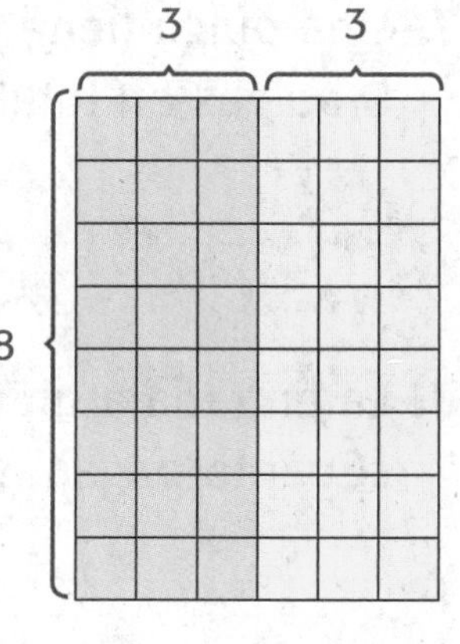

$$8 \times 6 = 8 \times 3 + 8 \times 3$$
$$= 24 + 24$$
$$= 48$$

Por lo tanto, $8 \times 6 = 48$.

A Tomás le tomó 48 minutos jugar al videojuego.

Práctica

Duplica una operación conocida para hallar los productos. Dibuja un arreglo.

1. $2 \times 6 =$ ______

2. $\begin{array}{r} 9 \\ \times\ 6 \\ \hline \end{array}$

Álgebra Halla las incógnitas. Duplica una operación conocida.

3. $5 \times \blacksquare = 30$

La incógnita es ______.

4. $\blacksquare \times 6 = 60$

La incógnita es ______.

5. $6 \times \blacksquare = 36$

La incógnita es ______.

6. $\blacksquare \times 6 = 42$

La incógnita es ______.

Resolución de problemas

PRÁCTICA matemática 2 Usar el álgebra Para los ejercicios 7 y 8, escribe un enunciado de multiplicación con un símbolo para la incógnita. Luego, resuelve.

7. Una pulga tiene 6 patas. ¿Cuántas patas tienen 8 pulgas en total?

____

8. La entrada a un museo de ciencias cuesta $9. ¿Cuánto pagarán en total 6 personas?

____

9. PRÁCTICA matemática 1 **Entender los problemas** El gatito de Gina pesa 5 onzas. Si el gatito aumenta 3 onzas cada semana, ¿cuántas onzas pesará en 6 semanas?

____

Práctica para la prueba

10. ¿Cuál enunciado numérico representa el arreglo de la derecha?

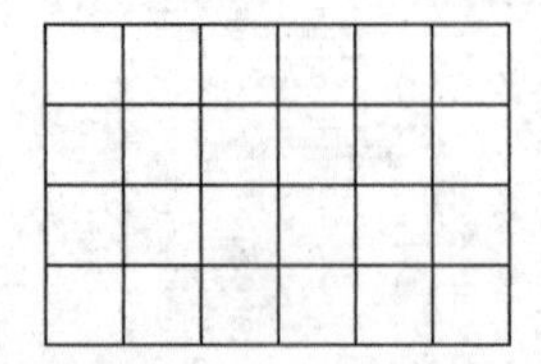

Ⓐ $4 \times 6 = 24$

Ⓑ $3 \times 6 = 18$

Ⓒ $4 + 6 = 10$

Ⓓ $8 \times 3 = 24$

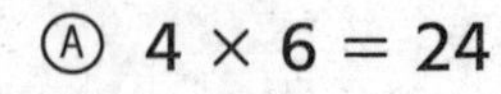

Nombre ____________

Multiplicar por 7

Lección 2

PREGUNTA IMPORTANTE
¿Cómo puedo aplicar operaciones de multiplicación y división de números pequeños a números grandes?

Puedes descomponer operaciones grandes en operaciones más pequeñas.

Las mates y mi mundo

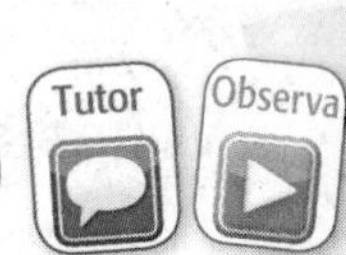

¡Es hora del espectáculo!

Ejemplo 1

Un museo tiene una muestra de 9 tipos de escarabajos. Hay 7 de cada tipo de escarabajo. ¿Cuántos escarabajos hay en la muestra? Escribe un enunciado de multiplicación con un símbolo para la incógnita.

$9 \times 7 = ■$.

Descompón el factor 7 en los sumandos 5 + 2.

Usa las operaciones conocidas 9×5 y 9×2.

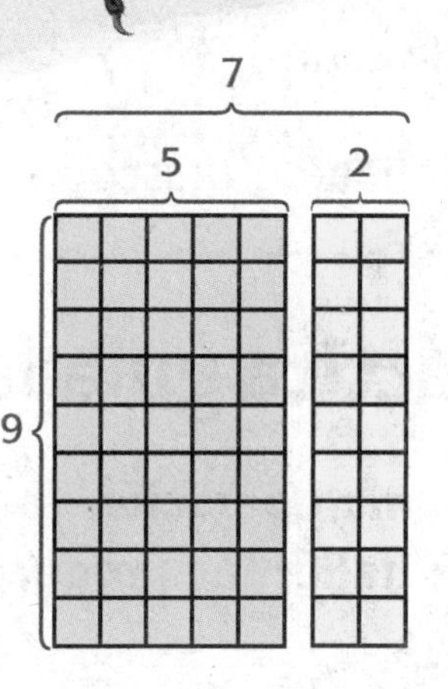

$9 \times 7 = 9 \times 5 + 9 \times 2$ Multiplica.

$= \_\_\_\_ + \_\_\_\_$ Suma.

$= \_\_\_\_$

El arreglo muestra que 9 × ______ más 9 × ______ es igual a ______ × 7.

La incógnita es ______.

Por lo tanto, $9 \times 7 =$ ______. Hay ______ escarabajos en la muestra.

Para multiplicar por 7, también puedes usar una operación relacionada.

Ejemplo 2

Una tienda de mascotas vendió 3 jerbos. Cada jerbo cuesta $7. ¿Cuánto dinero recibió la tienda por la venta de los jerbos?

Escribe 3 grupos de $7 como 3 × $7, o escríbelos verticalmente.

$$\begin{array}{r} 3 \\ \times \ \$7 \\ \hline \end{array}$$

Usa la propiedad conmutativa de la multiplicación.

Sabes que $7 \times 3 =$ ______. Voltea el arreglo. $3 \times 7 =$ ______

3

7 } propiedad conmutativa { 3

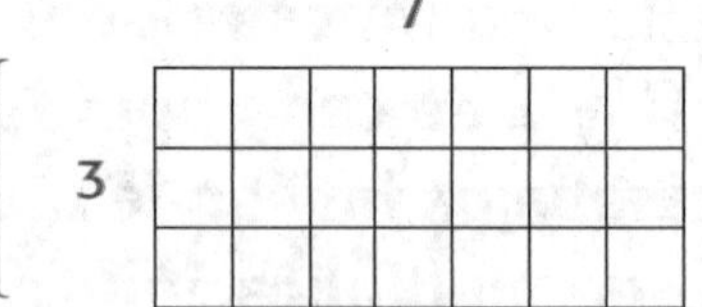

Por lo tanto, $3 \times 7 =$ ______.

La tienda de mascotas recibió $______ por la venta de los jerbos.

Práctica guiada

Usa una operación conocida y la propiedad conmutativa para hallar los productos.

1. $7 \times 5 =$ ______

Operación conocida: $5 \times 7 =$ ______

2. $7 \times 2 =$ ______

Operación conocida: $2 \times$ ______ $=$ ______

Describe dos estrategias diferentes para multiplicar un número por 7.

Nombre ....

Práctica independiente

Álgebra Halla las incógnitas. Descompón el factor 7 en 5 + 2.

3. $7 \times 7 = ■$

Operaciones conocidas:
$7 \times 5 =$ ______

$7 \times 2 =$ ______

La incógnita es ______.

4. $8 \times 7 = ■$

Operaciones conocidas:
$8 \times 5 =$ ______

$8 \times 2 =$ ______

La incógnita es ______.

Usa una operación conocida y la propiedad conmutativa para hallar los productos.

5. $7 \times 1 =$ ______

Operación conocida:

______

6. $7 \times 2 =$ ______

Operación conocida:

______

7. $7 \times 10 =$ ______

Operación conocida:

______

8. $7 \times 0 =$ ______

Operación conocida:

______

9. $7 \times 3 =$ ______

Operación conocida:

______

10. $7 \times 6 =$ ______

Operación conocida:

______

Álgebra Halla las incógnitas. Usa la propiedad conmutativa.

11. $5 \times ■ = 35$

$■ \times 5 = 35$

La incógnita es

______.

12. $3 \times 7 = ■$

$7 \times 3 = ■$

La incógnita es

______.

13. $7 \times ■ = 70$

$■ \times 7 = 70$

La incógnita es

______.

Multiplica.

14. $7 \times 3 =$ ______

15. $7 \times 1 =$ ______

16. $7 \times 4 =$ ______

17. $7 \times 8 =$ ______

Resolución de problemas

Álgebra Para los ejercicios 18 y 19, escribe un enunciado de multiplicación con un símbolo para la incógnita. Resuelve.

18. Ryan y sus 5 amigos anotaron 7 puntos cada uno en un partido de básquetbol. ¿Cuál es el número total de puntos?

____

19. Inés tiene 8 CD. ¿Cuántas canciones hay si cada CD tiene 7 canciones?

____

Problemas S.O.S.

20. PRÁCTICA matemática 8 **Buscar un patrón** Observa la tabla de multiplicar. Colorea la fila y la columna de los productos de 7. Describe el patrón.

×	0	1	2	3	4	5	6	7	8	9	10
0	0	0	0	0	0	0	0	0	0	0	0
1	0	1	2	3	4	5	6	7	8	9	10
2	0	2	4	6	8	10	12	14	16	18	20
3	0	3	6	9	12	15	18	21	24	27	30
4	0	4	8	12	16	20	24	28	32	36	40
5	0	5	10	15	20	25	30	35	40	45	50
6	0	6	12	18	24	30	36	42	48	54	60
7	0	7	14	21	28	35	42	49	56	63	70
8	0	8	16	24	32	40	48	56	64	72	80
9	0	9	18	27	36	45	54	63	72	81	90
10	0	10	20	30	40	50	60	70	80	90	100

____

____

21. PRÁCTICA matemática 3 **Halla el error** Encierra en un círculo el enunciado de multiplicación incorrecto. Explica tu respuesta.

$7 \times 7 = 48$ $7 \times 9 = 63$ $5 \times 7 = 35$

____

22. **Profundización de la pregunta importante** Compara hallar productos con la propiedad conmutativa de la multiplicación y con operaciones de multiplicación relacionadas.

____

____

Nombre ....

Mi tarea

Lección 2

Multiplicar por 7

Asistente de tareas

¿Necesitas ayuda? connectED.mcgraw-hill.com

Jared irá de vacaciones 8 semanas este verano. ¿Cuántos días estará de vacaciones?

Halla 8×7.

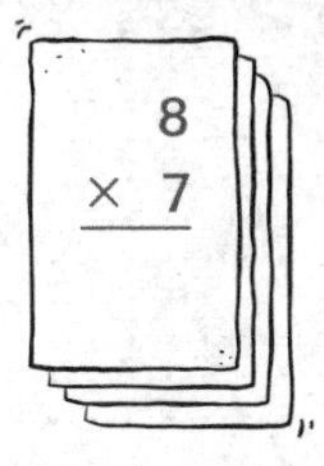

Descompón el factor 7 en los sumandos $5 + 2$.

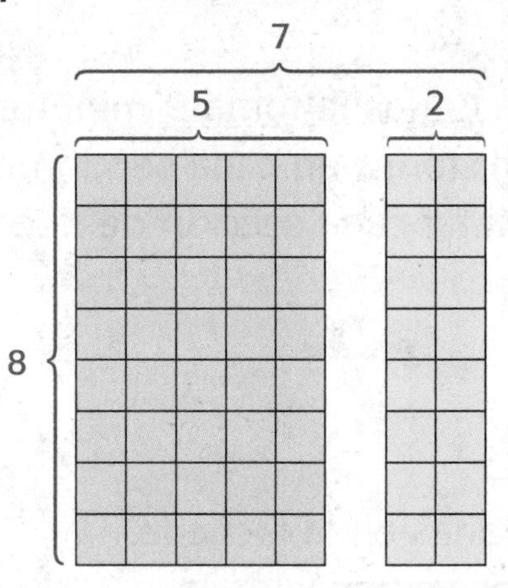

$8 \times 7 = 8 \times 5 + 8 \times 2$ Multiplica.

$= 40 + 16$ Suma.

$= 56$

Práctica

Álgebra Halla las incógnitas. Descompón el factor 7 en 5 + 2.

1. $7 \times 10 = \blacksquare$

Operaciones conocidas:

$5 \times 10 =$ ______

$2 \times 10 =$ ______

La incógnita es ______.

2. $5 \times 7 = \blacksquare$

Operaciones conocidas:

$5 \times 5 =$ ______

$5 \times 2 =$ ______

La incógnita es ______.

Álgebra Halla las incógnitas. Usa la propiedad conmutativa.

3. $7 \times 3 = ■$

$3 \times 7 = ■$

La incógnita es ______.

4. $7 \times ■ = 28$

$■ \times 7 = 28$

La incógnita es ______.

5. $■ \times 7 = 49$

$7 \times ■ = 49$

La incógnita es ______.

6. $7 \times ■ = 14$

$■ \times 7 = 14$

La incógnita es ______.

Resolución de problemas

Álgebra Escribe un enunciado de multiplicación con un símbolo para la incógnita. Luego, resuelve.

7. PRÁCTICA matemática 4 **Representar las mates** A Carlos le toma 9 minutos pintar cada listón de una cerca de madera. Hay 7 listones en cada sección de la cerca. ¿Cuánto tiempo le tomará a Carlos pintar cada sección de la cerca?

____

8. Las casas de la calle Mulberry tienen 7 ventanas en la fachada. Hay 3 casas a cada lado de la calle. ¿Cuántas ventanas en la fachada hay en total?

____

Práctica para la prueba

9. Una tienda de bicicletas está reemplazando ambas llantas en 7 bicicletas. ¿Cuántas llantas se reemplazarán en total?

Ⓐ 2 llantas
Ⓑ 7 llantas
Ⓒ 9 llantas
Ⓓ 14 llantas

Nombre

Dividir entre 6 y 7

Lección 3

PREGUNTA IMPORTANTE
¿Cómo puedo aplicar operaciones de multiplicación y división de números pequeños a números grandes?

Las mates y mi mundo

¡DING! ¡DONG! ¡Hora del almuerzo!

Ejemplo 1

Paco arregla cada mesa de pícnic con 6 platos. Usó 24 platos para arreglar las mesas. ¿Cuántas mesas arregló?

Halla $24 \div 6$ o $6\overline{)24}$.

Una manera **Dibuja un arreglo.**

Dibuja un arreglo. Piensa en una operación de multiplicación relacionada.

¡Mi dibujo!

Cada columna representa una mesa con _______ platos.

Hay _______ columnas.

Sabes que $6 \times$ _______ $= 24$. Por lo tanto,

habrá _______ mesas.

Otra manera **Usa la resta repetida.**

Cuenta salteado hacia atrás. Dibuja las flechas para representar grupos iguales de 6.

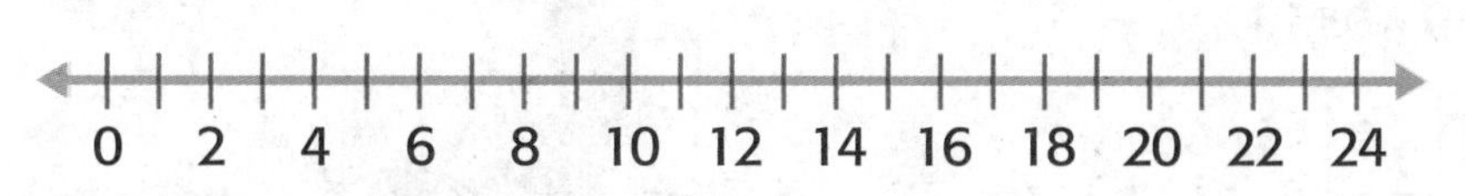

Hay _______ grupos de 6 en _______.

Por lo tanto, $24 \div 6 =$ _______ o $6\overline{)24}$ ☐. Paco arregló _______ mesas.

Ejemplo 2

El Sr. Jeremías tiene 21 informes para calificar. Calificará el mismo número de informes cada día por 7 días. ¿Cuántos informes calificará cada día?

Halla la incógnita en 21 ÷ 7 = ■ o $7\overline{)21}$ (■).

Usa la operación inversa de la multiplicación para hallar el factor desconocido.

21 ÷ 7 = ■

7 × ■ = 21

7 × ______ = 21

Por lo tanto, 21 ÷ 7 = ______ o $7\overline{)21}$ (□). La incógnita es ______.

El Sr. Jeremías calificará ______ informes cada día.

Práctica guiada

1. Divide. Escribe una operación de multiplicación relacionada.

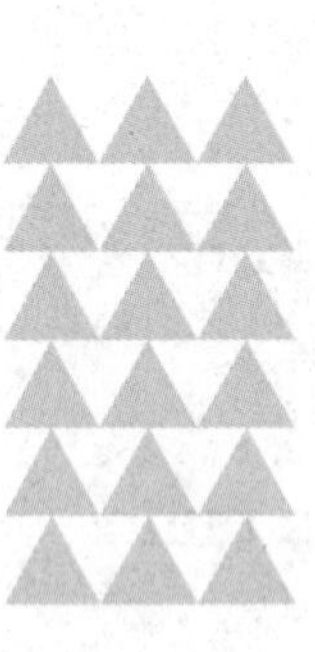

18 ÷ 6 = ______

6 × ______ = ______

¿Es lo mismo usar operaciones de multiplicación y de división relacionadas que familias de operaciones? Explica tu respuesta.

Usa la resta repetida para dividir. Dibuja las flechas.

2. 12 ÷ 6 = ______ o $6\overline{)12}$ (□)

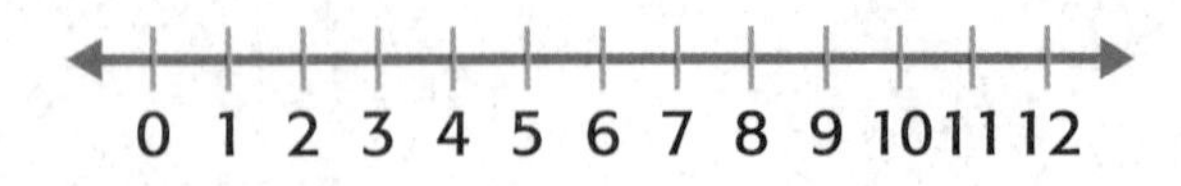

3. 7 ÷ 7 = ______ o $7\overline{)7}$ (□)

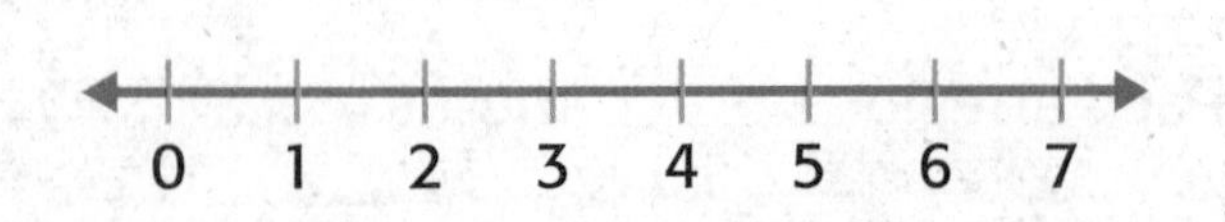

Nombre

Práctica independiente

Divide. Escribe una operación de multiplicación relacionada.

4. $36 \div 6 =$ ______

______

5. $48 \div 6 =$ ______

______

6. $60 \div 6 =$ ______

______

7. $7\overline{)63}$ ☐

______

8. $7\overline{)49}$ ☐

______

9. $7\overline{)28}$ ☐

______

Álgebra Dibuja un arreglo y usa la operación inversa para hallar las incógnitas.

10. $42 \div ? = 7$
$6 \times ■ = 42$

? = ______

■ = ______

11. $30 \div ? = 6$
$5 \times ■ = 30$

? = ______

■ = ______

12. $54 \div ? = 9$
$6 \times ■ = 54$

? = ______

■ = ______

13. $35 \div 7 = ?$
$■ \times 5 = 35$

? = ______

■ = ______

Usa una operación de multiplicación relacionada para hallar los cocientes. Traza líneas para relacionar.

14. $42 \div 6 =$ ______ • $7 \times 10 = 70$

15. $63 \div 7 =$ ______ • $6 \times 1 = 6$

16. $70 \div 7 =$ ______ • $8 \times 7 = 56$

17. $48 \div 6 =$ ______ • $7 \times 6 = 42$

18. $56 \div 7 =$ ______ • $8 \times 6 = 48$

19. $6 \div 6 =$ ______ • $9 \times 7 = 63$

CCSS

Resolución de problemas

20. Helena está haciendo colas de papalote de 7 pies. ¿Cuántas colas de papalote podrá hacer si tiene 56 pies de tela? Escribe un enunciado de división y una operación de multiplicación relacionada.

¡Mi trabajo!

21. PRÁCTICA matemática 6 **Explicarle a un amigo** En la cafetería 1 hay 35 estudiantes. En cada mesa hay 7 estudiantes. En la cafetería 2 hay 35 estudiantes. En cada mesa hay 5 estudiantes. ¿Cuál cafetería tiene más mesas? Explica tu respuesta.

Problemas S.O.S.

22. PRÁCTICA matemática 3 **¿Cuál no pertenece?** Identifica y encierra en un círculo la división que no pertenece a las otras. Explica tu respuesta.

$56 \div 7$	$7\overline{)48}$	$49 \div 7$	$7\overline{)63}$

23. **Profundización de la pregunta importante** ¿Cómo aprender operaciones de multiplicación y división al mismo tiempo te ayuda a multiplicar y dividir más rápido?

Mi tarea

Lección 3
Dividir entre 6 y 7

Asistente de tareas

¿Necesitas ayuda? connectED.mcgraw-hill.com

María vende joyas. Tiene 18 piezas para enviar a 6 clientes. Cada cliente compró el mismo número de piezas. ¿Cuántas piezas de joyería le enviará a cada cliente?

Necesitas hallar la incógnita en 18 ÷ 6 = ■.

Usa la resta repetida.
Comienza en 18 en una recta numérica y cuenta hacia atrás de 6 en 6.

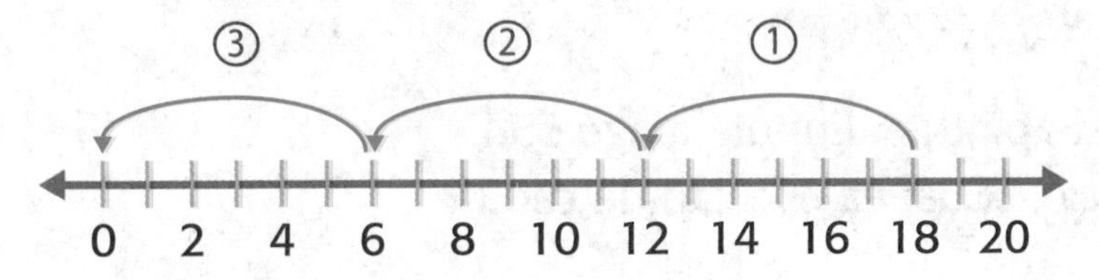

Pista
¿Qué número 6 veces es igual a 18?

Hay 3 grupos de 6 en 18.

Por lo tanto, María le enviará 3 piezas de joyería a cada cliente.

Práctica

Usa la resta repetida para dividir. Dibuja las flechas.

1. 28 ÷ 7 = ______

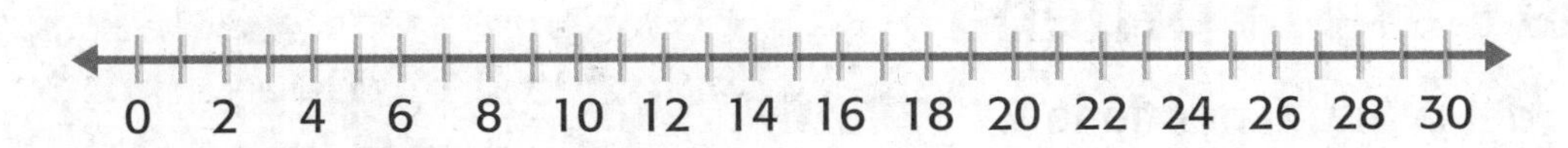

2. $6\overline{)\,6}$ = ☐

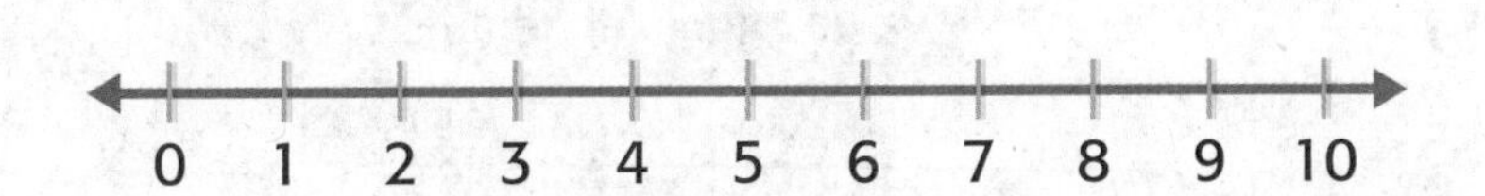

Divide. Escribe una operación de multiplicación relacionada.

3. $54 \div 6 =$ ______

______

4. $21 \div 7 =$ ______

______

5. $49 \div 7 =$ ______

______

6. $6\overline{)48}$ ☐

______

7. $7\overline{)63}$ ☐

______

8. $6\overline{)30}$ ☐

______

Resolución de problemas

PRÁCTICA matemática 4 **Representar las mates Escribe un enunciado de división para resolver. Luego, escribe un enunciado de multiplicación relacionado.**

9. Hay 42 cartas para repartir a los jugadores en un juego de cartas. Cada jugador recibe 7 cartas. ¿Cuántos jugadores hay en el juego?

______

10. El Sr. Gómez compró 9 tarros de pintura. En total pagó $54. Cada tarro tiene el mismo precio. ¿Cuál es el costo de cada tarro de pintura?

______

11. La mamá de Franklin está haciendo 6 bolsas de meriendas para su campamento. Pondrá 18 rollos de cereza y 18 rollos de uva en las bolsas. Si pone el mismo número en cada bolsa, ¿cuántos rollos de fruta habrá en cada bolsa de merienda?

______

Práctica para la prueba

12. La clase del la Sra. Taner tiene 7 estudiantes y decidieron adoptar un animal del zoológico. ¿Cuánto deberá pagar cada estudiante para adoptar un animal del nivel Amigo del zoológico?

Ⓐ $35 Ⓑ $8 Ⓒ $7 Ⓓ $5

Zoológico central de Florida
Adopta un animal

Nivel de adopción	Precio
Amigo del zoológico	$35
Amante de los animales	$56
Guardián del reino	$100

Compruebo mi progreso

Comprobación del vocabulario

En los ejercicios 1 a 3, escoge las palabras correctas para completar las oraciones.

operación conocida　**operaciones relacionadas**　**propiedad conmutativa**

1. Una ______________ es una operación que has memorizado.

2. La ______________ establece que el orden en el cual se multiplican dos o más números no altera el producto.

3. Las operaciones que usan los mismos tres números se llaman ______________.

4. Escribe dos enunciados de multiplicación que sean ejemplos de la propiedad conmutativa.

______________　______________

5. Escribe una operación de multiplicación relacionada para $48 \div 6 = 8$.

____

Comprobación del concepto

Duplica una operación conocida para hallar los productos. Dibuja un arreglo.

6. $4 \times 6 =$ ____

$2 \times$ ____ $=$ ____

____ $\times 6 =$ ____

____ $+$ ____ $=$ ____

7. $7 \times 6 =$ ____

Usa una operación conocida y la propiedad conmutativa para hallar los productos.

8. $7 \times 4 =$ ____

Operación conocida: ____ $\times$ ____ $=$ ____

9. $7 \times 3 =$ ____

Operación conocida: ____ $\times$ ____ $=$ ____

Álgebra Halla las incógnitas. Descompón el factor 7 en 5 + 2.

10. $9 \times 7 = \blacksquare$

Operaciones conocidas: $9 \times$ ____ = ____

$9 \times$ ____ = ____

La incógnita es ____.

11. $7 \times 7 = \blacksquare$

Operaciones conocidas: ____

____

La incógnita es ____.

Multiplica.

12. $5 \times 6 =$ ____ **13.** $8 \times 7 =$ ____ **14.** $9 \times 6 =$ ____

Divide. Escribe una operación de multiplicación relacionada.

15. $14 \div 7 =$ ____ **16.** $7\overline{)56}$ **17.** $70 \div 7 =$ ____ **18.** $48 \div 8 =$ ____

____ ____ ____ ____

Resolución de problemas

Álgebra Escribe un enunciado de división con un símbolo para la incógnita. Luego, resuelve.

19. El zoológico tiene 18 monos y 6 árboles. Cada árbol tiene el mismo número de monos. ¿Cuántos monos hay en cada árbol?

____

20. Cuando se corta un árbol, se siembran 7 árboles nuevos. Si se han sembrado 56 árboles nuevos, ¿cuántos árboles se cortaron?

____

Práctica para la prueba

21. El dibujo muestra la cantidad de zanahorias que los conejos de Aisha comen cada día. Aisha tiene 21 zanahorias. ¿Cuántos días durarán las zanahorias si comen el mismo número de zanahorias al día?

Ⓐ 2 días Ⓒ 4 días

Ⓑ 3 días Ⓓ 5 días

Nombre

Multiplicar por 8

Lección 4

PREGUNTA IMPORTANTE
¿Cómo puedo aplicar operaciones de multiplicación y división de números pequeños a números grandes?

Las mates y mi mundo

Ejemplo 1

Hay 6 árboles en la calle. En cada árbol hay 8 pájaros. ¿Cuántos pájaros hay en total?

¡Pío!

Halla 6 × 8.

Cada árbol tiene un grupo de 8 pájaros.

Una manera **Dibuja un arreglo.**

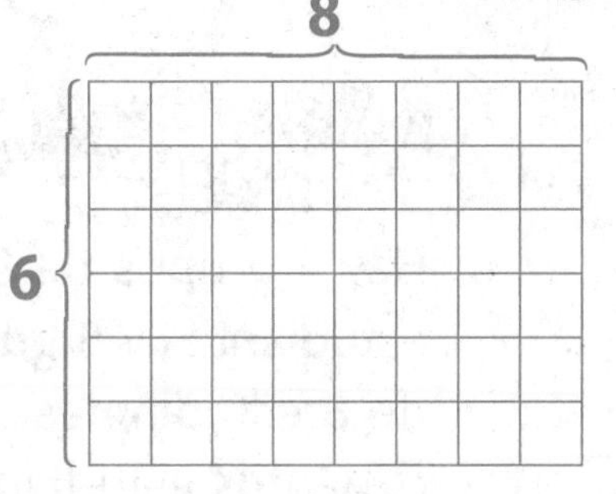

Otra manera **Haz un dibujo.**
Usa una X para cada pájaro.

Por lo tanto, 6 × 8 = ______.

La multiplicación puede escribirse horizontal o verticalmente.

$$\begin{array}{r} 6 \\ \times\ 8 \\ \hline \square \end{array}$$

Hay ______ pájaros en total.

Comprueba

La propiedad conmutativa muestra que 6 × 8 tiene el mismo producto que 8 × 6. Como 8 × 6 = ______, entonces 6 × 8 = ______.

Para recordar las operaciones del 8 es útil recordar las operaciones del 4.

Ejemplo 2

Patricia contó 5 abejas en cada una de 8 flores. ¿Cuántas abejas hay en total? Escribe un enunciado numérico con un símbolo para la incógnita.

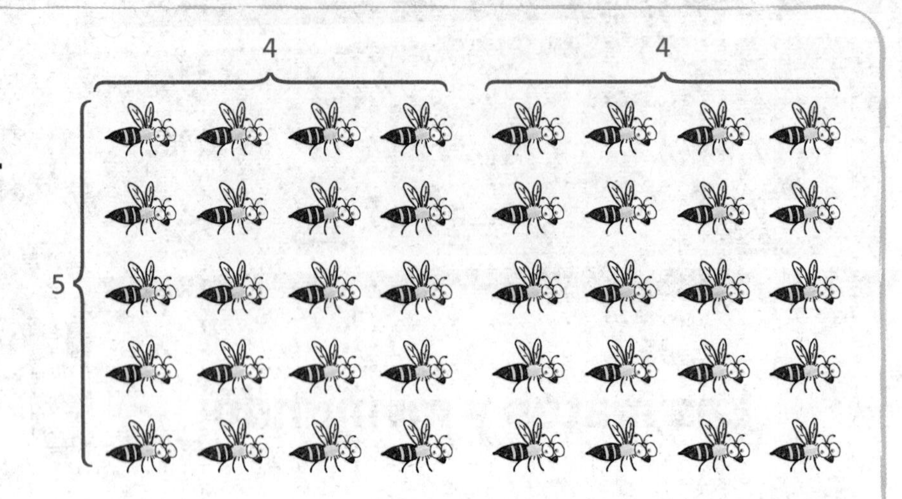

Halla $5 \times 8 = ■$.

5 × 8 es el doble de 5 × 4.

Descompón 8 en sumandos iguales de $4 + 4$.

$5 \times 8 = 5 \times 4 + \_\_\_ \times \_\_\_$

$= 20 + \_\_\_$

$= \_\_\_$

Por lo tanto, $5 \times 8 =$ ______.

La incógnita es ______.

Hay ______ abejas.

Práctica guiada

Completa los pasos para hallar 7 × 8.

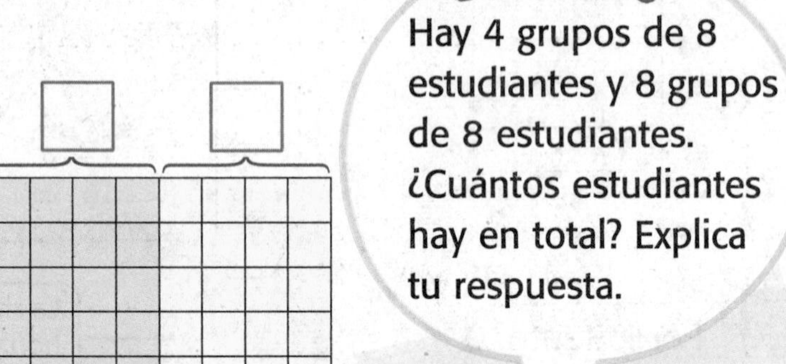

1. Rotula el arreglo.
2. Duplica una operación conocida.

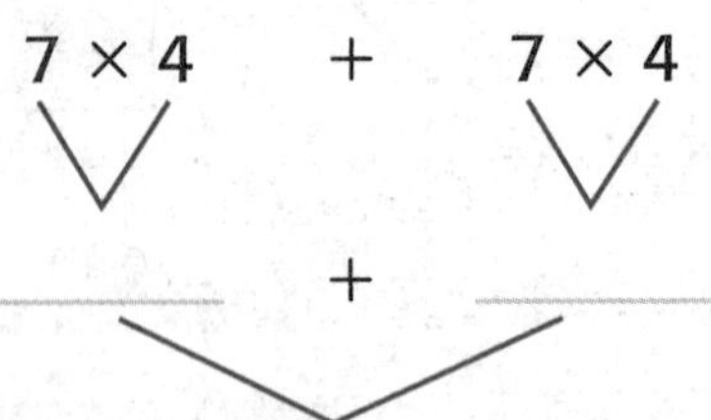
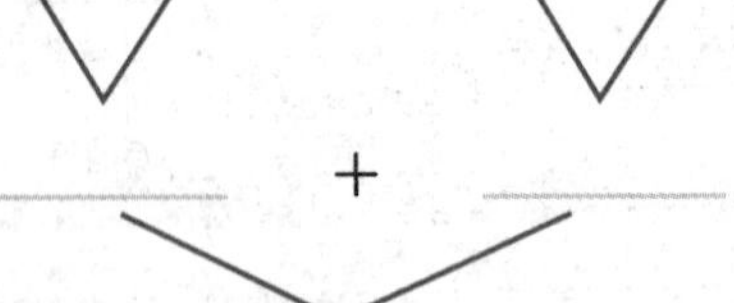

$7 \times 4 + 7 \times 4$

______ + ______

______

Por lo tanto, $7 \times 8 =$ ______.

Habla de las MATES

Hay 4 grupos de 8 estudiantes y 8 grupos de 8 estudiantes. ¿Cuántos estudiantes hay en total? Explica tu respuesta.

Nombre ....

Práctica independiente

Duplica una operación conocida para hallar los productos.

3. $3 \times 8 =$ ______

$3 \times$ ______ $=$ ______

$3 \times$ ______ $=$ ______

______ $+$ ______ $=$ ______

4. $10 \times 8 =$ ______

5. $8 \times 8 =$ ______

6. $9 \times 8 =$ ______

Usa la propiedad conmutativa para hallar los productos. Escribe una operación de multiplicación relacionada.

7. $1 \times 8 =$ ______

______

8. $0 \times 8 =$ ______

______

9. $6 \times 8 =$ ______

______

10. $7 \times 8 =$ ______

______

11. $2 \times 8 =$ ______

______

12. $4 \times 8 =$ ______

______

Álgebra Halla los factores desconocidos. Usa la propiedad conmutativa.

13. $8 \times ■ = 64$

$■ \times 8 = 64$

La incógnita es ______.

14. $■ \times 1 = 8$

$1 \times ■ = 8$

La incógnita es ______.

15. $8 \times ■ = 72$

$■ \times 8 = 72$

La incógnita es ______.

Multiplica.

16. $\begin{array}{r} 0 \\ \times 8 \\ \hline \end{array}$

17. $\begin{array}{r} 8 \\ \times 3 \\ \hline \end{array}$

18. $\begin{array}{r} 5 \\ \times 8 \\ \hline \end{array}$

19. $\begin{array}{r} 6 \\ \times 8 \\ \hline \end{array}$

Resolución de problemas

PRÁCTICA matemática 1 Hacer un plan Usa la siguiente información para resolver los ejercicios 20 a 22.

La clase de la Sra. Miller de 8 estudiantes quiere tener una o más mascotas en el salón de clases.

20. Si cada estudiante trajo 3 peces dorados, ¿cuántos peces dorados tendrán en el salón de clases?

21. Si cada estudiante trajo 2 hámsteres, ¿cuántos hámsteres tendrán en el salón de clases?

22. Una tienda de mascotas cobra $10 por una lagartija. Si cada estudiante paga $5, ¿cuántas lagartijas podrán comprar?

¡Mi trabajo!

Problemas S.O.S.

23. PRÁCTICA matemática 2 **Usar el sentido numérico** A continuación se muestra la fila que representa los productos de la tabla de multiplicar del 8. Describe un patrón en los productos de 8. ¿Continuará este patrón? Explica tu respuesta.

0	8	16	24	32	40	48	56	64	72	80

24. **Profundización de la pregunta importante** ¿Cuándo escogería descomponer una operación de multiplicación en lugar de hacer un dibujo?

Nombre ....

Mi tarea

Lección 4
Multiplicar por 8

Asistente de tareas

¿Necesitas ayuda? connectED.mcgraw-hill.com

Cada catarina tiene 6 patas. Elaine contó 8 catarinas. ¿Cuántas patas hay en total?

Halla 6×8.

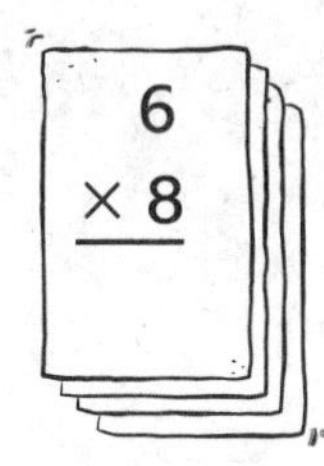

Una manera **Dibuja un arreglo.**

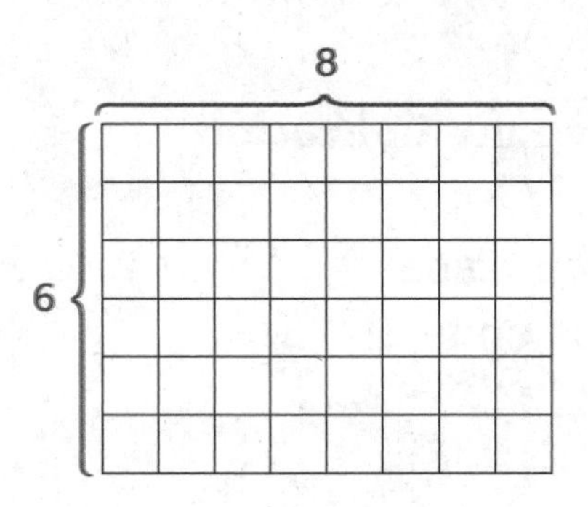

Otra manera **Duplica una operación conocida.**

Descompón el número 8 en sumandos iguales de 4 + 4.

$6 \times 8 = 6 \times 4 + 6 \times 4$

$24 + 24 = 48$

$6 \times 8 = 48$. Por lo tanto, 8 catarinas tienen 48 patas en total.

Práctica

Duplica una operación conocida para hallar los productos.

1. $5 \times 8 =$ ______

$5 \times$ ______ $=$ ______

$5 \times$ ______ $=$ ______

______ $+$ ______ $=$ ______

2. $4 \times 8 =$ ______

$4 \times$ ______ $=$ ______

$4 \times$ ______ $=$ ______

______ $+$ ______ $=$ ______

Álgebra Halla las incógnitas. Usa la propiedad conmutativa.

3. $8 \times \blacksquare = 40$
$\blacksquare \times 8 = 40$

La incógnita es ______.

4. $\blacksquare \times 8 = 56$
$8 \times \blacksquare = 56$

La incógnita es ______.

5. $2 \times 8 = \blacksquare$
$8 \times 2 = \blacksquare$

La incógnita es ______.

6. $8 \times \blacksquare = 64$
$\blacksquare \times 8 = 64$

La incógnita es ______.

Multiplica.

7. $\begin{array}{r} 1 \\ \times 8 \\ \hline \end{array}$

8. $\begin{array}{r} 8 \\ \times 9 \\ \hline \end{array}$

9. $\begin{array}{r} 8 \\ \times 0 \\ \hline \end{array}$

10. $\begin{array}{r} 3 \\ \times 8 \\ \hline \end{array}$

Resolución de problemas

PRÁCTICA matemática 2 **Usar símbolos Escribe un enunciado de multiplicación con un símbolo para la incógnita. Luego, resuelve.**

11. Hay 5 delfines nadando alrededor de un bote turístico. Cada uno da 8 vueltas alrededor del bote. ¿Cuántas vueltas en total dan todos los delfines alrededor del bote?

____

12. Cameron trabajó 8 horas en la cafetería. Ganó la misma cantidad de propinas cada hora. Al final de su turno, Cameron tenía $32 en propinas. ¿Cuánto dinero ganó en propinas cada hora?

____

Práctica para la prueba

13. Stuart sabe que las arañas tienen 8 patas. ¿Cuál de las siguientes operaciones muestra una operación conocida que Stuart pueda duplicar para hallar el número de patas en 7 arañas?

Ⓐ $4 \times 3 = 12$
Ⓑ $4 \times 7 = 28$
Ⓒ $4 \times 8 = 32$
Ⓓ $7 \times 8 = 56$

Nombre ....

Multiplicar por 9

Lección 5

PREGUNTA IMPORTANTE
¿Cómo puedo aplicar operaciones de multiplicación y división de números pequeños a números grandes?

Usa operaciones conocidas como ayuda para multiplicar por 9.

Las mates y mi mundo

Ejemplo 1

Las mariposas se reúnen en 5 ramas de un árbol. Hay 9 mariposas en cada rama. ¿Cuántas mariposas en total hay en el árbol?

Halla $5 \times 9 = ■$.

Una manera **Usa la propiedad conmutativa.**

Piensa que $9 \times 5 =$ ______. ← Usa una operación conocida y la propiedad conmutativa.

La incógnita es ______. Hay ______ mariposas en el árbol.

Otra manera **Resta de una operación conocida de 10.**

Sabes que $5 \times 10 =$ ______.

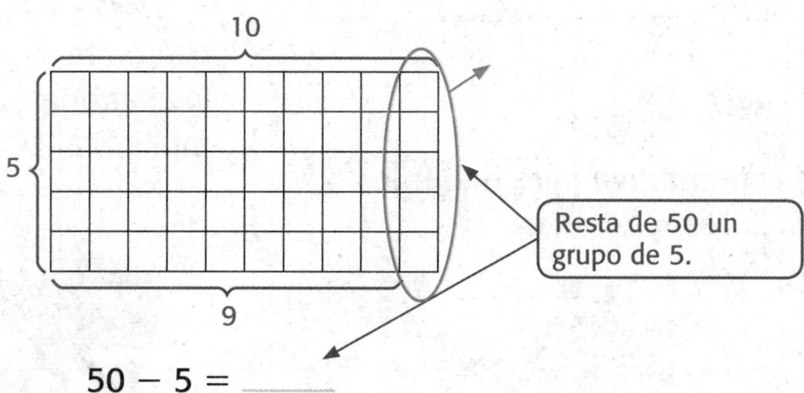

$50 - 5 =$ ______

Por lo tanto, $5 \times 9 =$ ______. La incógnita es ______.

Hay ______ mariposas en el árbol.

Nombre ....

Usa patrones como ayuda para recordar las operaciones del 9.

Ejemplo 2

Consulta la tabla de multiplicar. Describe el patrón entre las operaciones del 9. Luego, usa el patrón para hallar 8×9.

×	0	1	2	3	4	5	6	7	8	9	10
0	0	0	0	0	0	0	0	0	0	0	0
1	0	1	2	3	4	5	6	7	8	9	10
2	0	2	4	6	8	10	12	14	16	18	20
3	0	3	6	9	12	15	18	21	24	27	30
4	0	4	8	12	16	20	24	28	32	36	40
5	0	5	10	15	20	25	30	35	40	45	50
6	0	6	12	18	24	30	36	42	48	54	60
7	0	7	14	21	28	35	42	49	56	63	70
8	0	8	16	24	32	40	48	56	64	72	80
9	0	9	18	27	36	45	54	63	72	81	90
10	0	10	20	30	40	50	60	70	80	90	100

1. Sombrea de verde la fila que muestra los productos con un factor de 9.

2. Empezando en 18, el dígito de las decenas en cada producto es 1 menos que el factor que no es 9. La suma de los dígitos de cada producto es 9.

$2 - 1 = 1$ → $2 \times 9 = \square$ ← $1 + 8 = 9$

$3 - 1 = 2$ → $3 \times 9 = \square$ ← $2 + 7 = 9$

$4 - 1 = 3$ → $4 \times 9 = \square$ ← $3 + 6 = 9$

3. Usa el patrón para hallar 8×9.

$8 - 1 = 7$ → $8 \times 9 = \square$ ← $7 + 2 = 9$

Por lo tanto, $8 \times 9 =$ ____.

Habla de las MATES

¿Cómo te ayudan los patrones a multiplicar por 9?

Práctica guiada

Usa la propiedad conmutativa para hallar los productos o los factores que faltan.

1. $2 \times 9 =$ ____

____ × ____ = ____

2. $4 \times 9 =$ ____

____ × ____ = ____

3. 3×9 $9 \times \square$

4. 5×9 $\square \times 5$

Nombre ....

CCSS

Práctica independiente

Usa la propiedad conmutativa para hallar los productos. Escribe una operación de multiplicación relacionada.

5. $6 \times 9 =$ ____

____ $\times$ ____ $=$ ____

6. $10 \times 9 =$ ____

____

7. $7 \times 9 =$ ____

____

8. $\begin{array}{r} 8 \\ \times 9 \\ \hline \end{array}$ $\begin{array}{r} 9 \\ \times \square \\ \hline \end{array}$

9. $\begin{array}{r} 1 \\ \times 9 \\ \hline \end{array}$ $\begin{array}{r} \square \\ \times 1 \\ \hline \end{array}$

10. $\begin{array}{r} 3 \\ \times 9 \\ \hline \end{array}$ $\begin{array}{r} \square \\ \times 3 \\ \hline \end{array}$

Dibuja un arreglo para las operaciones conocidas de 10. Luego, resta 1 de cada fila para hallar el producto.

11. $4 \times 9 =$ ____

Operación conocida:

____ $\times$ ____ $=$ ____

$40 -$ ____ $=$ ____

12. $5 \times 9 =$ ____

Operación conocida:

____ $\times$ ____ $=$ ____

$50 -$ ____ $=$ ____

Álgebra **Halla las incógnitas. Usa la propiedad conmutativa.**

13. $9 \times 10 = ■$

$? \times 9 = 90$

■ = ____

? = ____

14. $9 \times 2 = ■$

$? \times 9 = 18$

■ = ____

? = ____

15. $9 \times 8 = ■$

$? \times 9 = 72$

■ = ____

? = ____

El mundo real

Resolución de problemas

PRÁCTICA matemática 4 **Representar las mates Escribe un enunciado de multiplicación con un símbolo para la incógnita. Luego, resuelve.**

¡Mi trabajo!

16. Luis pescó 3 cubetas de cangrejos de río. Puso 9 cangrejos en cada cubeta. ¿Cuántos cangrejos de río pescó Luis?

____

17. Cecilia necesita hacer 8 copias en color de su folleto de niñera. La fotocopiadora cobra 9¢ por cada copia. ¿Cuánto le costarán las 8 copias a Cecilia?

____

18. Hubo 4 carreras de carros el sábado y 3 el domingo. Si en cada carrera participaron 9 carros, ¿cuántos carros corrieron los dos días?

____

Problemas S.O.S.

19. PRÁCTICA matemática 3 **Hallar el error** Eva dice que puede hallar el producto de 9×9 hallando $9 \times 8 = 72$ y luego sumando 8 más. Por lo tanto, dice que $9 \times 9 = 80$. Halla y corrige el error.

____

____

20. **Profundización de la pregunta importante** ¿Cómo me pueden ayudar las operaciones del 10 a resolver las operaciones del 9? Explica tu respuesta.

____

Nombre ....

Mi tarea

Lección 5
Multiplicar por 9

Asistente de tareas

¿Necesitas ayuda? connectED.mcgraw-hill.com

Delia contó 9 pétalos en cada flor que recogió. Si recogió 3 flores, ¿cuántos pétalos hay en total?

Halla 3×9.

Una manera **Resta de una operación conocida del 10.**

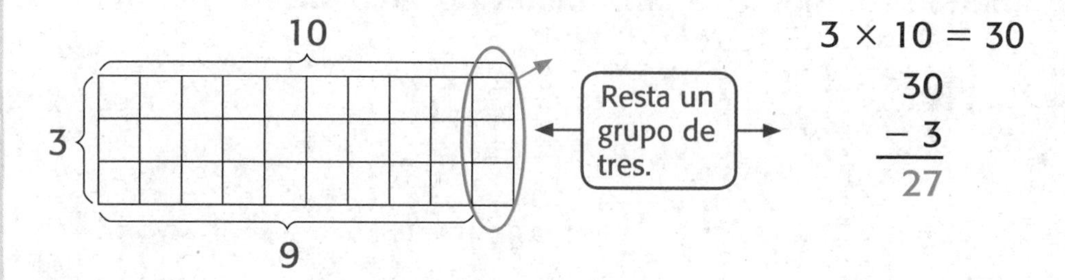

$3 \times 10 = 30$

$$\begin{array}{r} 30 \\ -\ 3 \\ \hline 27 \end{array}$$

Otra manera **Usa patrones.**

Comenzando con el producto 18, los múltiplos de 9 siguen un patrón. El dígito de las decenas en cada producto es uno menos que el factor que no es 9. La suma de los dígitos en el producto es 9.

$3 - 1 = 2$

$3 \times 9 = 27$

$2 + 7 = 9$

Por lo tanto, hay 27 pétalos en total.

Práctica

Usa la propiedad conmutativa para hallar los productos o factores que faltan.

1. $\begin{array}{r} 9 \\ \times\ 7 \\ \hline \end{array}$ $\begin{array}{r} \square \\ \times\ 9 \\ \hline 63 \end{array}$

2. $\begin{array}{r} 2 \\ \times\ \square \\ \hline 18 \end{array}$ $\begin{array}{r} 9 \\ \times\ 2 \\ \hline \end{array}$

3. $\begin{array}{r} 9 \\ \times\ 5 \\ \hline \end{array}$ $\begin{array}{r} \square \\ \times\ 9 \\ \hline 45 \end{array}$

Dibuja un arreglo para las operaciones conocidas del 10. Luego, resta 1 de cada fila para hallar el producto.

4. $6 \times 9 =$ ____

Operación conocida:

____ × ____ = ____

60 − ____ = ____

5. $4 \times 9 =$ ____

Operación conocida:

____ × ____ = ____

____ − ____ = ____

Álgebra **Usa la propiedad conmutativa para hallar las incógnitas.**

6. 9 × ■ = 36

■ × 9 = 36

La incógnita es ____.

7. ■ × 9 = 72

9 × ■ = 72

La incógnita es ____.

Resolución de problemas

8. PRÁCTICA matemática 3 **Justificar las conclusiones** Tomás trabaja 9 horas al día y gana $6 por hora. Camilo trabaja 6 horas al día y gana $9 por hora. Si ambos trabajan 5 días, ¿quién gana más dinero?, ¿quién trabaja más tiempo? Explica tu respuesta.

____

____

Práctica para la prueba

9. Ana vive a 9 cuadras de la escuela. ¿Cuántas cuadras camina a la escuela durante 3 días?

Ⓐ 6 cuadras

Ⓑ 9 cuadras

Ⓒ 12 cuadras

Ⓓ 27 cuadras

Nombre ....

Dividir entre 8 y 9

Lección 6

PREGUNTA IMPORTANTE
¿Cómo puedo aplicar operaciones de multiplicación y división de números pequeños a números grandes?

Las mates y mi mundo

Ejemplo 1

Kyra y 8 de sus amigos hicieron 63 aviones de papel. Cada uno llevará a casa el mismo número de aviones. ¿Cuántos aviones llevará cada uno a casa?

Halla 63 ÷ 9.

¡Mi dibujo!

Una manera **Usa fichas.**

Reparte 63 fichas en 9 grupos iguales.
Dibuja los grupos iguales.

Hay _____ fichas en cada grupo.

Mi dibujo muestra que 63 ÷ 9 = _____.

Otra manera **Usa la resta repetida.**

Usa la resta repetida para hallar 63 ÷ 9 o $9\overline{)63}$.

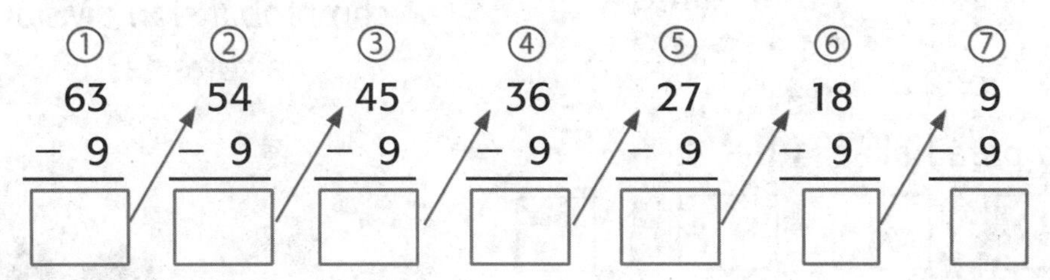

9 se resta _____ veces. Por lo tanto, 63 ÷ 9 = 7 o $9\overline{)63}$.

Cada amigo llevará a casa _____ aviones.

Ejemplo 2

Cada vez que 8 personas atraviesan la puerta de la exhibición de nutrias marinas, suena una campana. ¿Cuántas veces sonó la campana si 32 personas atravesaron la puerta?

Halla $32 \div 8 = ■$. ← incógnita

Dibuja un arreglo y usa la operación inversa de la división para hallar la incógnita.

Pista
La división puede pensarse como un problema de un factor que falta.

¡Mi dibujo!

$■ \times 8 = 32$ ← factor que falta

$4 \times 8 = 32$

El factor que falta es ______.

Por lo tanto, $32 \div 8 =$ ______ y ______ $\times 8 = 32$.

La campana sonó ______ veces.

Práctica guiada

Usa fichas para hallar cuántas hay en los grupos.

1. 40 fichas
5 grupos iguales

______ en cada grupo

Por lo tanto,
$40 \div 5 =$ ______.

2. 54 fichas
9 grupos iguales

______ en cada grupo

Por lo tanto,
$54 \div 9 =$ ______.

¿Cómo pueden las operaciones de multiplicación ayudarte a comprobar si tu división es correcta?

3. Usa la resta repetida para hallar $48 \div 8$.

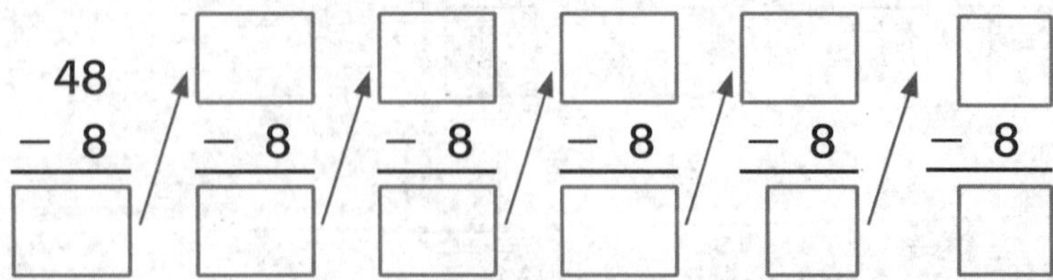

Por lo tanto, $48 \div 8 =$ ______ o $8\overline{)48}$.

Nombre ____________

CCSS

Práctica independiente

Usa fichas para hallar el número de grupos iguales o el número en los grupos.

4. 36 fichas
9 grupos iguales
_____ en cada grupo

Por lo tanto,
$36 \div 9 =$ _____.

5. 45 fichas
_____ grupos iguales
5 en cada grupo

Por lo tanto,
$45 \div$ _____ $= 5$.

6. 56 fichas
8 grupos iguales
_____ en cada grupo

Por lo tanto,
$56 \div 8 =$ _____.

7. Usa la resta repetida para dividir.

$64 \div 8 =$ _____ o $8\overline{)64}$ ☐

Álgebra **Usa la operación inversa para hallar las incógnitas. Dibuja un arreglo.**

8. $40 \div 8 = ?$

$5 \times ■ = 40$

? = _____

■ = _____

9. $27 \div 9 = ?$

$3 \times ■ = 27$

? = _____

■ = _____

10. $48 \div 8 = ?$

$6 \times ■ = 48$

? = _____

■ = _____

Resolución de problemas

Álgebra Para los ejercicios 11 a 13, escribe un enunciado de división con un símbolo para la incógnita. Luego, resuelve.

iMi trabajo!

11. Cada proyecto de arte usa 9 baldosas. Hay 81 baldosas. ¿Cuántos proyectos de arte pueden hacerse?

____

12. Cuarenta y ocho estudiantes visitaron el zoológico de mascotas. Los estudiantes se dividieron en 8 grupos iguales. ¿Cuántos estudiantes había en cada grupo?

____

13. Amy recorrió 72 millas en bicicleta a lo largo de la costa durante 9 días. Recorrió el mismo número de millas cada día. ¿Cuántas millas recorrió Amy cada día?

____

14. PRÁCTICA matemática 1 **Seguir intentándolo** Un partido de béisbol tiene 9 entradas. Si se jugaron 36 de las 54 entradas de la temporada, ¿cuántos partidos quedan por jugar?

____

Problemas S.O.S.

15. PRÁCTICA matemática 2 **Usar el sentido numérico** Escribe 2 números que no puedan dividirse exactamente entre 8 o 9.

____

16. **Profundización de la pregunta importante** Explica cómo hallar un cociente puede pensarse como un problema de factor desconocido o factor que falta.

____

____

____

Nombre ....

Mi tarea

Lección 6
Dividir entre 8 y 9

Asistente de tareas

¿Necesitas ayuda? connectED.mcgraw-hill.com

Sara compró un juego de cubiertos de 48 piezas. Divide las piezas en partes iguales en 8 secciones de una bandeja. ¿Cuántas piezas de cubiertos hay en cada sección de la bandeja?

Una manera Usa fichas para hacer una partición.

Usa 48 fichas para representar la división en partes iguales entre 8 grupos.

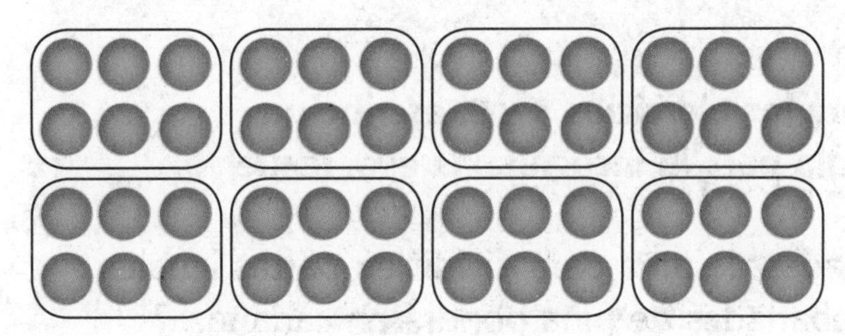

Hay 6 fichas en cada grupo.

Otra manera Usa la resta repetida.

①	②	③	④	⑤	⑥
48	40	32	24	16	8
− 8	− 8	− 8	− 8	− 8	− 8
40	32	24	16	8	0

8 se resta 6 veces.

$48 \div 8 = 6$. Por lo tanto, hay 6 piezas de cubiertos en cada sección.

Práctica

Usa fichas para hallar el número de grupos iguales o el número en los grupos.

1. 27 fichas
9 grupos iguales
_____ en cada grupo

Por lo tanto,

$27 \div 9 =$ _____.

2. 54 fichas
_____ grupos iguales
6 en cada grupo

Por lo tanto,

$54 \div$ _____ $= 6$.

3. 32 fichas
8 grupos iguales
_____ en cada grupo

Por lo tanto,

$32 \div 8 =$ _____.

4. Usa la resta repetida para dividir.

$63 \div 9 =$ ______

Álgebra **Usa la operación inversa para hallar las incógnitas.**

5. $16 \div 8 = ■$

$■ \times 8 = 16$

$■ =$ ______

6. $■ \div 9 = 4$

$4 \times 9 = ■$

$■ =$ ______

7. $64 \div 8 = ■$

$■ \times 8 = 64$

$■ =$ ______

Resolución de problemas

PRÁCTICA matemática 2 **Usar el álgebra** **Para los ejercicios 8 y 9, escribe un enunciado de división con un símbolo para la incógnita. Luego, resuelve.**

8. Michael, el chef, tiene 18 rebanadas de piña para dividir en partes iguales en 9 tazas de fruta. ¿Cuántas rebanadas de piña pondrá en cada taza?

______

9. Kayla contó 40 sillas en el auditorio. En cada fila había 8 sillas. ¿Cuántas filas de sillas había?

______

10. Simón vendió 72 paquetes de palomitas de maíz para una colecta de dinero. En cada caja hay 9 paquetes. Si ha entregado 27 paquetes, ¿cuántas cajas le quedan a Simón por entregar?

______

Práctica para la prueba

11. ¿Cuál enunciado numérico usa la operación inversa para hallar la incógnita en el enunciado de división $81 \div 9 = ■$?

Ⓐ $90 - 9 = 81$

Ⓑ $72 + 9 = 81$

Ⓒ $8 \times 9 = 72$

Ⓓ $9 \times 9 = 81$

Compruebo mi progreso

Comprobación del vocabulario

1. Usa el **patrón** creado por las operaciones del 9 para completar.

$1 \times 9 = 9$

$2 \times 9 =$ ☐☐

$3 \times 9 =$ ☐☐

$4 \times 9 =$ ☐☐

$5 \times 9 =$ ☐☐

$6 \times 9 =$ ☐☐

$7 \times 9 =$ ☐☐

$8 \times 9 =$ ☐☐

$9 \times 9 =$ ☐☐

El dígito de las decenas del producto es siempre _____ menos que el factor que no es 9.

La suma de los dígitos en el producto es _____.

Comprobación del concepto

Duplica una operación conocida para hallar los productos.

2. $4 \times 8 =$ _____

_____ $\times 8 =$ _____

_____ $\times 8 =$ _____

_____ + _____ = _____

3. $10 \times 8 =$ _____

Usa la propiedad conmutativa para hallar los productos. Escribe una operación de multiplicación relacionada.

4. $7 \times 9 =$ _____

____

5. $8 \times 5 =$ _____

____

6. $6 \times 8 =$ _____

____

Multiplica.

7. $\begin{array}{r} 9 \\ \times 2 \\ \hline \end{array}$

8. $\begin{array}{r} 8 \\ \times 6 \\ \hline \end{array}$

9. $\begin{array}{r} 9 \\ \times 7 \\ \hline \end{array}$

10. $\begin{array}{r} 8 \\ \times 4 \\ \hline \end{array}$

Divide. Escribe una operación de multiplicación relacionada.

11. $27 \div 9 =$ ____

12. $48 \div 8 =$ ____

13. $90 \div 9 =$ ____

14. $8\overline{)24}$ ☐

____ ____ ____ ____

15. Álgebra Dibuja un arreglo y usa la operación inversa para hallar las incógnitas.

$45 \div 9 = ?$

■ $\times 9 = 45$

? = ____

■ = ____

Resolución de problemas

16. Álgebra Cada lado de un estadio está limitado con 8 banderas. Hay un total de 40 banderas. ¿Cuántos lados tiene el estadio? Escribe un enunciado de división con un símbolo para la incógnita. Luego, resuelve.

____

Práctica para la prueba

17. Henry dividió en partes iguales 54 pedazos de papel entre 9 personas. ¿Qué operación relacionada usarías como ayuda para encontrar el número de pedazos de papel que recibió cada persona?

Ⓐ $9 \times 9 = 81$

Ⓑ $9 \times 6 = 54$

Ⓒ $6 \times 3 = 18$

Ⓓ $6 + 9 = 15$

Nombre ....

El mundo real

Investigación para la resolución de problemas

ESTRATEGIA: Hacer una lista organizada

Lección 7

PREGUNTA IMPORTANTE
¿Cómo puedo aplicar operaciones de multiplicación y división de números pequeños a números grandes?

Aprende la estrategia

Tutor

Eva está regalando 8 estampillas. Cada amigo recibirá un número igual de estampillas. ¿Cuántos amigos pueden recibir estampillas?

Comprende

¿Qué sabes?

Eva está regalando ______ estampillas a sus amigos. Le dará a cada uno el mismo número de estampillas.

¿Qué debes hallar?

el número de ________ a los que les podría dar estampillas

Planea

Haré una lista organizada para ver las maneras en que puedo dividir ______ en partes iguales

Resuelve

Divide el número total de estampillas entre los números 1 hasta el 8.

Por lo tanto, Eva puede dar un número igual de estampillas a

______, ______, ______ u ______ amigos.

Número de amigos	Número de estampillas
1	$8 \div 1 = 8$
2	$8 \div 2 = 4$
3	$8 \div 3$ no es posible
4	$8 \div 4 = 2$
5	$8 \div 5$ no es posible
6	$8 \div 6$ no es posible
7	$8 \div 7$ no es posible
8	$8 \div 8 = 1$

Comprueba

¿Tiene sentido tu respuesta? ¿Por qué?

____

Practica la estrategia

Ismael está numerando las páginas de su revista del 1 al 48. Quiere empezar una sección nueva cada 8 páginas. ¿En qué páginas comenzará cada sección?

1 Comprende

¿Qué sabes?

¿Qué debes hallar?

2 Planea

3 Resuelve

4 Comprueba

¿Tiene sentido tu respuesta? ¿Por qué?

Nombre

Aplica la estrategia

Resuelve los problemas con una lista organizada.

1. PRÁCTICA matemática 5 **Usar herramientas de las mates** Gaby compró un pez dorado en la tienda de mascotas. Solo tenía en su billetera una moneda de 5¢, una moneda de 10¢ y una moneda de 25¢. ¿Cuánto pudo haber costado su pez dorado?

¡Mi trabajo!

2. PRÁCTICA matemática 8 **Buscar un patrón** Samuel quiere saber cuántas veces obtiene un número par como producto en sus operaciones de multiplicación por 6. Al multiplicar por 6, ¿son los productos pares o impares?

¿Es también cierto lo anterior para los cocientes cuando se divide entre 6? Explica tu respuesta.

Nombre ....

Repasa las estrategias

Usa cualquier estrategia para resolver los problemas.

- Determinar la información que sobra o que falta.
- Hacer una tabla.
- Buscar un patrón.
- Usar modelos.

3. Paula pone 6 libros en un lado de una balanza de 3 pies de largo. En el otro lado pone 5 libros y su guante de béisbol. Los lados quedan equilibrados. Cada libro pesa 3 libras. ¿Cuánto pesa el guante?

____

4. Jonás tiene 6 peceras con 6 peces en cada una. Luego de vender algunos peces, le quedaron 27. ¿Cuánto costó cada pez si en total recibió $63?

____

5. PRÁCTICA matemática 4 **Representar las mates** La mamá de Angelina teje guantes y mitones de colores rojo, azul, verde o café. ¿Cuántos guantes y mitones de colores diferentes puede tejer? Explica tu respuesta.

____

____

6. PRÁCTICA matemática 1 **Hacer un plan** Un grupo de 16 personas quiere ir al zoológico. La entrada cuesta $30 por cada grupo de 6 personas. De otra manera, la entrada cuesta $6 por persona. ¿Cuánto cuesta la entrada de las 16 personas?

____

____

____

Lección 7
Resolución de problemas: Hacer una lista organizada

Asistente de tareas

¿Necesitas ayuda? connectED.mcgraw-hill.com

Harold, Nina, Adam y Rachel se sientan a la misma mesa. Los estudiantes deben ir a la fuente de agua en grupos de 3. ¿Cuáles posibles combinaciones de estos estudiantes pueden ir juntos a la fuente de agua?

1 Comprende

¿Qué sabes?

Harold, Nina, Adam y Rachel se sientan juntos.
Los estudiantes van a la fuente de agua en grupos de 3.

¿Qué debes hallar?

las posibles combinaciones en las que los estudiantes pueden ir juntos a la fuente de agua.

2 Planea

Haré una lista organizada de las posibles combinaciones.

3 Resuelve

Haré una lista de los estudiantes en distintos grupos de 3. Por lo tanto, hay 4 posibles combinaciones de estudiantes que pueden ir juntos a la fuente de agua.

Harold, Nina, Adam
Nina, Adam, Rachel
Harold, Adam, Rachel
Harold, Nina, Rachel

4 Comprueba

¿Tiene sentido tu respuesta?

Cuando compruebo mi lista, veo que cada estudiante aparece el mismo número de veces y queda uno por fuera cada vez. Por lo tanto, la respuesta es razonable.

Resolución de problemas

Resuelve los problemas con una lista organizada.

1. Paul necesita 34¢. Solo tiene monedas de 10¢ y de 1¢. ¿De cuántas maneras puede formar 34¢ usando ambos tipos de monedas? Explica tu respuesta.

¡Mi trabajo!

2. Camila toma un autobús para ir al trabajo. Para llegar al centro, puede tomar cualquier número de autobús entre el 11 y el 34 que pueda dividirse entre 3 en partes iguales y sea un número par. ¿Cuáles autobuses podría usar Camila para llegar al trabajo?

3. Bruce hace compras en una tienda de alimentos. Puede ir a la charcutería, la panadería y la sección de lácteos en cualquier orden. ¿Cuántas posibilidades hay para el orden en que puede hacer sus compras?

4. Flora tiene 5 cajas que aumentan de tamaño. En la primera caja empaca 4 libros. Después de esto, en cada caja empaca 3 libros más que en la caja anterior. ¿Cuántos libros empaca Flora en la última caja?

5. **PRÁCTICA matemática 3** **Justificar las conclusiones** Un ratón hace un nido nuevo cada 2 semanas. Usa 8 hojas grandes para forrar cada nido. ¿Cuántas hojas habrá usado el ratón en 6 semanas? Explica tu respuesta.

Multiplicar por 11 y 12

Lección 8

PREGUNTA IMPORTANTE
¿Cómo puedo aplicar operaciones de multiplicación y división de números pequeños a números grandes?

Las mates y mi mundo

Ejemplo 1

En un paquete hay 11 popotes. Helena compró 4 paquetes. ¿Cuántos popotes tiene Helena?

Halla 4 × 11.

Una manera **Usa patrones.**

Estudia el patrón de la tabla.

El producto de 11 por un número de un dígito es un número de dos dígitos. Cada dígito del producto es el mismo que el factor diferente de 11.

Por lo tanto, 4 × 11 = ______.

Multiplicar por 11	
Factores	**Producto**
1 × 11	11
2 × 11	22
3 × 11	33
4 × 11	44
5 × 11	55
6 × 11	66
7 × 11	77
8 × 11	88
9 × 11	99

Otra manera **Usa modelos.**

Haz un modelo de 4 filas de 11 fichas.

Dibuja tu resultado.

¡Mi dibujo!

Usa la suma repetida.

11 + 11 + 11 + 11 = ______

El modelo muestra 4 × 11 = ______.

Helena tiene ______ popotes.

Ejemplo 2

Hay 12 pulgadas en un pie.
¿Cuántas pulgadas hay en 6 pies?

Halla $6 \times 12 = \blacksquare$.

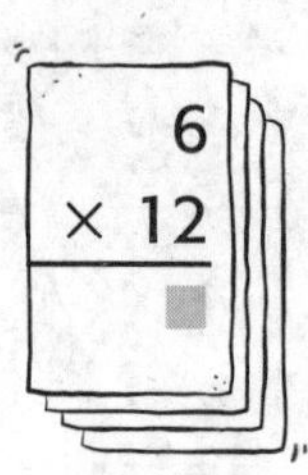

1. Descompón 12 en sumandos de 10 + 2. Usa fichas de dos colores distintos para hacer un arreglo.

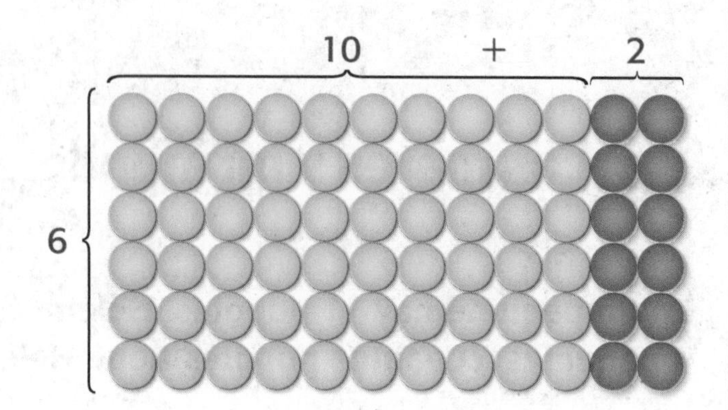

2. Multiplica cada parte.

$6 \times 10 =$ ______

$6 \times 2 =$ ______

3. Luego, suma.

60 + 12 = ______

Por lo tanto, $6 \times 12 =$ ______. Hay ______ pulgadas en 6 pies.

Habla de las MATES

Para hallar 6×12, ¿podrías duplicar una operación conocida? Explica tu respuesta.

Práctica guiada

1. Escribe un enunciado de suma y uno de multiplicación para el número de fichas en 7 filas de 11 fichas.

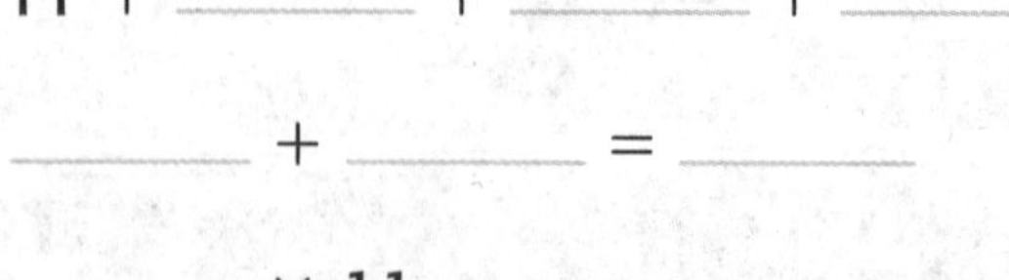

Nombre ....

CCSS

Práctica independiente

Escribe un enunciado de suma y uno de multiplicación para cada uno.

2. 6 filas de 11 fichas ____ + ____ + ____ + ____ + ____ + ____ = ____

____ × ____ = ____

3. 4 filas de 12 fichas ____ + ____ + ____ + ____ = ____

____ × ____ = ____

4. 3 filas de 11 fichas ____ + ____ + ____ = ____

____ × ____ = ____

5. 3 filas de 12 fichas ____ + ____ + ____ = ____

____ × ____ = ____

Traza líneas para relacionar las operaciones con sus partes descompuestas. Luego, halla los productos.

6. 11×3 • 5 × 10 más 5 × 2

7. 12×5 • 3 × 10 más 3 × 1

8. 12×9 • 9 × 10 más 9 × 1

9. 11×9 • 5 × 10 más 5 × 1

10. 11×5 • 9 × 10 más 9 × 2

Resolución de problemas

11. ¿Cuántos agujeros hay en 12 *pretzels* como el que se muestra? Escribe un enunciado de multiplicación para resolver.

12. Hoy es el octavo cumpleaños de Beth. ¿Cuántos meses cumple? Escribe un enunciado de multiplicación para resolver.

13. Los libros de matemáticas están amontonados en pilas de 11 libros. Hay 6 pilas. ¿Hay suficientes libros para dos clases de 35 estudiantes cada una? Explica tu respuesta.

¡Mi trabajo!

Problemas S.O.S.

14. PRÁCTICA matemática 2 **Usar el sentido numérico** María olvidó algunas de sus operaciones del 12. Quiere hallar 6×12, pero todo lo que puede recordar es que $5 \times 12 = 60$. ¿Podría usar la operación $5 \times 12 = 60$ para hallar 6×12? Explica tu respuesta.

15. PRÁCTICA matemática 5 **Calcular mentalmente** Duplica una operación conocida para hallar 12×11. Explica el método que usaste.

16. **Profundización de la pregunta importante** ¿Cómo puedo usar operaciones de multiplicación con números más pequeños para recordar operaciones de multiplicación con 11 y 12?

Mi tarea

Lección 8
Multiplicar por 11 y 12

Asistente de tareas

¿Necesitas ayuda? connectED.mcgraw-hill.com

Felisa puede poner 6 fotos en cada página de su álbum. ¿Cuántas fotos puede poner en un total de 11 páginas?

Halla 6×11. Escribe la multiplicación vertical u horizontalmente.

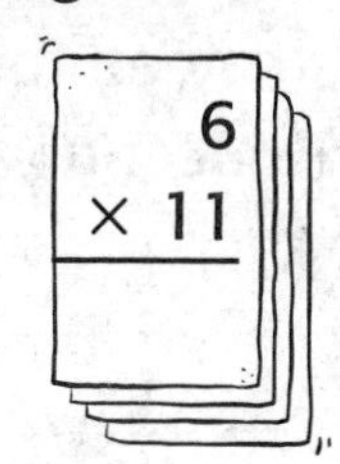

Una manera **Usa la suma repetida.**

$6 \times 11 =$

$11 + 11 + 11 + 11 + 11 + 11 = 66$

Otra manera **Descompón 11 en 10 + 1.**

Descompón 11 en los sumandos $10 + 1$.

Multiplica cada parte.
$6 \times 10 = 60$
$6 \times 1 = 6$

2 Suma.
$60 + 6 = 66$

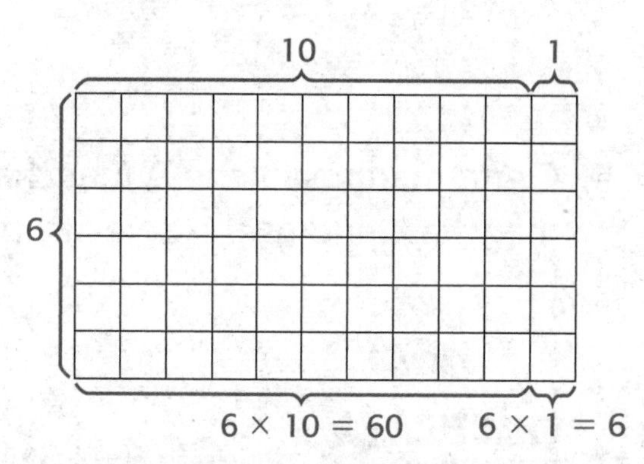

Por lo tanto, $6 \times 11 = 66$.
Felisa puede poner 66 fotos en 11 páginas de su álbum.

Práctica

Escribe un enunciado de suma y uno de multiplicación para cada uno.

1. 5 filas de 11 fichas ____ + ____ + ____ + ____ + ____ = ____

____ × ____ = ____

2. 3 filas de 12 fichas ____ + ____ + ____ = ____

____ × ____ = ____

Usa la suma repetida para hallar los productos.

3. $3 \times 11 =$ ______

4. $8 \times 12 =$ ______

Descompón un factor para hallar los productos.

5. $5 \times 12 =$ ______

6. $7 \times 11 =$ ______

Resolución de problemas

7. ¿Cuántos huevos hay en total en 7 docenas de huevos? (*Pista*: 1 docena = 12)

______

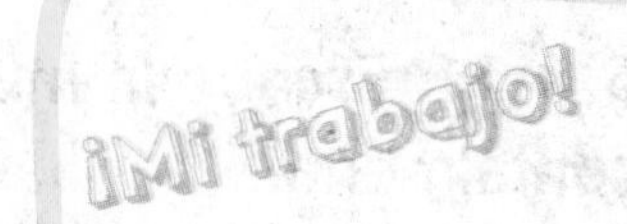

8. ¿Cuántos meses hay en 6 años?

______

9. Cierta mariposa tiene 9 manchas. ¿Cuántas manchas tendrán 11 de estas mariposas?

______

10. PRÁCTICA matemática 1 **Seguir intentándolo** Lucas puede correr una milla en 7 minutos. Colleen puede correr una milla en 5 minutos. A este ritmo, ¿cuánto tiempo más que a Colleen le toma a Lucas correr 11 millas?

______

Práctica para la prueba

11. ¿Cuál enunciado numérico *no* está relacionado con los otros tres?

Ⓐ $4 \times 12 = 48$

Ⓑ $12 \times 4 = 48$

Ⓒ $4 + 12 = 16$

Ⓓ $12 + 12 + 12 + 12 = 48$

Nombre

Dividir entre 11 y 12

Lección 9

PREGUNTA IMPORTANTE
¿Cómo puedo aplicar operaciones de multiplicación y división de números pequeños a números grandes?

Las mates y mi mundo

Ejemplo 1

Durante una excursión, 33 estudiantes fueron al museo de ciencias. Allí había 11 microscopios. Cada uno se usó por el mismo número de estudiantes en un grupo. ¿Cuántos estudiantes había en cada grupo?

Halla $33 \div 11$ o $11\overline{)33}$.

Reparte 33 fichas entre 11 grupos iguales. Dibuja los grupos iguales.

Pista
La división puede pensarse como una partición en grupos iguales.

¡Mi dibujo!

Hay ______ fichas en cada grupo.

Mi dibujo muestra que $33 \div 11 = \square$ o $11\overline{)33}$.

Había ______ estudiantes en cada grupo.

Cuando divides entre 11 y 12, a menudo es más rápido usar la operación inversa de la multiplicación.

Ejemplo 2

Mauricio compró 48 huevos. Los huevos venían en cajas de 12. ¿Cuántas cajas compró Mauricio?

Halla la incógnita en 48 ÷ 12 = ■.

Piensa en la división como un problema de hallar un factor que falta.

12 × ■ = 48

El factor que falta es 4.

12 × 4 = 48

Por lo tanto, 48 ÷ 12 = ______. La incógnita es ______.

Mauricio compró ______ cajas de huevos.

Práctica guiada

Usa fichas para hallar el número en los grupos.

1. 44 fichas

11 grupos iguales

______ en cada grupo

Por lo tanto,
44 ÷ 11 = ______.

2. 36 fichas

12 grupos iguales

______ en cada grupo

Por lo tanto,
36 ÷ 12 = ______.

Describe el patrón que observas en los cocientes cuando números como 66, 55 y 44 se dividen entre 11.

3. Usa la resta repetida para dividir.

60 ÷ 12 = ______

60 − 12 = ☐ → ☐ − 12 = ☐ → ☐ − 12 = ☐ → ☐ − 12 = ☐ → ☐ − 12 = ☐

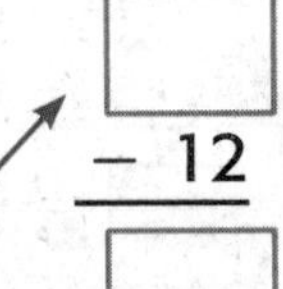

Nombre ____________________

CCSS

Práctica independiente

Usa fichas para hallar el número de grupos iguales o el número en los grupos.

4. 22 fichas

11 grupos iguales

____ en cada grupo

Por lo tanto,
$22 \div 11 =$ ____.

5. 72 fichas

12 grupos iguales

____ en cada grupo

Por lo tanto,
$72 \div$ ____ $=$ ____.

6. 84 fichas

____ grupos iguales

7 en cada grupo

Por lo tanto,
____ $\div$ ____ $= 7$.

Usa la resta repetida para dividir.

7. $55 \div 11 =$ ____

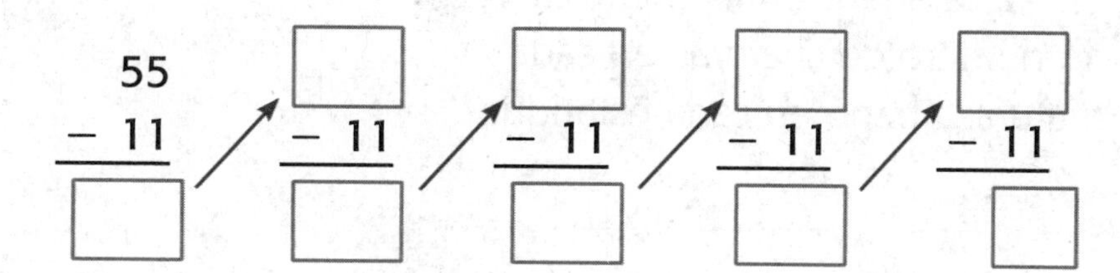

Álgebra **Usa la operación inversa para hallar las incógnitas.**

8. $77 \div 11 = ■$

$11 \times ■ = 77$

La incógnita es ____.

9. $99 \div 11 = ■$

$11 \times ■ = 99$

La incógnita es ____.

10. $44 \div 11 = ■$

$11 \times ■ = 44$

La incógnita es ____.

11. $12\overline{)48}$ (■)

$12 \times ■ = 48$

La incógnita es ____.

12. $12\overline{)96}$ (■)

$12 \times ■ = 96$

La incógnita es ____.

13. $11\overline{)88}$ (■)

$11 \times ■ = 88$

La incógnita es ____.

14. $33 \div 3 = ■$

La incógnita es ____.

15. $66 \div 11 = ■$

La incógnita es ____.

16. $36 \div 12 = ■$

La incógnita es ____.

Resolución de problemas

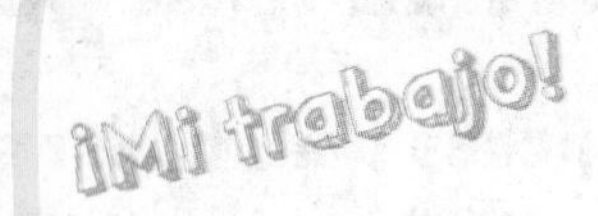

17. **PRÁCTICA matemática 4** **Representar las mates** Sharon recorrió 96 millas en su camión con 12 galones de gasolina. ¿Cuántas millas recorrió por cada galón? Escribe un enunciado de división para resolver.

____

18. Víctor tomó 33 fotografías de su hurón mascota. Envió el mismo número de fotografías a cada uno de sus 11 amigos. ¿Cuántas fotografías recibirá cada amigo? Escribe un enunciado de división para resolver.

____

19. Una nutria de río atrapó 4 ranas, 19 cangrejos y otros 13 peces pequeños en 12 estanques diferentes. La nutria atrapó el mismo número de criaturas en cada estanque. ¿Cuántas criaturas atrapó en cada estanque?

____

Problemas S.O.S.

20. **PRÁCTICA matemática 1** **Entender los problemas** ¿Cómo podrías usar la operación de multiplicación $4 \times 12 = 48$ para hallar $96 \div 12$?

____

____

21. **Profundización de la pregunta importante** ¿Cómo puedo pensar en la división entre 11 o 12 como un problema de hallar un factor desconocido?

____

____

____

Nombre ....

Mi tarea

Lección 9

Dividir entre 11 y 12

Asistente de tareas

¿Necesitas ayuda? connectED.mcgraw-hill.com

La hermanita de Juliana, Camila, tiene 36 meses de edad. ¿Cuántos años tiene Camila?

Halla $36 \div 12$.

Piensa en la división como un problema de un factor que falta.

$12 \times ? = 36$

El factor que falta es 3.

$12 \times 3 = 36$

Por lo tanto, $36 \div 12 = 3$. Camila tiene 3 años de edad.

Comprueba usando modelos. Hacer una partición de 36 fichas en 12 grupos dará como resultado 3 fichas en cada grupo.

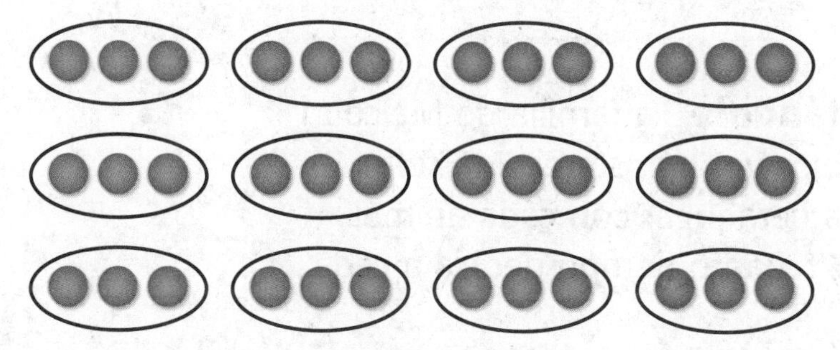

Práctica

Halla el número de grupos iguales.

1. 77 fichas
11 en cada grupo

Habrá _____ grupos.

2. 60 fichas
12 en cada grupo

Habrá _____ grupos.

Usa la resta repetida para dividir.

3. $48 \div 12 =$ ______

48 − 12 = ☐ → ☐ − 12 = ☐ → ☐ − 12 = ☐ → ☐ − 12 = ☐

4. $33 \div 11 =$ ______

33 − 11 = ☐ → ☐ − 11 = ☐ → ☐ − 11 = ☐

Álgebra **Usa la operación inversa para hallar las incógnitas.**

5. $88 \div 11 = \blacksquare$

$11 \times$ ______ $= 88$

La incógnita es ______.

6. $12\overline{)72}$ (cociente: ■)

$12 \times$ ______ $= 72$

La incógnita es ______.

Resolución de problemas

7. Tim ahorra para comprar un teléfono celular nuevo que cuesta \$84. Si ahorra \$12 cada mes, ¿en cuántos meses tendrá \$84?

______

8. Una tienda de alimentos tiene 60 cajas de cereal. Hay 12 tipos distintos de cereal. Si hay igual número de cajas de cada tipo, ¿cuántas cajas de cada tipo hay?

______

9. PRÁCTICA matemática 1 **Seguir intentándolo** La familia de Malcolm tiene 3 gatos, 2 perros, 2 conejos y 4 hámsteres. Malcolm dedica el mismo tiempo al día para jugar con cada animal. Si dedica 55 minutos en total, ¿cuánto tiempo dedica a cada animal?

______

Práctica para la prueba

10. ¿Cuál enunciado numérico puedes usar para comprobar la respuesta al hallar $44 \div 11$?

Ⓐ $4 + 11 = 15$

Ⓑ $44 - 11 = 33$

Ⓒ $4 \times 11 = 44$

Ⓓ $44 + 11 = 55$

Nombre

Práctica de fluidez

Multiplica o divide.

1. $9 \times 5 =$ ______

2. $18 \div 6 =$ ______

3. $8 \times 7 =$ ______

4. $49 \div 7 =$ ______

5. $7 \times 5 =$ ______

6. $48 \div 8 =$ ______

7. $6 \times 7 =$ ______

8. $81 \div 9 =$ ______

9. $60 \div 10 =$ ______

10. $11 \times 2 =$ ______

11. $44 \div 4 =$ ______

12. $8 \times 2 =$ ______

13. 12×4

14. 9×3

15. 8×8

16. 0×9

17. $9\overline{)54}$ ☐

18. 6×6

19. $7\overline{)63}$ ☐

20. 11×3

21. 12×2

22. $9\overline{)90}$ ☐

23. 6×0

24. $8\overline{)32}$ ☐

Nombre ______________________

Práctica de fluidez

Multiplica o divide.

1. $6 \times 3 =$ ______ **2.** $30 \div 6 =$ ______ **3.** $56 \div 7 =$ ______

4. $9 \times 5 =$ ______ **5.** $36 \div 12 =$ ______ **6.** $66 \div 11 =$ ______

7. $100 \div 10 =$ ______ **8.** $9 \times 6 =$ ______ **9.** $42 \div 7 =$ ______

10. $60 \div 12 =$ ______ **11.** $48 \div 6 =$ ______ **12.** $80 \div 10 =$ ______

13. $7\overline{)49}$ **14.** 9×8 **15.** 8×4 **16.** 12×6

17. 11×5 **18.** $7\overline{)14}$ **19.** $11\overline{)44}$ **20.** 9×9

21. $12\overline{)84}$ **22.** 6×8 **23.** $6\overline{)54}$ **24.** 12×8

Repaso

Capítulo 8

Aplicar la multiplicación y la división

Comprobación del vocabulario

Usa las claves y las palabras de la lista para completar el crucigrama.

conmutativa **operaciones conocidas** **patrón** **operaciones relacionadas**

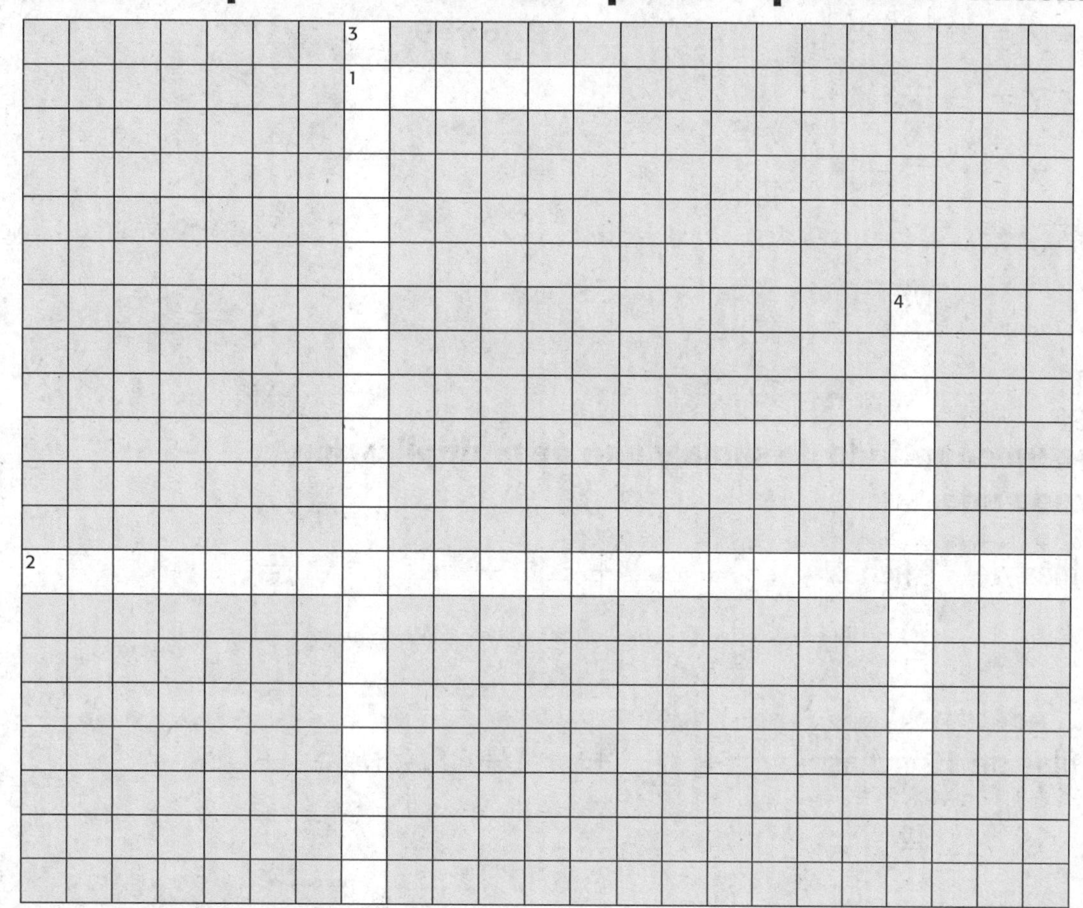

Horizontales

1. Las operaciones del 11 muestran un ________. Cuando un número de un dígito se multiplica por 11, el producto es el dígito repetido.
2. Operaciones básicas que usan los mismos tres números. A veces se llaman familia de operaciones.

Verticales

3. Operaciones que has memorizado.
4. La propiedad de la multiplicación que establece que el orden en que se multiplican dos factores no altera el producto.

Comprobación del concepto

Álgebra Usa la operación inversa para hallar las incógnitas.

5. $30 \div 6 = \blacksquare$

$6 \times \blacksquare = 30$

La incógnita es ____.

6. $28 \div 7 = \blacksquare$

$7 \times \blacksquare = 28$

La incógnita es ____.

7. $48 \div 6 = \blacksquare$

$6 \times \blacksquare = 48$

La incógnita es ____.

Duplica una operación conocida para hallar los productos. Dibuja un arreglo.

8. $8 \times 7 =$ ____

$4 \times 7 =$ ____

____ $\times$ ____ $=$ ____

$28 +$ ____ $=$ ____

9. $6 \times 9 =$ ____

Escribe un enunciado de suma y uno de multiplicación para cada uno.

10. 5 filas de 11 fichas ____ + ____ + ____ + ____ + ____ = ____

____ $\times$ ____ $=$ ____

11. 6 filas de 12 fichas ____ + ____ + ____ + ____ + ____ + ____ = ____

____ $\times$ ____ $=$ ____

12. 3 filas de 8 fichas ____ + ____ + ____ = ____

____ $\times$ ____ $=$ ____

13. 7 filas de 11 fichas

____ + ____ + ____ + ____ + ____ + ____ + ____ = ____

____ $\times$ ____ $=$ ____

Nombre ....

Resolución de problemas

14. Betty nota que su botón en forma de corazón tiene 4 agujeros. Necesita 11 de estos botones para un proyecto. ¿Cuántos agujeros habrá en total? Escribe un enunciado de multiplicación para resolver.

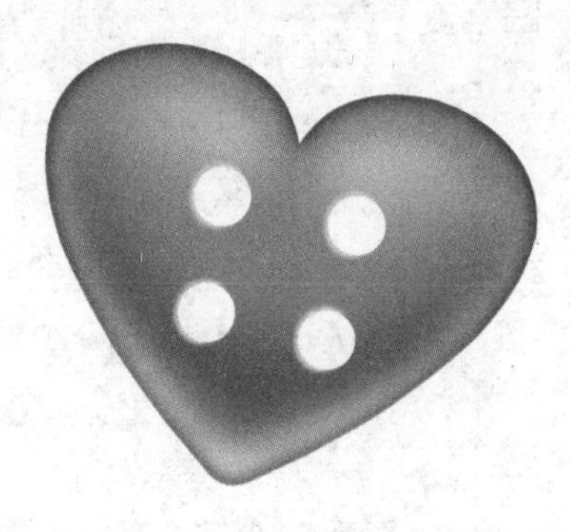

____

15. El arreglo es un modelo para $5 \times 9 = 45$.
Escribe un enunciado de división que se represente con este arreglo.

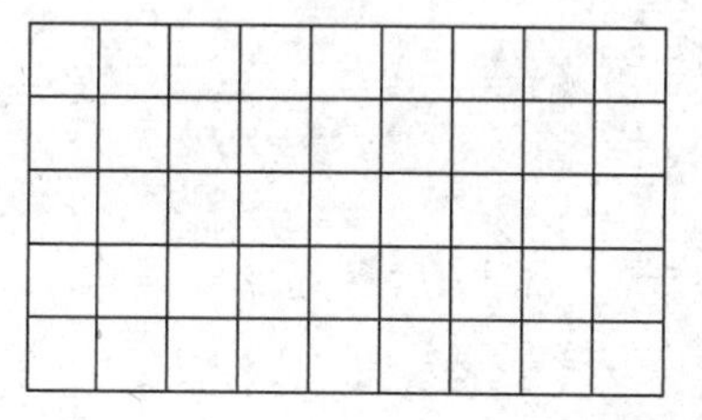

____

16. Jaime trabaja 4 horas cada semana. ¿Cuántas semanas le tomará trabajar 36 horas? Escribe un enunciado de división para resolver.

____

17. La Sra. King empacó 12 cajas con almuerzos para una excursión. Cada caja contiene 6 almuerzos. ¿Cuántos almuerzos hay en total? Escribe un enunciado de multiplicación para resolver.

____

Práctica para la prueba

18. ¿Cuánto costarán en total estos 4 libros de tapa blanda?

Ⓐ \$7 Ⓑ \$14 Ⓒ \$21 Ⓓ \$28

Pienso

Capítulo 8

Respuesta a la PREGUNTA IMPORTANTE

Usa lo que aprendiste acerca de la multiplicación y la división para completar el organizador gráfico.

Duplicar una operación conocida

Resta repetida

PREGUNTA IMPORTANTE

¿Cómo puedo aplicar operaciones de multiplicación y división de números pequeños a números grandes?

Modelos

Propiedades

Piensa sobre la PREGUNTA IMPORTANTE  **Escribe tu respuesta.**

Capítulo

9 Propiedades y ecuaciones

PREGUNTA IMPORTANTE

¿Cómo se usan las propiedades y las ecuaciones para agrupar números?

¡Trabajemos con herramientas!

¡Mira el video!

Mis estándares estatales

Operaciones y razonamiento algebraico

CCSS

3.OA.5 Aplicar las propiedades de las operaciones como estrategias para multiplicar y dividir.

3.OA.7 Multiplicar y dividir hasta el 100 de manera fluida, usando estrategias como la relación entre la multiplicación y la división (por ejemplo, saber que $8 \times 5 = 40$ permite saber que $40 \div 5 = 8$) o las propiedades de las operaciones. Hacia el final del Grado 3, los estudiantes deben saber de memoria todos los productos de dos números de un dígito.

3.OA.8 Resolver problemas contextualizados de dos pasos aplicando las cuatro operaciones. Representar esos problemas con ecuaciones que tengan una letra que represente la cantidad desconocida. Evaluar si las respuestas son razonables mediante cálculos mentales y estrategias de estimación que incluyan el redondeo.

¡Vaya, creo que esto no estaría nada mal!

Estándares para las

PRÁCTICAS matemáticas

1. Entender los problemas y perseverar en la búsqueda de una solución.
2. Razonar de manera abstracta y cuantitativa.
3. Construir argumentos viables y hacer un análisis del razonamiento de los demás.
4. Representar con matemáticas.
5. Usar estratégicamente las herramientas apropiadas.
6. Prestar atención a la precisión.
7. Buscar una estructura y usarla.
8. Buscar y expresar regularidad en el razonamiento repetido.

= Se trabaja en este capítulo.

Nombre ....

Antes de seguir...

← Conéctate para hacer la prueba de preparación.

Álgebra Halla las incógnitas.

1. 8 + ■ = 11

La incógnita es ______.

2. ■ × 5 = 20

La incógnita es ______.

3. 36 ÷ 6 = ■

La incógnita es ______.

4. $\begin{array}{r} 15 \\ -\ \blacksquare \\ \hline 6 \end{array}$

La incógnita es ______.

5. $\begin{array}{r} 9 \\ \times\ \blacksquare \\ \hline 27 \end{array}$

La incógnita es ______.

6. $7\overline{)42}$ con ■ como cociente

La incógnita es ______.

7. Usa el enunciado numérico 12 + 15 + ■ = 36 para hallar cuántos libros leyó Tony en agosto.

Club de lectura de verano	
Meses	**Número de libros leídos**
Junio	12
Julio	15
Agosto	■

La incógnita es ______ libros.

8. Encierra en un círculo la propiedad representada por 6 + 5 = 5 + 6.

propiedad asociativa de la suma

propiedad conmutativa de la suma

propiedad de identidad de la suma

9. Ana vendió 1 vela más que Jorge. Juntos vendieron 15 velas. Haz un dibujo que muestre cuántas velas vendió cada uno.

10. Daniela gastó $20 en la tienda de comestibles y $15 en la estación de gasolina. ¿Cuánto gastó en total? Escribe un enunciado numérico con un símbolo para la incógnita. Luego, resuelve.

____

Sombrea las casillas para mostrar los problemas que respondiste correctamente.

¿Cómo me fue?

1	2	3	4	5	6	7	8	9	10

Nombre ....

Las palabras de mis mates

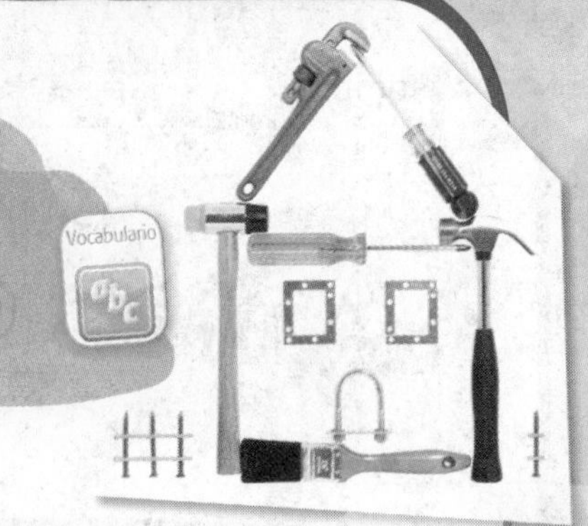

Repaso del vocabulario

arregla descomponer incógnita operación conocida signo igual (=)

Haz conexiones

Rotula cada sección del diagrama de flujo con la palabra correcta del repaso del vocabulario.

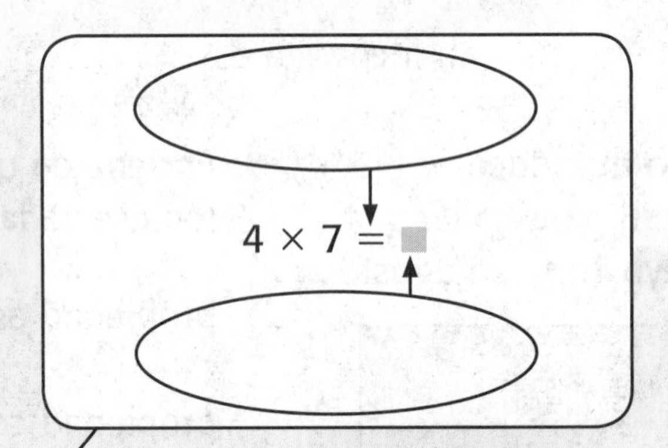

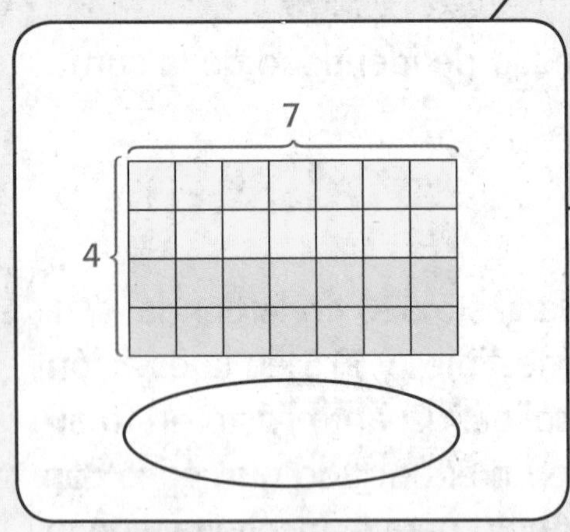

7
2
7
2

2 × 7 = 14
2 × 7 = 14

Mis tarjetas de vocabulario

Lección 9–7

ecuación

$21 \div 7 = 3$ | ~~15 ÷ 9~~

Lección 9–6

evaluar

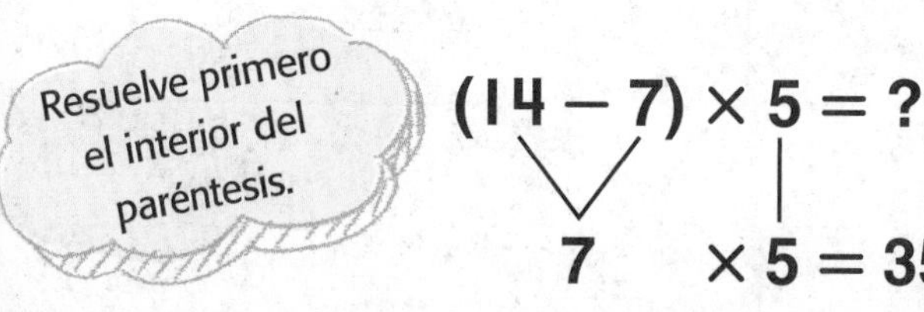

Lección 9–5

expresión

Dibujo	Números	Palabras
●● ●● / ●● + / ●●	$6 + 2$	seis y dos más

Lección 9–5

operaciones

suma (+) resta (−)
multiplicación (×) división (÷)

Lección 9–4

propiedad asociativa de la multiplicación

$3 \times (2 \times 4) = (3 \times 2) \times 4$

$3 \times 8 = 6 \times 4$

$24 = 24$

Lección 9–2

propiedad distributiva

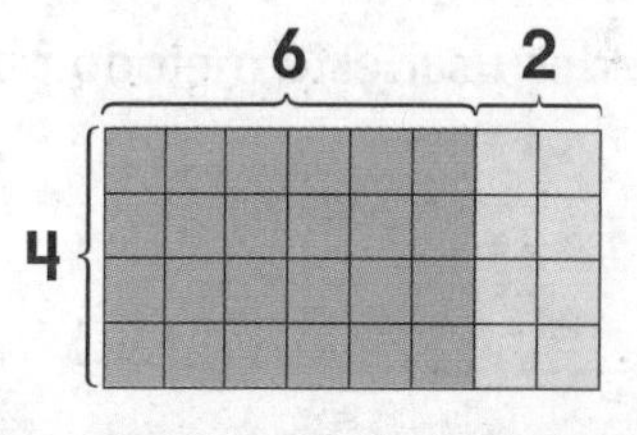

$4 \times 8 = (4 \times 6) + (4 \times 2)$

Lección 9–6

variable

$y \times 2 = 8$

Sugerencias

- Durante este año escolar, crea una pila separada de tarjetas para verbos clave de las mates como *evaluar*. Estos verbos te ayudarán a resolver problemas.
- Usa la tarjeta en blanco para escribir ejemplos que te ayudarán con conceptos como escribir y evaluar expresiones.

Calcular el valor de una expresión.

¿Cómo te ayudan los paréntesis a evaluar el problema presentado al frente de la tarjeta?

Enunciado numérico que tiene un signo igual (=), e indica que dos expresiones son iguales.

¿Cómo te ayuda a recordar la definición de *ecuación* conocer el significado de *igual*?

Procesos matemáticos que incluyen la suma, la resta, la multiplicación y la división.

Explica con tus palabras el significado de multiplicar.

Combinación de números y operaciones que representan una cantidad.

¿Cómo te ayuda a recordar lo que es una expresión el significado de la palabra "expresar"?

Esta propiedad te ayuda a descomponer un factor en sumandos que son más fáciles de multiplicar.

¿Cómo puedes usar este método para hallar 7×2?

Propiedad que establece que la forma de agrupar los factores no altera el producto. Puede facilitar la multiplicación de 3 números.

Escribe un enunciado numérico que sea un ejemplo de la propiedad asociativa de la multiplicación.

Letra o símbolo, como ■, ?, o *m*, que se usa para representar una cantidad desconocida.

Variable es una palabra de múltiple significado. Usa un diccionario para escribir el significado de *variable* utilizado en esta oración: *El tiempo puede ser variable durante la primavera.*

Mi modelo de papel

FOLDABLES® Sigue los pasos que aparecen en el reverso para hacer tu modelo de papel.

propiedad conmutativa de la multiplicación

propiedad distributiva

propiedad asociativa de la multiplicación

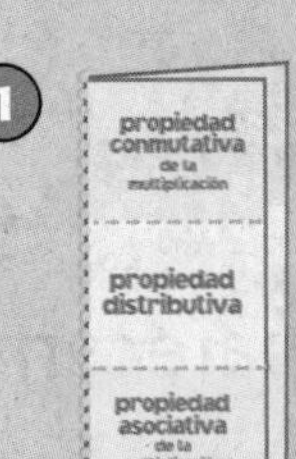

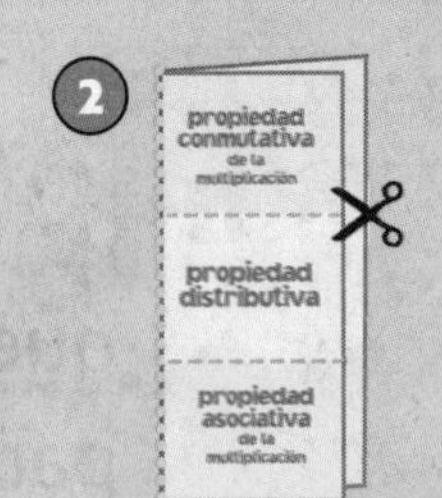

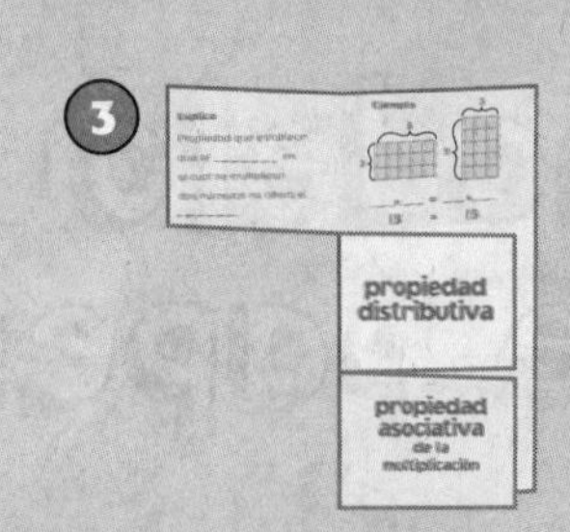

Explica

Propiedad que establece que el __________ en el cual se multiplican dos números no altera el __________.

Ejemplo

5, 3 — 3, 5

___ × ___ = ___ × ___

15 = 15

Explica

Propiedad que me permite ______________ factores en sumandos con los cuales es más fácil trabajar.

Ejemplo

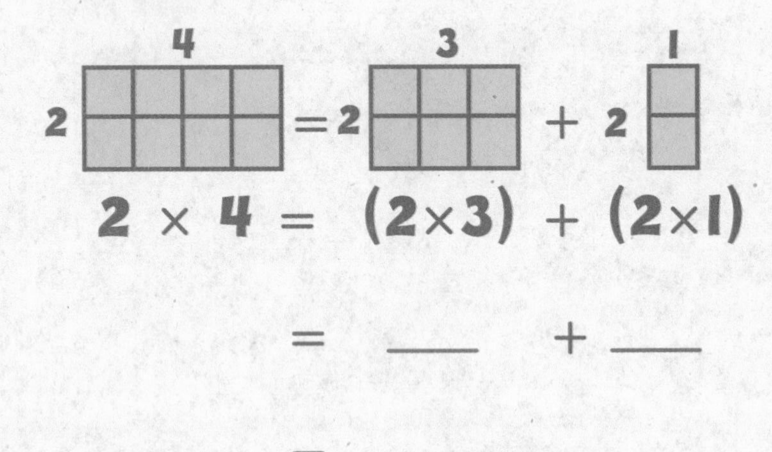

Explica

Propiedad que establece que la forma de agrupar los __________ no altera el __________.

Ejemplo

(1×2) × 3 = ■

___ × ___ = ___

1 × (2×3) = ■

___ × ___ = ___

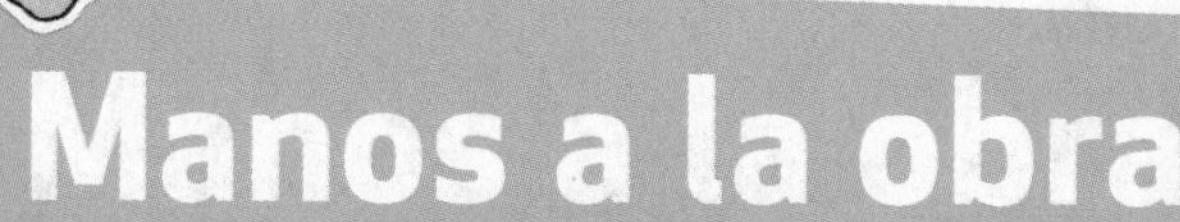

Manos a la obra

Descomponer para multiplicar

Lección 1

PREGUNTA IMPORTANTE

¿Cómo se usan las propiedades y las ecuaciones para agrupar números?

Cuando separas, o descompones, un factor, obtienes números pequeños que son más fáciles de multiplicar.

Constrúyelo

Halla 4×7.

1 Representa 4×7.

Usa fichas de colores para hacer un arreglo de 4×7. Dibuja el arreglo.

¡Mi dibujo!

2 Descompón un factor.

- Descompón el 7.
- Separa 7 columnas en 5 columnas + 2 columnas.

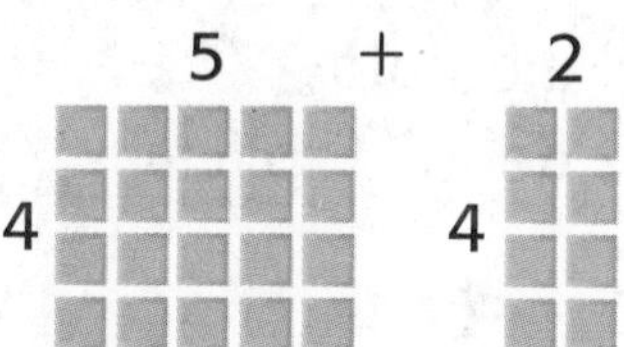

3 Halla los productos de las partes. Luego, suma.

$4 \times 7 = (4 \times 5) + (4 \times 2)$

Los paréntesis te ayudan a agrupar los factores.

$= \_\_\_\_ + \_\_\_\_$

$= 28$

Por lo tanto, $4 \times 7 =$ ______.

Inténtalo

Greta cortó 6 naranjas en 9 rodajas cada una. ¿Cuántas rodajas de naranja hay?

Halla 6×9.

Traza un arreglo de 6×9 sobre el papel cuadriculado.

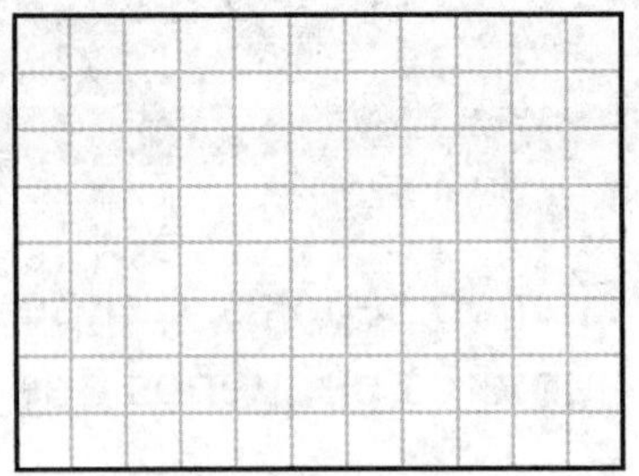

Descompón un factor.

Traza una línea vertical a lo largo del arreglo para descomponer el factor 9 en $5 + 4$. Escribe arriba los sumandos.

3 Halla el producto de las partes.

Multiplica. Luego, suma los productos.

$6 \times 9 = (6 \times \_\_\_\_) + (6 \times \_\_\_\_)$

$= \_\_\_\_ + \_\_\_\_$

$= \_\_\_\_$

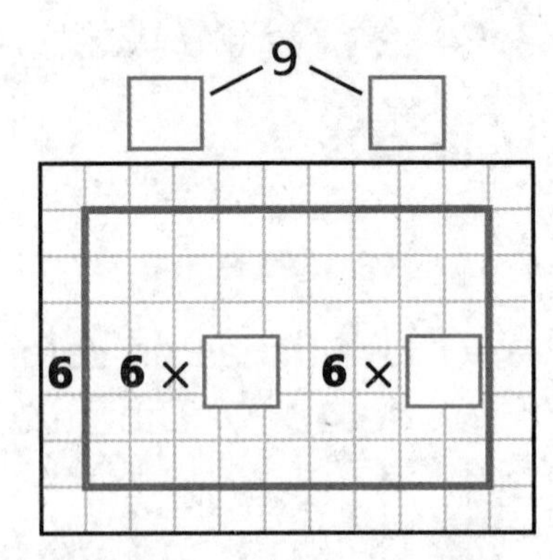

Por lo tanto, $6 \times 9 =$ ______. Hay ______ rodajas de naranja.

Coméntalo

1. PRÁCTICA matemática 3 **Justificar las conclusiones** En el ejemplo anterior, ¿podría haberse descompuesto el 6 en vez del 9? Explica tu respuesta.

____

2. ¿Cómo te ayuda descomponer factores a hallar los productos?

____

____

3. Explica en qué se parece el uso de la estrategia de una operación conocida a descomponer un factor.

____

____

Nombre

Practícalo

Usa fichas de colores para representar el arreglo. Descompón un factor. Luego, halla el producto de las partes y suma.

4.

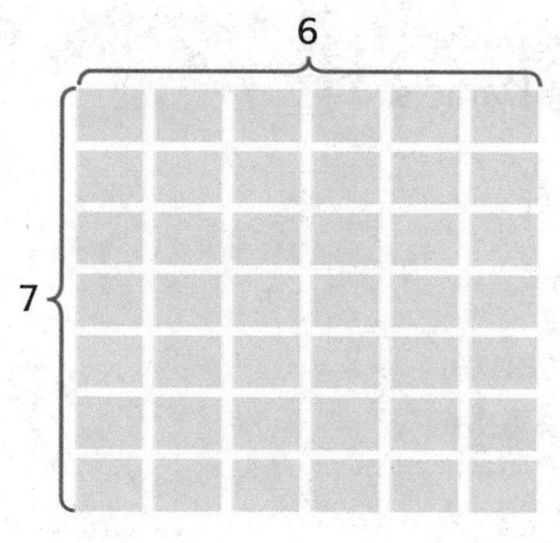

$7 \times 6 = (7 \times \_\_\_) + (7 \times \_\_\_)$

$= \_\_\_ + \_\_\_$

$= \_\_\_$

5.

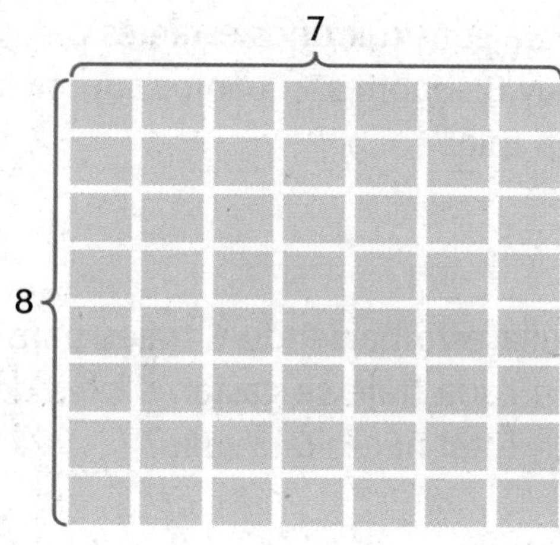

$8 \times 7 = (8 \times \_\_\_) + (8 \times \_\_\_)$

$= \_\_\_ + \_\_\_$

$= \_\_\_$

6. Descompón un factor. Colorea el arreglo con dos colores para representar los números. Luego, halla el producto de las partes y suma.

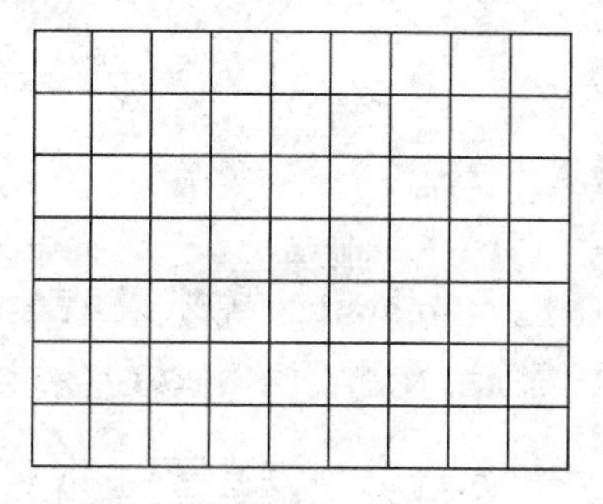

$7 \times 9 = (7 \times \_\_\_) + (7 \times \_\_\_)$

$= \_\_\_ + \_\_\_$

$= \_\_\_$

7. Descompón la operación de otra manera.

$7 \times 9 = (7 \times \_\_\_) + (7 \times \_\_\_)$

$= \_\_\_ + \_\_\_$

$= \_\_\_$

Aplícalo

PRÁCTICA matemática 7 **Identificar la estructura** **Descompón un factor. Halla los productos. Luego, suma.**

8. El Sr. Daniels compró 9 paquetes de soportes metálicos para construir unos estantes para libros. En cada paquete hay 8 soportes. ¿Cuántos soportes compró el Sr. Daniels en total?

____

9. Julia está haciendo 6 trajes para el recital de danza. En cada traje se gastan 9 pies de tela. ¿Cuánta tela en total necesitará Julia?

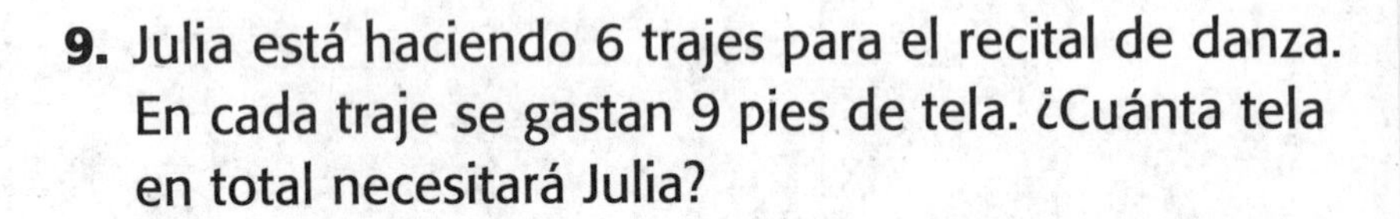

____

10. Ocho caballos comieron cada uno el número de manzanas que se muestra a continuación. ¿Cuántas manzanas comieron en total?

____

11. **PRÁCTICA matemática 2** **Razonar** ¿Cómo podrías cambiar el ejercicio 8 de tal manera que el Sr. Daniels comprara un total de 81 soportes?

____

____

Escríbelo

12. ¿Cómo te ayuda descomponer un factor a agrupar números de distinta manera?

____

____

Nombre

Mi tarea

Lección 1

Manos a la obra: Descomponer para multiplicar

Asistente de tareas

¿Necesitas ayuda? connectED.mcgraw-hill.com

Halla 4 × 9.

Haz un arreglo para representar 4 × 9.

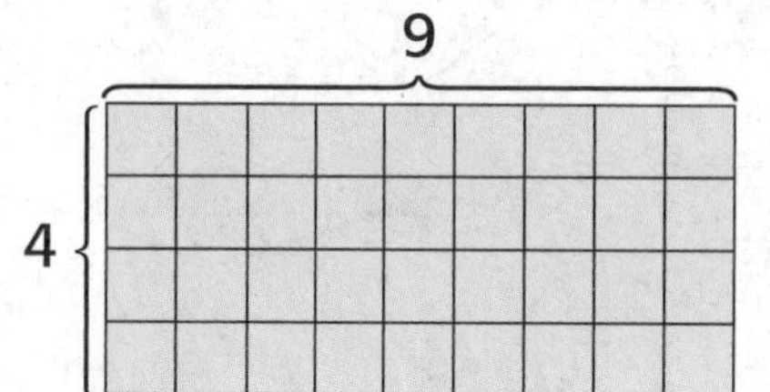

2 Descompón un factor.

Descompón el 9 para formar 5 y 4.

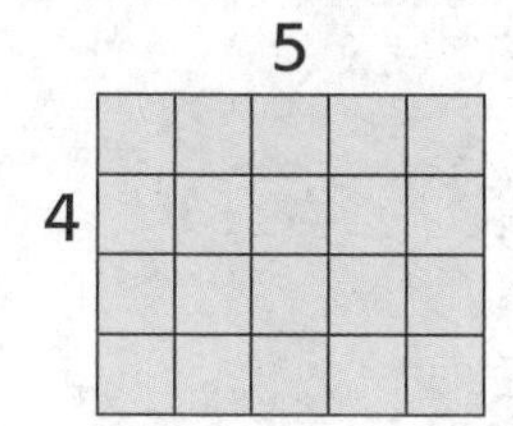

3 Halla el producto de las partes.

$4 \times 9 = (4 \times 5) + (4 \times 4)$

$= 20 + 16$

$= 36$

Por lo tanto, $4 \times 9 = 36$.

Práctica

Descompón un factor. Colorea el arreglo con dos colores para representar los números. Luego, halla el producto de las partes y suma.

1.

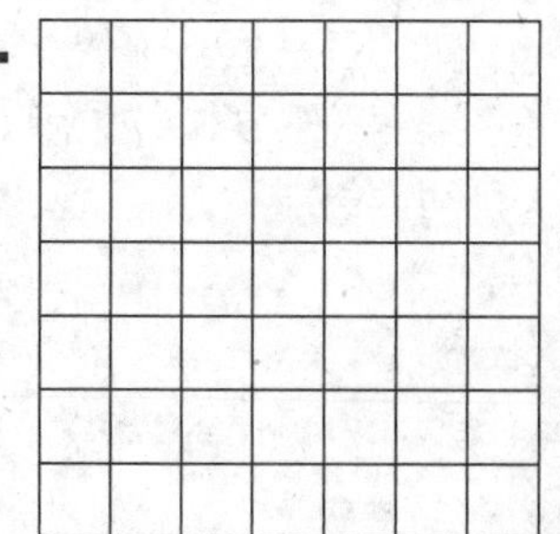

$7 \times 7 = (7 \times \_\_\_) + (7 \times \_\_\_)$

= ___ + ___

= ___

2.

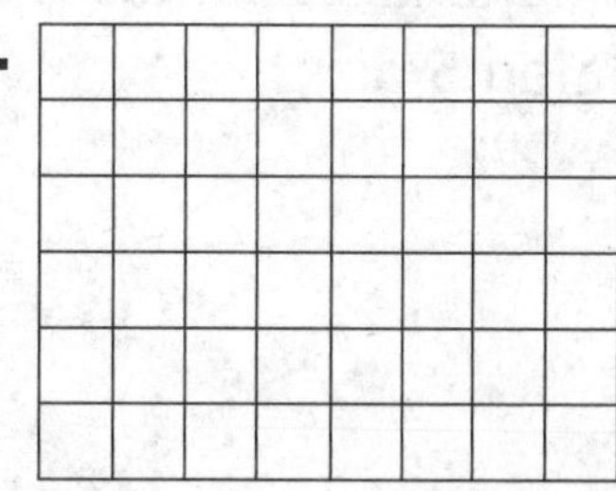

$6 \times 8 = (6 \times \_\_\_) + (6 \times \_\_\_)$

= ___ + ___

= ___

Descompón un factor. Halla los productos. Luego, suma. Descompón de otra manera la operación a continuación.

3. $8 \times 8 = (8 \times \_\_\_) + (8 \times \_\_\_)$

$= \_\_\_ + \_\_\_$

$= \_\_\_$

Otra manera:

$8 \times 8 = (8 \times \_\_\_) + (8 \times \_\_\_)$

$= \_\_\_ + \_\_\_$

$= \_\_\_$

4. $5 \times 7 = (5 \times \_\_\_) + (5 \times \_\_\_)$

$= \_\_\_ + \_\_\_$

$= \_\_\_$

Otra manera:

$5 \times 7 = (5 \times \_\_\_) + (5 \times \_\_\_)$

$= \_\_\_ + \_\_\_$

$= \_\_\_$

Resolución de problemas

Descompón un factor. Halla los productos. Luego, suma.

5. PRÁCTICA matemática 7 **Identificar la estructura** La hermanita de Orlando toma una siesta 3 veces al día. ¿Cuántas siestas toma en 9 días?

____

6. Carla llega a la parada del autobús 5 minutos antes cada mañana. ¿Cuántos minutos espera en la parada en 5 días?

____

7. Todos los lunes, miércoles y viernes, el Sr. Brennan camina 2 millas y trota 4 millas. ¿Cuál es el número total de millas que el Sr. Brennan camina y trota en dos semanas?

____

La propiedad distributiva

Lección 2

PREGUNTA IMPORTANTE

¿Cómo se usan las propiedades y las ecuaciones para agrupar números?

La **propiedad distributiva** te permite descomponer un factor. Luego, puedes usar operaciones conocidas más pequeñas para hallar los productos.

Las mates y mi mundo

Ejemplo 1

La ferretería de Henry vende juegos de llaves inglesas. Cada juego consta de 6 llaves. ¿Cuántas llaves hay en 8 juegos?

Halla 8×6.

Descompón un factor.
Una manera es descomponer 6 en $5 + 1$.

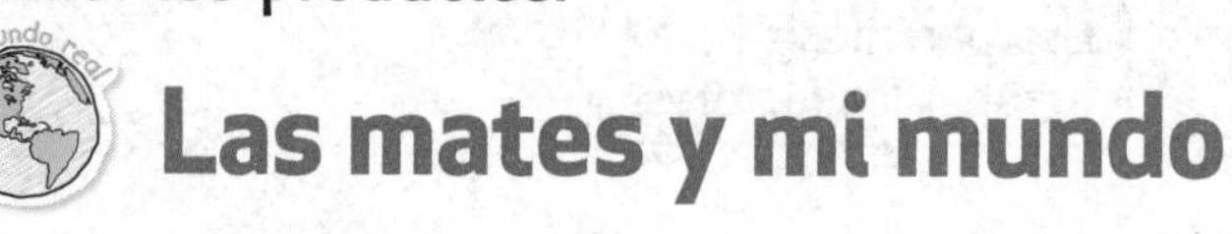

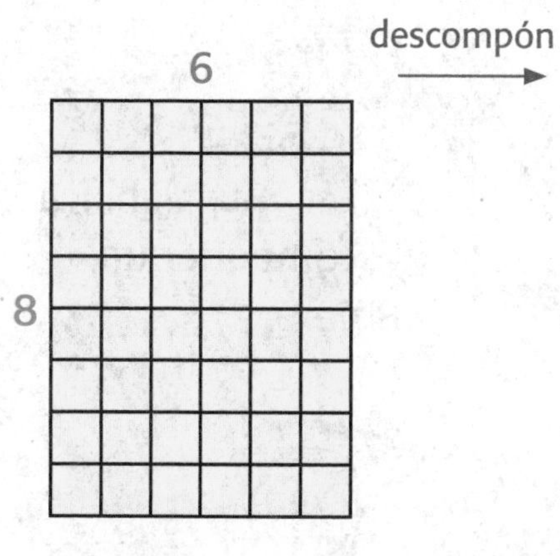

descompón →

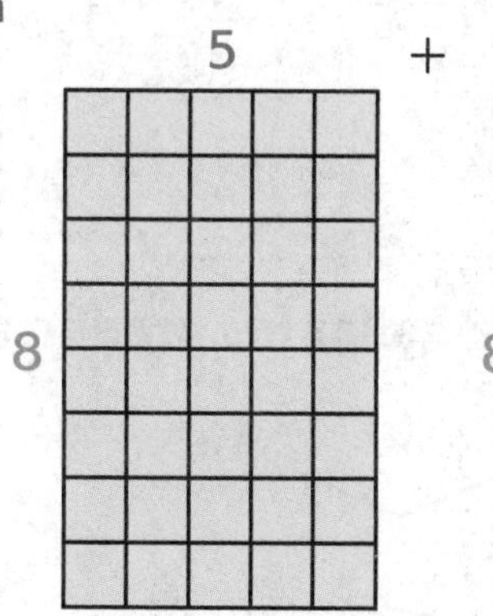

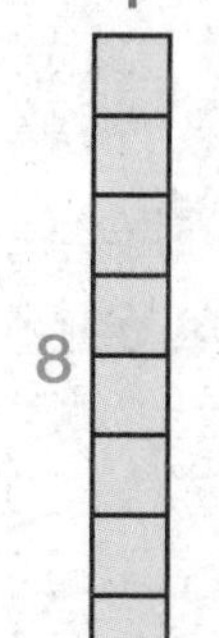

$8 \times 6 = (8 \times 5) + (8 \times 1)$ ← Agrupa los factores con paréntesis.

$= 40 + \_\_\_\_$

$= \_\_\_\_$ ← Suma.

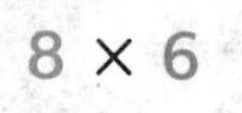

Por lo tanto, $8 \times 6 =$ ______. Hay ______ llaves.

Ejemplo 2

El papá de Karina usó 7 tablas para construir una mesa de pícnic. ¿Cuántos clavos se usaron si cada tabla necesitaba 7 clavos?

Halla 7×7.

Descompón un factor.
Una manera es descomponer 7 en $5 + 2$.

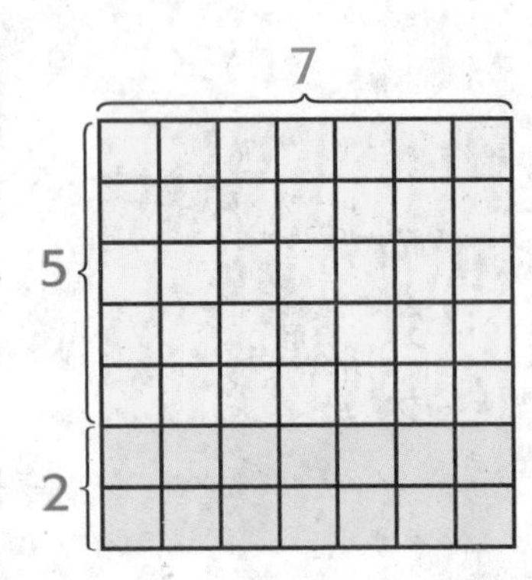

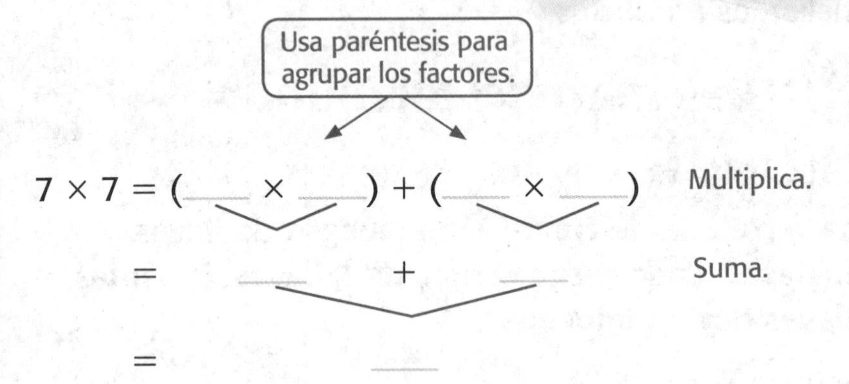

$7 \times 7 = (\_\_ \times \_\_) + (\_\_ \times \_\_)$ Multiplica.

$= \_\_ + \_\_$ Suma.

$= \_\_$

Por lo tanto, Karina y su papá usaron ______ clavos en total.

Práctica guiada

Explica qué significa descomponer un número.

Usa la propiedad distributiva para hallar los productos.

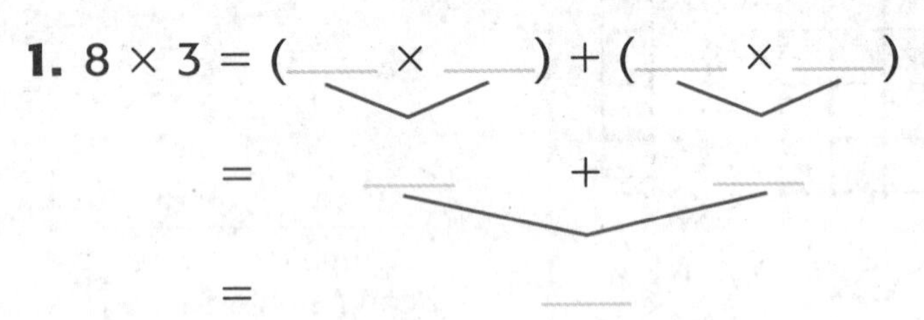

1. $8 \times 3 = (\_\_ \times \_\_) + (\_\_ \times \_\_)$

$= \_\_ + \_\_$

$= \_\_$

2. $8 \times 8 = (\_\_ \times \_\_) + (\_\_ \times \_\_)$

$= \_\_ + \_\_$

$= \_\_$

Nombre ....

Práctica independiente

Usa la propiedad distributiva para hallar los productos.

3. $4 \times 6 =$ ______

4. $6 \times 6 =$ ______

5. $8 \times 9 =$ ______

6. $10 \times 4 =$ ______

7. $12 \times 4 =$ ______

8. $11 \times 8 =$ ______

9. $10 \times 10 =$ ______

10. $12 \times 6 =$ ______

CCSS

Resolución de problemas

11. PRÁCTICA matemática 7 **Identificar la estructura** La ferretería "Arréglelo bien" está abierta 12 horas al día. ¿Cuántas horas estará abierta en total de lunes a viernes?

____

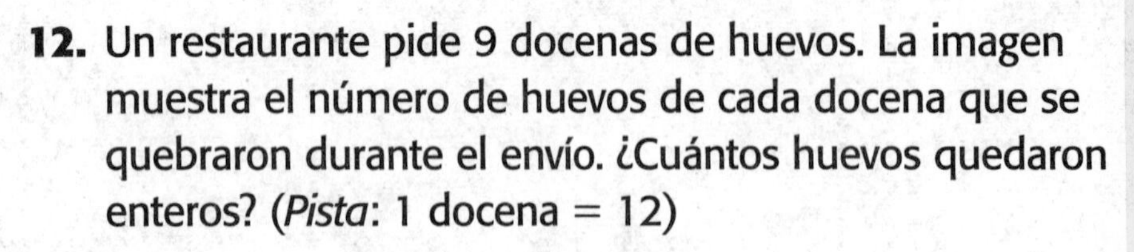

12. Un restaurante pide 9 docenas de huevos. La imagen muestra el número de huevos de cada docena que se quebraron durante el envío. ¿Cuántos huevos quedaron enteros? (*Pista*: 1 docena = 12)

____

13. En cada acuario hay 10 peces payaso y 6 peces erizo. Si hay 7 acuarios, ¿cuántos peces hay en total?

____

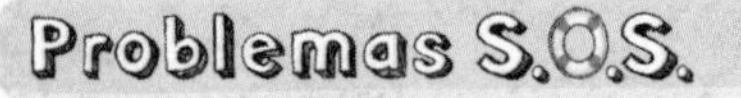

14. PRÁCTICA matemática 1 **Entender los problemas** Hay 12 pulgadas en un pie y 3 pies en una yarda. ¿Cuántas pulgadas hay en 2 yardas?

____

15. **Profundización de la pregunta importante** ¿Cómo se usan los paréntesis al agrupar factores?

____

____

Nombre ....

Mi tarea

Lección 2

La propiedad distributiva

Asistente de tareas

¿Necesitas ayuda? **connectED.mcgraw-hill.com**

Melanie da 6 vueltas alrededor de una pista cada día durante 7 días. ¿Cuántas vueltas dio Melanie esta semana?

Halla 6×7.

Una manera **Decompón 7 en 5 + 2.**

$6 \times 7 = (6 \times 5) + (6 \times 2)$

$= 30 + 12$

$= 42$

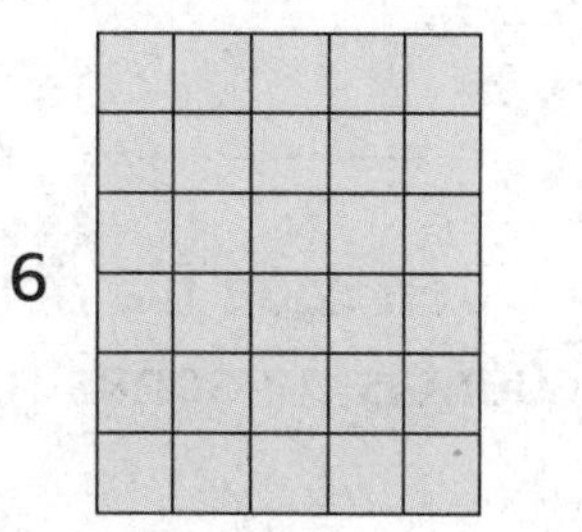

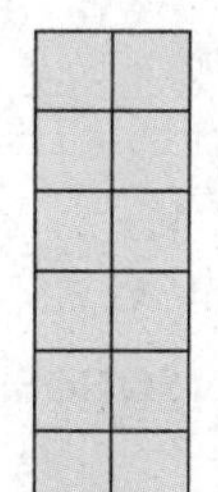

Otra manera **Descompón 7 en 3 + 4.**

$6 \times 7 = (6 \times 3) + (6 \times 4)$

$= 18 + 24$

$= 42$

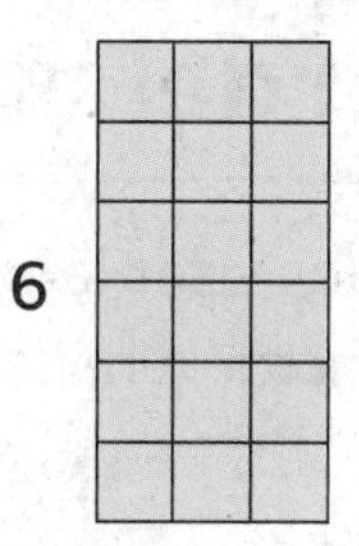

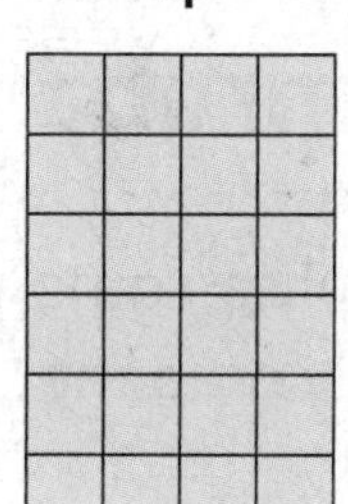

$6 \times 7 = 42$

Por lo tanto, Melanie dio 42 vueltas en una semana.

Práctica

Usa la propiedad distributiva para hallar los productos.

1. $4 \times 9 =$ ______

2. $5 \times 6 =$ ______

Usa la propiedad distributiva para hallar los productos.

3. $5 \times 11 =$ ______ **4.** $12 \times 7 =$ ______

Resolución de problemas

5. Miguel compró 4 bolsas de manzanas en la tienda de comestibles. Cada bolsa contiene 6 manzanas. ¿Cuántas manzanas tiene Miguel en total?

______

6. PRÁCTICA matemática 7 **Identificar la estructura** Byron batió 8 docenas de huevos para los campistas. ¿Cuál es el número total de huevos que Byron batió? (*Pista:* 1 docena = 12)

______

7. Hay 6 asientos en cada fila del teatro. Si 8 filas están ocupadas por personas, ¿cuántas personas hay en el teatro?

______

Comprobación del vocabulario

8. Explica cómo puedes usar la propiedad distributiva para descomponer un factor y hallar el producto de 5×9.

______

______

______

Práctica para la prueba

9. ¿Cuál opción muestra el uso correcto de la propiedad distributiva para hallar 4×12?

Ⓐ $(2 \times 6) + (2 \times 6)$

Ⓑ $(4 \times 10) + (4 \times 2)$

Ⓒ $(4 \times 6) + (2 \times 6)$

Ⓓ $(4 \times 8) + (4 \times 3)$

Nombre ______________________

Manos a la obra
Multiplicar tres factores

Lección 3

PREGUNTA IMPORTANTE
¿Cómo se usan las propiedades y las ecuaciones para agrupar números?

La manera en que agrupas los factores cuando multiplicas no altera el producto.

Construýelo 

Halla (2 × 3) × 3.

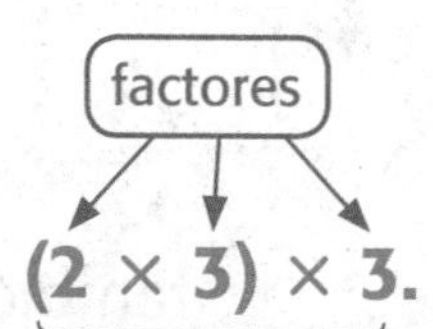

 **Usa fichas para representar (2 × 3) × 3.**

2 grupos de 3, tres veces

Dibuja y rotula los modelos.

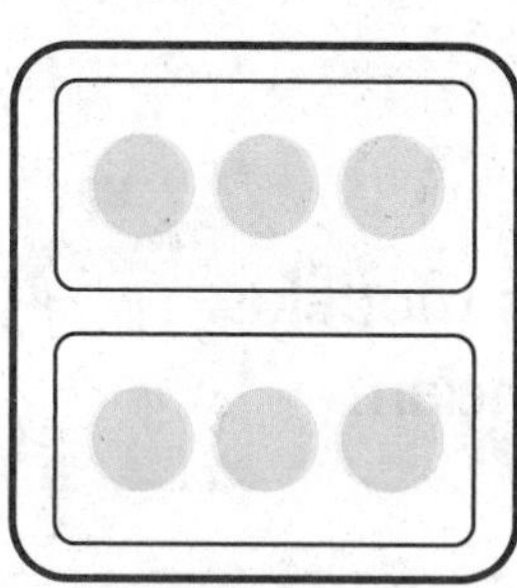
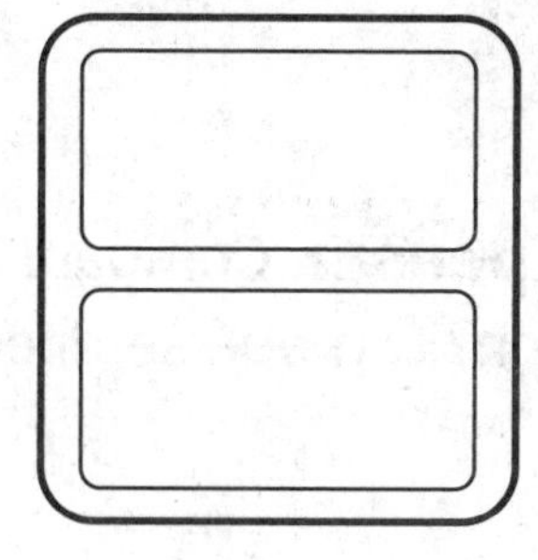
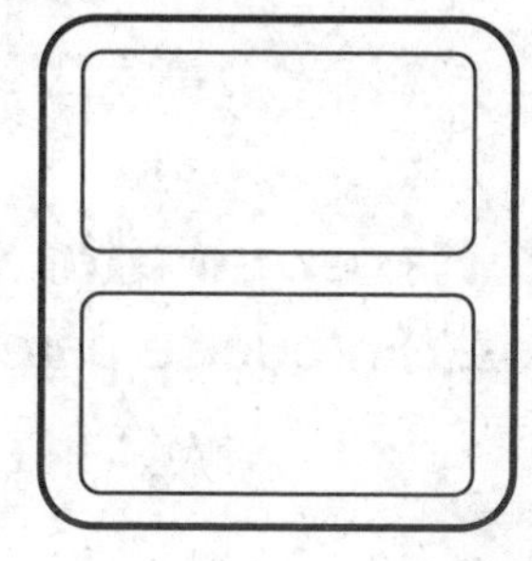

2 × 3 ___ × ___ ___ × ___

2 Multiplica primero los factores dentro del paréntesis.

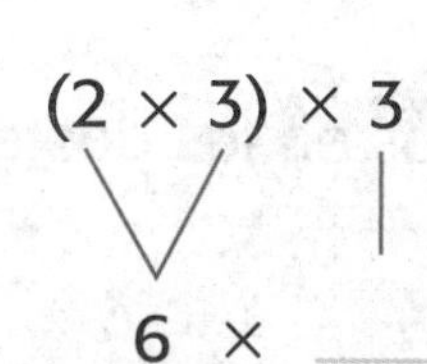

3 Multiplica el producto por el factor restante.

Por lo tanto, (2 × 3) × 3 = ______.

Inténtalo

Agrupa los factores de otra manera.
Halla 2 × (3 × 3).

Usa fichas para representar 2 × (3 × 3)

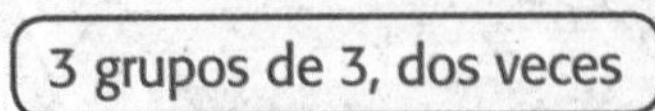

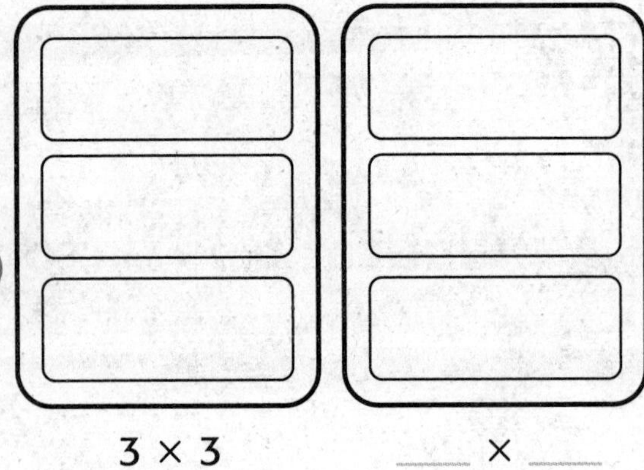

Dibuja y rotula los modelos.

3 × 3 ____ × ____

2 Multiplica primero los factores dentro del paréntesis.

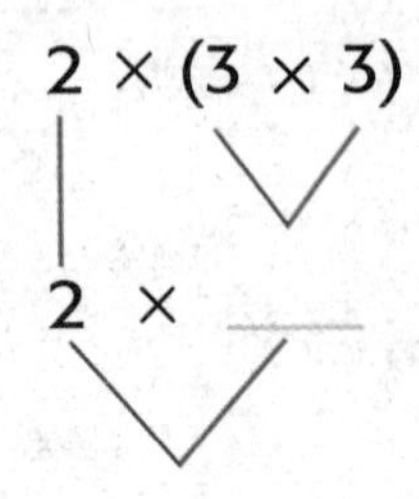

3 Multiplica el producto por el factor restante.

Por lo tanto, 2 × (3 × 3) = ______ también.

De cualquier manera que agrupes los factores, el producto es ______.

Coméntalo

1. **PRÁCTICA matemática 2** **Hacer un alto y pensar** Compara los modelos de los ejercicios. ¿En qué se parecen? ¿En qué se diferencian?

____

____

2. ¿Cambiaron los productos en los dos ejemplos? Explica tu respuesta.

____

____

3. ¿Cómo te ayuda agrupar factores a multiplicar tres o más factores?

____

____

Nombre ....

CCSS

Practícalo

Halla los productos.

4. $3 \times (2 \times 2) =$ ____

5. $1 \times (4 \times 2) =$ ____

6. $(5 \times 2) \times 2 =$ ____

7. $(5 \times 1) \times 3 =$ ____

8. $4 \times (2 \times 3) =$ ____

9. $(3 \times 3) \times 3 =$ ____

10. $(4 \times 3) \times 2 =$ ____

11. $(4 \times 1) \times 5 =$ ____

12. $(4 \times 2) \times 2 =$ ____

Agrupa los factores de otra manera. Luego, halla los productos.

13. $(3 \times 2) \times 4 = 3 \times (2 \times$ ____ $)$
= ____ × ____
= ____

14. $(2 \times 2) \times 4 = 2 \times ($ ____ × ____ $)$
= ____ × ____
= ____

15. $5 \times (2 \times 3) = ($ ____ × ____ $) \times$ ____
= ____ × ____
= ____

16. $(4 \times 2) \times 3 = 4 \times ($ ____ × ____ $)$
= ____ × ____
= ____

17. $(3 \times 3) \times 2 = 3 \times ($ ____ × ____ $)$
= ____ × ____
= ____

18. $(4 \times 3) \times 3 = 4 \times ($ ____ × ____ $)$
= ____ × ____
= ____

Aplícalo

19. PRÁCTICA matemática 2 **Usar el sentido numérico** Una ferretería ofrece 3 tipos de tornillos. James compra 3 cajas de cada tipo de tornillo. Cada caja cuesta $5. ¿Cuánto gastó James en la ferretería?

20. Corina paseó a su perro 2 veces a la semana durante 5 semanas. Después de cada paseo, Corina le dio 2 galletas a su perro. ¿Cuántas galletas recibió el perro de Corina al finalizar las 5 semanas?

21. Cada camioneta tiene 5 filas de asientos con espacio para 3 pasajeros en cada fila. Hay 2 camionetas y todas sus filas están ocupadas. ¿Cuántos pasajeros hay en total?

22. Hay 4 cuartos en cada apartamento y 3 apartamentos en cada piso. ¿Cuántos cuartos hay en 2 pisos?

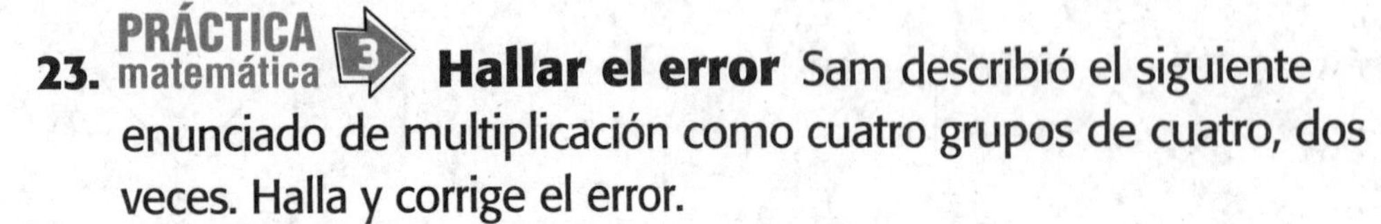

23. PRÁCTICA matemática 3 **Hallar el error** Sam describió el siguiente enunciado de multiplicación como cuatro grupos de cuatro, dos veces. Halla y corrige el error.

$$4 \times (2 \times 2)$$

Escríbelo

24. Explica la diferencia entre hallar el producto de $3 \times (2 \times 2)$ y hallar el producto de $(3 \times 2) \times 2$.

Nombre ....

Mi tarea

Lección 3
Manos a la obra: Multiplicar tres factores

Asistente de tareas

¿Necesitas ayuda? connectED.mcgraw-hill.com

Luis lava dos cargas de ropa 2 veces a la semana. ¿Cuántas cargas de ropa lavará Luis en 4 semanas?

Representa (2 × 2) × 4.

2 grupos de 2, cuatro veces

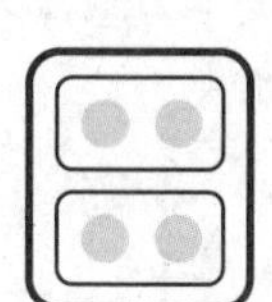
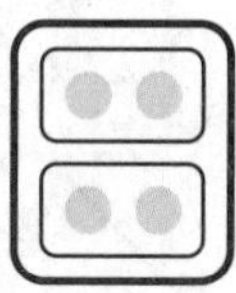
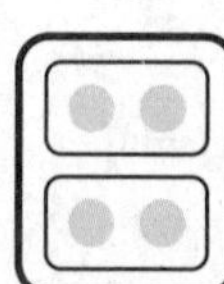
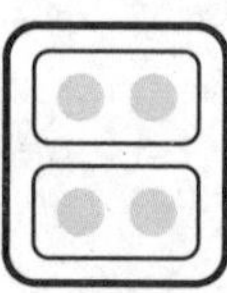

2 × 2 2 × 2 2 × 2 2 × 2

2 Multiplica primero los factores dentro del paréntesis.

3 Multiplica el producto por el factor restante.

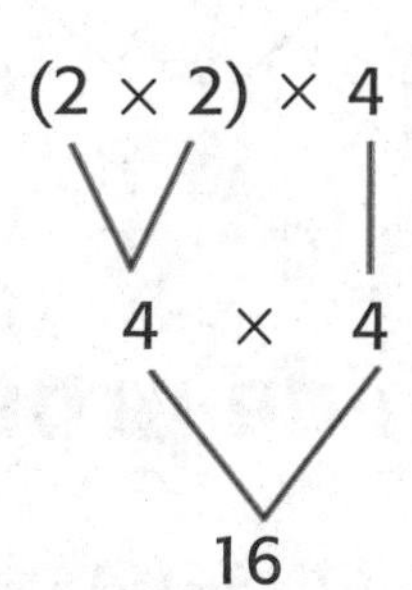

Por lo tanto, (2 × 2) × 4 = 16. Luis lava 16 cargas de ropa en 4 semanas.

También puedes agrupar los factores de otra manera.

2 × (2 × 4)

2 grupos de 4, dos veces

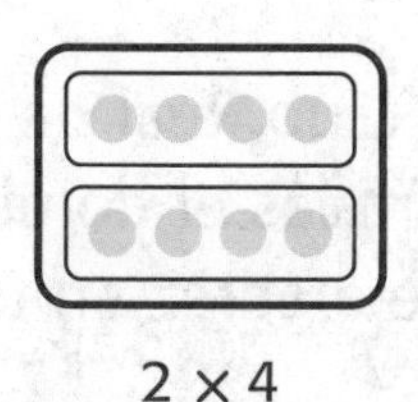

2 × 4 2 × 4

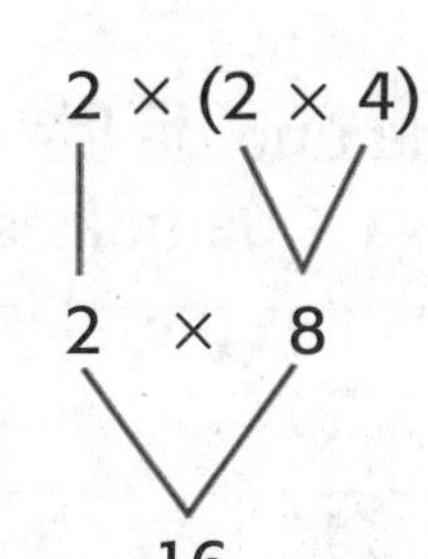

De cualquier manera que agrupes los factores, el producto es 16.

Práctica

Halla los productos.

1. (3 × 1) × 2 = ______

2. (2 × 2) × 5 = ______

Halla los productos.

3. $(6 \times 1) \times 3 =$ ____ **4.** $3 \times (5 \times 2) =$ ____

Agrupa los factores de otra manera. Luego, halla los productos.

5. $(4 \times 1) \times 2 = 4 \times (1 \times$ ____ $)$
$= 4 \times$ ____
$=$ ____

6. $(2 \times 6) \times 2 = 2 \times ($ ____ $\times$ ____ $)$
$= 2 \times$ ____
$=$ ____

7. $3 \times (5 \times 1) = ($ ____ $\times$ ____ $) \times 1$
$=$ ____ $\times 1$
$=$ ____

8. $(4 \times 5) \times 2 = 4 \times ($ ____ $\times$ ____ $)$
$= 4 \times$ ____
$=$ ____

Resolución de problemas

9. PRÁCTICA matemática 2 **Usar el sentido numérico** Carolina horneó pan todos los días durante 5 días para una venta de pasteles. Horneó 3 variedades de pan cada día y usó 2 tazas de harina para cada receta. ¿Cuántas tazas de harina usó?

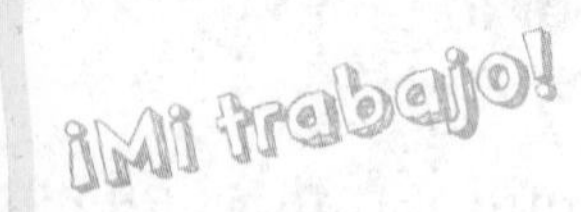

____

10. Cada uno de los 4 miembros del Club Real de Ajedrez juega 3 partidas el sábado y 3 partidas el domingo. ¿Cuántas partidas juega el club de ajedrez en total?

____

11. Kent trabaja en una heladería. Una familia de 3 personas pidió 3 bolas de helado por persona. Luego, dos familias más de 3 personas pidieron 3 bolas de helado cada una. ¿Cuántas bolas de helado en total sirvió Kent a las tres familias?

____

Nombre ....

La propiedad asociativa

Lección 4

PREGUNTA IMPORTANTE
¿Cómo se usan las propiedades y las ecuaciones para agrupar números?

La **propiedad asociativa de la multiplicación** establece que la forma de agrupar los factores no altera el producto.

Las mates y mi mundo

Ejemplo 1

Chris y Carla ganaron cada uno 4 adhesivos de "caríta feliz" a la semana por 3 semanas. ¿Cuántos adhesivos ganaron juntos?

Halla la incógnita en $2 \times 3 \times 4 = ■$.

Cuando no hay paréntesis, multiplica de izquierda a derecha. También puedes usar paréntesis para agrupar los factores.

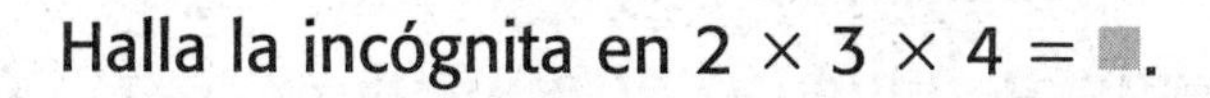

Una manera **Multiplica primero 2 y 3.**

$(2 \times 3) \times 4 = ■$

$6 \times 4 = ■$

La incógnita es ______.

Otra manera **Multiplica primero 3 y 4.**

$2 \times (3 \times 4) = ■$

$2 \times 12 = ■$

La incógnita es ______.

De cualquier manera, $2 \times 3 \times 4 =$ ______.

La propiedad ______________ muestra que la forma de agrupar los factores no altera el producto.

Pista
La propiedad asociativa también te permite agrupar los factores más fáciles.

Ejemplo 2  

Clara tiene 2 fotografías. Cada fotografía muestra 5 amigos que sostienen el mismo número de flores. Hay 30 flores en total. ¿Cuántas flores sostiene cada amigo?

Pista
Usa una operación relacionada para hallar una incógnita o el factor que falta.

Escribe un enunciado de multiplicación como ayuda para hallar el factor que falta.

número de fotografías		número de amigos		flores que sostiene cada uno		total
2	×	5	×	■	=	30

Usa la propiedad asociativa de la multiplicación para hallar primero 2 × 5.

(2 × 5) × ■ = 30

10 × ■ = 30 ← PIENSA ¿Cuál número 10 veces es igual a 30?

10 × ____ = 30

Por lo tanto, 2 × 5 × 3 = ____. Cada amigo sostiene ____ flores.

Práctica guiada 

Usa paréntesis para agrupar dos factores. Luego, halla los productos.

1. 2 × 4 × 6 = (____ × ____) × ____
= ____ × ____
= ____

2. 4 × 2 × 3 = ____ × (____ × ____)
= ____ × ____
= ____

3. Álgebra Halla el factor que falta.

■ × (2 × 3) = 30

■ × ____ = ____

____ × ____ = ____

Por lo tanto, la incógnita es ____.

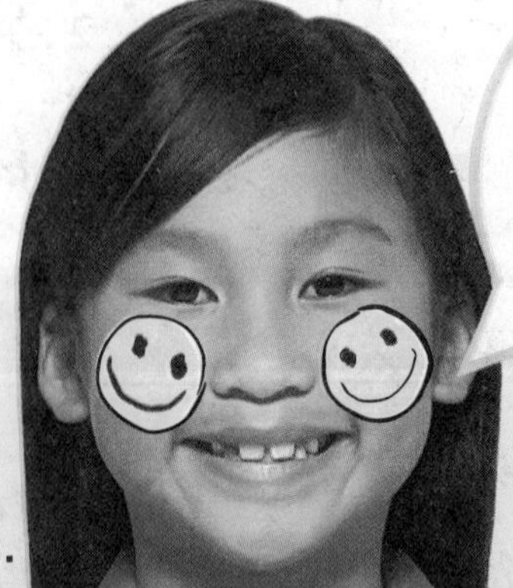

Habla de las MATES
Explica cómo la propiedad asociativa de la multiplicación puede ayudarte a hallar los factores que faltan.

Nombre ....

CCSS

Práctica independiente

Usa paréntesis para agrupar dos factores. Luego, halla los productos.

4. $4 \times 1 \times 3 = (\_\_\_ \times \_\_\_) \times \_\_\_$
$= \_\_\_ \times \_\_\_$
$= \_\_\_$

5. $2 \times 3 \times 3 = \_\_\_ \times (\_\_\_ \times \_\_\_)$
$= \_\_\_ \times \_\_\_$
$= \_\_\_$

6. $6 \times 2 \times 2 = \_\_\_$

7. $2 \times 3 \times 2 = \_\_\_$

Álgebra **Halla los factores que faltan.**

8. $(3 \times ■) \times 4 = 24$

La incógnita es ___.

9. $(6 \times ■) \times 5 = 30$

La incógnita es ___.

10. $■ \times (3 \times 3) = 27$

La incógnita es ___.

11. $(2 \times 5) \times ■ = 20$

La incógnita es ___.

Álgebra **Halla el valor de los enunciados numéricos.**

12. $(6 \times 1) \times$ = ___

13. $4 \times ($ $\times 2) =$ ___

14. $\times ($ $\times 5) =$ ___

15. $(6 \times$ $) \times 3 =$ ___

16. $\times (3 \times$ $) =$ ___

17. $(5 \times$ $) \times$ $=$ ___

Clave

= 2

= 3

= 4

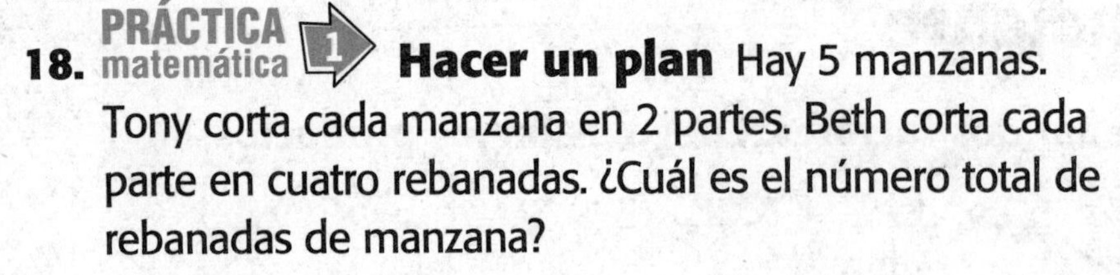

Resolución de problemas

18. PRÁCTICA matemática 1 **Hacer un plan** Hay 5 manzanas. Tony corta cada manzana en 2 partes. Beth corta cada parte en cuatro rebanadas. ¿Cuál es el número total de rebanadas de manzana?

____

19. Tony y Beth cortan cada uno 2 plátanos en 4 pedazos. ¿Cuál es el número total de pedazos de plátano?

____

20. Un empleado desempacó 2 cajas de clavos. Cada caja contenía 4 cajas con 10 paquetes de clavos. ¿Cuántos paquetes de clavos desempacó el empleado?

____

Problemas S.O.S.

21. PRÁCTICA matemática 3 **Hallar el error** De los siguientes enunciados numéricos, encierra en un círculo el que no es verdadero. Explica tu respuesta.

$(2 \times 3) \times 3 = 2 \times (3 \times 3)$

$3 \times (1 \times 5) = (3 \times 1) \times 5$

$4 \times (4 \times 2) = (3 \times 4) \times 4$

$6 \times (4 \times 2) = (6 \times 4) \times 2$

____

22. **Profundización de la pregunta importante** Explica por qué la forma en que se agrupan los factores no es importante al hallar $(3 \times 4) \times 2$.

____

____

Nombre ....

Mi tarea

Lección 4
La propiedad asociativa

Asistente de tareas

¿Necesitas ayuda? connectED.mcgraw-hill.com

Taylor y sus amigos compraron 2 pizzas pequeñas. Cortaron cada pizza en 4 pedazos. Taylor puso 5 aceitunas negras sobre cada pedazo de pizza. ¿Cuántas aceitunas negras usó Taylor en total?

Halla $2 \times 4 \times 5$. Usa paréntesis para agrupar los factores.

Una manera **Multiplicar primero 2 y 4.**

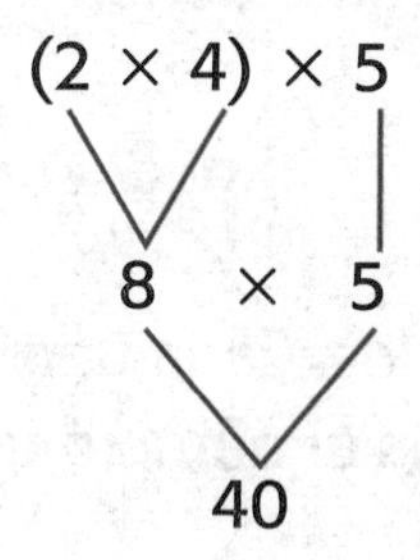

Otra manera **Multiplicar primero 4 y 5.**

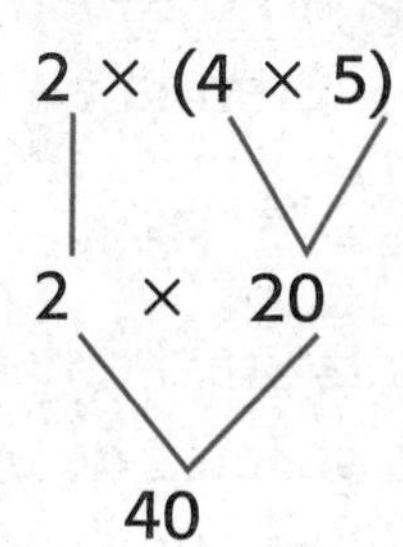

Taylor usó 40 aceitunas negras en total.

De cualquier manera que agrupes los factores, el producto es 40.

La propiedad asociativa de la multiplicación establece que la forma de agrupar los factores no altera el producto.

Práctica

Usa paréntesis para agrupar dos factores. Luego, halla los productos.

1. $2 \times 3 \times 6 =$ ______

2. $5 \times 2 \times 2 =$ ______

Álgebra Halla los factores que faltan.

3. $4 \times (\blacksquare \times 4) = 32$

La incógnita es ____.

4. $(2 \times \blacksquare) \times 6 = 60$

La incógnita es ____.

5. $(5 \times \blacksquare) \times 1 = 45$

La incógnita es ____.

6. $\blacksquare \times (4 \times 2) = 48$

La incógnita es ____.

Resolución de problemas

7. PRÁCTICA matemática 2 **Usar el sentido numérico** María compró cuatro paquetes de agua con gas. Había 6 botellas en cada paquete. Si cada botella cuesta $2, ¿cuánto gastó María en agua con gas?

______

8. Jaime y Brenda compraron tres naranjas cada uno. Cortaron cada naranja en 6 rebanadas. ¿Cuántas rebanadas de naranja tienen Jaime y Brenda en total?

______

9. El Sr. y la Sra. Perry llevaron su almuerzo 5 días seguidos. Cada uno llevó 3 galletas de avena para postre cada día. ¿Cuál es el número total de galletas que llevaron para el almuerzo esa semana?

______

Comprobación del vocabulario

10. Escribe una definición para la propiedad asociativa de la multiplicación.

______

______

______

Práctica para la prueba

11. ¿Cuál es la incógnita en $(3 \times 3) \times 7 = \blacksquare$?

Ⓐ 21 Ⓒ 42

Ⓑ 30 Ⓓ 63

Compruebo mi progreso

Comprobación del vocabulario

Escoge las palabras correctas para completar las oraciones.

descomponer | **paréntesis**

propiedad asociativa de la multiplicación | **propiedad distributiva**

1. 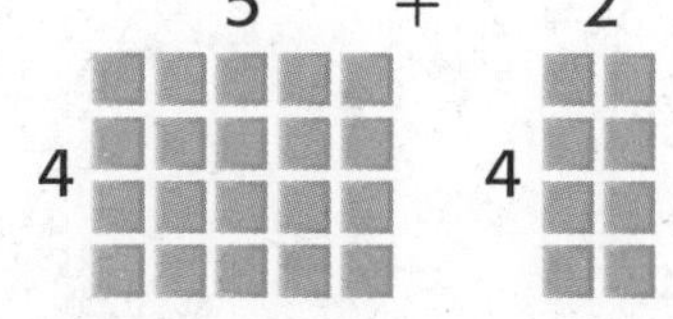

Una manera de hallar 4×7 con modelos es ______________ el factor 7 en los sumandos $5 + 2$.

2. 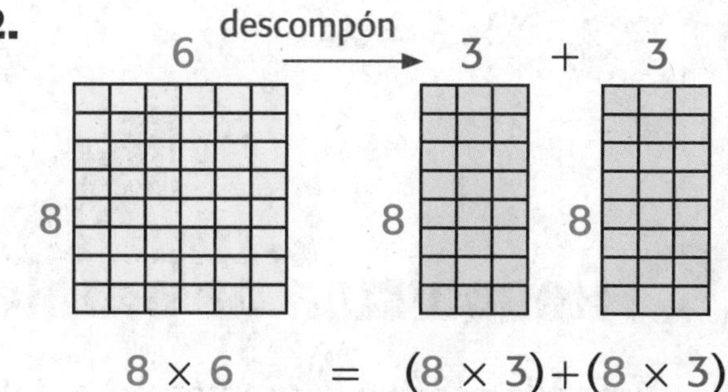

La ______________ te permite descomponer un factor en sumandos más fáciles de multiplicar. Luego, puedes usar operaciones conocidas más pequeñas para hallar los productos.

3. $(2 \times 3) \times 4 = 24$

$2 \times (3 \times 4) = 24$

La ______________

______________ establece que la forma de agrupar los factores no altera el producto.

4. $(2 \times 3) \times 4$

$6 \times 4 = 24$

Los ______________ muestran la agrupación de los factores que se multiplican primero.

Comprobación del concepto 

Usa la propiedad distributiva para hallar los productos.

5. $9 \times 6 = (\_\_ \times \_\_) + (\_\_ \times \_\_)$
$= \_\_ + \_\_$
$= \_\_$

6. $7 \times 6 = (\_\_ \times \_\_) + (\_\_ \times \_\_)$
$= \_\_ + \_\_$
$= \_\_$

Halla los productos.

7. $3 \times (4 \times 2) = \_\_$ **8.** $2 \times (3 \times 2) = \_\_$ **9.** $(5 \times 2) \times 1 = \_\_$

10. $(2 \times 3) \times 3 = \_\_$ **11.** $4 \times (2 \times 3) = \_\_$ **12.** $(3 \times 3) \times 2 = \_\_$

Álgebra **Halla los factores que faltan.**

13. $(4 \times \blacksquare) \times 3 = 24$
$\blacksquare = \_\_$

14. $(3 \times \blacksquare) \times 3 = 27$
$\blacksquare = \_\_$

Resolución de problemas

15. Amanda escribió 3 cuentos en el Taller de redacción. Cada cuento tenía una extensión de 6 páginas. En cada página dibujó 2 ilustraciones. ¿Cuántas ilustraciones dibujó Amanda en total?

____

16. El salón de clases de la Sra. Andrew tiene 4 filas de pupitres con 3 pupitres en cada fila. Puso 2 lápices en cada pupitre. ¿Cuántos lápices en total puso la Sra. Andrew en los pupitres?

____

Práctica para la prueba

17. Betty hizo 2 tarjetas. Dibujó 3 globos en cada tarjeta. Cada globo tenía 3 estrellas. ¿Cuántas estrellas en total usó Betty en sus tarjetas?

Ⓐ 15 estrellas Ⓒ 17 estrellas

Ⓑ 16 estrellas Ⓓ 18 estrellas

Nombre ....

Escribir expresiones

Lección 5

PREGUNTA IMPORTANTE
¿Cómo se usan las propiedades y las ecuaciones para agrupar números?

Las cuatro **operaciones** son suma, resta, multiplicación y división. Una **expresión** es un número o una combinación de números y operaciones. Una expresión no lleva el signo igual.

Las mates y mi mundo

Ejemplo 1

Alicia invitó a tres amigos a jugar en su patio. Escribe una expresión para representar el número total de amigos.

Usa dibujos. 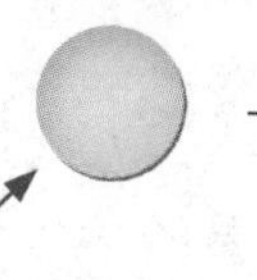 +    ← tres amigos

Alicia

Usa números. 1 + ______

Usa palabras. ______ más tres, o ______ más que uno

Ejemplo 2

Se clavaron 5 clavos en un madero. Uno de los clavos se dobló. Escribe una expresión para representar el número de clavos buenos que quedaron.

Usa dibujos.

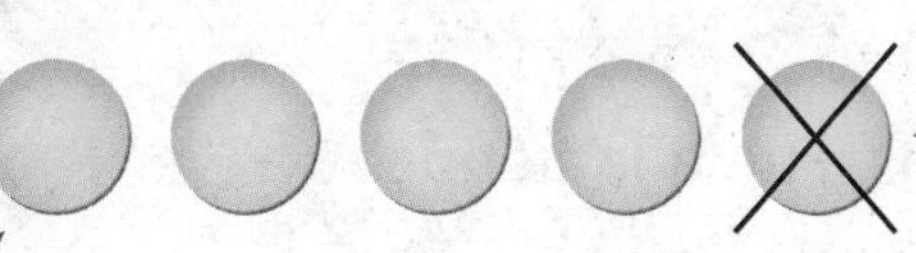

Usa números. 5 - ______

Usa palabras. cinco menos ______, o ______ menos que cinco

Ejemplo 3

Tracy compró 3 imanes. Scott tiene dos veces esta cantidad. Tracy compra después un imán más. Escribe una expresión para representar el número total de imanes.

Usa dibujos.

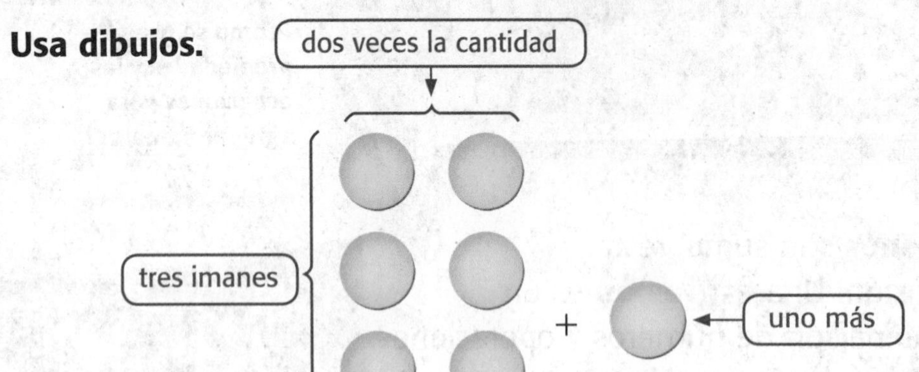

Usa números. (______ × 2) + 1

Usa palabras. dos ______ tres más ______,

o ______ grupos de tres más uno más

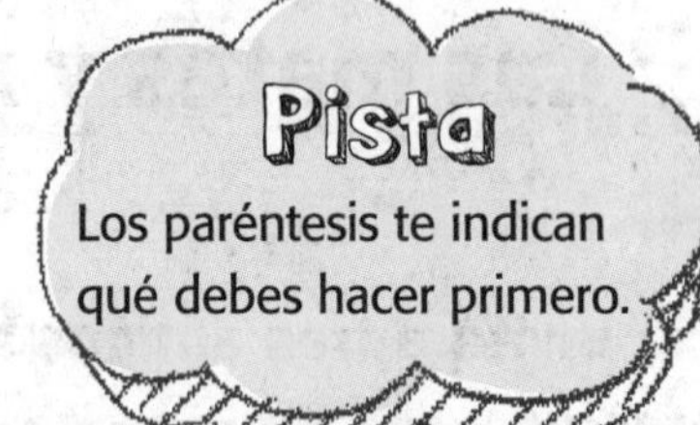

Práctica guiada

Representa las expresiones con dibujos, números y palabras.

1. Jeff tenía 8 crayones. Perdió 5 de ellos.

Dibujo	Números	Palabras

2. Un carpintero tenía seis clavos. Fue a la tienda a comprar tres más. Usó 2 clavos.

Dibujo	Números	Palabras
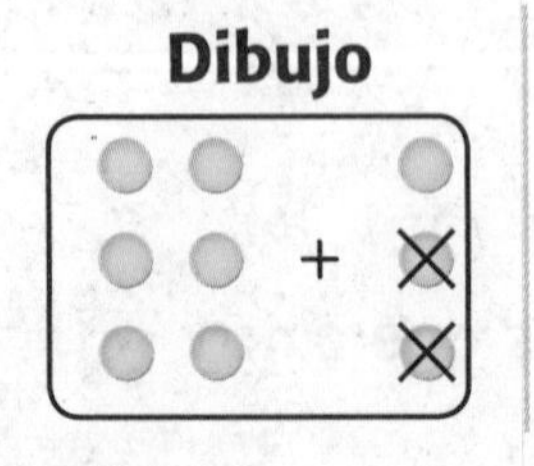	6 + 3 − ______	seis más ______ menos ______

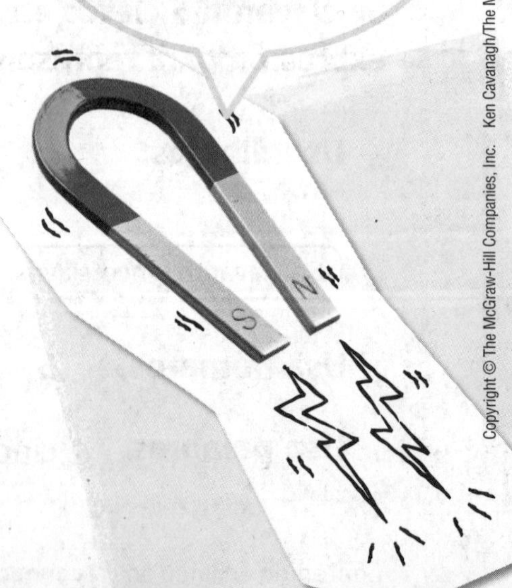

Nombre

CCSS

Práctica independiente

Usa números y operaciones para escribir las frases como una expresión.

3. 4 más que 7

4. el total de 5 filas de 6 sillas

5. la mitad de 18

6. 3 personas dividen $21 en partes iguales

7. la diferencia entre 89 y 80

8. 6 grupos de 6 personas cada uno

Hay 6 clavos en la caja de herramientas. Escribe una expresión para decir cuántos habrá cuando haya:

9. 2 clavos menos

10. 4 veces más el número de clavos

11. la mitad de clavos

12. 10 clavos más

13. 3 grupos iguales de clavos

Escribe una expresión para cada oración.

14. el costo de 5 botellas de pegamento

15. el número de clavos por 90¢

16. el costo total de un rollo de alambre, una cinta métrica y una botella de pegamento

Venta de artículos de ferretería	
Pegamento	10¢
Cinta métrica	95¢
Rollo de alambre	89¢
Clavos	10¢

Resolución de problemas

PRÁCTICA matemática 4 **Representar las mates** **Escribe una expresión para cada situación.**

17. Había 6 grupos de exploradores. Cada grupo ganó 9 insignias de "Constrúyelo".

____

18. El Sr. Lewis compró un ramo de flores por $22. ¿Cuánto cambio debería recibir si pagó con dos billetes de $20?

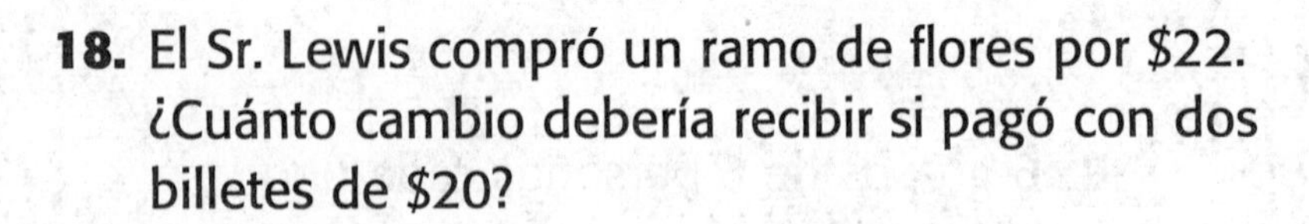

($20 + $20) ______

19. Cada paquete de cinta mide 9 pies de largo. Cuando Tatiana compre 2 rollos, ¿cuántas yardas de cinta tendrá? (*Pista:* 1 yarda = 3 pies)

(2 × 9) ______

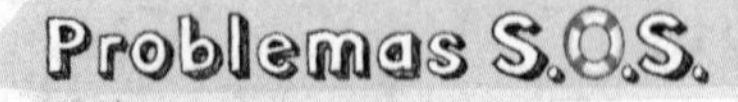

Problemas S.O.S.

20. **PRÁCTICA matemática 3** **¿Cuál no pertenece?** Encierra en un círculo la frase que no pertenece. Explica tu respuesta.

$25 más que $30	16 más que 17	12 menos que 15	12 más 14 es igual a 26

____

21. **Profundización de la pregunta importante** ¿Qué tipos de palabras o frases específicas se pueden usar para representar cada una de las cuatro operaciones?

____

____

Mi tarea

Lección 5
Escribir expresiones

Asistente de tareas

¿Necesitas ayuda? connectED.mcgraw-hill.com

Carlos infló cuatro globos para la fiesta. Representa las siguientes situaciones con dibujos, números y palabras.

Carlos infló dos globos más.

Números: $4 + 2$
Palabras: cuatro más dos

Carlos infló el doble de globos.

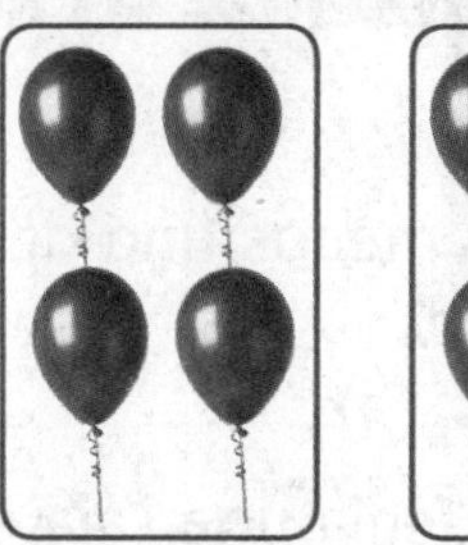

Números: 2×4
Palabras: dos veces cuatro

Un globo sale volando.

Números: $4 - 1$
Palabras: uno menos que cuatro

Carlos le da la mitad de los globos a Rita.

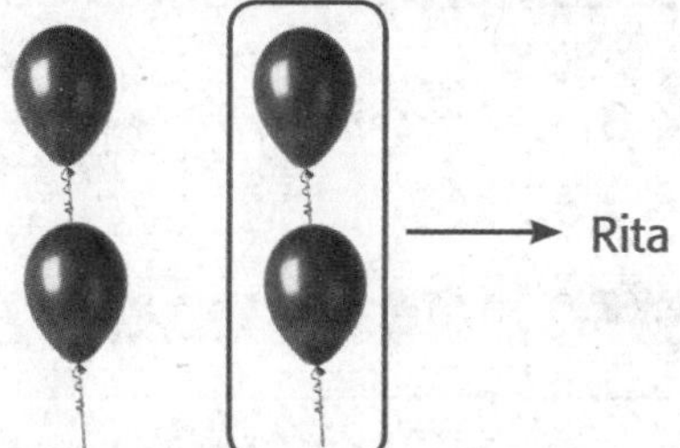

Números: $4 \div 2$
Palabras: la mitad de cuatro

Práctica

1. Anita tiene 6 lápices. Los divide en partes iguales entre 3 amigos. Representa la expresión con un dibujo, números y palabras.

Dibujo	Números	Palabras

Usa números y operaciones para escribir las frases como una expresión.

2. 4 cajas con 2 zapatos cada una

____

3. la diferencia entre 58 y 47

____

4. 5 más que 12

____

5. 30 libros divididos en partes iguales entre 10 personas

____

Resolución de problemas

PRÁCTICA matemática 4 Representar las mates Escribe una expresión para cada situación.

6. Sara leyó todos menos uno de los 5 libros que se llevó a las vacaciones.

____

7. La Sra. Benson tenía una caja de 8 paletas. Compró otra caja de 4 paletas. La Sra. Benson dividió las paletas entre sus dos niños.

(____________) $\div$ 2

8. Laura compró 3 paquetes de 8 velas. Luego, encontró 1 vela en casa.

(3×8) ______

Comprobación del vocabulario

Relaciona las palabras del vocabulario con su ejemplo.

9. expresión • 7×4

10. operaciones • $+, -, \times$ y $\div$

Práctica para la prueba

11. Clara tiene 9 pulseras. Pierde 1 y le regala 3 a Brenda. ¿Cuál expresión corresponde a la situación?

Ⓐ $9 - 3$

Ⓑ $(9 - 1) + (9 - 3)$

Ⓒ $9 - 1 - 3$

Ⓓ $(9 - 1) + 3$

Nombre ....

Evaluar expresiones

Lección 6

PREGUNTA IMPORTANTE
¿Cómo se usan las propiedades y las ecuaciones para agrupar números?

Cuando se usa un símbolo como ? y ■, o una letra como x o y para representar una incógnita, se llama **variable.**

Las mates y mi mundo

Ejemplo 1

Santiago desempacó 5 cajas más de bombillas que cajas de linternas.

Escribe una expresión usando la variable x para la incógnita.

expresión

$5 + x$ ← Di: *cinco más x*

variable

Cuando hallas el valor de una expresión reemplazando la variable con un número, **evalúas** la expresión.

Ejemplo 2

La ferretería tiene 6 escaleras de mano menos que escaleras de extensión. Hay y escaleras de extensión. Escribe una expresión con la variable y. Luego, evalúa la expresión si $y = 10$.

$y - 6$ Escribe la expresión.

$10 - 6$ Reemplaza y por ______.

______ Resta.

Hay ______ escaleras de mano.

Algunas veces, una expresión tiene más de una operación. Cuando no hay paréntesis, multiplica o divide en orden de izquierda a derecha. Luego, suma o resta en orden de izquierda a derecha.

Ejemplo 3

Pablo vio un juego de 4 alicates. Su papá vio un juego que tenía *s* veces más esa cantidad de alicates más 3 adicionales. Si $s = 2$, ¿cuántos alicates había en el juego que vio el papá de Pablo?

Escribe una expresión. Luego, evalúala.

1. Escribe la expresión. $3 + s \times 4$

2. Reemplaza *s* por 2. $3 + 2 \times 4$

3. Cuando no hay paréntesis, primero multiplica o divide en orden, de izquierda a derecha. $3 + 8$

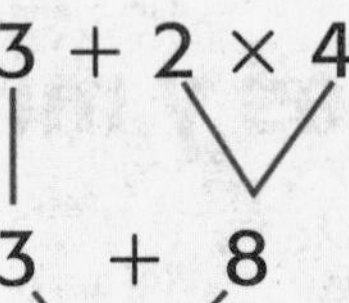

11

4. Luego, suma o resta en orden, de izquierda a derecha.

Por lo tanto, si $s = 2$, entonces $3 + s \times 4 =$ ______. Había ______ alicates en el juego.

Práctica guiada

Evalúa las expresiones si $a = 2$ y $b = 5$.

1. $3 + a$

   $3 +$ ______ $=$ ______

2. $11 - b$

   $11 -$ ______ $=$ ______

3. $b \times 4$

   ______ $\times 4 =$ ______

4. $12 \div a + 4$

   $12 \div$ ______ $+ 4$

   ______ $+$ ______ $=$ ______

Habla de las MATES

Repasa el ejemplo 3. ¿En qué habría variado el resultado si hubieras evaluado la expresión de izquierda a derecha? Explica tu respuesta.

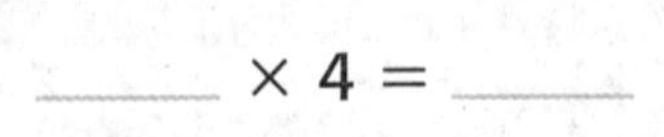

Nombre

Práctica independiente

Álgebra Evalúa las expresiones si $z = 7$ y $y = 20$.

5. $(8 \times z) - y$

6. $y + 3 \times 4$

7. $y \div 5$

8. $6 \times 4 - y$

9. $z - 5 + 7$

10. $28 \div z \times 6$

Álgebra Traza una línea para relacionar la expresión con su valor si $g = 2$.

11. $(5 + 3) \times g$ • 5

12. $g \times 5 - 5$ • 11

13. $15 - 9 - g$ • 0

14. $5 + (3 \times g)$ • 16

15. $g \times (5 - 5)$ • 4

Álgebra Encierra en un círculo sí o no para indicar si las expresiones se evaluaron correctamente si $n = 12$.

16. $n \div 4 \times 6$

$12 \div 4 \times 6$

$3 \times 6 = 18$

sí no

17. $12 + n \div 4$

$12 + 12 \div 4$

$24 \div 4 = 6$

sí no

18. ¿Encerraste en un círculo no en el ejercicio 16 o 17? Explica tu respuesta.

Resolución de problemas

PRÁCTICA matemática 2 Usar el álgebra Escribe una expresión para cada situación. Luego, evalúala.

19. Tomás tiene \$10. Alicia tiene x más que Tomás. Si $x = \$5$, ¿cuánto dinero tiene Alicia?

____

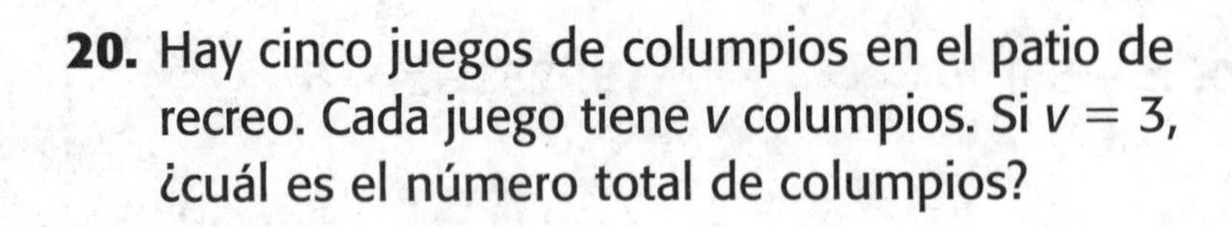

20. Hay cinco juegos de columpios en el patio de recreo. Cada juego tiene v columpios. Si $v = 3$, ¿cuál es el número total de columpios?

____

21. Jimena puso 5 lápices y n bolígrafos en un estuche para cada una de sus 2 amigas. Si $n = 3$, ¿cuántos lápices y bolígrafos puso Jimena en los estuches?

$(5 + n)$_____ ; _______________

Problemas S.O.S.

22. **PRÁCTICA matemática 7 Identificar la estructura** Nora olvidó poner los paréntesis en la siguiente expresión. Ubica los paréntesis de tal manera que la expresión tenga un valor de 2.

$$12 - 4 + 6$$

¿Por qué son importantes los paréntesis en esta expresión?

____

____

23. **Profundización de la pregunta importante** Cuando evalúas una expresión con más de una operación y ningún paréntesis, ¿cómo deberías proceder?

____

____

Mi tarea

Lección 6

Evaluar expresiones

Asistente de tareas

¿Necesitas ayuda? connectED.mcgraw-hill.com

Kevin usó la mitad de las herramientas de su caja de herramientas. Una hora después devolvió 3 herramientas. ¿Cuántas herramientas está usando Kevin todavía si tenía z herramientas en su caja de herramientas? Escribe una expresión. Luego, evalúa la expresión si $z = 8$.

Escribe la expresión. $z \div 2 - 3$

Reemplaza z por 8. $8 \div 2 - 3$

Cuando no hay paréntesis, primero multiplica o divide en orden de izquierda a derecha.

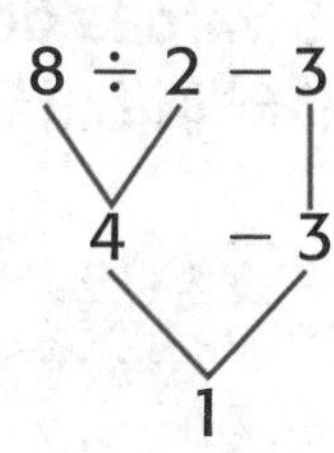

Kevin está usando todavía 1 herramienta.

Práctica

Álgebra **Evalúa las expresiones si $c = 4$ y $d = 7$.**

1. $15 - d$

$15 -$ ____ $=$ ____

2. $16 + c$

$16 +$ ____ $=$ ____

3. $35 \div d$

$35 \div$ ____ $=$ ____

Álgebra **Evalúa las expresiones si $x = 14$ y $y = 6$.**

4. $(x + y) \div 4$

5. $x - 2 \times 2$

6. $y + 24 \div 2$

Resolución de problemas

PRÁCTICA matemática 4 Representar las mates Escribe una expresión para cada situación. Luego, evalúala.

7. Mónica tiene 7 sombreros. Andrea tiene b sombreros menos que Mónica. Si $b = 5$, ¿cuántos sombreros tiene Andrea?

____

8. Hay 4 estantes con latas de comida para perro. Cada estante tiene t latas. Luego, Tracy agrega 2 latas solamente a 1 de los estantes. Si $t = 8$, ¿cuántas latas hay en los estantes en total?

$4 \times t$ ________; $4 \times$ ______________________

9. Valeria está haciendo dos colchas idénticas para ella y su hermana. Para cada una compra 5 yardas de tela de un solo color y w yardas de tela estampada. Si $w = 4$, ¿cuánta tela compró Valeria para hacer las dos colchas?

(______________) $\times 2$; ______________________

Comprobación del vocabulario

10. Explica qué es una variable.

____

____

11. ¿Qué significa evaluar una expresión?

____

____

Práctica para la prueba

12. Evalúa la expresión $h + 8 \div 4$ si $h = 16$.

Ⓐ 20 Ⓒ 8

Ⓑ 18 Ⓓ 6

Nombre ....

Escribir ecuaciones

Lección 7

PREGUNTA IMPORTANTE
¿Cómo se usan las propiedades y las ecuaciones para agrupar números?

Una **ecuación,** o enunciado numérico, muestra que dos expresiones son iguales. Una ecuación contiene el signo igual (=).

Las mates y mi mundo

MANZANAS
Rojas. . . .5
Amarillas.3
Verdes . .4

Ejemplo 1

Usa la información que se muestra para hallar el número total de manzanas rojas y verdes. Escribe una ecuación para representar las fichas.

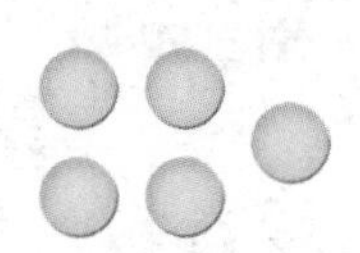 + 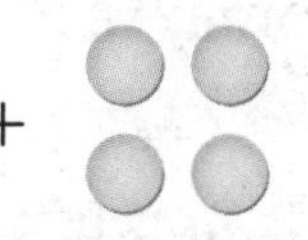 = 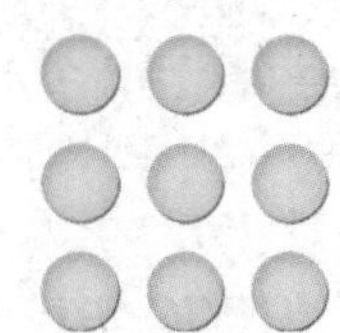

manzanas rojas   manzanas verdes   total

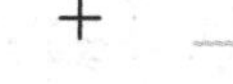
_____ + _____ = _____

Ecuación: _____ + _____ = _____

La ecuación _____ + 4 = _____ nos indica que hay _____ manzanas rojas y verdes.

Para escribir una ecuación, debes decidir qué operación usar. Hay palabras y frases que sugieren si hay que sumar, restar, multiplicar o dividir. Aquí hay algunos ejemplos.

Suma	Resta	Multiplicación	División
suma	diferencia	producto	cociente
más	menos que	tantas veces más	dividir
en total	sobran	el doble	la mitad
total	menor que	en cada	en grupos iguales

Ejemplo 2

Hayden usó su cinta métrica para hallar la longitud total de la tabla que necesita para terminar su fuerte en el árbol. Cuando corte la tabla, un pedazo medirá 48 pulgadas y el otro 32 pulgadas. ¿Cuál es la longitud total de la tabla?

Escribe una ecuación para representar el problema. Usa la letra *b* para la incógnita.

La palabra *total* sugiere sumar.

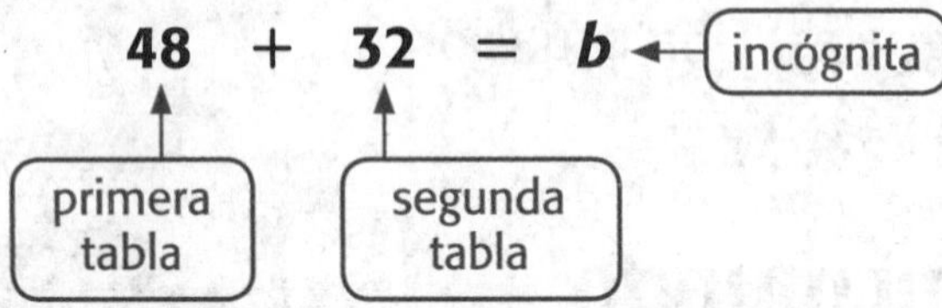

Ejemplo 3

Una ferretería pidió 2 juegos de llaves inglesas. Hay 3 llaves en cada juego. Una vez que llegue el pedido de llaves, la ferretería tendrá un total de 7 llaves. ¿Cuántas llaves había antes?

Escribe una ecuación para representar el problema. Usa la letra *w* para la incógnita.

Los términos *juegos y en cada juego* sugieren multiplicar. La palabra *total* sugiere sumar.

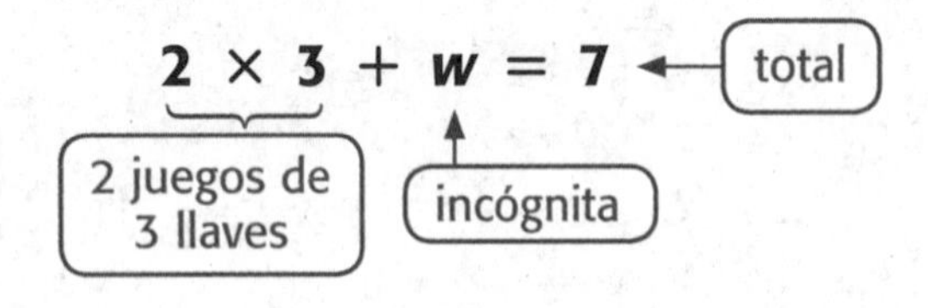

Habla de las MATES

¿Cuál es la diferencia entre una expresión y una ecuación?

Práctica guiada

Escribe una ecuación para representar los enunciados.

1. El total de tres letras más 2 letras es *x* letras.

_______ + _______ = _______

2. A un grupo de 6 se le restan *x* y quedan 2.

_______ − _______ = _______

Nombre

Práctica independiente

Subraya la parte de la frase que sugiere cuál operación usar. Encierra en un círculo la operación.

3. la diferencia entre un paquete de fichas de estudio y un paquete de bolígrafos

suma resta multiplicación división

4. el costo total del pegamento, los marcadores y los lápices

suma resta multiplicación división

5. el número de crayones repartidos en partes iguales en cada caja

suma resta multiplicación división

Álgebra **Escribe una ecuación para representar los enunciados.**

6. 9 pulgadas menos que 14 pulgadas es y pulgadas.

7. 24 martillos se dividen en y juegos iguales de 3.

8. 12 peces menos y peces más 4 adicionales es igual a 9 peces.

9. 5 juegos más dos veces igual cantidad son y juegos.

Álgebra **Usa los números de la tabla para escribir ecuaciones para los enunciados de los ejercicios 10 a 12.**

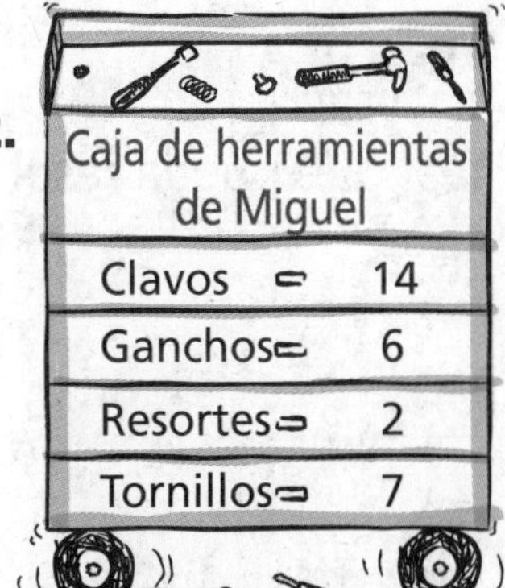

Caja de herramientas de Miguel	
Clavos	14
Ganchos	6
Resortes	2
Tornillos	7

10. La diferencia entre el número de clavos y el número de ganchos es m ganchos

11. El número total de ganchos, resortes y tornillos es t herramientas.

12. La mitad del número de ganchos más el número de clavos es n herramientas.

Resolución de problemas

PRÁCTICA matemática 2 **Usar el álgebra Escribe una ecuación usando cualquier letra para la incógnita.**

13. Esteban usó algunos clavos de su caja de herramientas. Su papá usó 9 clavos. ¿Cuántos clavos usó Esteban si juntos usaron 17 clavos?

___

14. Veinte clientes pidieron sándwiches. Tres pidieron un sándwich de jamón. Trece pidieron uno de pollo. El resto pidió un sándwich de pavo. ¿Cuántos clientes pidieron un sándwich de pavo?

___

15. Ramón le dio 12 frijoles a una iguana. La iguana comió la mitad de estos al mediodía. ¿Cuántos frijoles quedaban al final del día si la iguana comió 4 más?

___

Problemas S.O.S.

16. **PRÁCTICA matemática 4** **Representar las mates** Escribe un problema del mundo real que pueda resolverse usando la ecuación $16 \div 2 - 3 = n$.

___

___

17. **Profundización de la pregunta importante** ¿Cómo se usan las letras y los símbolos en las ecuaciones?

___

___

___

Nombre

Mi tarea

Lección 7
Escribir ecuaciones

Asistente de tareas

¿Necesitas ayuda? connectED.mcgraw-hill.com

Usa los números de la tabla para escribir una ecuación para cada situación. Usa *x* para la incógnita.

Mascotas de Sammy	
Peces	12
Hámsteres	4
Perros	2
Pájaros	3

La diferencia entre el número de peces y el número de pájaros es *x*.

$12 - 3 = x$

El número total de mascotas es *x*.

$12 + 4 + 2 + 3 = x$

Dos veces el número de hámsteres menos *x* es igual al número de perros.

$2 \times 4 - x = 2$

El número de peces agrupados en partes iguales en tres acuarios es *x*.

$12 \div 3 = x$

Práctica

Álgebra Escribe una ecuación para representar los enunciados.

1. Cinco más que 7 caracolas es *s*.

____

2. Cuatro veces 4 lápices es *p*.

____

3. La mitad de 18 ardillas es *x*.

____

4. Once cucharas menos *s* es igual a 9 cucharas.

____

Álgebra **Escribe una ecuación para representar los enunciados.**

5. 3 más que 14 huevos divididos en dos grupos iguales es *e*.

6. 5 cajas de pastelitos con *m* número en cada caja es igual a 30.

7. El total de 13 cerezas, más 8 cerezas, más 2 cerezas, es *c*.

8. 32 pelotas de tenis repartidas en partes iguales a 4 jugadores más 3 es *b*.

Resolución de problemas

PRÁCTICA matemática 2 **Usar el álgebra** **Escribe una ecuación usando cualquier letra para la incógnita.**

9. Irving pagó su almuerzo con un billete de $10 y recibió $6 de cambio. ¿Cuánto costó su almuerzo?

10. El beagle de Erika pesa 35 libras. Su gran danés pesa el doble de lo que pesa el beagle más 2 libras. ¿Cuánto pesa el gran danés?

Comprobación del vocabulario

11. Explica la diferencia entre una expresión y una ecuación.

Práctica para la prueba

12. Carla compra 3 panes de 20 rebanadas cada uno. Luego, usa 2 rebanadas para hacer un sándwich. Sobran *b* rebanadas. ¿Cuál ecuación representa la situación?

Ⓐ $3 \times 20 - 2 = b$

Ⓑ $3 + 20 - 2 = b$

Ⓒ $(3 \times 20) \div 2 = b$

Ⓓ $3 + 20 - b = 2$

Nombre ....

Resolver problemas de dos pasos

Lección 8

PREGUNTA IMPORTANTE
¿Cómo se usan las propiedades y las ecuaciones para agrupar números?

Algunas veces es necesario realizar más de un paso o usar más de una operación para resolver un problema.

Las mates y mi mundo

Tutor

Ejemplo 1

Gustavo compró algunas herramientas en la ferretería. Compró cinco herramientas a $6 cada una y una herramienta a $7. ¿Cuánto gastó en total en herramientas?

Escribe una ecuación con una letra para la incógnita. Luego, resuelve.

herramientas compradas		costo de cada herramienta		costo de una herramienta más	
5	×	$6	+	$7	= y ← incógnita
$______			+	$7	= $______

Pista
Cuando no hay paréntesis, multiplica y divide primero, de izquierda a derecha. Luego, suma y resta, de izquierda a derecha.

Por lo tanto, 5 × $6 + $7 = $______. La incógnita es $______.

Gustavo gastó $______ en herramientas.

Comprueba Usa el cálculo mental para comprobar si tu respuesta es razonable.

Gustavo tenía $37 y gastó $7. $37 − $7 = $______

Como $30 ÷ 5 herramientas = $______ cada una, la respuesta es razonable.

Ejemplo 2

Orlando tiene 48 cómics. Guarda 8 y divide el resto en partes iguales entre sus amigos. Si cada amigo recibe 8 cómics, ¿a cuántos amigos les dio cómics?

Escribe una ecuación con una letra para la incógnita. Luego, resuelve.

Pista
Puedes usar cualquier letra del alfabeto para la incógnita.

cómics que tiene Orlando		cómics que guarda		amigos		cómics que recibe cada uno
(48	−	8)	÷	m	=	8
______			÷	______	=	8

PIENSA ¿8 veces cuál número es igual a 40?

Por lo tanto, (48 − 8) ÷ ______ = 8. La incógnita es ______.

Orlando dio ______ cómics a sus amigos.

Comprueba Usa una estimación para comprobar si tu respuesta es razonable.

$48 - 8$

$50 - 10 = 40$

Redondea 48 a 50.
Redondea 8 a 10.

$40 \div 8$

$40 \div 10 = 4$

Redondea 8 a 10.

La estimación 4 se aproxima al número real 5.
La respuesta es razonable.

Habla de las MATES
¿Cómo puedes comprobar si una ecuación es razonable?

Práctica guiada 

Escribe una ecuación con una letra para la incógnita. Luego, resuelve. Comprueba si tu respuesta es razonable.

1. Un autobús urbano lleva 14 pasajeros. En una parada se bajan 5 personas y se suben 8. ¿Cuántas personas hay ahora en el autobús?

____

2. La abuela recogió 4 veces más el número de manzanas que de peras. ¿Cuál es la diferencia entre el número de manzanas y de peras recogidas si recogió 8 peras?

____

Nombre

Práctica independiente

Álgebra Escribe una ecuación con una letra para la incógnita. Luego, resuelve. Comprueba si es razonable.

3. Whitney fue a la tienda de *hobbies*. Compró 3 modelos de aviones a $4 cada uno. Recibió de cambio $8. ¿Con cuánto dinero empezó?

4. El Sr. Robbins le dio un lápiz a cada uno de 9 estudiantes. Esta tarde, le dio un lápiz a cada uno de 5 estudiantes más. Ahora tiene 15 lápices. ¿Con cuántos lápices empezó?

5. Observa la tabla. ¿Cuántos bolígrafos más tiene Carmen que Pamela y César juntos?

Nombre	Bolígrafos
Pamela	7
César	9
Carmen	20

Álgebra Encierra en un círculo la ecuación correcta. Luego, resuelve el problema.

6. Molly gana $10 a la semana cuidando niños. Cada semana gasta $3 y ahorra el resto. ¿Cuánto dinero ahorra Molly en 8 semanas?

$(\$10 - \$3) \times 8 = m$ $\qquad$ $\$10 - \$3 \times 8 = m$

7. Las 5 primeras páginas del álbum fotográfico de Ángel tienen 8 fotografías cada una. La siguiente página tiene solamente 7 fotografías. ¿Cuántas fotografías hay en las 6 páginas?

$5 \times 8 + 7 = p$ $\qquad$ $5 \times 8 + p = 40$

Álgebra Halla las incógnitas.

8. $k - 9 = 9$

$k =$ ______

9. $45 \div v = 5$

$v =$ ______

10. $9 + 2 = 12 - q$

$q =$ ______

Resolución de problemas

PRÁCTICA matemática 1 **Comprobar que sea razonable** **Escribe una ecuación con una letra para la incógnita. Luego, resuelve. Comprueba si tu respuesta es razonable.**

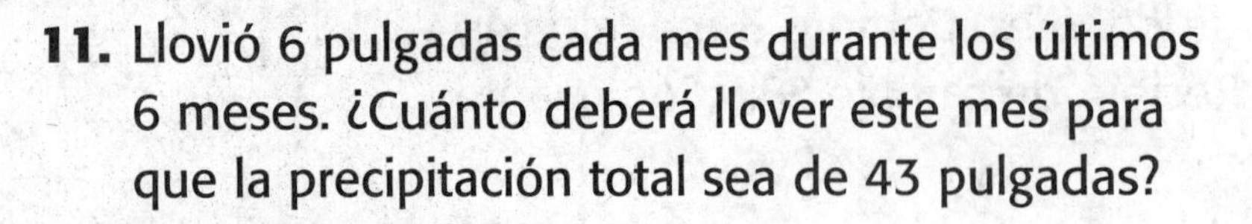

11. Llovió 6 pulgadas cada mes durante los últimos 6 meses. ¿Cuánto deberá llover este mes para que la precipitación total sea de 43 pulgadas?

____

12. En una caja había 48 naranjas en seis capas iguales. La mamá tomó algunas naranjas de la capa superior para meriendas. ¿Cuántas naranjas tomó la mamá si quedan 5 naranjas en la capa superior?

____

Problemas S.O.S.

13. **PRÁCTICA matemática 1** **Entender los problemas** Amalia preparó 10 brochetas de frutas. Dividió 20 cerezas en partes iguales entre la mitad de las brochetas. ¿Cuántas cerezas puso en cada brocheta?

____

14. **PRÁCTICA matemática 3** **Encontrar el error** Repasa el ejercicio 6. Explica por qué la otra opción es incorrecta.

____

____

15. **Profundización de la pregunta importante** ¿Por qué es importante realizar las operaciones en un cierto orden en una ecuación?

____

____

____

Mi tarea

Lección 8
Resolver problemas de dos pasos

Asistente de tareas

¿Necesitas ayuda? connectED.mcgraw-hill.com

Talía recogió 8 canastillas de fresas. Recogió la mitad de canastillas de arándanos y luego compró 1 canastilla más de arándanos. ¿Cuántas canastillas de arándanos tiene Talía?

Escribe una ecuación con una letra para la incógnita. Luego, resuelve.

fresas recogidas | arándanos recogidos | arándanos comprados

$8 \div 2 + 1 = q$ ← incógnita

$4 + 1 = 5$

Por lo tanto, $8 \div 2 + 1 = 5$. La incógnita es 5. Talía tiene 5 canastillas de arándanos.

Comprueba Usa el cálculo mental para comprobar si tu respuesta es razonable.

Resta del total la canastilla que compró Talía.
$5 - 1 = 4$ y 4 es la mitad de 8.

Los números tienen sentido para el problema. La respuesta es razonable.

Práctica

Álgebra Halla las incógnitas.

1. $48 \div 6 + m = 11$

$m =$ ______

2. $37 - 9 = h \times 4$

$h =$ ______

3. $20 + 20 = 4 \times w$

$w =$ ______

4. $(4 + 2) \times r = 54$

$r =$ ______

Resolución de problemas

PRÁCTICA matemática 1 **Comprobar que sea razonable Escribe una ecuación con una letra para la incógnita. Luego, resuelve. Comprueba si tu respuesta es razonable.**

5. El equipo de fútbol americano se tomó una fotografía. Hay 3 filas de 8 jugadores en cada una. La cuarta fila tiene 6 jugadores. ¿Cuántos jugadores hay en la fotografía?

____

6. La Sra. Díaz hizo 15 panqueques. Los dividió en partes iguales entre Carlos, Juan y David. Carlos y Juan se comieron todos sus panqueques, pero David no comió algunos. En el plato de David quedaron 2 panqueques. ¿Cuántos panqueques se comió?

____

7. Karin debe estudiar la ortografía de 83 palabras en 8 semanas. Ya sabe 3 palabras. Cada semana estudiará el mismo número de palabras. ¿Cuántas palabras estudiará Karin cada semana?

____

8. Grant compró 6 paquetes de adhesivos a $2 cada uno. ¿Cuánto cambio recibirá Grant si paga con tres billetes de $5?

____

Práctica para la prueba

9. Isaac ha hecho 4 pruebas. Obtuvo 8 puntos en cada una de las primeras 4 pruebas. En la quinta prueba obtuvo *y* puntos. Ha obtenido un total de 41 puntos. ¿Cuál ecuación representa la situación?

Ⓐ $41 \div 5 = y$

Ⓑ $8 \times 4 \div 5 = y$

Ⓒ $4 \times 8 + y = 41$

Ⓓ $41 \div 4 + y = 8$

Nombre ....

El mundo real

Investigación para la resolución de problemas

ESTRATEGIA: Usar razonamiento lógico

Lección 9

PREGUNTA IMPORTANTE
¿Cómo se usan las propiedades y las ecuaciones para agrupar números?

Aprende la estrategia

Sara, Clara y Erin escribieron una expresión distinta cada uno. Las expresiones eran $3 + 5 \times 2$, $(3 + 5) \times 2$, y $3 \times 5 + 2$. El valor de la expresión de Clara es 13. El valor de la expresión de Erin es un número par. ¿Cuál expresión escribió cada persona?

1 Comprende

¿Qué sabes?

El valor de la expresión de Clara es ________.

El valor de la expresión de Erin es un número ________.

¿Qué debes hallar?

la expresión que cada persona escribió

2 Planea

Usaré el razonamiento lógico para resolver el problema.

3 Resuelve

Halla el valor de cada expresión.

$3 + 5 \times 2 =$ ________ ← Clara

$(3 + 5) \times 2 =$ ________ ← ________

$3 \times 5 + 2 =$ ________ ← ________

	Sara	Clara	Erin
3 + 5 × 2	X	sí	X
(3 + 5) × 2	X	X	sí
3 × 5 + 2	sí	X	X

4 Comprueba

¿Tiene sentido tu respuesta? ¿Por qué?

____

____

Practica la estrategia

Carlos, Tim, Julia y Larissa tienen cada uno una de cuatro mascotas. Tim no tiene un perro ni un pez. Julia no tiene un pájaro ni un pez. Carlos tiene un gato. ¿Qué mascota tiene cada persona?

Comprende

¿Qué sabes?

____

____

¿Qué debes hallar?

____

Planea

____

____

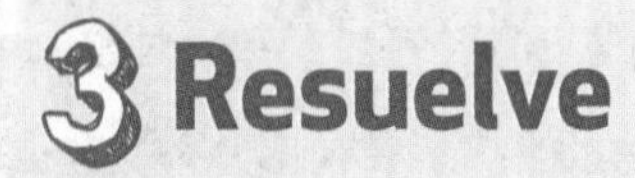

Resuelve

Comprueba

¿Tiene sentido tu respuesta? ¿Por qué?

____

____

Nombre

Aplica la estrategia

Resuelve los problemas usando el razonamiento lógico.

1. María pone su libro de lenguaje al lado de su libro de ciencias. Su libro de matemáticas está cerca de su libro de lectura, que está al lado de su libro de lenguaje. ¿Cuál es un posible orden?

2. PRÁCTICA matemática 2 **Razonar** Tres amigos van a juntar su dinero para comprar un juego que cuesta $5. Dexter tiene 5 monedas de 25¢ y 6 monedas de 10¢. Belle tiene 6 monedas de 25¢ y 8 monedas de 10¢. Iván tiene 5 monedas. Si les sobran 10¢, ¿qué monedas tiene Ivan?

3. Rodrigo tiene menos de 17 años. La suma de los dos dígitos de su edad es un número par y mayor que 4, pero ambos dígitos son impares. ¿Cuántos años tiene Rodrigo?

4. Juan mide 3 pulgadas más que Daniel. Helena mide 2 pulgadas más que Juan. Si Helena mide 54 pulgadas de estatura, ¿cuánto miden Juan y Daniel?

Repasa las estrategias

Usa cualquier estrategia para resolver los problemas.

- Determinar si sobra o falta información.
- Hacer una tabla
- Buscar un patrón.
- Usar modelos.

¡Mi trabajo!

5. PRÁCTICA matemática 1 **Planear una solución** Javier sembró 30 semillas de tomate. Tres de cada 5 semillas se convirtieron en plantas de tomate. ¿Cuántas plantas de tomate tiene Javier?

6. Hay 11 exploradores en una tropa. Su camioneta tiene 4 filas de asientos y en cada fila caben 3 exploradores. ¿Cuántos exploradores caben en la camioneta?

7. PRÁCTICA matemática 2 **Usar el sentido numérico** El parque de diversiones vende boletos para las atracciones en paquetes de 5, 10, 15 y 20 boletos. ¿Cuánto costaría un paquete de 5 boletos si 20 boletos cuestan $4?

8. Morgan compra 8 paquetes de 5 marcadores de libros. Cada paquete cuesta $2. ¿Cuánto dinero gastó Morgan en los marcadores de libros?

9. PRÁCTICA matemática 1 **Hacer un plan** Madison puede preparar dos pasteles de manzana con las manzanas que se muestran. Si tiene 9 veces esta cantidad, ¿cuántos pasteles puede preparar?

Mi tarea

Lección 9
Resolución de problemas: Usar el razonamiento lógico

Asistente de tareas

¿Necesitas ayuda? connectED.mcgraw-hill.com

Sara, Parker, Kelly y Natalia tienen cada uno prendas favoritas. Natalia usa pantalones cortos o largos. Parker usa siempre algo verde. Sara usa pantalones cortos, pero no le gusta el color azul. Kelly nunca usa pantalones cortos. ¿Cuál prenda podría pertenecer a cada persona?

Comprende

¿Qué sabes?
Sé qué ropa y colores usaría cada persona.

¿Qué debes hallar?
Debo hallar la prenda que pertenece a cada persona.

2 Planea

Usaré el razonamiento lógico para resolver el problema.

3 Resuelve

	Pantalón rojo	Pantalón azul	Pantalones verdes	Pantalones café
Sara	sí	X	X	X
Parker	X	X	sí	X
Kelly	X	X	X	sí
Natalia	X	sí	X	X

El pantalón corto rojo podría pertenecer a Sara, el pantalón corto azul a Natalia, los pantalones verdes a Parker y los pantalones café a Kelly.

Comprueba

¿Tiene sentido tu respuesta? Sí. Las claves concuerdan con la respuesta.

Resolución de problemas

PRÁCTICA matemática 2 **Razonar Resuelve los problemas usando el razonamiento lógico.**

1. Las barras de granola cuestan 45¢, los chicles cuestan 35¢ y las galletas cuestan 50¢. Laura compra dos artículos distintos. Paga con un billete de $1 y recibe de cambio 3 monedas del mismo tipo. ¿Qué compró Laura y qué recibió de cambio?

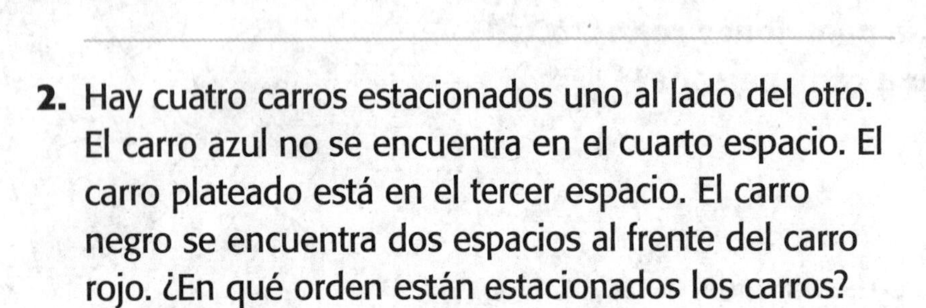

2. Hay cuatro carros estacionados uno al lado del otro. El carro azul no se encuentra en el cuarto espacio. El carro plateado está en el tercer espacio. El carro negro se encuentra dos espacios al frente del carro rojo. ¿En qué orden están estacionados los carros?

3. Hay 21 ruedas en la tienda de bicicletas. Las ruedan se van a usar para construir triciclos y bicicletas. Habrá la mitad de triciclos que de bicicletas. ¿Cuántos se construirán de cada tipo?

4. Miguel tiene $18 para gastar. ¿Cuál es la mayor cantidad de cualquier artículo que puede comprar?

gorra	$9
pelota de béisbol	$10
cronómetro	$9
yoyó	$6
botella de agua	$3

Repaso

Capítulo 9

Propiedades y ecuaciones

Comprobación del vocabulario

Usa las palabras de la lista para completar las claves.

asociativa	**distributiva**	**ecuación**	**evaluar**
expresión	**operaciones**	**variable**	

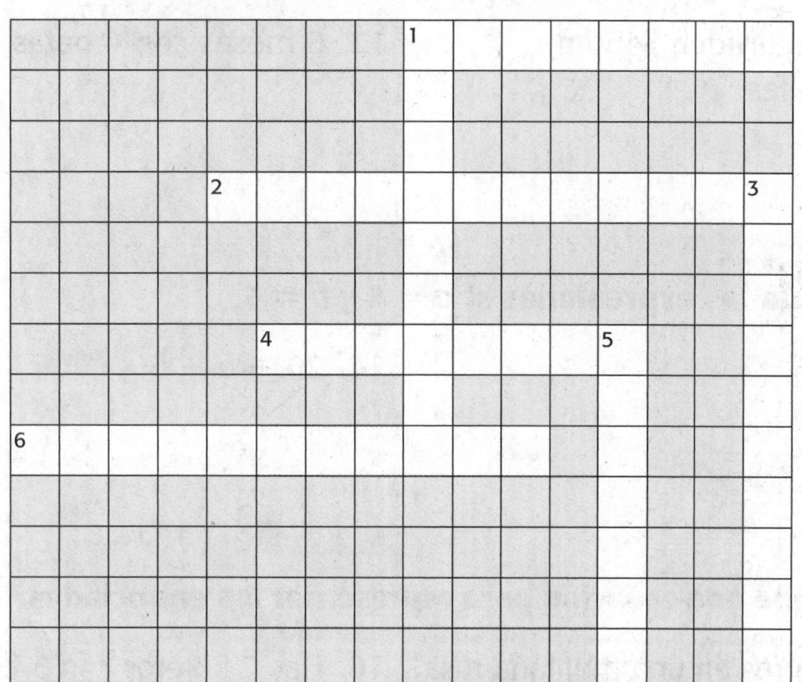

Horizontales

1. Enunciado numérico que usa el signo igual.
2. La propiedad que te permite descomponer un factor en números más pequeños.
4. Símbolo o letra que representa la incógnita.
6. Suma, resta, multiplicación y división.

Verticales

1. Un número o una combinación de números y operaciones.
3. La propiedad que establece que la forma de agrupar los factores no altera el producto.
5. Hallar el valor de una expresión.

Comprobación del concepto 

Usa la propiedad distributiva para hallar los productos.

7. $9 \times 7 =$ ______

8. $7 \times 6 =$ ______

Usa paréntesis para agrupar dos factores. Luego, halla los productos.

9. $1 \times 3 \times 4 =$ ______

10. $2 \times 5 \times 3 =$ ______

Usa números y operaciones para escribir las frases como una expresión.

11. 5 personas dividen $45 en partes iguales

______

12. 6 mesas con 4 patas cada una

______

Álgebra **Evalúa las expresiones si $a = 4$ y $b = 5$.**

13. $3 + a$

$3 +$ ______ $=$ ______

14. $20 \div b + 5$

______ $+$ ______ $=$ ______

Álgebra **Escribe una ecuación para representar los enunciados.**

15. Si hay 7 carros en una montaña rusa con 3 asientos cada uno y 2 asientos están vacíos, entonces hay *m* asientos ocupados.

______

16. Hay 2 floreros con 3 flores en cada uno. Cada flor tiene *m* pétalos; por lo tanto, hay 30 pétalos en total.

______

17. Boris contó 51 aves en el parque. Veintisiete eran gansos y el resto eran patos. Los patos volaron a lo lejos en grupos de 8. ¿Cuántos grupos de patos había? Escribe una ecuación con una letra para la incógnita. Luego, resuelve.

______

Nombre

Resolución de problemas

Álgebra Escribe una ecuación con una letra para la incógnita en los ejercicios 18 y 19. Luego, resuelve.

18. El administrador del edificio colocó pomos nuevos en 4 puertas de cada apartamento. Hay 3 apartamentos en cada piso y 3 pisos en el edificio. ¿Cuántos pomos nuevos instaló?

19. Un equipo de fútbol anotó 1 gol. Luego, anotó cuatro goles más. El otro equipo hizo el doble de goles. ¿Cuántos goles hizo el otro equipo?

20. Mariana debía escribir una ecuación. Explica si realmente escribió una ecuación.

Práctica para la prueba

21. Carla tiene x años de edad. Kevin es 3 años menor que Carla. Si $x = 12$, ¿cuántos años tiene Kevin?

Ⓐ 7 años

Ⓑ 8 años

Ⓒ 9 años

Ⓓ 10 años

Pienso

Capítulo 9

Respuesta a la PREGUNTA IMPORTANTE

Usa lo que aprendiste acerca de las propiedades y ecuaciones para completar el organizador gráfico.

Problema del mundo real

Ejemplo de propiedad distributiva

Escribe una ecuación.

PREGUNTA IMPORTANTE

¿Cómo se usan las propiedades y las ecuaciones para agrupar números?

Ejemplo de propiedad asociativa

Escribe una ecuación.

Vocabulario

Piensa sobre la PREGUNTA IMPORTANTE  **Escribe tu respuesta.**

Glosario/Glossary

← Conéctate para consultar el Glosario en línea.

*Visita el **Glosario en línea** para saber más sobre estas palabras en los siguientes 13 idiomas:*

Árabe • Bengalí • Cantonés • Coreano • Criollo haitiano • Español • Hmong
Inglés • Portugués brasileño • Ruso • Tagalo • Urdu • Vietnamita

Español

analizar Separar la información en partes y estudiarla.

ángulo Figura formada por dos *semirrectas* con el mismo *extremo.*

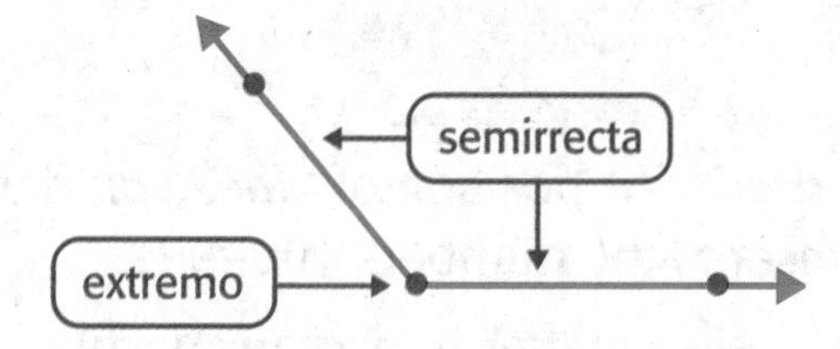

ángulo recto *Ángulo* que forma una esquina *cuadrada*.

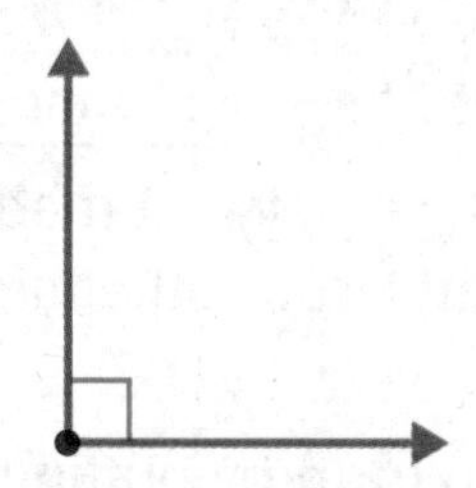

área Cantidad de *unidades cuadradas* necesarias para cubrir el interior de una región o *figura plana*.

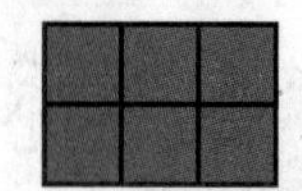

área = 6 unidades cuadradas

Inglés/English

analyze To break information into parts and study it.

angle A figure that is formed by two *rays* with the same *endpoint.*

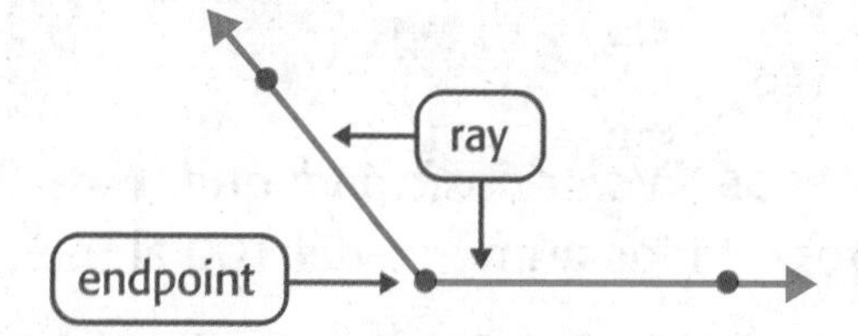

right angle An *angle* that forms a *square* corner.

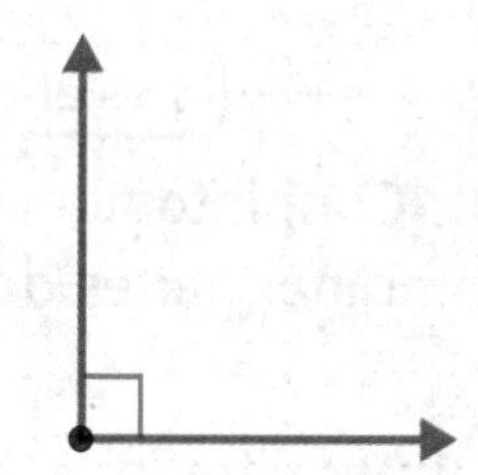

area The number of *square units* needed to cover the inside of a region or *plane figure*.

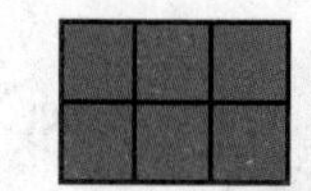

area = 6 square units

Aa

arreglo Objetos o símbolos organizados en filas y columnas de la misma *longitud.*

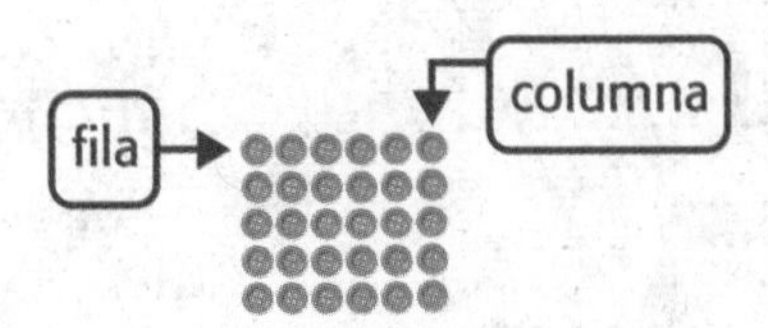

atributo Característica de una figura.

array Objects or symbols displayed in rows of the same *length* and columns of the same *length.*

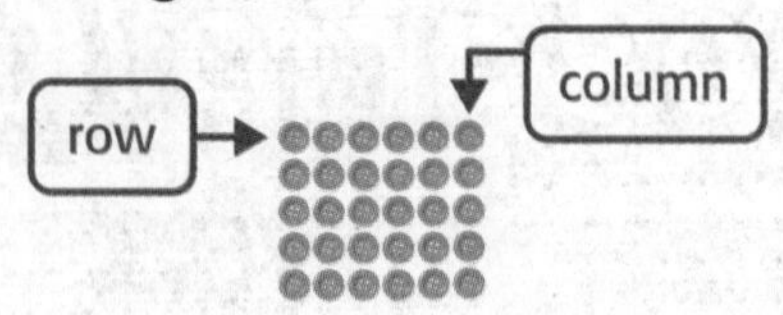

attribute A characteristic of a shape.

Cc

cálculo mental Ordenar o agrupar números de modo que sean más fáciles de calcular mentalmente.

capacidad Cantidad que puede contener un recipiente, medida en *unidades* de medida para líquidos o áridos.

centenas *Valor posicional* que representa los números del 100 al 999.

clave Indica qué significa o cuánto representa cada símbolo en una *gráfica.*

cociente Respuesta a un problema *de división.*

$15 \div 3 = 5$ ← 5 es el cociente.

combinación Conjunto nuevo que se forma al combinar partes de otros conjuntos.

componer Juntar para formar.

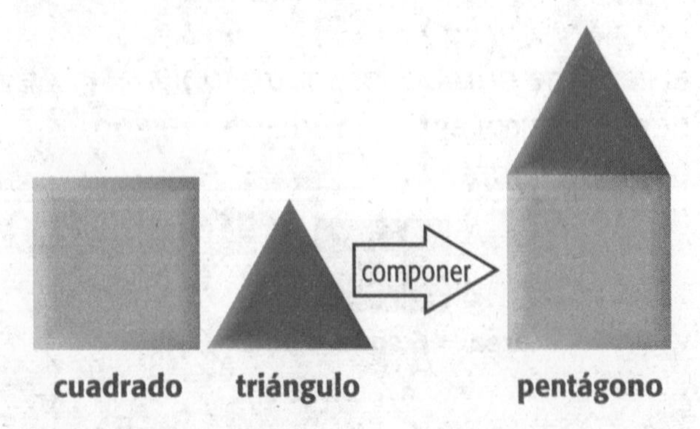

mental math Ordering or grouping numbers so that they are easier to compute in your head.

capacity The amount a container can hold, measured in *units* of dry or liquid measure.

hundreds A position of *place value* that represents the numbers 100–999.

key Tells what or how many each symbol in a *graph* stands for.

quotient The answer to a *division* problem.

$15 \div 3 = 5$ ← 5 is the quotient.

combination A new set made by combining parts from other sets.

compose To form by putting together.

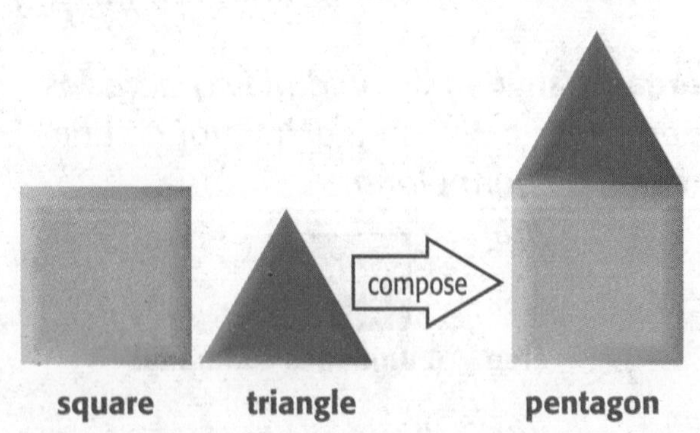

cuadrado *Figura plana* que tiene cuatro lados iguales. También es un *rectángulo.*

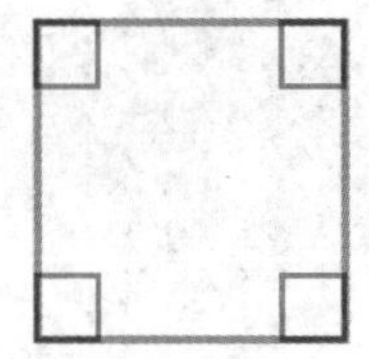

cuadrado unitario *Cuadrado* cuyos lados tienen una *longitud* de una *unidad.*

cuadrilátero Figura que tiene 4 lados y 4 *ángulos.*

cuadrado ***rectángulo*** ***paralelogramo***

cuarto de hora La cuarta parte de una *hora* o 15 *minutos.*

cuarto de pulgada $\left(\frac{1}{4}\right)$ Una de cuatro partes iguales de una *pulgada.*

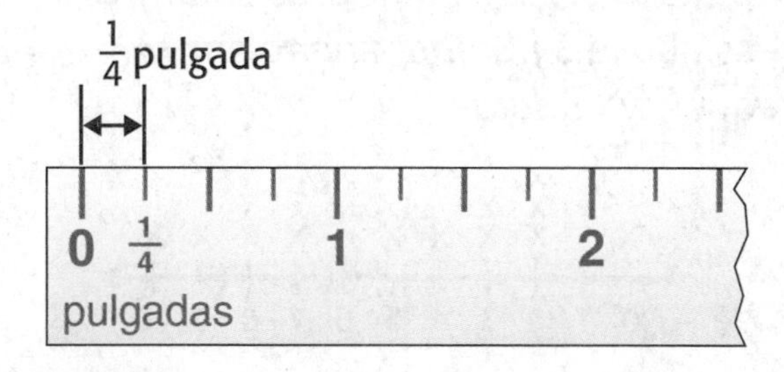

square A *plane shape* that has four equal sides. Also a *rectangle.*

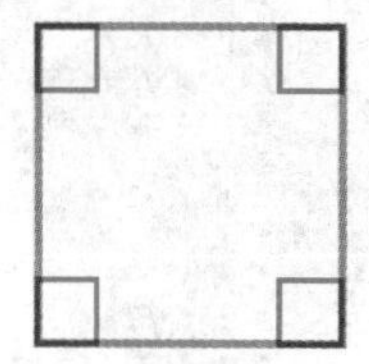

unit square A *square* with a side *length* of one *unit.*

quadrilateral A shape that has 4 sides and 4 *angles.*

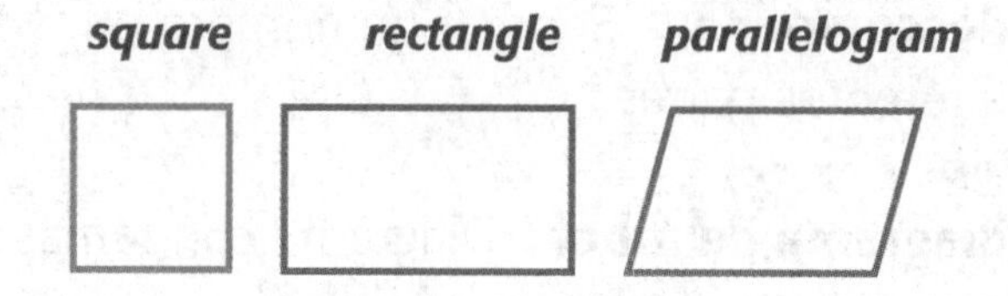

quarter hour One-fourth of an *hour*, or 15 *minutes.*

quarter inch $\left(\frac{1}{4}\right)$ One of four equal parts of an *inch.*

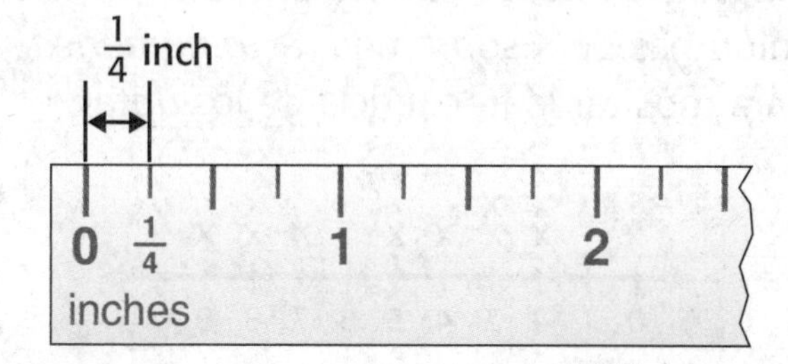

Dd

datos Números o símbolos que se recopilan mediante una *encuesta* o un experimento para mostrar información.

data Numbers or symbols sometimes collected from a *survey* or experiment to show information. *Datum* is singular; *data* is plural.

decágono *Polígono* con 10 lados y 10 *ángulos.*

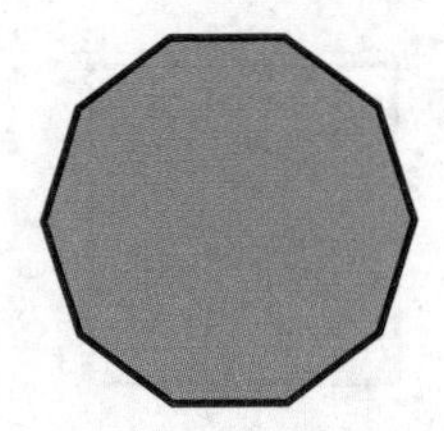

denominador El número de abajo en una *fracción.*

En $\frac{5}{6}$, 6 es el denominador.

descomponer Separar un número en diferentes partes.

diagrama de árbol Diagrama con ramas que muestra todas las posibles *combinaciones* al mezclar conjuntos.

diagrama de barra Estrategia para la resolución de problemas en la cual se usan modelos de barras para organizar visualmente los datos de un problema.

96 estudiantes

niñas	**niños**
60	?

diagrama lineal Gráfica que usa columnas de X sobre una *recta numérica* para mostrar la frecuencia de los *datos.*

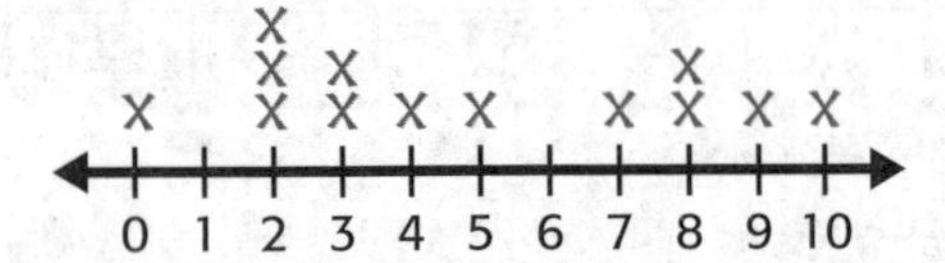

dígito Símbolo que se usa para escribir un número. Los diez dígitos son 0, 1, 2, 3, 4, 5, 6, 7, 8 y 9.

dividendo Número que se *divide.*

$3\overline{)9}$ **9 es el dividendo.**

decagon A *polygon* with 10 sides and 10 *angles.*

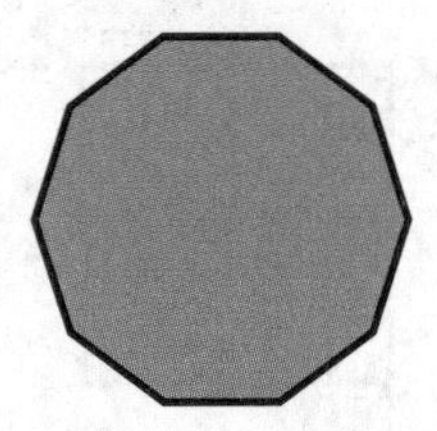

denominator The bottom number in a *fraction.*

In $\frac{5}{6}$, 6 is the denominator.

decompose To break a number into different parts.

tree diagram A branching diagram that shows all the possible *combinations* when combining sets.

bar diagram A problem-solving strategy in which bar models are used to visually organize the facts in a problem.

96 children

girls	**boys**
60	?

line plot A graph that uses columns of Xs above a *number line* to show frequency of *data.*

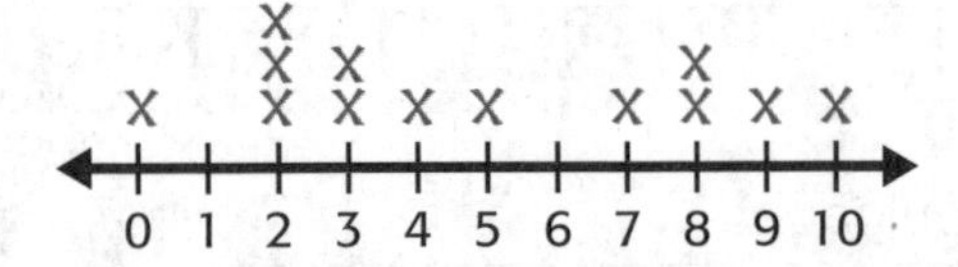

digit A symbol used to write a number. The ten digits are 0, 1, 2, 3, 4, 5, 6, 7, 8, and 9.

dividend A number that is being *divided.*

$3\overline{)9}$ **9 is the dividend.**

dividir (división) Separar en grupos iguales para hallar el número de grupos que hay, o el número de elementos que hay en cada grupo.

divisor Número entre el cual se *divide* el *dividendo.*

$3\overline{)9}$ **3 es el divisor.**

doble Dos veces el número o la cantidad.

divide (division) To separate into equal groups, to find the number of groups, or the number in each group.

divisor The number by which the *dividend* is being *divided.*

$3\overline{)9}$ **3 is the divisor.**

double Twice the number or amount.

Ee

ecuación *Enunciado numérico* que tiene un signo igual, =, e indica que el valor del lado izquierdo del signo igual tiene el mismo valor que el lado derecho.

encuesta Método para recopilar *datos* haciendo la misma pregunta a un grupo de personas.

enunciado de división *Enunciado numérico* que usa la *operación* de *dividir.*

enunciado de multiplicación *Enunciado numérico* que usa la *operación* de *multiplicar*.

enunciado numérico *Expresión* que usa números y el signo =, < o >.

$$5 + 4 = 9; 8 > 5$$

es igual a (=) Que tienen el mismo valor.

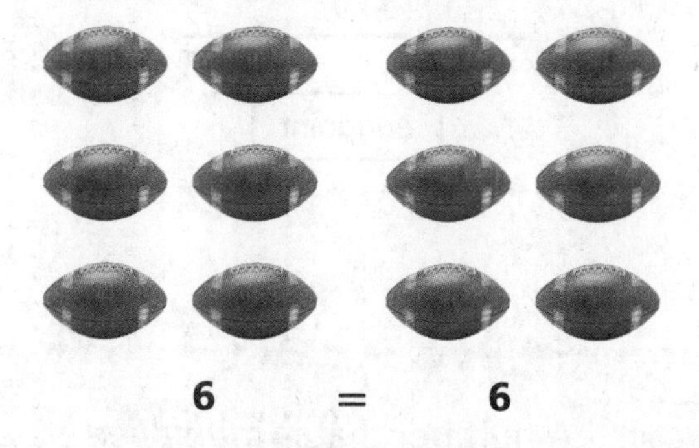

6 = 6

6 es igual o lo mismo que 6.

equation A *number sentence* that contains an equals sign, =, indicating that the left side of the equals sign has the same value as the right side.

survey A method of collecting *data* by asking a group of people a question.

division sentence A *number sentence* that uses the *operation* of *division*.

multiplication sentence A *number sentence* that uses the *operation* of *multiplication*.

number sentence An *expression* using numbers and the =, <, or > sign.

$$5 + 4 = 9; 8 > 5$$

is equal to (=) Having the same value.

6 = 6

6 is equal to, or the same, as 6.

Ee

es mayor que $(>)$ Relación de desigualdad que muestra que el valor a la izquierda del signo es más grande que el valor a la derecha.

$5 > 3$ 5 es mayor que 3.

es menor que $(<)$ Relación de desigualdad que muestra que el valor a la izquierda del signo es más pequeño que el valor a la derecha.

$4 < 7$ 4 es menor que 7.

escala Conjunto de números que representa los *datos* en una *gráfica.*

estimación Número cercano a un valor exacto. Una estimación indica una cantidad *aproximada.*

$47 + 22$ es aproximadamente 70.

evaluar Calcular el valor de una *expresión* reemplazando las *variables* por números.

experimentar Probar una idea.

expresión Combinación de números y *operaciones.*

$5 + 7$

extremo Punto al comienzo de una *semirrecta.*

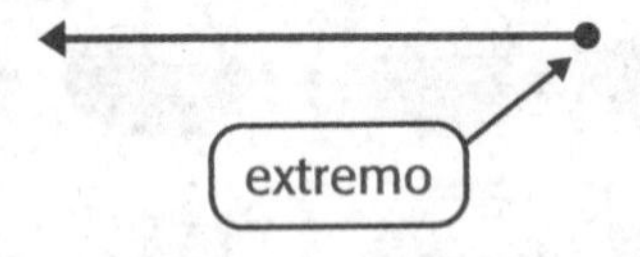

is greater than $(>)$ An inequality relationship showing that the value on the left of the symbol is greater than the value on the right.

$5 > 3$ 5 is greater than 3.

is less than $(<)$ An inequality relationship showing that the value on the left side of the symbol is smaller than the value on the right side.

$4 < 7$ 4 is less than 7.

scale A set of numbers that represents the *data* in a *graph.*

estimate A number close to an exact value. An estimate indicates *about* how much.

$47 + 22$ is about 70.

evaluate To find the value of an *expression* by replacing *variables* with numbers.

experiment To test an idea.

expression A combination of numbers and *operations.*

$5 + 7$

endpoint The point at the beginning of a *ray.*

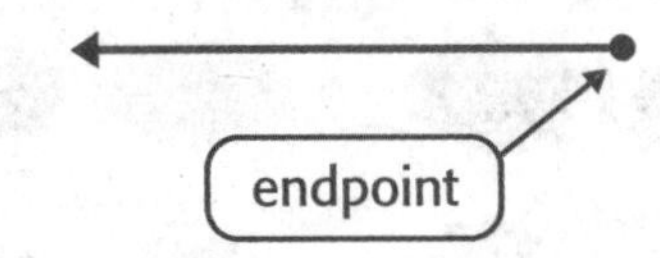

factor Número que se *multiplica* por otro número.

factor A number that is *multiplied* by another number.

familia de operaciones Grupo de *operaciones relacionadas* que tienen los mismos números.

$5 + 3 = 8$	$5 \times 3 = 15$
$3 + 5 = 8$	$3 \times 5 = 15$
$8 - 3 = 5$	$15 \div 5 = 3$
$8 - 5 = 3$	$15 \div 3 = 5$

fact family A group of *related facts* using the same numbers.

$5 + 3 = 8$	$5 \times 3 = 15$
$3 + 5 = 8$	$3 \times 5 = 15$
$8 - 3 = 5$	$15 \div 5 = 3$
$8 - 5 = 3$	$15 \div 3 = 5$

figura bidimensional Contorno de una figura, como un *triángulo*, un *cuadrado* o un *rectángulo*, que solo tiene *largo, ancho* y *área.* También conocida como *figura plana.*

two-dimensional figure The outline of a shape–such as a *triangle*, *square*, or *rectangle*–that has only *length*, width, and *area.* Also called a *plane figure.*

figura compuesta Figura formada por dos o más figuras.

composite figure A figure made up of two or more shapes.

figura plana *Figura bidimensional* que yace completamente en un plano, como un *triángulo* o un *cuadrado*.

plane figure A *two-dimensional figure* that lies entirely within one plane, such as a *triangle* or *square*.

forma desarrollada/notación desarrollada Representación de un número como la suma que muestra el valor de cada *dígito.*

536 se escribe como 500 + 30 + 6.

expanded form/expanded notation The representation of a number as a sum that shows the value of each *digit.*

536 is written as 500 + 30 + 6.

forma estándar/notación estándar Manera habitual de escribir un número usando solo sus *dígitos,* sin usar palabras.

537 89 1642

standard form/standard notation The usual way of writing a number that shows only its *digits,* no words.

537 89 1642

forma verbal/notación verbal Forma de un número que se escribe en palabras.

6,472

seis mil cuatrocientos setenta y dos

word form/word notation The form of a number that uses written words.

6,472

six thousand, four hundred seventy-two

fórmula *Ecuación* que muestra la relación entre dos o más cantidades.

formula An *equation* that shows the relationship between two or more quantities.

Ff

fracción Número que representa una parte de un entero o una parte de un conjunto.

$\frac{1}{2}, \frac{1}{3}, \frac{1}{4}, \frac{3}{4}$

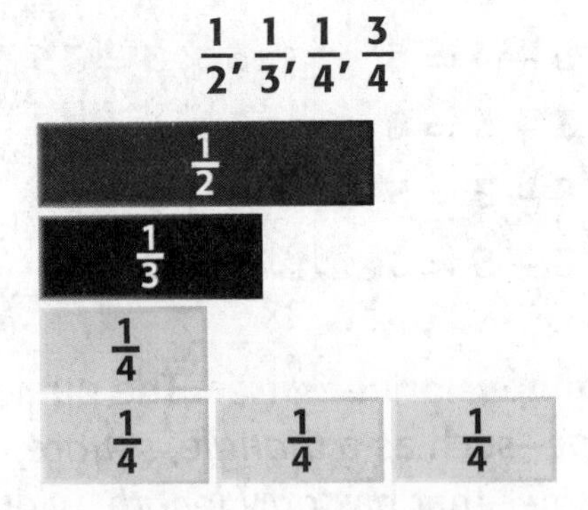

fracción unitaria Cualquier *fracción* cuyo *numerador* es 1.

$\frac{1}{2}, \frac{1}{3}, \frac{1}{4}$

fracciones equivalentes *Fracciones* que tienen el mismo valor.

$\frac{2}{4} = \frac{1}{2}$

$\frac{1}{4}$	$\frac{1}{4}$
$\frac{1}{2}$	

fraction A number that represents part of a whole or part of a set.

$\frac{1}{2}, \frac{1}{3}, \frac{1}{4}, \frac{3}{4}$

unit fraction Any *fraction* with a *numerator* of 1.

$\frac{1}{2}, \frac{1}{3}, \frac{1}{4}$

equivalent fractions *Fractions* that have the same value.

$\frac{2}{4} = \frac{1}{2}$

$\frac{1}{4}$	$\frac{1}{4}$
$\frac{1}{2}$	

Gg

gráfica Dibujo organizado que muestra conjuntos de *datos* y cómo se relacionan. También es un tipo de diagrama.

gráfica de barras

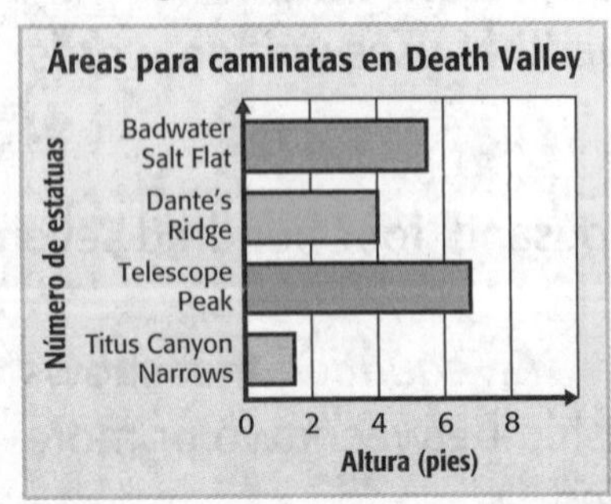

graph An organized drawing that shows sets of *data* and how they are related to each other. Also a type of chart.

bar graph

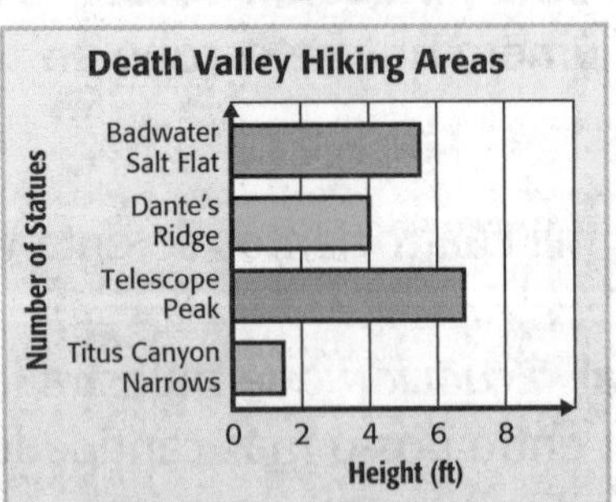

gráfica con imágenes *Gráfica* que tiene distintas imágenes para ilustrar la información recopilada.

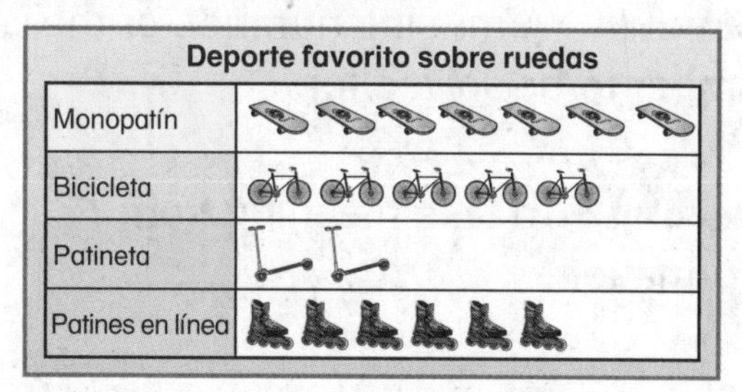

picture graph A *graph* that has different pictures to show information collected.

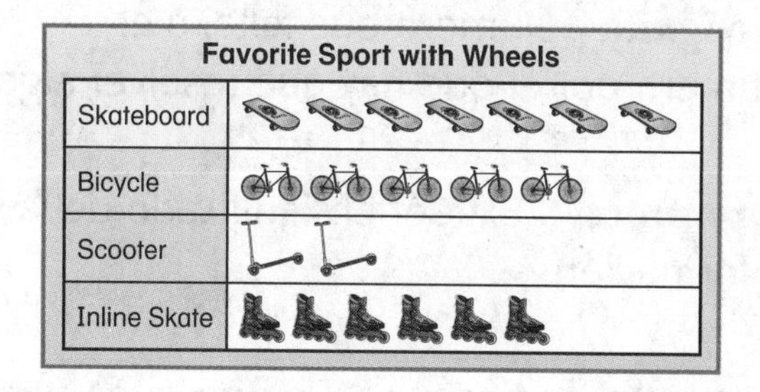

gráfica de barras *Gráfica* en la que se comparan *datos* con barras de distintas *longitudes* o alturas para ilustrar los valores.

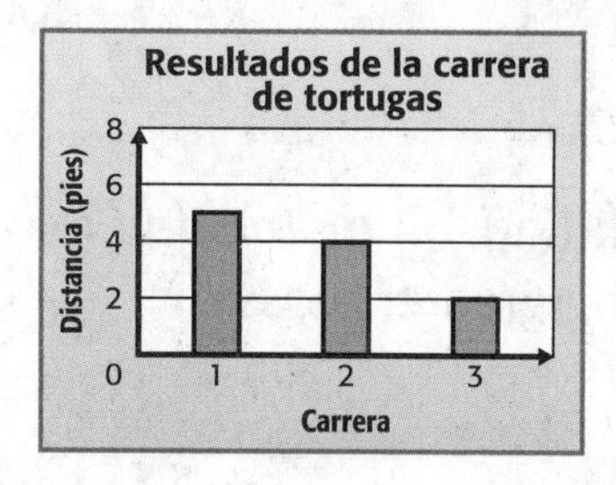

bar graph A *graph* that compares *data* by using bars of different *lengths* or heights to show the values.

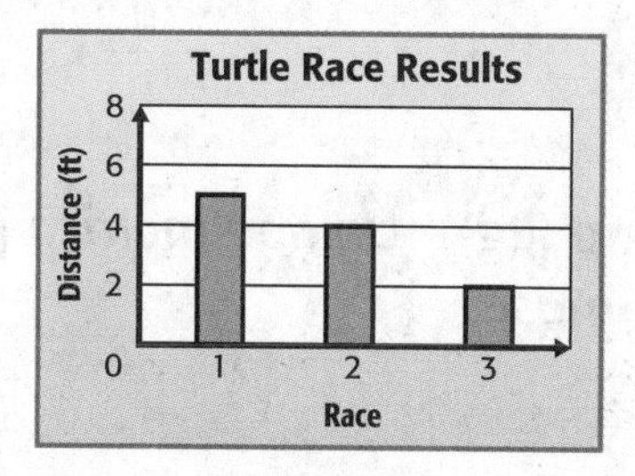

gramo (g) *Unidad métrica* para medir la *masa.*

gram (g) A *metric unit* for measuring lesser *mass.*

grupos iguales Grupos que tienen el mismo número de objetos.

equal groups Groups that have the same number of objects.

hexágono *Polígono* con seis *lados* y seis *ángulos.*

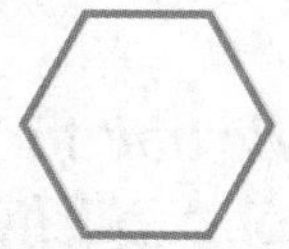

hexagon A *polygon* with six *sides* and six *angles.*

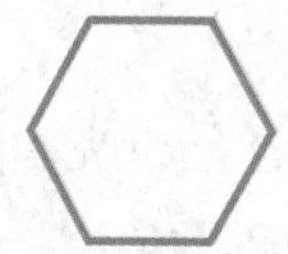

hora (h) *Unidad* de tiempo igual a 60 *minutos.*

1 hora = 60 minutos

hour (h) A *unit* of time equal to 60 *minutes.*

1 hour = 60 minutes

Ii

incógnita Número que falta, o el número por el que hay que resolver algo.

interpretar Extraer el significado de la información.

intervalo de tiempo Tiempo que transcurre entre el comienzo y el final de una actividad.

unknown A missing number, or the number to be solved for.

interpret To take meaning from information.

time interval The time that passes from the start of an activity to the end of an activity.

Kk

kilogramo (kg) *Unidad métrica* para medir la *masa.*

kilogram (kg) A *metric unit* for measuring greater *mass.*

Ll

línea cronológica *Recta numérica* que muestra cuándo y en qué orden ocurrieron los eventos.

Línea cronológica de Jason

Nació Jason 1999
Primer día de escuela 2004
Nació la hermanita 2007

1999 2001 2003 2005 2007 2009

litro (L) *Unidad métrica* para medir el *volumen* o la *capacidad.*

1 litro = 1,000 mililitros

longitud Medida de la distancia entre dos *puntos.*

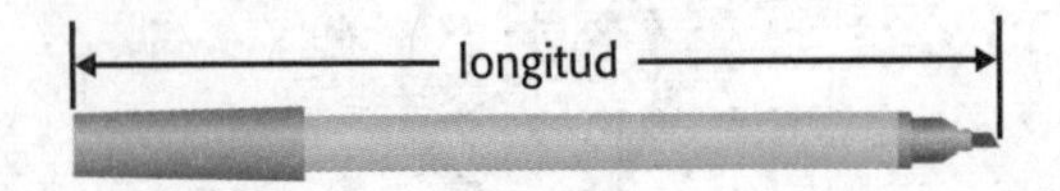

time line A *number line* that shows when and in what order events took place.

Jason's Time Line

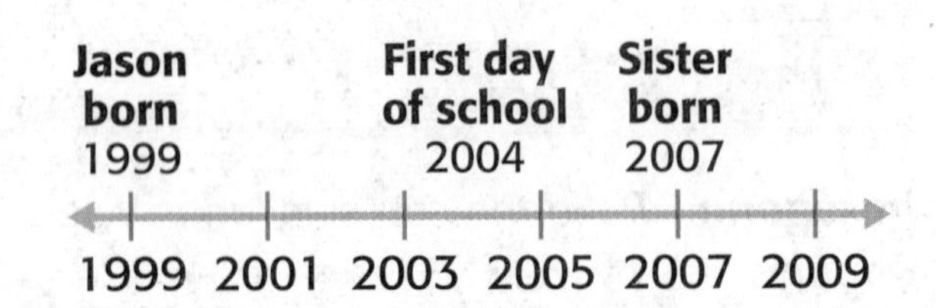

liter (L) A *metric unit* for measuring greater *volume* or *capacity.*

1 liter = 1,000 milliliters

length Measurement of the distance between two *points.*

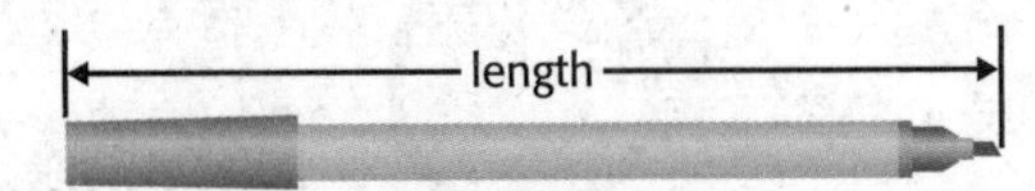

Mm

marcas de conteo Marca que se hace para anotar y presentar los *datos* de una *encuesta.*

masa Cantidad de materia en un cuerpo. Dos ejemplos de *unidades* de masa son el *gramo* y el *kilogramo.*

media pulgada $\left(\frac{1}{2}\right)$ Una de dos partes iguales de una *pulgada.*

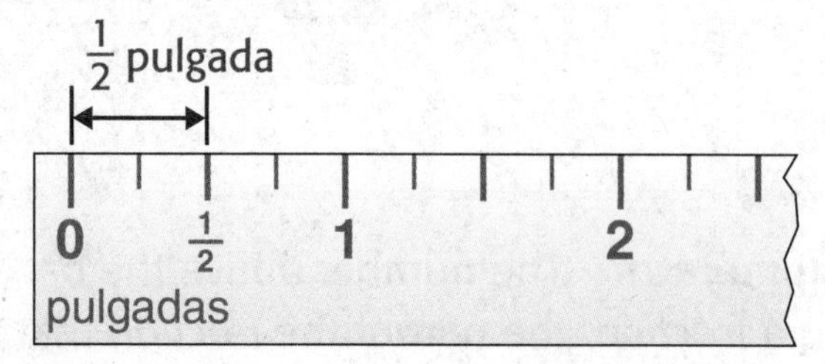

mililitro (mL) *Unidad métrica* para medir la *capacidad.*

1,000 mililitros = 1 litro

millares *Valor posicional* que representa los números del 1,000 al 9,999.

En 1,253, el **1** está en la posición de los millares.

minuto (min) *Unidad* que se usa para medir el tiempo.

1 minuto = 60 segundos

tally mark(s) A mark made to record and display *data* from a *survey.*

mass The amount of matter in an object. Two examples of *units* of mass are *gram* and *kilogram.*

half inch $\left(\frac{1}{2}\right)$ One of two equal parts of an *inch.*

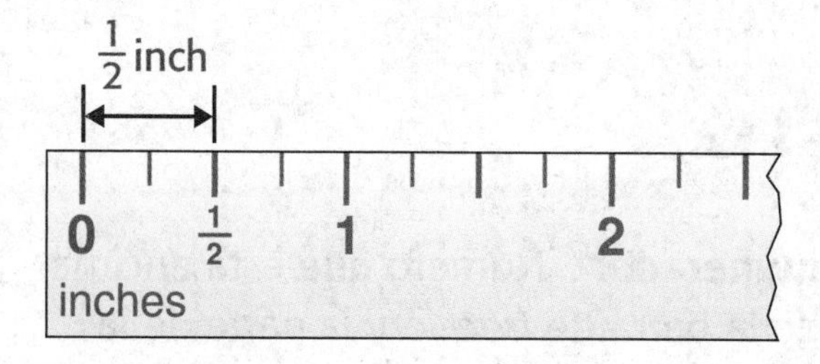

milliliter (mL) A *metric unit* used for measuring lesser *capacity.*

1,000 milliliters = 1 liter

thousands A position of *place value* that represents the numbers 1,000–9,999.

In 1,253, the **1** is in the thousands place.

minute (min) A *unit* used to measure short periods of time.

1 minute = 60 seconds

Mm

multiplicación *Operación* entre dos números para hallar su *producto.* Se puede considerar como una suma repetida.

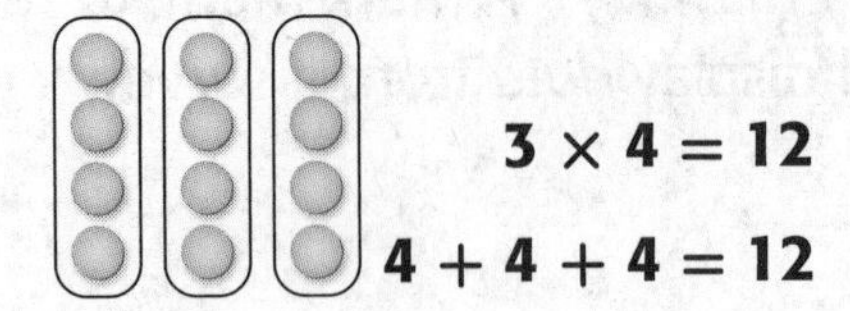

3 × 4 = 12

4 + 4 + 4 = 12

multiplicar Hallar el *producto* de 2 o más números.

múltiplo Un múltiplo de un número es el *producto* de ese número y cualquier otro *número natural.*

15 es múltiplo de 5 porque 3 × 5 = 15.

multiplication An *operation* on two numbers to find their *product.* It can be thought of as repeated addition.

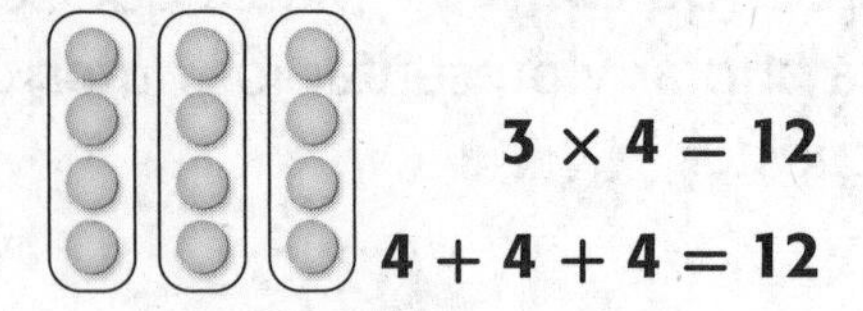

3 × 4 = 12

4 + 4 + 4 = 12

multiply To find the *product* of 2 or more numbers.

multiple A multiple of a number is the *product* of that number and any *whole number.*

15 is a multiple of 5 because 3 × 5 = 15.

Nn

numerador Número que está encima de la barra de *fracción;* la parte de la *fracción* que indica cuántas partes iguales se están usando.

En la fracción $\frac{3}{4}$, 3 es el numerador.

número natural Los números 0, 1, 2, 3, 4. . .

numerator The number above the bar in a *fraction;* the part of the *fraction* that tells how many of the equal parts are being used.

In the fraction $\frac{3}{4}$, 3 is the numerator.

whole number The numbers 0, 1, 2, 3, 4. . .

Oo

observar Método que utiliza la observación para recopilar *datos.*

octágono *Polígono* con ocho lados y ocho *ángulos.*

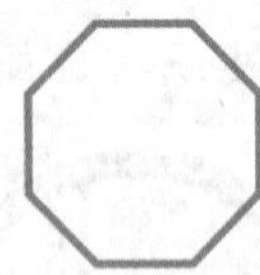

operación Proceso matemático como la suma (+), la resta (−), la *multiplicación*
a *división* (÷).

observe A method of collecting *data* by watching.

octagon A *polygon* with eight sides and eight *angles.*

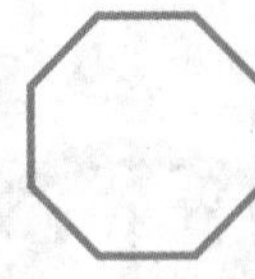

operation A mathematical process such as addition (+), subtraction (−), *multiplication* (×), and *division* (÷).

operación conocida Operación que ya sabes.

known fact A fact that you already know.

operaciones inversas *Operaciones* que se anulan entre sí.

La suma y la resta son operaciones inversas u opuestas.

La *multiplicación* y la *división* también son operaciones inversas.

inverse operations *Operations* that undo each other.

Addition and subtraction are inverse, or opposite, operations.

Multiplication and *division* are also inverse operations.

operaciones relacionadas Operaciones básicas que tienen los mismos números. También se llaman *familia de operaciones.*

$4 + 1 = 5$	$5 \times 6 = 30$
$1 + 4 = 5$	$6 \times 5 = 30$
$5 - 4 = 1$	$30 \div 5 = 6$
$5 - 1 = 4$	$30 \div 6 = 5$

related facts Basic facts using the same numbers. Sometimes called a *fact family.*

$4 + 1 = 5$	$5 \times 6 = 30$
$1 + 4 = 5$	$6 \times 5 = 30$
$5 - 4 = 1$	$30 \div 5 = 6$
$5 - 1 = 4$	$30 \div 6 = 5$

paralelas (rectas) *Rectas* separadas por la misma distancia en cualquier punto. Las rectas paralelas no se intersecan.

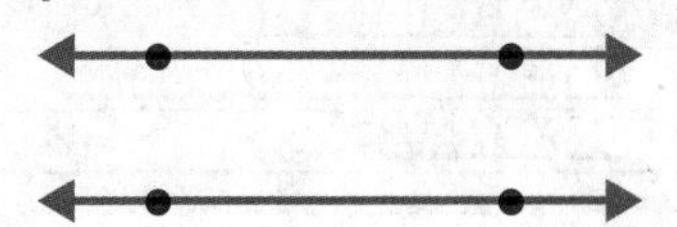

parallel (lines) *Lines* that are the same distance apart. Parallel lines do not meet.

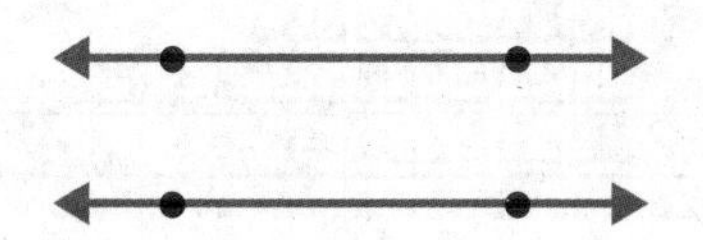

paralelogramo *Cuadrilátero* en el que cada par de lados opuestos son *paralelos* y tienen la misma *longitud.*

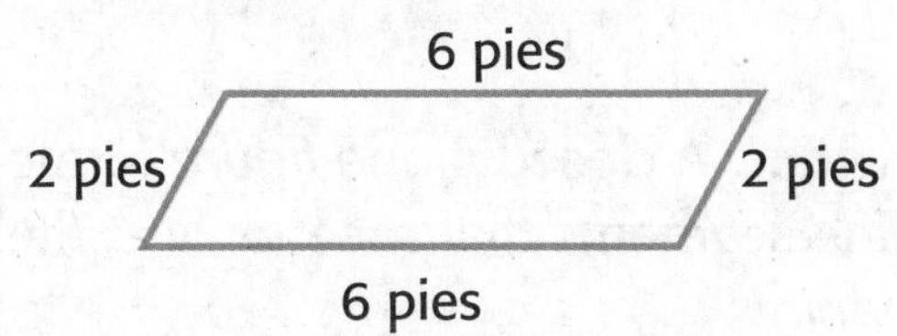

parallelogram A *quadrilateral* with four sides in which each pair of opposite sides is *parallel* and equal in *length.*

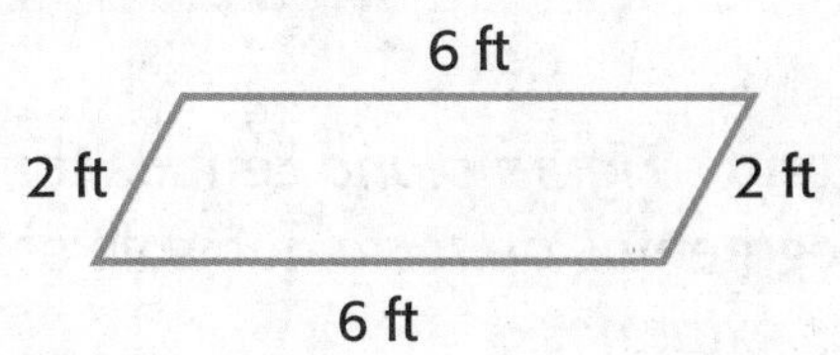

paréntesis Signos que se usan para agrupar números. Muestran cuáles *operaciones* se completan primero en un *enunciado numérico.*

parentheses Symbols that are used to group numbers. They show which *operations* to complete first in a *number sentence.*

Pp

partición División o separación.

patrón Sucesión de números, figuras o símbolos que sigue una regla o un diseño.

2, 4, 6, 8, 10

pentágono *Polígono* con cinco lados y cinco *ángulos.*

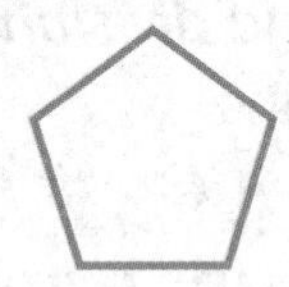

perímetro Distancia alrededor de una figura o región.

período Nombre dado a cada grupo de tres *dígitos* en una tabla de *valor posicional.*

pictografía *Gráfica* en la que se comparan *datos* usando figuras o símbolos.

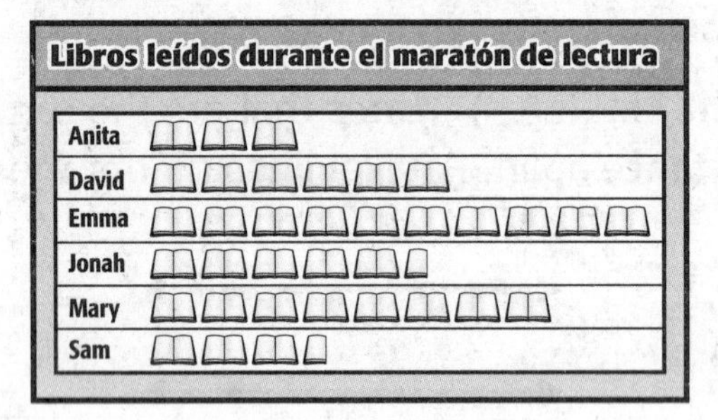

pie Unidad usual para medir la *longitud.*

1 pie = 12 pulgadas

polígono *Figura plana* cerrada formada por segmentos de *recta* que solo se unen en sus *extremos.*

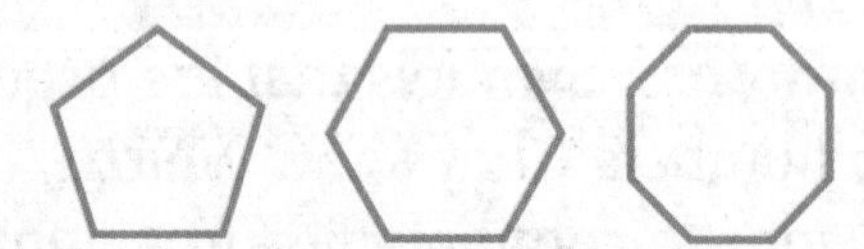

partition To *divide* or "break up."

pattern A sequence of numbers, figures, or symbols that follow a rule or design.

2, 4, 6, 8, 10

pentagon A *polygon* with five sides and five *angles.*

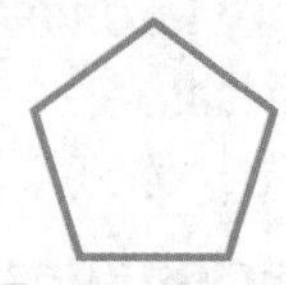

perimeter The distance around a shape or region.

period The name given to each group of three *digits* on a *place-value* chart.

pictograph A *graph* that compares *data* by using pictures or symbols.

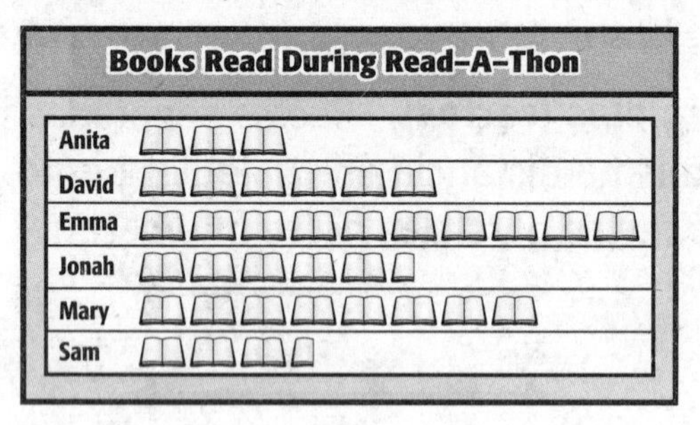

foot (ft) A customary unit for measuring *length.* Plural is *feet.*

1 foot = 12 inches

polygon A closed *plane figure* formed by *line* segments that meet only at their *endpoints.*

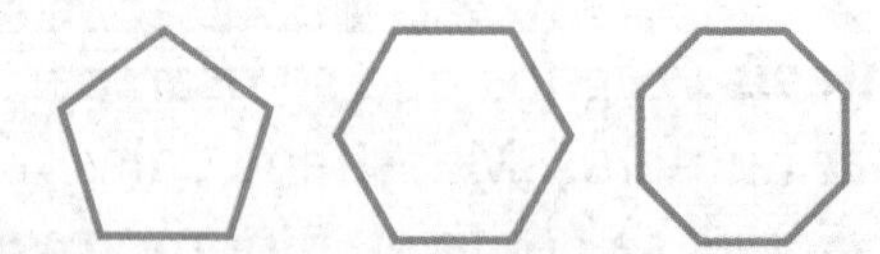

predicción Algo que crees que sucederá, como un resultado específico de un *experimento*.

prediction Something you think will happen, such as a specific outcome of an *experiment*.

producto Respuesta a un problema de *multiplicación*.

product The answer to a *multiplication* problem.

propiedad asociativa de la multiplicación Propiedad que establece que la forma de agrupar los *factores* no altera el *producto*.

$$3 \times (6 \times 2) = (3 \times 6) \times 2$$

Associative Property of Multiplication The property that states that the grouping of the *factors* does not change the *product*.

$$3 \times (6 \times 2) = (3 \times 6) \times 2$$

propiedad asociativa de la suma Propiedad que establece que la forma de agrupar los sumandos no altera la suma.

$$(4 + 5) + 2 = 4 + (5 + 2)$$

Associative Property of Addition The property that states that the grouping of the addends does not change the sum.

$$(4 + 5) + 2 = 4 + (5 + 2)$$

propiedad conmutativa de la multiplicación Propiedad que establece que el orden en el que se multiplican dos números no altera el *producto*.

$$7 \times 2 = 2 \times 7$$

Commutative Property of Multiplication The property that states that the order in which two numbers are multiplied does not change the *product*.

$$7 \times 2 = 2 \times 7$$

propiedad conmutativa de la suma Propiedad que establece que el orden en el cual se suman dos o más números no altera la *suma*.

$$12 + 15 = 15 + 12$$

Commutative Property of Addition The property that states that the order in which two numbers are added does not change the *sum*.

$$12 + 15 = 15 + 12$$

propiedad de identidad de la multiplicación Si *multiplicas* un número por 1, el *producto* es igual al número dado.

$$8 \times 1 = 8 = 1 \times 8$$

Identity Property of Multiplication If you *multiply* a number by 1, the *product* is the same as the given number.

$$8 \times 1 = 8 = 1 \times 8$$

Pp

propiedad de identidad de la suma Si sumas cero a un número, la suma es igual al número dado.

$$3 + 0 = 3 \text{ o } 0 + 3 = 3$$

Identity Property of Addition If you add zero to a number, the sum is the same as the given number.

$$3 + 0 = 3 \text{ or } 0 + 3 = 3$$

propiedad del cero de la multiplicación Propiedad que establece que cualquier número multiplicado por cero es igual a cero.

$$0 \times 5 = 0 \qquad 5 \times 0 = 0$$

Zero Property of Multiplication The property that states that any number multiplied by zero is zero.

$$0 \times 5 = 0 \qquad 5 \times 0 = 0$$

propiedad distributiva Para multiplicar una suma por un número, se multiplica cada *sumando* por el número y luego se suman los *productos.*

$$4 \times (1 + 3) = (4 \times 1) + (4 \times 3)$$

Distributive Property To multiply a sum by a number, multiply each *addend* by the number and add the *products.*

$$4 \times (1 + 3) = (4 \times 1) + (4 \times 3)$$

punto Ubicación exacta en el espacio.

point An exact location in space.

Rr

razonable Dentro de los límites de lo que tiene sentido.

reasonable Within the bounds of making sense.

reagrupar Usar el *valor posicional* para intercambiar cantidades iguales cuando se convierte un número.

regroup To use *place value* to exchange equal amounts when renaming a number.

recta Conjunto de *puntos* alineados que se extiende sin fin en direcciones opuestas.

line A straight set of *points* that extend in opposite directions without ending.

recta numérica Recta con números marcados en orden y a intervalos regulares.

number line A line with numbers marked in order and at regular intervals.

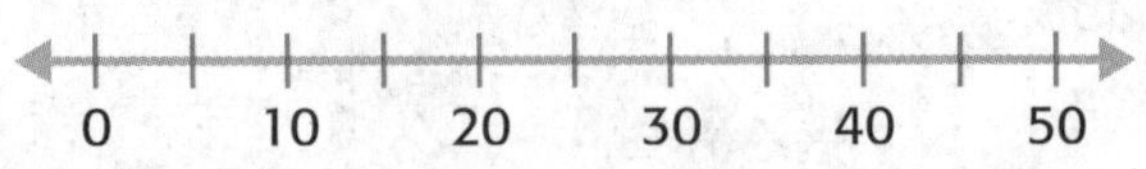

rectángulo *Cuadrilátero* con cuatro *ángulos rectos*; los lados opuestos son de igual *longitud* y *paralelos*.

rectangle A *quadrilateral* with four *right angles*; opposite sides are equal in *length* and are *parallel*.

redondear Cambiar el valor de un número a uno con el que es más fácil trabajar. Hallar el valor más cercano a un número según un *valor posicional* dado. 27 redondeado a la decena más cercana es 30.

round To change the value of a number to one that is easier to work with. To find the nearest value of a number based on a given *place value.* 27 rounded to the nearest ten is 30.

reloj analógico Reloj que tiene una *manecilla horaria* y un *minutero*.

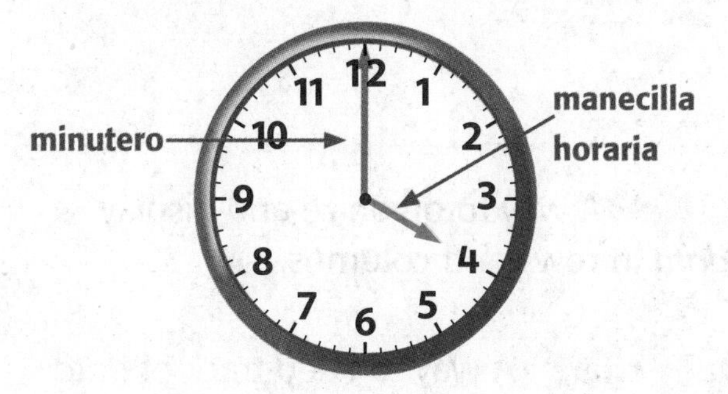

analog clock A clock that has an *hour* hand and a *minute* hand.

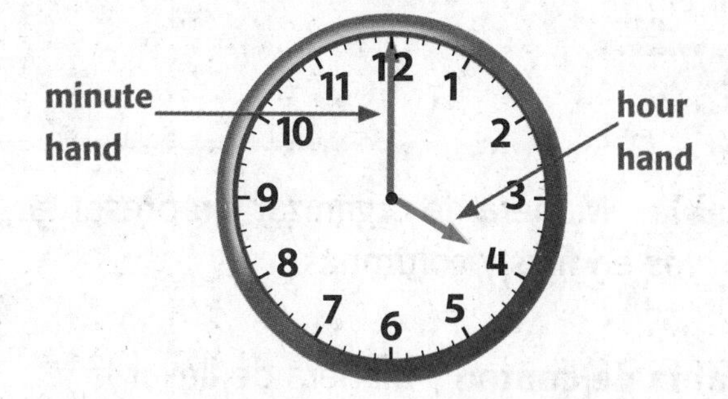

reloj digital Reloj que marca la hora solo con números.

digital clock A clock that uses only numbers to show time.

resta repetida Procedimiento por el que se resta un número una y otra vez hasta llegar a 0.

repeated subtraction To subtract the same number over and over until you reach 0.

rombo *Paralelogramo* con cuatro lados de la misma *longitud.*

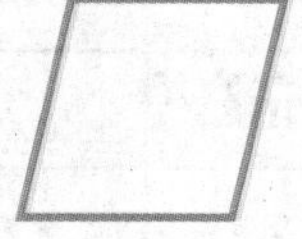

rhombus A *parallelogram* with four sides of the same *length.*

Ss

semirrecta Parte de una *recta* que tiene un *extremo* y que se extiende sin fin en una dirección.

ray A part of a *line* that has one *endpoint* and extends in one direction without ending.

sistema métrico (SI) Sistema de medidas que se basa en potencias de 10 y que incluye *unidades* como el *metro,* el *gramo* y el *litro.*

metric system (SI) The measurement system based on powers of 10 that includes *units* such as *meter, gram,* and *liter.*

Tt

tabla Manera de organizar y representar *datos* en filas y columnas.

table A way to organize and display *data* in rows and columns.

tabla de conteo Manera de llevar la cuenta de los *datos* usando *marcas de conteo* para anotar los resultados.

¿Cuál es tu color favorito?	
Color	Conteo
Azul	~~||||~~ |||
Verde	||||

tally chart A way to keep track of *data* using *tally marks* to record the results.

What is Your Favorite Color?	
Color	Tally
Blue	~~||||~~ |||
Green	||||

tabla de frecuencias *Tabla* para organizar un conjunto de *datos* que muestra el número de veces que aparece cada resultado.

Compraron almuerzo el mes pasado	
Nombre	Frecuencia
Julia	6
Martín	4
Lin	5
Tanya	4

frequency table A *table* for organizing a set of *data* that shows the number of times each result has occurred.

Bought Lunch Last Month	
Name	Frequency
Julia	6
Martin	4
Lin	5
Tanya	4

tiempo transcurrido Cantidad de tiempo que ha pasado entre el principio y el fin de una actividad.

trapecio *Cuadrilátero* con exactamente un par de lados *paralelos.*

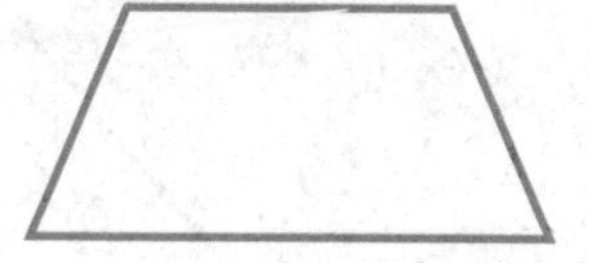

triángulo *Polígono* con tres lados y tres *ángulos.*

triángulo rectángulo *Triángulo* con un *ángulo recto.*

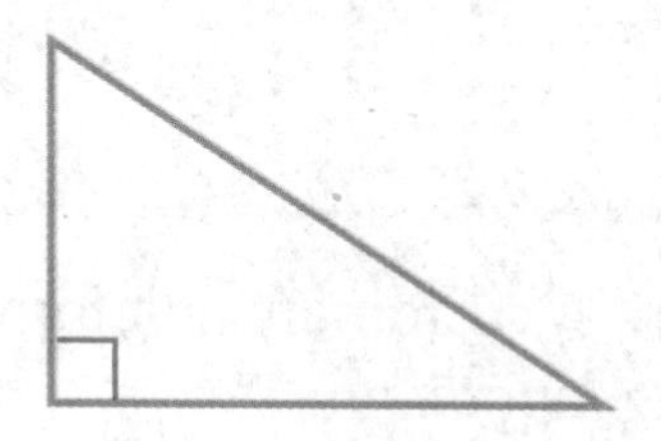

elapsed time The amount of time that has passed from the beginning to the end of an activity.

trapezoid A *quadrilateral* with exactly one pair of *parallel* sides.

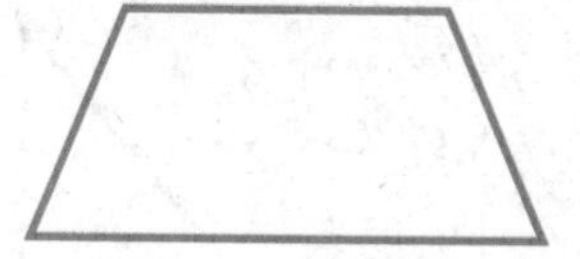

triangle A *polygon* with three sides and three *angles.*

right triangle A *triangle* with one *right angle.*

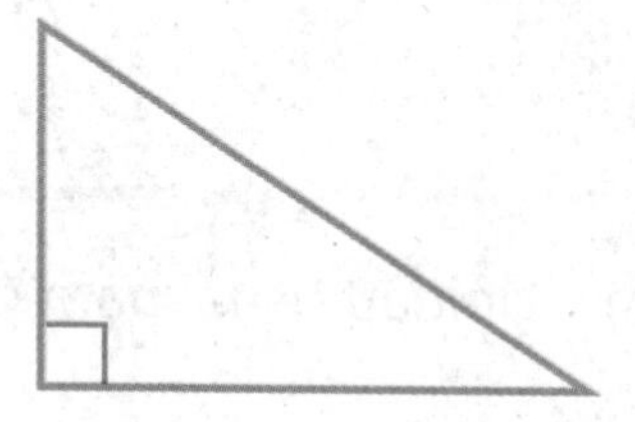

Uu

unidad Cantidad unitaria, que se usa para referirse a medidas.

unidad cuadrada *Unidad* para medir el *área.*

unidad métrica *Unidad* de medida del *sistema métrico.*

unit The quantity of 1, usually used in reference to measurement.

square unit A *unit* for measuring *area.*

metric unit A *unit* of measure in the *metric system.*

Vv

valor posicional Valor dado a un *dígito* según su posición en un número.

place value The value given to a *digit* by its place in a number.

Vv

variable Letra o símbolo que se usa para representar una cantidad *desconocida.*

vértice *Punto* donde se unen dos *semirrectas* y forman un *ángulo.*

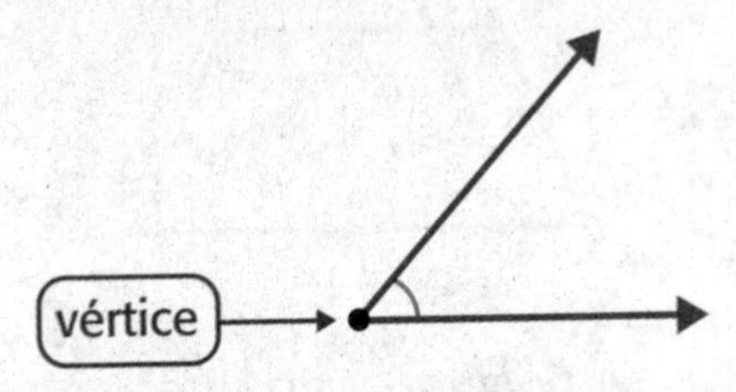

volumen líquido Cantidad de líquido que puede contener un recipiente. También se conoce como *capacidad*.

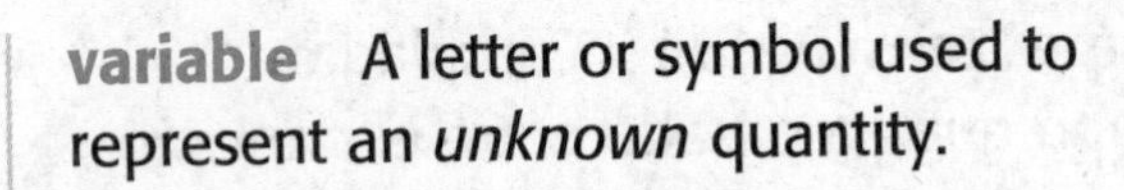

variable A letter or symbol used to represent an *unknown* quantity.

vertex The *point* where two *rays* meet in an *angle.*

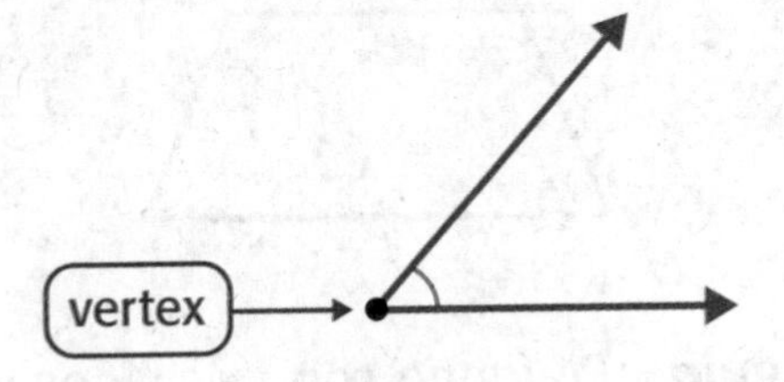

liquid volume The amount of liquid a container can hold. Also known as *capacity*.

Yy

yarda (yd) Unidad usual para medir la *longitud.*

1 yarda = 3 pies o 36 pulgadas

yard (yd) A customary unit for measuring *length.*

1 yard = 3 feet or 36 inches

Nombre

Tablero de trabajo 1: Tabla de valor posicional hasta los millares

millares	centenas	decenas	unidades

Tablero de trabajo 2: Rectas numéricas

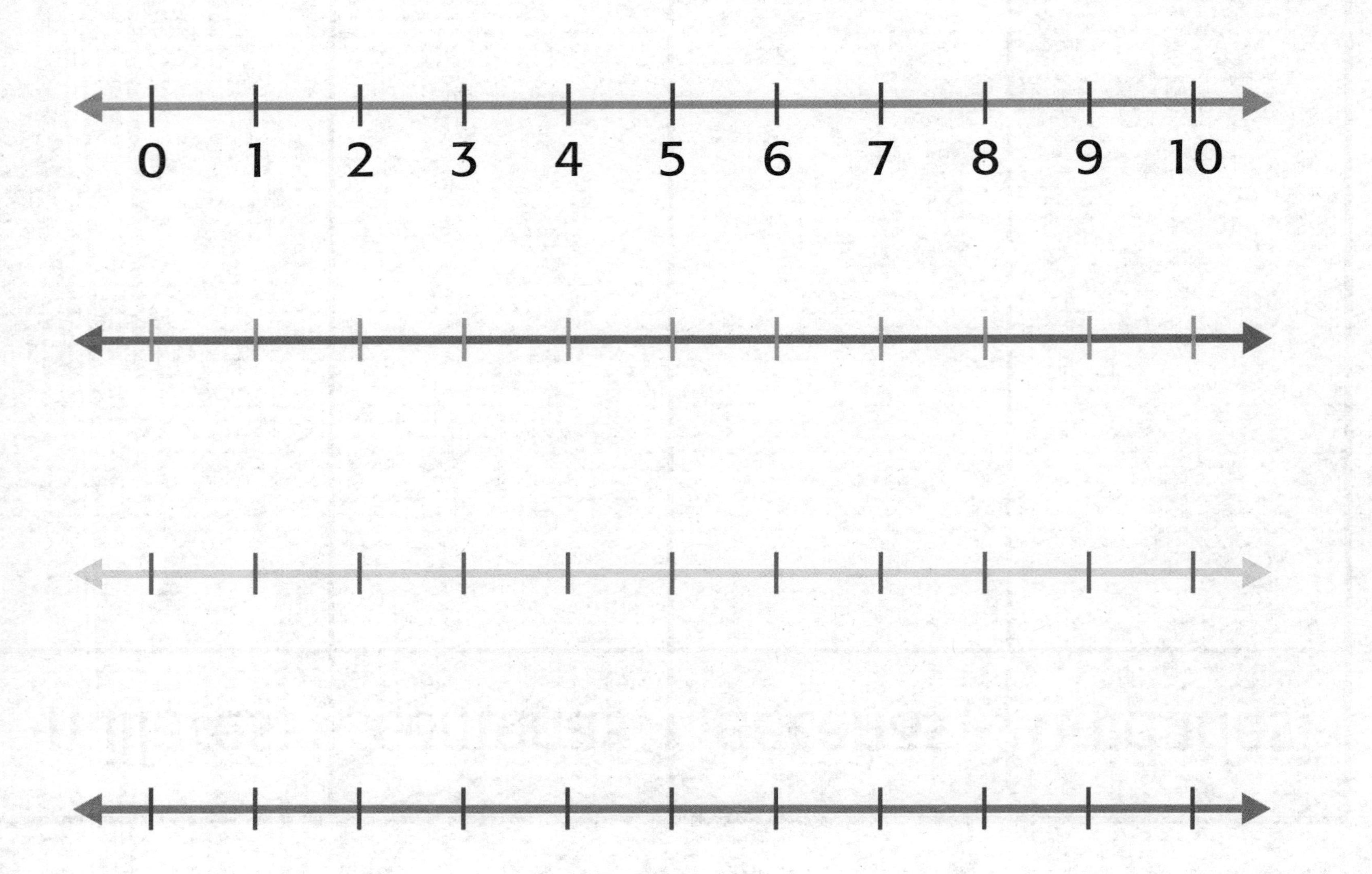

Nombre ....

Tablero de trabajo 3: Tabla de cien

1	2	3	4	5	6	7	8	9	10
11	12	13	14	15	16	17	18	19	20
21	22	23	24	25	26	27	28	29	30
31	32	33	34	35	36	37	38	39	40
41	42	43	44	45	46	47	48	49	50
51	52	53	54	55	56	57	58	59	60
61	62	63	64	65	66	67	68	69	70
71	72	73	74	75	76	77	78	79	80
81	82	83	84	85	86	87	88	89	90
91	92	93	94	95	96	97	98	99	100

Tablero de trabajo 4: Tabla de valor posicional

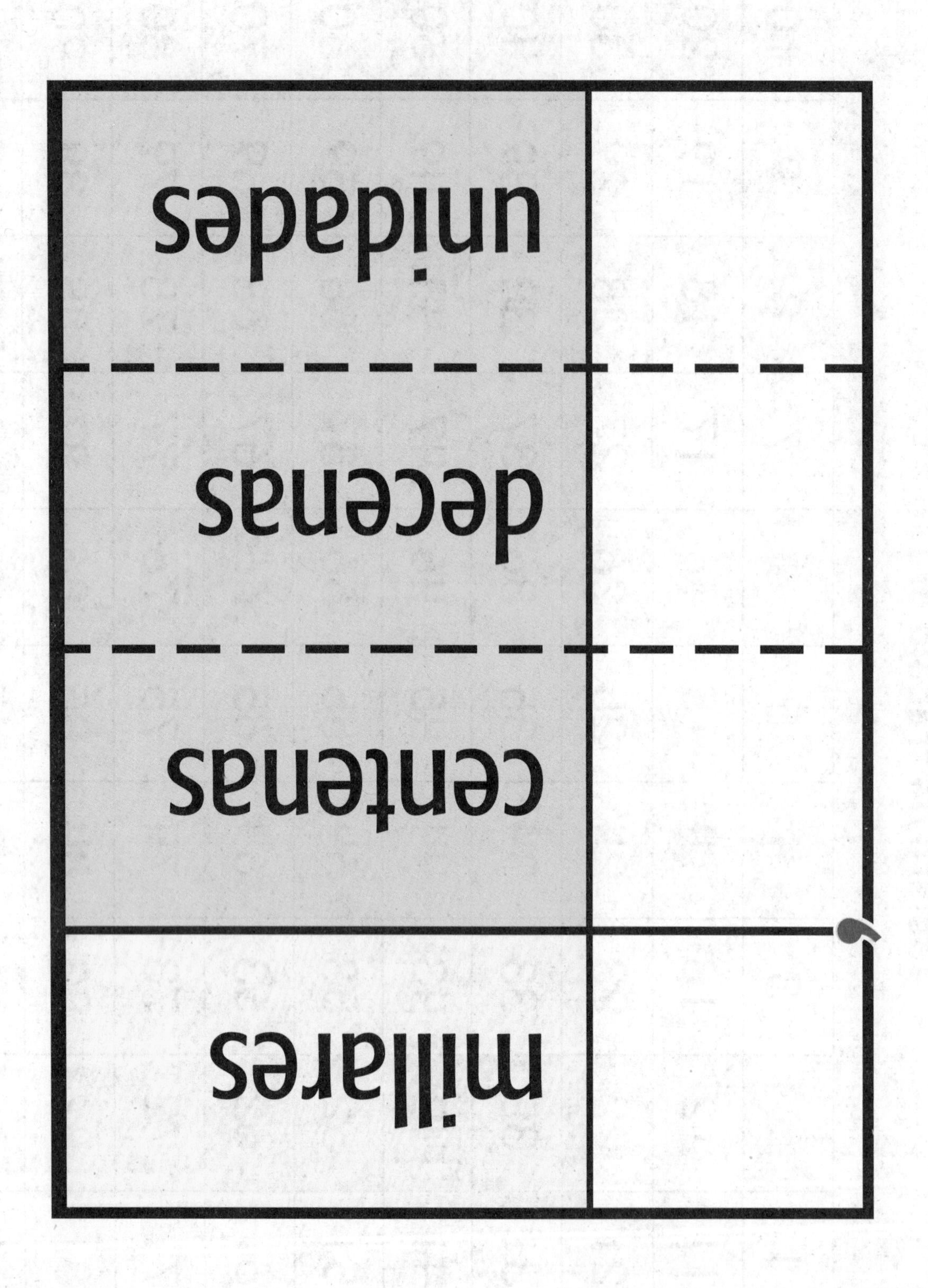

Nombre

Tablero de trabajo 5: Cuadrícula en centímetros

Tablero de trabajo 6: Diagrama de barra

Nombre ....

Tablero de trabajo 7: Tabla de multiplicar (hasta el 12)

×	0	1	2	3	4	5	6	7	8	9	10	11	12
0	0	0	0	0	0	0	0	0	0	0	0	0	0
1	0	1	2	3	4	5	6	7	8	9	10	11	12
2	0	2	4	6	8	10	12	14	16	18	20	22	24
3	0	3	6	9	12	15	18	21	24	27	30	33	36
4	0	4	8	12	16	20	24	28	32	36	40	44	48
5	0	5	10	15	20	25	30	35	40	45	50	55	60
6	0	6	12	18	24	30	36	42	48	54	60	66	72
7	0	7	14	21	28	35	42	49	56	63	70	77	84
8	0	8	16	24	32	40	48	56	64	72	80	88	96
9	0	9	18	27	36	45	54	63	72	81	90	99	108
10	0	10	20	30	40	50	60	70	80	90	100	110	120
11	0	11	22	33	44	55	66	77	88	99	110	121	132
12	0	12	24	36	48	60	72	84	96	108	120	132	144

Tablero de trabajo 8: Tablero de álgebra

=